普通高等教育数学与物理类基础课程系列教材

数 理 统 计

主　编　徐厚生　孙海义　李　宁
副主编　闫红梅　徐启程
参　编　隋　英　党　丹　刘　丹　陈　爽

北京理工大学出版社
BEIJING INSTITUTE OF TECHNOLOGY PRESS

内 容 简 介

本书是基于"新工科"专业发展,适应应用型高校研究生数理统计课程教学需要和深化课程思政教学改革的需要而编写的,是数理统计课程的主要教学资料,是学习后续课程的重要思维方法和应用工具.通过学习本书,学生可了解应用科学中常用的数理统计的基本概念,常见的统计推断,如参数估计、假设检验、方差分析、相关分析与回归分析,以及聚类、判别、主成分等多元统计分析的基本知识,并具有熟练的数据分析能力和用 Python、SPSS、Excel 等软件进行数据处理和统计推断的能力,从而为学习后续课程及进一步扩大数据挖掘奠定必要的统计学基础.

本书可以作为高等院校的大数据、交通运输工程、道路与铁道工程、环境工程、市政工程(含给排水等)、人工环境工程、机械工程、控制科学与工程、计算机科学与技术、软件工程、电子信息、材料科学与工程、材料工程、土木工程、管理科学与工程和人工智能等专业研究生和大数据、统计学专业高年级本科生学习有关数理统计及相关应用问题的参考书,也可供自然科学和工程技术领域中的研究人员参考.

图书在版编目(CIP)数据

数理统计 / 徐厚生,孙海义,李宁主编. --北京:
北京理工大学出版社,2023.7(2023.9 重印)
ISBN 978-7-5763-2614-7

Ⅰ.①数… Ⅱ.①徐… ②孙… ③李… Ⅲ.①数理统
计-高等学校-教材 Ⅳ.①O212

中国国家版本馆 CIP 数据核字(2023)第 133767 号

责任编辑:江　立　　文案编辑:李　硕
责任校对:刘亚男　　责任印制:李志强

出版发行 / 北京理工大学出版社有限责任公司
社　　址 / 北京市丰台区四合庄路 6 号
邮　　编 / 100070
电　　话 / (010) 68914026(教材售后服务热线)
　　　　　　(010) 68944437(课件资源服务热线)
网　　址 / http://www.bitpress.com.cn

版 印 次 / 2023 年 9 月第 1 版第 2 次印刷
印　　刷 / 河北盛世彩捷印刷有限公司
开　　本 / 787 mm×1092 mm　1/16
印　　张 / 18.5
字　　数 / 432 千字
定　　价 / 49.00 元

前 言
PREFACE

  本书是编者在总结了多年教学经验和辽宁省教育厅教学研究项目成果的基础上，为了适应新工科建设、数理统计课程教学和深化课程思政教学改革的需要而编写的.

  本书共 8 章，包括概率论的基础知识、数理统计的基本概念、参数估计、假设检验、方差分析、相关分析与回归分析、多元统计分析基础和实用多元统计分析等内容. 同时，书中创新性地增加了一些与课程内容紧密相关的思政元素，书后附有基于 Python、SPSS 和 Excel 软件的数理统计实验，每章章末附有同步习题，最后附有常用的数学用表及各章习题参考答案.

  如果说 20 世纪是一个知识大爆炸的时代，那么 21 世纪就是一个数据大爆炸的时代. 而数理统计恰恰是一门重要的集数据处理和统计推断于一体的公共基础课程，是学习后续课程的重要数据处理方法和应用工具. 随着科学技术的快速发展，实际问题的随机性越来越强，数据的复杂程度越来越高，作为处理数据问题的重要基础课程，数理统计课程对于培养应用型人才的数据处理能力、统计推断能力，提高学生的数据安全意识和数学软件应用能力具有十分重要的意义.

  本书是在教学改革研究与实践的基础上，通过分析传统数理统计教材中的不足，汇集编者多年的教学体会和课程建设成果而形成的改革教材.

  本书遵循全国专业学位研究生教育指导委员会的基本要求，全面覆盖数理统计课程的主要内容和思想，在深刻领会基本要求的基础上，改革教学内容、方法和手段，探索创新应用型人才培养途径，深入研究工科数学课程思政与思政课程协同育人机制，着力体现了以下特点：

  （1）在满足教育部数理统计课程教学基本要求的同时，向教材中增加思政元素，即在每章后面增加一个"延展阅读"，内容以能够体现思政的背景介绍、学科前沿的实际应用或数学史料、相关科学家简介等为主，让学生感受到科学家对科学的严谨态度和永攀科学高峰的执着精神，在润物细无声中实现立德树人.

  （2）注意符号的表达，从引例出发，组织和展开本课程的定义、定理和方法，形成更易于理解和掌握的教学内容和体系.

  （3）用通俗明了的语言和"新工科"相关专业的实例来讲明最精华的理论，并在每章后面以思维导图的形式对该章进行凝练和总结，为学生对内容的总结和深入理解奠定了坚实的基础.

（4）遵循数学发展史，不完全从定义出发展开课程内容，从一些重要的"新工科"相关领域案例出发，根据这些实际问题引入概念和定义，引导学生将数理统计的知识体系重新"发明""发现"出来，加深对课程内容本质的理解.

（5）与"新工科"研究生专业课程的实际问题相联系，渗透数据分析和统计推断的思想，培养学生的学习兴趣，从而取得更好的教学效果.

（6）建立数字立体化教材，有配套的课件演示及相关微课，提高课堂教学效果及个性化学习.

（7）在数理统计软件应用中，利用 Python、SPSS 和 Excel 等相关软件解决数理统计问题并在计算机上实现，以培养学生的数据处理能力和创新能力.

本书编写分工如下：前言和第 5 章由孙海义编写，第 1 章由闫红梅编写，第 2 章由徐厚生编写，第 3 章由隋英编写，第 4 章由陈爽编写，第 6 章由党丹编写，第 7、8 章由徐启程编写，附录 A 由刘丹编写，附录 B、附录 C、附录 D 及习题答案由李宁编写，最后由徐厚生、孙海义和李宁统稿，陈仲堂主审.

本书由本书主编负责的辽宁省普通高等教育本科教学改革研究项目（辽教通〔2022〕166 号 29）、辽宁省教育科学规划 2021 年度立项课题（JG21DB440）和沈阳建筑大学研究生教育教学改革研究项目（2022-xjjg-210）资助. 本书的出版，得到了沈阳建筑大学研究生院、北京理工大学出版社同志们的大力支持，在此表示衷心的感谢！此外，编者在编写本书的过程中参考了已出版的有关数理统计方面的若干文献，谨向文献作者表示感谢.

限于编者水平，书中难免存在不足和疏漏之处，恳请同行和读者批评指正！

编　者

2023 年 3 月

目 录
CONTENTS

第1章
概率论的基础知识

概率论的基础知识是数理统计的理论基础，为了更好地学习数理统计，本章简要介绍概率论的基本概念、定理与公式.

§1.1 随机事件及概率

1.1.1 随机现象与随机事件

所谓随机现象，是指在一定条件下，具有多种可能结果，而且事先不能预知哪种结果一定会出现或一定不出现的现象. 为了对随机现象的统计规律性进行研究，就需要对随机现象进行重复观察，我们把对随机现象的观察称为随机试验，简称为试验，记为 E. 试验具有下列特点：试验可以在相同的条件下重复进行；每次试验的可能结果不止一个，并且能事先明确试验的所有可能结果；进行一次试验之前不能确定哪一个结果会出现.

试验 E 的所有可能结果组成的集合被称为 E 的样本空间，记为 S，样本空间的元素，即 E 的每个结果，被称为样本点，记为 e.

试验 E 的样本空间 S 的子集为 E 的随机事件，简称事件，常用字母 A，B，$\cdots$ 表示. 在每次试验中，当且仅当这一子集中的一个样本点出现时，称这一事件发生.

一个样本点组成的单点集，被称为基本事件. 样本空间 S 是它自身的子集，它包含所有的样本点，在每次试验中它总是发生的，称其为必然事件. 空集 $\varnothing$ 也是样本空间 S 的子集，它不包含任何样本点，在每次试验中它都不发生，称其为不可能事件. 事件是样本空间的一个集合，故事件之间的关系与运算可按集合之间的关系和运算来处理.

1.1.2 事件间的关系与运算

事件间的关系与运算和集合间的关系与运算是一致的，为了方便，给出两者对照，如表 1.1 所示.

表 1.1　事件间的关系及运算与集合间的关系及运算对照表

记号	概率论	集合论
S	样本空间，必然事件	全集
$\varnothing$	不可能事件	空集

记号	概率论	集合论
e	基本事件	元素
A	事件	子集
$\bar{A} = S - A$	A 的对立事件	A 的余集
$A \subset B$	事件 A 发生导致事件 B 发生(子事件)	A 是 B 的子集
$A = B$	事件 A 与事件 B 相等	A 与 B 相等
$A \cup B$	事件 A 与事件 B 至少有一个发生(和事件)	A 与 B 的和集
AB	事件 A 与事件 B 同时发生(积事件)	A 与 B 的交集
$A - B$	事件 A 发生而事件 B 不发生(差事件)	A 与 B 的差集
$AB = \varnothing$	事件 A 和事件 B 互不相容(或互斥)	A 与 B 没有相同的元素

并有下列运算性质:

(1) $\varnothing \subset A \subset S$;

(2) $A \subset B, B \subset C \Rightarrow A \subset C$;

(3) $A\bar{A} = \varnothing$, $A \cup \bar{A} = S$, $A - B = A - AB = A\bar{B}$, $\bar{\bar{A}} = A$;

(4) 交换律 $A \cup B = B \cup A$, $AB = BA$;

(5) 结合律 $A \cup (B \cup C) = (A \cup B) \cup C$, $A \cap (B \cap C) = (A \cap B) \cap C$;

(6) 分配律 $A \cap (B \cup C) = (A \cap B) \cup (A \cap C)$, $A \cup (B \cap C) = (A \cup B) \cap (A \cup C)$;

(7) 德·摩根律 $\overline{A \cup B} = \bar{A} \cap \bar{B}$, $\overline{A \cap B} = \bar{A} \cup \bar{B}$, $\overline{\bigcup_i A_i} = \bigcap_i \bar{A_i}$, $\overline{\bigcap_i A_i} = \bigcup_i \bar{A_i}$.

1.1.3 频率与概率

1. 频率及其性质

定义 1.1.1 若在相同条件下进行 n 次试验, 则在这 n 次试验中, 称事件 A 发生的次数 n_A 为事件 A 发生的频数, 称比值 $\dfrac{n_A}{n}$ 为事件 A 发生的频率, 并记作 $f_n(A)$.

频率具有下述基本性质:

(1) $0 \leqslant f_n(A) \leqslant 1$;

(2) $f_n(S) = 1$;

(3) 设 $A_1, A_2, \cdots, A_k$ 是两两互不相容的事件, 则
$$f_n(A_1 \cup A_2 \cup \cdots \cup A_k) = f_n(A_1) + f_n(A_2) + \cdots + f_n(A_k)$$

2. 概率的定义

定义 1.1.2 设 E 是随机试验, S 是它的样本空间, 对于 E 的每一个事件 A 赋予一个实数, 记为 $P(A)$, 称之为事件 A 的概率. 集合函数 $P(\cdot)$ 满足下列条件:

(1) 非负性: 对于每一个事件 A, 有 $P(A) \geqslant 0$;

(2)规范性：对于必然事件 S，有 $P(S) = 1$；

(3)可列可加性：设 A_1，A_2，$\cdots$ 是两两互不相容的事件，即对于 $i \neq j$，$A_i A_j = \varnothing$，i，$j = 1$，2，$\cdots$，有

$$P(\bigcup_{i=1}^{\infty} A_i) = \sum_{i=1}^{\infty} P(A_i)$$

3. 概率的性质

(1) $P(\varnothing) = 0$；

(2)有限可加性：若 A_1，A_2，$\cdots$，A_n 为有限个两两互不相容的事件，则 $P(\bigcup_{i=1}^{n} A_i) = \sum_{i=1}^{n} P(A_i)$；

(3)(逆事件的概率) $P(\bar{A}) = 1 - P(A)$；

(4)减法公式：$P(A - B) = P(A\bar{B}) = P(A) - P(AB)$；

注：若 $B \subset A$，则 $P(A - B) = P(A) - P(B)$ 且有 $P(A) \geqslant P(B)$，特别地，对任意事件 A，有 $P(A) \leqslant 1$ 成立.

(5)加法公式：设 A，B 是任意两个事件，则 $P(A \cup B) = P(A) + P(B) - P(AB)$.

上式可以推广到多个事件的情况. 例如，设 A_1，A_2，A_3 为任意三个事件，则有

$$P(A_1 \cup A_2 \cup A_3) = P(A_1) + P(A_2) + P(A_3) - P(A_1 A_2) - P(A_1 A_3) - P(A_2 A_3) + P(A_1 A_2 A_3)$$

一般，对于任意 n 个事件 A_1，A_2，$\cdots$，A_n，有

$$P(\bigcup_{i=1}^{n} A_i) = \sum_{i=1}^{n} P(A_i) - \sum_{1 \leqslant i < j \leqslant n} P(A_i A_j) + \sum_{1 \leqslant i < j < k \leqslant n} P(A_i A_j A_k) - \cdots + (-1)^{n-1} P(A_1 A_2 \cdots A_n)$$

注：特别地，若 A，B 互斥，则 $P(A \cup B) = P(A) + P(B)$.

1.1.4　古典概型与几何概型

定义 1.1.3　设 E 为一随机试验，若它满足以下两个条件：

(1)试验的样本空间 S 的元素只有有限个；

(2)试验中每个基本事件发生的可能性相同，

则称这种试验为等可能概型，也称古典概型.

定理 1.1.1　在古典概型中，设样本空间 S 有 n 个样本点，A 是 S 中事件且 A 中有 k 个样本点，则事件 A 发生的概率为

$$P(A) = \frac{A\text{ 包含的基本事件数}}{S\text{ 中基本事件的总数}} = \frac{k}{n}$$

注：古典概型是在有限样本空间下进行的，为了克服这种局限性，我们把古典概型推广.

定义 1.1.4　若一个试验具有以下两个特点：

(1)样本空间 S 是一个大小可以计量的几何区域(如线段、平面、立体)；

(2)向区域内任意投一点，落在区域内任意点处都是"等可能的"，

则称这种试验为无限等可能概型，也称几何概型. 事件 A 的几何概率由下式计算：

$$P(A) = \frac{A\text{ 的计量}}{S\text{ 的计量}}$$

1.1.5 条件概率、乘法公式、全概率公式、贝叶斯公式

定义 1.1.5 设 A 与 B 是两个随机事件，若 $P(B) > 0$，则称

$$P(A \mid B) = \frac{P(AB)}{P(B)}$$

为在事件 B 发生的条件下，事件 A 发生的条件概率.

定理 1.1.2 设 A 与 B 是两个随机事件，若 $P(B) > 0$，则事件 A 与 B 的积事件的概率

$$P(AB) = P(B)P(A \mid B)$$

若 $P(A) > 0$，则有

$$P(AB) = P(A)P(B \mid A)$$

上述两式都被称为概率**乘法公式**. 它们可以推广如下.

设 A_1，A_2，$\cdots$，A_n 为 n 个随机事件，且 $P(A_1 A_2 \cdots A_{n-1}) > 0$，则有

$$P(A_1 A_2 \cdots A_n) = P(A_1)P(A_2 \mid A_1)P(A_3 \mid A_1 A_2) \cdots P(A_n \mid A_1 \cdots A_{n-1})$$

全概率公式是概率论中的一个基本公式，它可使一个复杂事件的概率计算问题，化为在不同情况、不同原因或不同途径下发生的简单事件的概率的求和问题.

定义 1.1.6 设 S 为试验 E 的样本空间，B_1，B_2，$\cdots$，B_n 为 E 的一组事件. 若
(1) $B_i B_j = \varnothing$，$i \neq j$，$i, j = 1, 2, \cdots, n$；
(2) $B_1 \cup B_2 \cup \cdots \cup B_n = S$，
则称 B_1，B_2，$\cdots$，B_n 为样本空间 S 的一个划分.

定理 1.1.3 设试验 E 的样本空间为 S，A 为 E 的事件，B_1，B_2，$\cdots$，B_n 是 S 的一个划分，且 $P(B_i) > 0$（$i = 1, 2, \cdots, n$），则

$$P(A) = P(A \mid B_1)P(B_1) + P(A \mid B_2)P(B_2) + \cdots + P(A \mid B_n)P(B_n)$$

上式被称为全概率公式.

定理 1.1.4 设试验 E 的样本空间为 S，A 为 E 的事件，B_1，B_2，$\cdots$，B_n 是 S 的一个划分，且 $P(A) > 0$，$P(B_i) > 0$（$i = 1, 2, \cdots, n$），则

$$P(B_i \mid A) = \frac{P(B_i A)}{P(A)} = \frac{P(A \mid B_i)P(B_i)}{\sum_{j=1}^{n} P(A \mid B_j)P(B_j)} \quad (i = 1, 2, \cdots, n)$$

上式被称为贝叶斯公式.
注：$P(B_i)$ 和 $P(B_i \mid A)$ 分别被称为原因的前验概率和后验概率.

1.1.6 独立性

定义 1.1.7 设 A，B 是两事件，若满足等式

$$P(AB) = P(A)P(B)$$

则称事件 A，B 相互独立，简称 A，B 独立.

定理 1.1.5 设 A，B 是两事件，且 $P(A) > 0$. 若 A，B 相互独立，则 $P(B \mid A) = P(B)$. 反之亦然.

定理 1.1.6 若事件 A 与 B 相互独立，则下列各对事件 A 与 $\bar{B}$，$\bar{A}$ 与 B，$\bar{A}$ 与 $\bar{B}$ 也相互独立.

定义 1.1.8 设有 n 个事件 A_1，A_2，$\cdots$，$A_n(n \geq 3)$，若对其中任意两个事件 A_i 与 $A_j(1 \leq i < j \leq n)$，有

$$P(A_i A_j) = P(A_i) P(A_j)$$

则称这 n 个事件是两两相互独立的.

定义 1.1.9 设有 n 个事件 A_1，A_2，$\cdots$，$A_n(n \geq 3)$，若对其中任意 k 个事件 A_{i_1}，A_{i_2}，$\cdots$，$A_{i_k}(2 \leq k \leq n)$，有

$$P(A_{i_1} A_{i_2} \cdots A_{i_k}) = P(A_{i_1}) P(A_{i_2}) \cdots P(A_{i_k})$$

则称这 n 个事件是相互独立的.

由上述定义，可以得到以下两点推论.

(1) 若事件 A_1，A_2，$\cdots$，$A_n(n \geq 2)$ 相互独立，则其中任意 $k(2 \leq k \leq n)$ 个事件也相互独立.

(2) 若 n 个事件 A_1，A_2，$\cdots$，$A_n(n \geq 2)$ 相互独立，则将 A_1，A_2，$\cdots$，A_n 中任意多个事件换成它们的对立事件，所得的 n 个事件仍相互独立.

例 1.1.1 某种仪器由三个部件组装而成. 假设各部件质量互不影响且它们的优质品率分别为 0.8，0.7 与 0.9. 已知若三个部件都是优质品，则组装后的仪器一定合格；若有一个部件不是优质品，则组装后的仪器不合格率为 0.2；若有两个部件不是优质品，则组装后的仪器不合格率为 0.6；若三个部件都不是优质品，则组装后的仪器不合格率是 0.9.

(1) 求仪器的不合格率.

(2) 如果已发现一台仪器不合格，问它有几个部件不是优质品的概率最大.

解 设事件 B 表示"仪器不合格"，A_i 表示"仪器上有 i 个部件不是优质品"，$i = 0$，1，2，3.

显然 A_0，A_1，A_2，A_3 构成一个完备事件组，且

$P(B|A_0) = 0$，$P(B|A_1) = 0.2$，$P(B|A_2) = 0.6$，$P(B|A_3) = 0.9$

$P(A_0) = 0.8 \times 0.7 \times 0.9 = 0.504$

$P(A_1) = 0.2 \times 0.7 \times 0.9 + 0.8 \times 0.3 \times 0.9 + 0.8 \times 0.7 \times 0.1 = 0.398$

$P(A_3) = 0.2 \times 0.3 \times 0.1 = 0.006$

$P(A_2) = 1 - P(A_0) - P(A_1) - P(A_3) = 0.092$

(1) 应用全概率公式有

$$P(B) = \sum_{i=0}^{3} P(A_i) P(B|A_i) = 0.504 \times 0 + 0.398 \times 0.2 + 0.092 \times 0.6 + 0.006 \times 0.9 = 0.140\ 2$$

(2) 应用贝叶斯公式，有

$$P(A_0|B) = 0，\quad P(A_1|B) = \frac{P(A_1) P(B|A_1)}{P(B)} = \frac{796}{1\ 402}$$

$$P(A_2|B) = \frac{P(A_2) P(B|A_2)}{P(B)} = \frac{552}{1\ 402}$$

$$P(A_3|B) = \frac{P(A_3) P(B|A_3)}{P(B)} = \frac{54}{1\ 402}$$

由计算结果可知，一台不合格的仪器中有一个部件不是优质品的概率最大.

§1.2 随机变量及其分布

1.2.1 一维随机变量及其分布

1. 随机变量

> **定义 1.2.1** 设随机试验的样本空间为 $S = \{e\}$，$X = X(e)$ 是定义在样本空间 S 上的实值单值函数，称 $X = X(e)$ 为随机变量.

2. 离散型随机变量及其分布律

有些随机变量，它全部可能取到的值是有限个或可列无限多个，称之为离散型随机变量.

> **定义 1.2.2** 设离散型随机变量 X 的所有可能取值为 $x_k(k = 1, 2, \cdots)$，X 取各个可能值的概率 $P\{X = x_k\} = p_k$，$k = 1, 2, \cdots$，则
> $$P\{X = x_k\} = p_k \quad (k = 1, 2, \cdots)$$
> 被称为离散型随机变量 X 的**分布律**或**概率分布**. 其中 p_k 满足以下两个条件：
> (1) $p_k \geqslant 0$，$k = 1, 2, \cdots$;
> (2) $\sum\limits_{k=1}^{\infty} p_k = 1$.
> 分布律也可用表格表示，如表 1.2 所示.

表 1.2 X 的分布律

X	x_1	x_2	$\cdots$	x_n	$\cdots$
p_i	p_1	p_2	$\cdots$	p_n	$\cdots$

3. 常见的离散型随机变量的分布

(1) 0-1 分布又称两点分布，记作 $B(1, p)$，其分布律为
$$P\{X = k\} = p^k(1 - p)^{1-k} \quad (k = 0, 1, 0 < p < 1)$$
(2) 二项分布，记作 $B(n, p)$，其分布律为
$$P\{X = k\} = C_n^k p^k (1 - p)^{n-k} \quad (k = 0, 1, 2, \cdots, n, 0 < p < 1)$$
(3) 泊松分布，记作 $P(\lambda)\pi(\lambda)$，其分布律为
$$P\{X = k\} = \frac{\lambda^k \mathrm{e}^{-\lambda}}{k!} \quad (k = 0, 1, 2, \cdots, \lambda > 0)$$
(4) 几何分布，记作 $G(p)$，其分布律为
$$P\{X = k\} = p(1 - p)^{k-1} \quad (k = 1, 2, \cdots, 0 < p < 1)$$
(5) 超几何分布，记作 $H(N, M, n)$，其分布律为
$$P\{X = k\} = \frac{C_M^k C_{N-M}^{n-k}}{C_N^n}, k \text{ 为整数}, \max\{0, n - N + M\} \leqslant k \leqslant \min\{n, M\}$$

4. 随机变量的分布函数

定义 1.2.3 设 X 是一个随机变量，x 是任意实数，函数

$$F(x) = P\{X \leq x\} \quad (-\infty < x < +\infty)$$

被称为 X 的**分布函数**.

分布函数的性质：

(1) $F(x)$ 是 x 的不减函数，即若 $x_1 < x_2$，则 $F(x_1) \leq F(x_2)$；

(2) $0 \leq F(x) \leq 1$，且 $F(-\infty) = \lim\limits_{x \to -\infty} F(x) = 0$，$F(+\infty) = \lim\limits_{x \to +\infty} F(x) = 1$；

(3) $F(x)$ 是右连续的，即 $\lim\limits_{x \to x_0^+} F(x) = F(x_0)$.

5. 离散型随机变量的分布函数

设离散型随机变量 X 的分布律如表 1.2 所示，则 X 的分布函数为

$$F(x) = P\{X \leq x\} = \sum_{x_i \leq x} P\{X = x_i\} = \sum_{x_i \leq x} p_i$$

6. 连续型随机变量及其概率密度

定义 1.2.4 若对随机变量 X 的分布函数 $F(x)$，存在非负可积函数 $f(x)$，使得对于任意实数 x，有

$$F(x) = P\{X \leq x\} = \int_{-\infty}^{x} f(t)\,\mathrm{d}t$$

则称 X 为**连续型随机变量**，称 $f(x)$ 为 X 的**概率密度函数**，简称**概率密度**.

概率密度的性质：

(1) $f(x) \geq 0$；

(2) $\int_{-\infty}^{+\infty} f(x)\,\mathrm{d}x = 1$；

(3) X 的取值落在任意区间 $(a, b]$ 上的概率为

$$P\{a < X \leq b\} = F(b) - F(a) = \int_{a}^{b} f(x)\,\mathrm{d}x$$

(4) 若 $f(x)$ 在点 x 处连续，则分布函数 $F(x)$ 为连续函数，且有 $F'(x) = f(x)$；

(5) 连续型随机变量 X 取任一指定值 $a(a \in \mathbf{R})$ 的概率为 0.

注：由性质(5)可知，当计算连续型随机变量落在某一区间的概率时，可以不必区分该区间是开区间、闭区间或半开半闭区间，即有

$$P\{a < X \leq b\} = P\{a \leq X < b\} = P\{a \leq X \leq b\} = P\{a < X < b\} = F(b) - F(a)$$

7. 几种常见连续型随机变量的分布

1) 均匀分布

定义 1.2.5 若连续型随机变量 X 的概率密度为

$$f(x) = \begin{cases} \dfrac{1}{b-a}, & a < x < b \\ 0, & \text{其他} \end{cases}$$

则称 X 在区间 (a, b) 内服从均匀分布，记为 $X \sim U(a, b)$.

易知 $f(x) \geqslant 0$，且 $\int_{-\infty}^{+\infty} f(x)\mathrm{d}x = 1$.

X 的分布函数为

$$F(x) = \begin{cases} 0, & x < a \\ \dfrac{x-a}{b-a}, & a \leqslant x < b \\ 1, & x \geqslant b \end{cases}$$

2) 指数分布

> **定义 1.2.6** 若连续型随机变量 X 的概率密度为
>
> $$f(x) = \begin{cases} \dfrac{1}{\theta}\mathrm{e}^{-x/\theta}, & x > 0 \\ 0, & \text{其他} \end{cases}$$
>
> 其中 $\theta > 0$ 为常数，则称 X 服从参数为 θ 的指数分布，记为 $X \sim E(\theta)$.

易知 $f(x) \geqslant 0$，且 $\int_{-\infty}^{+\infty} f(x)\mathrm{d}x = 1$.

X 的分布函数为

$$F(x) = \begin{cases} 1 - \mathrm{e}^{-x/\theta}, & x > 0 \\ 0, & \text{其他} \end{cases}$$

指数分布在可靠性理论与排队论中有广泛的应用，在实践中也有很多应用，如电子元件的寿命、动物的寿命、打电话时的通话时间、随机服务系统的服务时间等，都近似服从指数分布.

3) 正态分布

> **定义 1.2.7** 若连续型随机变量 X 的概率密度为
>
> $$f(x) = \frac{1}{\sqrt{2\pi}\,\sigma}\mathrm{e}^{-\frac{(x-\mu)^2}{2\sigma^2}} \quad (-\infty < x < +\infty)$$
>
> 其中 μ 和 $\sigma(\sigma > 0)$ 都是常数，则称 X 服从参数为 μ 和 σ^2 的正态分布或高斯(Gauss)分布，记为 $X \sim N(\mu, \sigma^2)$.

二维码 1.1：正态分布的哲学意义

易知 $f(x) \geqslant 0$，且可证得 $\int_{-\infty}^{+\infty} f(x)\mathrm{d}x = 1$.

X 的分布函数为

$$F(x) = \frac{1}{\sqrt{2\pi}\,\sigma}\int_{-\infty}^{x} \mathrm{e}^{-\frac{(t-\mu)^2}{2\sigma^2}}\mathrm{d}t$$

特别地，当 $\mu = 0$，$\sigma = 1$ 时，称正态分布为标准正态分布，此时，X 的概率密度和分布函数约定俗成常用 $\varphi(x)$ 和 $\Phi(x)$ 表示：

$$\varphi(x) = \frac{1}{\sqrt{2\pi}}\mathrm{e}^{-\frac{x^2}{2}} \quad (-\infty < x < +\infty)$$

$$\Phi(x) = \frac{1}{\sqrt{2\pi}}\int_{-\infty}^{x} \mathrm{e}^{-\frac{t^2}{2}}\mathrm{d}t$$

为了计算方便，人们编制了 $\Phi(x)$ 的函数值表，称之为标准正态分布表，可供查用. 任何一个一般的正态分布都可以通过线性变换转化为标准正态分布.

定理 1.2.1 设 $X \sim N(\mu, \sigma^2)$，则 $Y = \dfrac{X - \mu}{\sigma} \sim N(0, 1)$.

标准正态分布表的使用：

(1) 表中给出了 $x > 0$ 时 $\Phi(x)$ 的数值，当 $x < 0$ 时，利用正态分布的对称性，易见有
$$\Phi(-x) = 1 - \Phi(x)$$

(2) 若 $X \sim N(0, 1)$，则 $P\{a < X \leqslant b\} = \Phi(b) - \Phi(a)$；

(3) 若 $X \sim N(\mu, \sigma^2)$，则 $Y = \dfrac{X - \mu}{\sigma} \sim N(0, 1)$，故 X 的分布函数为

$$F(x) = P\{X \leqslant x\} = P\left\{\frac{X - \mu}{\sigma} \leqslant \frac{x - \mu}{\sigma}\right\} = \Phi\left(\frac{x - \mu}{\sigma}\right)$$

$$P\{a < X \leqslant b\} = P\left\{\frac{a - \mu}{\sigma} < Y \leqslant \frac{b - \mu}{\sigma}\right\} = \Phi\left(\frac{b - \mu}{\sigma}\right) - \Phi\left(\frac{a - \mu}{\sigma}\right)$$

对于标准正态随机变量，引入上 α 分位数，其在数理统计中有广泛应用.

定义 1.2.8 设 $X \sim N(0, 1)$，若 z_α 满足条件：$P\{X > z_\alpha\} = \alpha$，$0 < \alpha < 1$，则称点 z_α 为标准正态分布的上 α 分位数（如图 1.1 所示）.

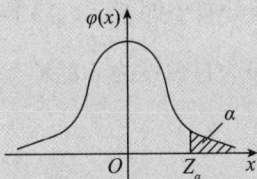

图 1.1

可以借助于标准正态分布函数及标准正态分布表（见附录 A 中表 A.1）查出所需上 α 分位数.

正态分布是概率论与数理统计中最为重要的一种分布.

8. 伽玛分布

(1) 伽玛函数. 称 $\Gamma(\alpha) = \displaystyle\int_0^{+\infty} x^{\alpha-1} \mathrm{e}^{-x} \mathrm{d}x$ 为伽玛函数，其中参数 $\alpha > 0$. 伽马函数有如下性质：

① $\Gamma(1) = 1$；

② $\Gamma(1/2) = \sqrt{\pi}$；

③ $\Gamma(\alpha + 1) = \alpha\Gamma(\alpha)$；

④ $\Gamma(n + 1) = n\Gamma(n) = n!$ （n 为自然数）.

(2) 伽玛分布.

定义 1.2.9 若随机变量 X 的概率密度（如图 1.2 所示）为

$$p(x) = \begin{cases} \dfrac{\lambda^\alpha}{\Gamma(\alpha)} x^{\alpha-1} \mathrm{e}^{-\lambda x}, & x \geqslant 0 \\ 0, & x < 0 \end{cases}$$

则称 X 服从伽玛分布，记作 $X \sim Ga(\alpha, \lambda)$，其中 $\alpha > 0$ 为形状参数，$\lambda > 0$ 为尺度参数.

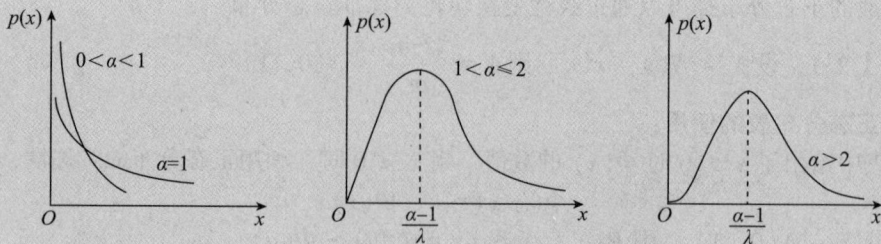

图 1.2

（3）背景：若一个元器件（或一台设备，或一个系统）能抵挡一些外来冲击，但遇到第 k 次冲击时即失败，则第 k 次冲击来到的时间 X（寿命）服从形状参数为 k 的伽玛分布 $Ga(k, \lambda)$.

（4）伽玛分布 $Ga(\alpha, \lambda)$ 的数学期望和方差分别为

$$E(X) = \frac{\alpha}{\lambda}, \ D(X) = \frac{\alpha}{\lambda^2}$$

（5）伽玛分布的两个特例：

① $\alpha = 1$ 时的伽玛分布就是指数分布，即 $Ga(1, \lambda) = E(\lambda)$；

② $\alpha = \dfrac{n}{2}$，$\lambda = \dfrac{1}{2}$ 时的伽玛分布为自由度为 n 的 χ^2（卡方）分布，记为 $\chi^2(n)$，是数理统计中常用的三大分布之一.

9. 随机变量的函数的分布

定义 1.2.10 若存在一个函数 $g(X)$，使得随机变量 X，Y 满足
$$Y = g(X)$$
其中 $g(\cdot)$ 是已知的连续函数，则称随机变量 Y 是随机变量 X 的函数.

1）离散型随机变量的函数的分布

设离散型随机变量 X 的分布律为
$$P\{X = x_i\} = p_i \quad (i = 1, 2, \cdots)$$
易见，X 的函数 $Y = g(X)$ 还是离散型随机变量.

Y 的分布律的求法：先根据自变量 X 的可能取值确定因变量 Y 的所有可能取值，然后对 Y 的每一个可能取值 y_i，$i = 1, 2, \cdots$，确定相应的 $C_i = \{x_j \mid g(x_j) = y_i\}$，于是
$$\{Y = y_i\} = \{g(x_i) = y_i\} = \{X \in C_i\}, \ P\{Y = y_i\} = P\{X \in C_i\} = \sum_{x_j \in C_i} P\{X = x_j\}$$
从而求得 Y 的分布律.

2）连续型随机变量的函数的分布

一般地，连续型随机变量的函数不一定是连续型随机变量，但我们主要讨论连续型随机变量的函数还是连续型随机变量的情形.

设已知 X 的分布函数 $F_X(x)$ 或概率密度 $f_X(x)$，则随机变量函数 $Y = g(X)$ 的分布函数可按如下方法求得：

$$F_Y(y) = P\{Y \leq y\} = P\{g(X) \leq y\} = P\{X \in C_y\} = \int_{C_y} f_X(x)\,\mathrm{d}x$$

其中 $C_y = \{x \mid g(x) \leqslant y\}$. 再对分布函数 $F_Y(y)$ 关于 y 求导, 一般能得到 Y 的概率密度. 特别地, 当 $g(\cdot)$ 是严格单调函数时, 可由以下定理写出 Y 的概率密度.

定理 1.2.2 设随机变量 X 具有概率密度 $f_X(x)$, $x \in (-\infty, +\infty)$, 又设 $y = g(x)$ 处处可导且恒有 $g'(x) > 0$(或恒有 $g'(x) < 0$), 则 $Y = g(X)$ 是一个连续型随机变量, 其概率密度为

$$f_Y(y) = \begin{cases} f(h(y)) \mid h'(y) \mid \\ 0 \end{cases}$$

其中 $x = h(y)$ 是 $y = g(x)$ 的反函数, 且 $\alpha = \min\{g(-\infty), g(+\infty)\}$, $\beta = \max\{g(-\infty), g(+\infty)\}$.

1.2.2 多维随机变量及其分布

1. 二维随机变量及其分布函数

定义 1.2.11 设随机试验 E 的样本空间为 $S = \{e\}$, $e \in S$ 为样本点, 而
$$X = X(e), \quad Y = Y(e)$$
是定义在 S 上的两个随机变量, 称 (X, Y) 为定义在 S 上的二维随机变量或二维随机向量.

定义 1.2.12 设 (X, Y) 是二维随机变量, 对任意实数 x, y, 二元函数
$$F(x, y) = P\{X \leqslant x\} \cap P\{Y \leqslant y\} \text{ 记为 } P\{X \leqslant x, Y \leqslant y\}$$
被称为二维随机变量 (X, Y) 的**分布函数**, 或者被称为随机变量 X 和 Y 的**联合分布函数**.

分布函数 $F(x, y)$ 的性质如下.

(1) $0 \leqslant F(x, y) \leqslant 1$, 且对任意固定的 y, $F(-\infty, y) = 0$; 对任意固定的 x, $F(x, -\infty) = 0$; $F(-\infty, -\infty) = 0$, $F(+\infty, +\infty) = 1$.

(2) $F(x, y)$ 是变量 x 和 y 的不减函数, 即

对任意固定的 y, 当 $x_2 > x_1$ 时, $F(x_2, y) \geqslant F(x_1, y)$;

对任意固定的 x, 当 $y_2 > y_1$ 时, $F(x, y_2) \geqslant F(x, y_1)$.

(3) $F(x^+, y) = F(x, y)$, $F(x, y^+) = F(x, y)$, 即 $F(x, y)$ 关于 x 右连续, 关于 y 也右连续.

(4) 对于任意 (x_1, y_1), (x_2, y_2), $x_1 < x_2$, $y_1 < y_2$, 下述不等式成立:
$$F(x_2, y_2) - F(x_2, y_1) + F(x_1, y_1) - F(x_1, y_2) \geqslant 0$$

2. 二维离散型随机变量及其分布律

定义 1.2.13 若二维随机变量 (X, Y) 全部可能取到的不相同的值是有限个或可列无穷多个, 则称 (X, Y) 是**二维离散型随机变量**.

定义 1.2.14 若二维离散型随机变量 (X, Y) 所有可能取的值为 (x_i, y_j), $i, j = 1$, $2, \cdots$, 记 $P\{X = x_i, Y = y_j\} = p_{ij}$ $(i, j = 1, 2, \cdots)$, 其中 $p_{ij} \geqslant 0$, $\sum_{i=1}^{\infty} \sum_{j=1}^{\infty} p_{ij} = 1$, 称 $P\{X = x_i, Y = y_j\} = p_{ij}(i, j = 1, 2, \cdots)$ 为二维离散型随机变量 (X, Y) 的**分布律**, 或者随机变量 X 与 Y 的**联合分布律**.

也可用表格来表示 X 与 Y 的**联合分布律**, 如表 1.3 所示.

表 1.3 X 与 Y 的联合分布律

Y	X				
	x_1	x_2	$\cdots$	x_i	$\cdots$
y_1	p_{11}	p_{21}	$\cdots$	p_{i1}	$\cdots$
y_2	p_{12}	p_{22}	$\cdots$	p_{i2}	$\cdots$
$\vdots$	$\vdots$	$\vdots$		$\vdots$	
y_j	p_{1j}	p_{2j}	$\cdots$	p_{ij}	$\cdots$
$\vdots$	$\vdots$	$\vdots$		$\vdots$	

其分布函数为 $F(x, y) = P\{X \leqslant x, Y \leqslant y\} = \sum\limits_{x_i \leqslant x, \ y_j \leqslant y} p_{ij}$, 其中和式是对一切满足 $x_i \leqslant x$, $y_j \leqslant y$ 的 i, j 来求和的.

注意: (X, Y) 取值于任何区域 D 上的概率为 $P\{(X, Y) \in D\} = \sum\limits_{(x_i, \ y_j) \in D} p_{ij}$.

3. 二维连续型随机变量及其概率密度

定义 1.2.15 设 (X, Y) 为二维随机变量, $F(x, y)$ 为其分布函数, 若存在一个非负可积的二元函数 $f(x, y)$, 使对任意实数 x, y, 有

$$F(x, y) = \int_{-\infty}^{y} \int_{-\infty}^{x} f(u, v) \,\mathrm{d}u\mathrm{d}v$$

则称 (X, Y) 为**二维连续型随机变量**, 称函数 $f(x, y)$ 为二维随机变量 (X, Y) 的**概率密度**或 X 与 Y 的**联合概率密度**.

概率密度 $f(x, y)$ 的性质:

(1) $f(x, y) \geqslant 0$;

(2) $\int_{-\infty}^{+\infty} \int_{-\infty}^{+\infty} f(x, y)\mathrm{d}x\mathrm{d}y = F(+\infty, +\infty) = 1$;

(3) 设 G 是 xOy 平面上的区域, 点 (X, Y) 落在 G 内的概率为

$$P\{(x, y) \in G\} = \iint\limits_{G} f(x, y)\mathrm{d}x\mathrm{d}y$$

(4) 若 $f(x, y)$ 在点 (x, y) 处连续, 则有 $\dfrac{\partial^2 F(x, y)}{\partial x \partial y} = f(x, y)$.

4. 边缘分布

设 $F(x, y)$ 为 (X, Y) 的分布函数, 关于 X 和 Y 的边缘分布函数分别记为 $F_X(x)$ 和 $F_Y(y)$, 则有

$$F_X(x) = P\{X \leqslant x\} = P\{X \leqslant x, Y < +\infty\} = F(x, +\infty)$$
$$F_Y(y) = P\{Y \leqslant y\} = P\{X < +\infty, Y \leqslant y\} = F(+\infty, y)$$

对于离散型随机变量, 有 $F_X(x) = F(x, +\infty) = \sum\limits_{x_i \leqslant x} \sum\limits_{j=1}^{\infty} p_{ij}$, $F_Y(y) = F(+\infty, y) = $

$$\sum_{y_j \leqslant y} \sum_{i=1}^{\infty} p_{ij}.$$

称离散型随机变量 (X, Y) 的分量 X 和 Y 的分布律分别为其**边缘分布律**，分别记作 $p_{i\cdot}$ 和 $p_{\cdot j}$. 它们与联合分布律的关系为

$$p_{i\cdot} = P\{X = x_i\} = \sum_{j=1}^{\infty} P\{X = x_i, Y = y_j\} = \sum_{j=1}^{\infty} p_{ij} \quad (i = 1, 2, \cdots)$$

$$p_{\cdot j} = P\{Y = y_j\} = \sum_{i=1}^{\infty} P\{X = x_i, Y = y_j\} = \sum_{i=1}^{\infty} p_{ij} \quad (j = 1, 2, \cdots)$$

对于连续型随机变量 (X, Y)，设它的概率密度为 $f(x, y)$，则有

$$F_X(x) = F(x, +\infty) = \int_{-\infty}^{x} \left[\int_{-\infty}^{+\infty} f(x, y) \,\mathrm{d}y \right] \mathrm{d}x$$

上式表明 X 是连续型随机变量，且其概率密度为

$$f_X(x) = \int_{-\infty}^{+\infty} f(x, y) \,\mathrm{d}y$$

同理，由 $F_Y(y) = F(+\infty, y) = \int_{-\infty}^{y} \left[\int_{-\infty}^{+\infty} f(x, y) \,\mathrm{d}x \right] \mathrm{d}y$ 知，Y 是连续型随机变量，且其概率密度为

$$f_Y(y) = \int_{-\infty}^{+\infty} f(x, y) \,\mathrm{d}x$$

分别称 $f_X(x)$ 和 $f_Y(y)$ 为 (X, Y) 关于 X 和 Y 的**边缘概率密度**.

5. 常见的二维连续型随机变量的分布

1）二维均匀分布

设 G 是平面上的有界区域，其面积为 A. 若二维随机变量 (X, Y) 具有概率密度

$$f(x, y) = \begin{cases} \dfrac{1}{A}, & (x, y) \in G \\ 0, & \text{其他} \end{cases}$$

则称 (X, Y) 在 G 上服从**均匀分布**.

2）二维正态分布

若二维随机变量 (X, Y) 具有概率密度

$$f(x, y) = \frac{1}{2\pi\sigma_1\sigma_2\sqrt{1-\rho^2}} \mathrm{e}^{-\frac{1}{2(1-\rho^2)}\left[\left(\frac{x-\mu_1}{\sigma_1}\right)^2 - 2\rho\left(\frac{x-\mu_1}{\sigma_1}\right)\left(\frac{y-\mu_2}{\sigma_2}\right) + \left(\frac{y-\mu_2}{\sigma_2}\right)^2 \right]},$$

$$(-\infty < x < +\infty, \ -\infty < y < +\infty)$$

其中 $\mu_1, \mu_2, \sigma_1, \sigma_2, \rho$ 均为常数，且 $\sigma_1 > 0$，$\sigma_2 > 0$，$|\rho| < 1$，则称 (X, Y) 服从参数为 $\mu_1, \mu_2, \sigma_1, \sigma_2, \rho$ 的**二维正态分布**，记作 $(X, Y) \sim N(\mu_1, \mu_2, \sigma_1^2, \sigma_2^2, \rho)$.

注：二维正态随机变量的两个边缘分布都是一维正态分布，且都不依赖于参数 ρ，即对给定的 $\mu_1, \mu_2, \sigma_1, \sigma_2$，不同的 ρ 对应不同的二维正态分布，但它们的边缘分布都是相同的，因此仅由关于 X 和关于 Y 的边缘分布，一般来说是不能确定二维随机变量 (X, Y) 的分布的.

6. 条件分布

定义 1.2.16 设 (X, Y) 是二维离散型随机变量, 对于固定的 j, 若 $P\{Y = y_j\} > 0$, 则称

$$P\{X = x_i \mid Y = y_j\} = \frac{P\{X = x_i, Y = y_j\}}{P\{Y = y_j\}} = \frac{p_{ij}}{p_{\cdot j}} \quad (i = 1, 2, \cdots)$$

为在 $Y = y_j$ 条件下随机变量 X 的**条件分布律**.

同样, 对于固定的 i, 若 $P\{X = x_i\} > 0$, 则称

$$P\{Y = y_j \mid X = x_i\} = \frac{P\{X = x_i, Y = y_j\}}{P\{X = x_i\}} = \frac{p_{ij}}{p_{i\cdot}} \quad (j = 1, 2, \cdots)$$

为在 $X = x_i$ 条件下随机变量 Y 的**条件分布律**.

定义 1.2.17 设二维连续型随机变量 (X, Y) 的概率密度为 $f(x, y)$, (X, Y) 关于 Y 的边缘概率密度为 $f_Y(y)$. 若对于固定的 y, $f_Y(y) > 0$, 则称 $\dfrac{f(x, y)}{f_Y(y)}$ 为在 $Y = y$ 条件下 X 的**条件概率密度**, 记为

$$f_{X\mid Y}(x \mid y) = \frac{f(x, y)}{f_Y(y)}$$

称 $\displaystyle\int_{-\infty}^{x} f_{X\mid Y}(x \mid y)\mathrm{d}x = \int_{-\infty}^{x} \frac{f(x, y)}{f_Y(y)}\mathrm{d}x$ 为在 $Y = y$ 条件下 X 的**条件分布函数**, 记为

$$F_{X\mid Y}(x \mid y) = P\{X \leqslant x \mid Y = y\} = \int_{-\infty}^{x} \frac{f(x, y)}{f_Y(y)}\mathrm{d}x.$$

类似地, 可以定义在 $X = x$ 条件下 Y 的条件概率密度为

$$f_{Y\mid X}(y \mid x) = \frac{f(x, y)}{f_X(x)}$$

和在 $X = x$ 条件下 Y 的**条件分布函数**为 $F_{Y\mid X}(y \mid x) = P\{Y \leqslant y \mid X = x\} = \displaystyle\int_{-\infty}^{y} \frac{f(x, y)}{f_X(x)}\mathrm{d}y.$

7. 相互独立的随机变量

定义 1.2.18 设二维随机变量 (X, Y) 的分布函数为 $F(x, y)$, 边缘分布函数为 $F_X(x)$, $F_Y(y)$, 若对任意实数 x, y, 有

$$P\{X \leqslant x, Y \leqslant y\} = P\{X \leqslant x\}P\{Y \leqslant y\}$$

即

$$F(x, y) = F_X(x)F_Y(y)$$

则称随机变量 X 和 Y **相互独立**.

当 (X, Y) 是离散型随机变量时, 其独立性的定义等价于:

若对 (X, Y) 的所有可能取的值 (x_i, x_j), 有

$$P\{X = x_i, Y = y_j\} = P\{X = x_i\}P\{Y = y_j\}$$

即
$$p_{ij} = p_{i\cdot}p_{\cdot j} \quad (i,\ j = 1,\ 2,\ \cdots)$$

则称 X 和 Y **相互独立**.

当 $(X,\ Y)$ 是二维连续型随机变量时，其独立性的定义等价于：

若对任意的 $x,\ y$,
$$f(x,\ y) = f_X(x)f_Y(y)$$

几乎处处成立，则称 X 和 Y **相互独立**.

注：这里"几乎处处成立"的含义是在平面上除去面积为 0 的集合外，处处成立.

定理 1.2.3　随机变量 X 和 Y 相互独立的充要条件是 X 所生成的任何事件与 Y 生成的任何事件相互独立，即对任意实数集 A, B, 有
$$P\{X \in A,\ Y \in B\} = P\{X \in A\}P\{Y \in B\}$$

定理 1.2.4　若随机变量 X 和 Y 相互独立，则对任意函数 $g_1(x)$, $g_2(y)$, 均有 $g_1(X)$ 和 $g_2(Y)$ 相互独立.

8. 随机变量的函数的分布

1) 离散型随机变量的函数的分布

设 $(X,\ Y)$ 是二维离散型随机变量, $g(x,\ y)$ 是一个二元函数, 则 $g(X,\ Y)$ 作为 $(X,\ Y)$ 的函数是一个随机变量, 若 $(X,\ Y)$ 的分布律为
$$P\{X = x_i,\ Y = y_j\} = p_{ij} \quad (i,\ j = 1,\ 2,\ \cdots)$$

设 $Z = g(X,\ Y)$ 的所有可能取值为 z_k, $k = 1,\ 2,\ \cdots$, 则 Z 的分布律为
$$P\{Z = z_k\} = P\{g(X,\ Y) = z_k\} = \sum_{g(x_i,\ y_j) = z_k} P\{X = x_i,\ Y = y_j\} \quad (k = 1,\ 2,\ \cdots)$$

2) 连续型随机变量的函数的分布

设 $(X,\ Y)$ 是二维连续型随机变量, 其概率密度为 $f(x,\ y)$, 令 $g(x,\ y)$ 为一个二元函数, 则 $g(X,\ Y)$ 是 $(X,\ Y)$ 的函数. 通常, 一个随机变量 $Z = g(X,\ Y)$ 的分布的求法如下

(1) 先求分布函数 $F_Z(z)$, 即
$$F_Z(z) = P\{Z \le z\} = P\{g(X,\ Y) \le z\} = P\{(X,\ Y) \in D_Z\} = \iint\limits_{D_Z} f(x,\ y)\mathrm{d}x\mathrm{d}y$$

其中 $D_Z = \{(x,\ y)\,|\,g(x,\ y) \le z\}$;

(2) 再求其概率密度 $f_Z(z)$, 对几乎所有的 z, 有 $f_Z(z) = F_Z'(z)$.

3) 几个特定的 $(X,\ Y)$ 的函数的分布

(1) 关于 $Z = X + Y$ 的分布.

设 $(X,\ Y)$ 的概率密度为 $f(x,\ y)$, 则 $Z = X + Y$ 的概率密度为
$$f_Z(z) = \int_{-\infty}^{+\infty} f(z - y,\ y)\mathrm{d}y \text{ 或 } f_Z(z) = \int_{-\infty}^{+\infty} f(x,\ z - x)\mathrm{d}x$$

当 X 和 Y 相互独立时, 上式分别化为
$$f_Z(z) = \int_{-\infty}^{+\infty} f_X(z - y)f_Y(y)\mathrm{d}y, \quad f_Z(z) = \int_{-\infty}^{+\infty} f_X(x)f_Y(z - x)\mathrm{d}x$$

上述两式常称作**卷积公式**, 记作 $f_X * f_Y$.

定理 1.2.5　设 X 和 Y 相互独立, 且 $X \sim N(\mu_1,\ \sigma_1^2)$, $Y \sim N(\mu_2,\ \sigma_2^2)$, 则 $Z = X + Y$ 仍

然服从正态分布, 且

$$Z \sim N(\mu_1 + \mu_2, \ \sigma_1^2 + \sigma_2^2)$$

可以证明: 有限个相互独立的正态随机变量的线性组合仍然服从正态分布, 即有如下定理.

定理 1.2.6 若 $X_i \sim N(\mu_i, \ \sigma_i^2)(i = 1, \ 2, \ \cdots, \ n)$, 且它们相互独立, 则对任意不全为零的常数 $a_1, \ a_2, \ \cdots, \ a_n$, 有

$$\sum_{i=1}^{n} a_i X_i \sim N\left(\sum_{i=1}^{n} a_i \mu_i, \ \sum_{i=1}^{n} a_i^2 \sigma_i^2 \right)$$

(2)关于 $Z = \dfrac{Y}{X}$ 和 $Z = XY$ 的分布.

定理 1.2.7 设 $(X, \ Y)$ 是二维连续型随机变量, 它具有概率密度 $f(x, \ y)$, 则 $Z = \dfrac{Y}{X}$ 和 $Z = XY$ 仍为连续型随机变量, 其概率密度分别为

$$f_{Y/X} = \int_{-\infty}^{+\infty} |x| f(x, \ xz) \mathrm{d}x, \quad f_{XY} = \int_{-\infty}^{+\infty} \frac{1}{|x|} f\left(x, \ \frac{z}{x}\right) \mathrm{d}x$$

若 X 和 Y 相互独立, 设 $(X, \ Y)$ 关于 X, Y 的边缘密度分别为 $f_X(x)$, $f_Y(y)$, 则上述两式分别化为

$$f_{Y/X} = \int_{-\infty}^{+\infty} |x| f_X(x) f_Y(xz) \mathrm{d}x, \quad f_{XY} = \int_{-\infty}^{+\infty} \frac{1}{|x|} f_X(x) f_Y\left(\frac{z}{x}\right) \mathrm{d}x$$

(3)关于 $M = \max\{X, \ Y\}$ 及 $N = \min\{X, \ Y\}$ 的分布.

设 X, Y 是两个相互独立的随机变量, 它们的分布函数分别为 $F_X(x)$ 和 $F_Y(y)$, 则 $M = \max\{X, \ Y\}$ 的分布函数为

$$F_M(z) = F_X(z) F_Y(z)$$

$N = \min\{X, \ Y\}$ 的分布函数为

$$F_N(z) = 1 - [1 - F_X(z)][1 - F_Y(z)]$$

以上结果容易推广到 n 个相互独立的随机变量的情况. 设 $X_1, \ X_2, \ \cdots, \ X_n$ 是 n 个相互独立的随机变量, 它们的分布函数分别为 $F_{X_i}(x_i)(i = 1, \ 2, \ \cdots, \ n)$, 则 $M = \max\{X_1, \ X_2, \ \cdots, \ X_n\}$, $N = \min\{X_1, \ X_2, \ \cdots, \ X_n\}$ 的分布函数分别为

$$F_M(z) = F_{X_1}(z) F_{X_2}(z) \cdots F_{X_n}(z)$$

$$F_N(z) = 1 - [1 - F_{X_1}(z)][1 - F_{X_2}(z)] \cdots [1 - F_{X_n}(z)]$$

特别地, 当 $X_1, \ X_2, \ \cdots, \ X_n$ 相互独立且具有相同分布函数 $F(x)$ 时, 有

$$F_M(z) = [F(z)]^n, \quad F_N(z) = 1 - [1 - F(z)]^n$$

例 1.2.1 设袋中有标号为 $-1, 1, 1, 2, 2, 2$ 的 6 个球, 从中任取一球, 试求:

(1)所取得的球的标号数 X 的分布律;

(2)随机变量 X 的分布函数 $F(x)$;

(3) $P\left\{X \leqslant \dfrac{1}{2}\right\}$, $P\left\{1 < X \leqslant \dfrac{3}{2}\right\}$, $P\left\{1 \leqslant X \leqslant \dfrac{3}{2}\right\}$.

解 (1) X 可能的取值为 -1，1，2.

因为 $P\{X=-1\} = \dfrac{1}{6}$，$P\{X=1\} = \dfrac{2}{6} = \dfrac{1}{3}$，$P\{X=2\} = \dfrac{3}{6} = \dfrac{1}{2}$，所以 X 的分布律如表 1.4 所示.

表 1.4   X 的分布律

X	-1	1	2
P	1/6	1/3	1/2

(2) 当 $x < -1$ 时，$F(x) = P\{X \le x\} = 0$；

当 $-1 \le x < 1$ 时，$F(x) = P\{X \le x\} = P\{X=-1\} = \dfrac{1}{6}$；

当 $1 \le x < 2$ 时，$F(x) = P\{X \le x\} = P\{X=-1\} + P\{X=1\} = \dfrac{1}{2}$；

当 $x \ge 2$ 时，$F(x) = P\{X \le x\} = P\{X=-1\} + P\{X=1\} + P\{X=2\} = 1$.

故 X 的分布函数为

$$F(x) = \begin{cases} 0, & x < -1 \\[2mm] \dfrac{1}{6}, & -1 \le x < 1 \\[2mm] \dfrac{1}{2}, & 1 \le x < 2 \\[2mm] 1, & x \ge 2 \end{cases}$$

(3) $P\left\{X \le \dfrac{1}{2}\right\} = F\left(\dfrac{1}{2}\right) = \dfrac{1}{6}$，

$P\left\{1 < X \le \dfrac{3}{2}\right\} = P\left\{X \le \dfrac{3}{2}\right\} - P\{X \le 1\} = F\left(\dfrac{3}{2}\right) - F(1) = \dfrac{1}{2} - \dfrac{1}{2} = 0$，

$P\left\{1 \le X \le \dfrac{3}{2}\right\} = P\{X=1\} + P\left\{1 < X \le \dfrac{3}{2}\right\} = \dfrac{1}{3}$.

例 1.2.2 设连续型随机变量 X 的分布函数为

$$F(x) = \begin{cases} Ae^x, & x < 0 \\[2mm] \dfrac{1}{2}, & 0 \le x < 1 \\[2mm] 1 - \dfrac{1}{2}e^{-\frac{1}{2}(x-1)}, & x \ge 1 \end{cases}$$

(1) 确定常数 A，求出概率密度 $f(x)$；   (2) 求 $P\{0.3 < X \le 2\}$.

解 (1) 随机变量 X 的概率密度为 $f(x) = F'(x) = \begin{cases} Ae^x, & x < 0 \\[1mm] 0, & 0 \le x < 1 \\[1mm] \dfrac{1}{4}e^{-\frac{1}{2}(x-1)}, & x \ge 1 \end{cases}$，则

$$1 = \int_{-\infty}^{+\infty} f(x)\mathrm{d}x = \int_{-\infty}^{0} A\mathrm{e}^x\mathrm{d}x + \int_0^1 0\mathrm{d}x + \int_1^{+\infty} \frac{1}{4}\mathrm{e}^{-\frac{1}{2}(x-1)}\mathrm{d}x = A + \frac{1}{2}, \ A = \frac{1}{2}$$

$$f(x) = F'(x) = \begin{cases} \dfrac{1}{2}\mathrm{e}^x, & x < 0 \\[2mm] 0, & 0 \leqslant x < 1 \\[2mm] \dfrac{1}{4}\mathrm{e}^{-\frac{1}{2}(x-1)}, & x \geqslant 1 \end{cases}$$

(2) $P\{0.3 < X \leqslant 2\} = F(2) - F(0.3) = \left(1 - \dfrac{1}{2}\mathrm{e}^{-\frac{1}{2}(2-1)}\right) - \dfrac{1}{2} = \dfrac{1}{2}(1 - \mathrm{e}^{-\frac{1}{2}})$, 或者

$P\{0.3 < X \leqslant 2\} = \int_{0.3}^1 0\mathrm{d}x + \int_1^2 \dfrac{1}{4}\mathrm{e}^{-\frac{1}{2}(x-1)}\mathrm{d}x = \dfrac{1}{2}(1 - \mathrm{e}^{-\frac{1}{2}})$.

例 1.2.3 设 X 和 Y 是两个相互独立的随机变量，$X \sim N(a, \sigma^2)$，$Y \sim U[-b, b](b > 0)$，求随机变量 $Z = X + Y$ 的概率密度.

解 由题设知，X 的概率密度为 $f_X(x) = \dfrac{1}{\sqrt{2\pi}\sigma}\mathrm{e}^{-\frac{(x-a)^2}{2\sigma^2}}$，$-\infty < x < +\infty$，$Y$ 的概率密度为

$$f_Y(y) = \begin{cases} \dfrac{1}{2b}, & -b < y < b \\[2mm] 0, & 其他 \end{cases}.$$

由卷积公式有

$$f_Z(z) = \int_{-\infty}^{+\infty} f_X(z-y)f_Y(y)\mathrm{d}y$$

而 $f_X(z-y)f_Y(y)$ 的非零区域，即 $\{(z, y) \mid -b \leqslant y \leqslant b, \ -\infty < z - y < +\infty\}$，如图 1.3 中阴影部分所示. 则

$$f_Z(z) = \int_{-\infty}^{+\infty} f_X(z-y)f_Y(y)\mathrm{d}y = \int_{-b}^b \frac{1}{\sqrt{2\pi}\sigma}\exp\left\{-\frac{(z-y-a)^2}{2\sigma^2}\right\} \cdot \frac{1}{2b}\mathrm{d}y$$

作变换 $\dfrac{z-y-a}{\sigma} = -t$，$\mathrm{d}y = \sigma\mathrm{d}t$，得

$$f_Z(z) = \int_{\frac{a-z-b}{\sigma}}^{\frac{a-z+b}{\sigma}} \frac{1}{\sqrt{2\pi}}\mathrm{e}^{-\frac{t^2}{2}} \cdot \frac{1}{2b}\mathrm{d}t$$

$$= \frac{1}{2b}\left[\int_0^{\frac{a-z+b}{\sigma}} \frac{1}{\sqrt{2\pi}}\mathrm{e}^{-\frac{t^2}{2}} \cdot \mathrm{d}t - \int_0^{\frac{a-z-b}{\sigma}} \frac{1}{\sqrt{2\pi}}\mathrm{e}^{-\frac{t^2}{2}} \cdot \mathrm{d}t\right]$$

$$= \frac{1}{2b}\left[\Phi\left(\frac{a+b-z}{\sigma}\right) - \Phi\left(\frac{a-b-z}{\sigma}\right)\right]$$

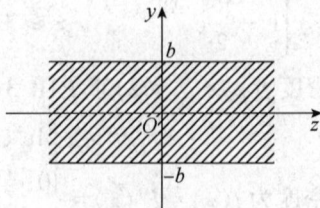

图 1.3

§1.3 随机变量的数字特征

1.3.1 数学期望

1. 离散型随机变量的数学期望

> **定义 1.3.1** 设离散型随机变量 X 具有分布律
> $$P\{X = x_k\} = p_k \quad (k = 1, 2, \cdots)$$
> 若级数 $\sum\limits_{k=1}^{\infty} x_k p_k$ 绝对收敛，则称级数 $\sum\limits_{k=1}^{\infty} x_k p_k$ 的和为随机变量 X 的**数学期望**，简称期望(又称**均值**)，记为 $E(X)$ 或 EX，即
> $$E(X) = \sum_{k=1}^{\infty} x_k p_k$$

2. 连续型随机变量的数学期望

> **定义 1.3.2** 设连续型随机变量 X 具有概率密度 $f(x)$，若积分 $\int_{-\infty}^{+\infty} x f(x)\,\mathrm{d}x$ 绝对收敛，则称积分 $\int_{-\infty}^{+\infty} x f(x)\,\mathrm{d}x$ 的值为随机变量 X 的**数学期望**，记为 $E(X)$ 或 EX，即
> $$E(X) = \int_{-\infty}^{+\infty} x f(x)\,\mathrm{d}x$$

注意：随机变量 X 的数学期望 $E(X)$ 是一个实数.

3. 随机变量的函数的数学期望

定理 1.3.1 设 X 是一个随机变量，$Y = g(X)$，且 $E(Y)$ 存在，

(1)若 X 为离散型随机变量，其分布律为
$$P\{X = x_i\} = p_i \quad (i = 1, 2, \cdots)$$
则 Y 的数学期望为
$$E(Y) = E[g(X)] = \sum_{i=1}^{\infty} g(x_i) p_i$$

(2)若 X 为连续型随机变量，其概率密度为 $f(x)$，则 Y 的数学期望为
$$E(Y) = E[g(X)] = \int_{-\infty}^{+\infty} g(x) f(x)\,\mathrm{d}x$$

注：(1)定理 1.3.1 的重要性在于求 $E[g(X)]$ 时，不必知道 $g(X)$ 的分布，只需知道 X 的分布即可，这给求随机变量函数的数学期望带来很大方便；

(2)定理 1.3.1 可推广到二维及以上的情形，即有以下定理.

定理 1.3.2 设 (X, Y) 是二维随机变量，$Z = g(X, Y)$，且 $E(Z)$ 存在，

(1)若 (X, Y) 为离散型随机变量，其分布律为

$$P\{X = x_i,\ Y = y_j\} = p_{ij} \quad (i,\ j = 1,\ 2,\ \cdots)$$

则 Z 的数学期望为

$$E(Z) = E[g(X,\ Y)] = \sum_{j=1}^{\infty} \sum_{i=1}^{\infty} g(x_i,\ y_j) p_{ij}$$

（2）若 $(X,\ Y)$ 为连续型随机变量，其概率密度为 $f(x,\ y)$，则 Z 的数学期望为

$$E(Z) = E[g(X,\ Y)] = \int_{-\infty}^{+\infty} \int_{-\infty}^{+\infty} g(x,\ y) f(x,\ y) \mathrm{d}x \mathrm{d}y$$

4. 数学期望的性质（设所遇到的随机变量的数学期望存在）

（1）设 C 是常数，则 $E(C) = C$；

（2）设 X 是一个随机变量，C 是常数，则 $E(CX) = CE(X)$；

（3）设 X，Y 是两个随机变量，则有 $E(X + Y) = E(X) + E(Y)$，这个性质可推广到任意有限个随机变量之和的情况；

（4）设 X，Y 是相互独立的随机变量，则 $E(XY) = E(X)E(Y)$，这个性质可推广到任意有限个相互独立的随机变量之积的情况.

1.3.2 方差

随机变量的数学期望是对随机变量取值水平的综合评价，而随机变量取值的稳定性是判断随机现象性质的另一个十分重要的指标.

1. 方差的定义

定义 1.3.3 设 X 是一个随机变量，若 $E\{[X - E(X)]^2\}$ 存在，则称 $E\{[X - E(X)]^2\}$ 为 X 的方差，记为 $D(X)$ 或 DX 或 $\mathrm{Var}(X)$，即

$$D(X) = \mathrm{Var}(X) = E\{[X - E(X)]\}^2$$

称方差的算术平方根 $\sqrt{D(X)}$ 为 X 的**标准差**或**均方差**，它与 X 具有相同的度量单位，在实际应用中经常使用.

2. 方差的计算

若 X 是离散型随机变量，且其分布律为

$$P\{X = x_k\} = p_k \quad (k = 1,\ 2,\ \cdots)$$

则

$$D(X) = \sum_{k=1}^{\infty} [x_k - E(X)]^2 p_k$$

若 X 是连续型随机变量，且其概率密度为 $f(x)$，则

$$D(X) = \int_{-\infty}^{+\infty} [x - E(X)]^2 f(x) \mathrm{d}x$$

利用数学期望的性质，易得计算方差的一个简化公式：

$$D(X) = E(X^2) - [E(X)]^2$$

3. 方差的性质

（1）设 C 是常数，则 $D(C) = 0$；

（2）设 X 是随机变量，若 C 是常数，则

$$D(CX) = C^2 D(X)$$

(3) 设 X, Y 是两个随机变量, 则

$$D(X \pm Y) = D(X) + D(Y) \pm 2E\{[X - E(X)][Y - E(Y)]\}$$

特别地, 若 X 和 Y 相互独立, 则

$$D(X \pm Y) = D(X) + D(Y)$$

注: 对 n 维情形, 若 X_1, X_2, $\cdots$, X_n 相互独立, 则

$$D\left(\sum_{i=1}^{n} X_i\right) = \sum_{i=1}^{n} D(X_i)$$

(4) $D(X) = 0$ 的充要条件是 X 以概率 1 取常数 $E(X)$, 即

$$P\{X = E(X)\} = 1$$

定义 1.3.4(标准化随机变量) 设随机变量 X 的数学期望和方差分别为 $E(X)$ 和 $D(X)$, 引进随机变量

$$X^* = \frac{X - E(X)}{\sqrt{D(X)}}$$

此时有 $E(X^*) = 0$, $D(X^*) = 1$, 称 X^* 为 X 的**标准化随机变量**.

常见分布的数学期望与方差如表 1.5 所示.

表 1.5　常见分布的数学期望与方差

分布	数学期望	方差
0-1 分布 $B(1, p)$	p	$p(1 - p)$
二项分布 $B(n, p)$	np	$np(1 - p)$
泊松分布 $P(\lambda)$	λ	λ
几何分布 $G(p)$	$\dfrac{1}{p}$	$\dfrac{1 - p}{p^2}$
超几何分布 $H(N, M, n)$	$n\dfrac{M}{N}$	$n\dfrac{M}{N}\left(1 - \dfrac{M}{N}\right)\left(\dfrac{N - n}{N - 1}\right)$
均匀分布 $U(a, b)$	$\dfrac{a + b}{2}$	$\dfrac{(b - a)^2}{12}$
指数分布 $E(\theta)$	θ	θ^2
正态分布 $N(\mu, \sigma^2)$	μ	σ^2
卡方分布 $\chi^2(n)$	n	$2n$

1.3.3　协方差及相关系数

协方差是反映多个随机变量之间依赖关系的一个数字特征.

1. 协方差的定义

定义 1.3.5 设 (X, Y) 为二维随机变量, 若 $E\{[X - E(X)][Y - E(Y)]\}$ 存在, 则称其为随机变量 X 和 Y 的协方差, 记为 $\mathrm{Cov}(X, Y)$, 即

$$\mathrm{Cov}(X, Y) = E\{[X - E(X)][Y - E(Y)]\}$$

若 (X, Y) 为二维离散型随机变量, 其分布律为

$$P\{X = x_i, Y = y_j\} = p_{ij} \quad (i, j = 1, 2, \cdots)$$

则

$$\text{Cov}(X, Y) = \sum_{i, j} \{[x_i - E(X)][y_j - E(Y)]\} \cdot p_{ij}$$

若 (X, Y) 为二维连续型随机变量, 其概率密度为 $f(x, y)$, 则

$$\text{Cov}(X, Y) = \int_{-\infty}^{+\infty} \int_{-\infty}^{+\infty} \{[x - E(X)][y - E(Y)]\} f(x, y) \mathrm{d}x \mathrm{d}y$$

协方差又可写成

$$\text{Cov}(X, Y) = E(XY) - E(X)E(Y)$$

特别地, 当 X 和 Y 相互独立时, 有 $\text{Cov}(X, Y) = 0$.

2. 协方差的性质

(1) $\text{Cov}(X, X) = D(X)$, $\text{Cov}(X, Y) = \text{Cov}(Y, X)$;

(2) $\text{Cov}(aX, bY) = ab\text{Cov}(X, Y)$, 其中 a, b 是常数;

(3) $\text{Cov}(C, X) = 0$, C 为任意常数;

(4) $\text{Cov}(X_1 + X_2, Y) = \text{Cov}(X_1, Y) + \text{Cov}(X_2, Y)$;

(5) $D(X \pm Y) = D(X) + D(Y) \pm 2\text{Cov}(X, Y)$.

性质(5)可推广到任意场合, 即

$$D\left(\sum_{i=1}^{n} X_i\right) = \sum_{i=1}^{n} D(X_i) + 2\sum_{1 \leq i < j \leq n} \text{Cov}(X_i, X_j)$$

3. 相关系数的定义与性质

定义 1.3.6 设 (X, Y) 为二维随机变量, $D(X) > 0$, $D(Y) > 0$, 称

$$\rho_{XY} = \frac{\text{Cov}(X, Y)}{\sqrt{D(X)} \sqrt{D(Y)}}$$

为随机变量 X 和 Y 的**相关系数**. 有时也记 ρ_{XY} 为 ρ.

相关系数的性质:

(1) $|\rho_{XY}| \leq 1$;

(2) $|\rho_{XY}| = 1$ 的充要条件是存在常数 $a, b(a \neq 0)$, 使 $P\{Y = aX + b\} = 1$, 而且当 $a > 0$ 时, $\rho_{XY} = 1$, 称 X 与 Y 正相关; 当 $a < 0$ 时, $\rho_{XY} = -1$, 称 X 与 Y 负相关.

注: 相关系数 ρ_{XY} 刻画了随机变量 Y 与 X 之间的"线性相关"程度.

$|\rho_{XY}|$ 的值越接近 1, Y 与 X 的线性相关程度越高;

$|\rho_{XY}|$ 的值越接近 0, Y 与 X 的线性相关程度越弱.

当 $|\rho_{XY}| = 1$ 时, Y 与 X 的变化可完全由 X 的线性函数给出.

当 $\rho_{XY} = 0$, 即 $\text{Cov}(X, Y) = 0$ 时, 称 X 和 Y **不相关**.

若随机变量 X 和 Y 相互独立, 则 $\rho_{XY} = 0$, 即 X, Y 不相关; 反之, 若 X 和 Y 不相关, X 和 Y 不一定相互独立.

二维随机变量 (X, Y) 服从正态分布, 即 $(X, Y) \sim N(\mu_1, \mu_2, \sigma_1^2, \sigma_2^2, \rho)$, 则有 X 和 Y 的相关系数 $\rho_{XY} = \rho$. 对于二维正态随机变量 (X, Y), X 和 Y 相互独立的充要条件是参数 $\rho = 0$, 即二维正态随机变量 X 和 Y 不相关与 X 和 Y 相互独立是等价的.

1.3.4　矩、协方差矩阵

1. 矩的概念

定义 1.3.7　设 X 和 Y 是随机变量，若
$$E(X^k)\quad(k=1,2,\cdots)$$
存在，则称它为 X 的 k 阶原点矩（简称 k 阶矩）.

　　若
$$E\{[X-E(X)]^k\}\quad(k=2,3,\cdots)$$
存在，则称它为 X 的 k 阶中心矩.

　　若
$$E(X^kY^l)\quad(k,l=1,2,\cdots)$$
存在，则称它为 X 和 Y 的 $k+l$ 阶混合矩.

　　若
$$E\{[X-E(X)]^k[Y-E(Y)]^l\}\quad(k,l=1,2,\cdots)$$
存在，则称它为 X 和 Y 的 $k+l$ 阶混合中心矩.

注：（1）X 的数学期望 $E(X)$ 是 X 的 1 阶原点矩；

（2）X 的方差 $D(X)$ 是 X 的 2 阶中心矩；

（3）协方差 $\mathrm{Cov}(X,Y)$ 是 X 和 Y 的 3 阶混合中心矩.

2. 协方差矩阵

定义 1.3.8　将二维随机变量 (X_1,X_2) 的 4 个 2 阶中心矩
$$c_{11}=E\{[X_1-E(X_1)]^2\},\quad c_{22}=E\{[X_2-E(X_2)]^2\}$$
$$c_{12}=E\{[X_1-E(X_1)][X_2-E(X_2)]\}$$
$$c_{21}=E\{[X_2-E(X_2)][X_1-E(X_1)]\}$$
排成矩阵的形式：$\begin{pmatrix}c_{11}&c_{12}\\c_{21}&c_{22}\end{pmatrix}$（对称矩阵），称此矩阵为 (X_1,X_2) 的**协方差矩阵**.

　　类似可定义 n 维随机变量 $(X_1,X_2,\cdots,X_n)$ 的协方差矩阵.

定义 1.3.9　若 $c_{ij}=\mathrm{Cov}(X_i,X_j)=E\{[X_i-E(X_i)][X_j-E(X_j)]\}$，$i,j=1,2,\cdots,$ n 都存在，则称
$$\sum=\begin{pmatrix}c_{11}&c_{12}&\cdots&c_{1n}\\c_{21}&c_{22}&\cdots&c_{2n}\\\vdots&\vdots&&\vdots\\c_{n1}&c_{n2}&\cdots&c_{nn}\end{pmatrix}$$
为 $(X_1,X_2,\cdots,X_n)$ 的**协方差矩阵**.

　　例 1.3.1　设随机变量 $X_1,X_2,\cdots,X_n$ 相互独立同分布，其概率密度为

$$f(x) = \begin{cases} 2e^{-2(x-\theta)}, & x > \theta \\ 0, & x \leq \theta \end{cases}$$

其中 θ 为参数，试求 $Z = \min\limits_{1 \leq i \leq n}\{X_i\}$ 的数学期望和方差.

解 因为 X_1，X_2，$\cdots$，X_n 的概率密度为

$$f(x) = \begin{cases} 2e^{-2(x-\theta)}, & x > \theta \\ 0, & x \leq \theta \end{cases}$$

所以它们的分布函数为

$$F(x) = \int_{-\infty}^{x} f(t)\,dt = \begin{cases} \int_{\theta}^{x} 2e^{-2(x-\theta)}\,dt, & x > \theta \\ 0, & x \leq \theta \end{cases} = \begin{cases} -e^{-2(x-\theta)}\big|_{\theta}^{x}, & x > \theta \\ 0, & x \leq \theta \end{cases} = \begin{cases} 1 - e^{-2(x-\theta)}, & x > \theta \\ 0, & x \leq \theta \end{cases}$$

因此，Z 的分布函数

$$F_Z(z) = P\{Z \leq z\} = P\{\min_{1 \leq i \leq n}\{X_i\} \leq z\} = 1 - P\{\min_{1 \leq i \leq n}\{X_i\} > z\}$$

$$= 1 - P\{X_1 > z, X_2 > z, \cdots, X_n > z\}$$

$$= 1 - P\{X_1 > z\} \cdot P\{X_2 > z\} \cdots \cdot P\{X_n > z\}$$

$$= 1 - [1 - F(z)]^n = \begin{cases} 1 - e^{-2n(z-\theta)}, & z > \theta \\ 0, & z \leq \theta \end{cases}$$

从而 Z 的概率密度为

$$f_Z(z) = F'(z) = \begin{cases} 2ne^{-2n(z-\theta)}, & z > \theta \\ 0, & z \leq \theta \end{cases}$$

故 $E(Z) = \int_{-\infty}^{+\infty} zf_Z(z)\,dz = \int_{\theta}^{+\infty} 2nze^{-2n(z-\theta)}\,dz$

$$= -ze^{-2n(z-\theta)}\big|_{\theta}^{+\infty} + \int_{\theta}^{+\infty} e^{-2n(z-\theta)}\,dz = \theta - \frac{1}{2n}e^{-2n(z-\theta)}\big|_{\theta}^{+\infty} = \theta + \frac{1}{2n}$$

又有 $E(Z^2) = \int_{-\infty}^{+\infty} z^2 f_Z(z)\,dz = \int_{\theta}^{+\infty} 2nz^2 e^{-2n(z-\theta)}\,dz$

$$= -z^2 e^{-2n(z-\theta)}\big|_{\theta}^{+\infty} + \int_{\theta}^{+\infty} 2ze^{-2n(z-\theta)}\,dz = \theta^2 + \frac{1}{n}E(Z) = \theta^2 + \frac{\theta}{n} + \frac{1}{2n^2}$$

因此 $D(Z) = E(Z^2) - [E(Z)]^2 = \theta^2 + \frac{\theta}{n} + \frac{1}{2n^2} - \left(\theta + \frac{1}{2n}\right)^2 = \frac{1}{4n^2}$.

例 1.3.2 设二维随机变量 (X, Y) 的概率密度为

$$f(x, y) = \begin{cases} \dfrac{2}{\pi}(x^2 + y^2), & x^2 + y^2 \leq 1 \\ 0, & 其他 \end{cases}$$

(1) 求 X 与 Y 的协方差；
(2) 判断 X 与 Y 是否相互独立；
(3) 求 $Z = X^2 + Y^2$ 的概率密度.

解 (1) 由对称性可得 $E(X) = \iint_G xf(x, y)\,dxdy = \iint_{x^2+y^2 \leq 1} x \cdot \frac{2}{\pi}(x^2 + y^2)\,dxdy = 0$，$E(Y) =$

$\iint_G yf(x, y)\,dxdy = \iint_{x^2+y^2 \leq 1} y \cdot \frac{2}{\pi}(x^2 + y^2)\,dxdy = 0$，$E(XY) = \iint_G xyf(x, y)\,dxdy = \iint_{x^2+y^2 \leq 1} xy \cdot \frac{2}{\pi}(x^2 +$

$y^2) \mathrm{d}x\mathrm{d}y = 0$，所以 $\mathrm{Cov}(X, Y) = E(XY) - E(X)E(Y) = 0$，说明 X 与 Y 不相关.

$$(2)\ f_X(x) = \int_{-\infty}^{+\infty} f(x, y)\mathrm{d}y = \begin{cases} \int_{-\sqrt{1-x^2}}^{\sqrt{1-x^2}} \dfrac{2}{\pi}(x^2 + y^2)\mathrm{d}y, & -1 \leqslant x \leqslant 1 \\ 0, & \text{其他} \end{cases}$$

$$= \begin{cases} \dfrac{4}{3\pi}(1 + 2x^2)\sqrt{1 - x^2}, & -1 \leqslant x \leqslant 1 \\ 0, & \text{其他} \end{cases}$$

同理可得

$$f_Y(y) = \begin{cases} \dfrac{4}{3\pi}(1 + 2y^2)\sqrt{1 - y^2}, & -1 \leqslant y \leqslant 1 \\ 0, & \text{其他} \end{cases}$$

因为 $f(x, y) \neq f_X(x)f_Y(y)$，所以 X 与 Y 不相互独立.

(3) 先求分布函数 $F_Z(z) = P\{Z \leqslant z\} = P\{X^2 + Y^2 \leqslant z\}$.

当 $z < 0$ 时，$F_Z(z) = P\{Z \leqslant z\} = 0$；

当 $0 \leqslant z < 1$ 时，$F_Z(z) = P\{X^2 + Y^2 \leqslant z\} = \iint\limits_{x^2+y^2 \leqslant 1} \dfrac{2}{\pi}(x^2 + y^2)\mathrm{d}x\mathrm{d}y = \dfrac{2}{\pi}\int_0^{2\pi}\mathrm{d}\theta\int_0^{\sqrt{z}} r^3\mathrm{d}r = z^2$；

当 $z \geqslant 1$ 时，$F_Z(z) = 1$；

所以 $Z = X^2 + Y^2$ 的概率密度为 $f_Z(z) = F_Z'(z) = \begin{cases} 2z, & 0 < z < 1 \\ 0, & \text{其他} \end{cases}$.

§1.4　大数定律与中心极限定理

在生产实践中，人们认识到大量试验数据、测量数据的算术平均值具有稳定性. 这种稳定性就是大数定律的客观背景. 在这一节中，我们将复习有关随机变量序列的最基本的两类极限定理——大数定律与中心极限定理.

1.4.1　大数定律

定义 1.4.1　设 $X_1, X_2, \cdots, X_n, \cdots$ 是一个随机变量序列，a 为一个常数，若对于任意给定的正数 ε，有 $\lim\limits_{n\to\infty} P\{|X_n - a| < \varepsilon\} = 1$，则称序列 $X_1, X_2, \cdots, X_n, \cdots$ **依概率收敛**于 a，记为

$$X_n \xrightarrow{P} a \quad (n \to \infty)$$

定理 1.4.1　设 $X_n \xrightarrow{P} a$，$Y_n \xrightarrow{P} b$，又设函数 $g(x, y)$ 在点 (a, b) 处连续，则

$$g(X_n, Y_n) \xrightarrow{P} g(a, b)$$

定理 1.4.2　设随机变量 X 有期望 $E(X) = \mu$ 和方差 $D(X) = \sigma^2$，则对于任意 $\varepsilon > 0$，有

$$P\{|X - \mu| \geqslant \varepsilon\} \leqslant \dfrac{\sigma^2}{\varepsilon^2}$$

称上述不等式为切比雪夫不等式.

注：（1）切比雪夫不等式也可以写成

$$P\{|X-\mu|<\varepsilon\}\geqslant 1-\frac{\sigma^2}{\varepsilon^2}$$

（2）当方差已知时，切比雪夫不等式给出了 X 与它的期望的偏差不小于 ε 的概率的估计式．如取 $\varepsilon=3\sigma$，则有

$$P\{|X-E(X)|\geqslant 3\sigma\}\leqslant\frac{\sigma^2}{9\sigma^2}\approx 0.111$$

故对任意分布，只要期望和方差存在，则随机变量 X 取值偏离 $E(X)$ 超过 3σ 的概率小于 0.111．

定理 1.4.3（切比雪夫大数定律） 设随机变量 X_1，X_2，$\cdots$，X_n，$\cdots$ 相互独立，每一随机变量的方差均存在，且它们有公共的上界 C，即

$$D(X_1)\leqslant C,\ D(X_2)\leqslant C,\ \cdots,\ D(X_n)\leqslant C,\ \cdots$$

则对于任意的正数 ε，有

$$\lim_{n\to\infty}P\left\{\left|\frac{1}{n}\sum_{k=1}^{n}X_k-\frac{1}{n}\sum_{k=1}^{n}E(X_k)\right|<\varepsilon\right\}=1$$

注：定理 1.4.3 表明，当 n 很大时，随机变量 X_1，X_2，$\cdots$，X_n，$\cdots$ 的算术平均值 $\frac{1}{n}\sum_{k=1}^{n}X_k$ 接近于数学期望 $E(X_1)$，$E(X_2)$，$\cdots$，$E(X_n)$ 的平均值，即依概率收敛于其数学期望．

定理 1.4.4（伯努利大数定律） 设 n_A 是 n 次伯努利试验中事件 A 发生的次数，p 是事件 A 在每次试验中发生的概率，则对任意的 $\varepsilon>0$，有

$$\lim_{n\to\infty}P\left\{\left|\frac{n_A}{n}-p\right|<\varepsilon\right\}=1\ \text{或}\ \lim_{n\to\infty}P\left\{\left|\frac{n_A}{n}-p\right|\geqslant\varepsilon\right\}=0$$

注：（1）伯努利大数定律表明：当重复试验次数 n 充分大时，事件 A 发生的频率 $\frac{n_A}{n}$ 依概率收敛于事件 A 发生的概率 p．伯努利大数定律以严格的数学形式表达了频率的稳定性．在实际应用中，当试验次数很大时，便可以用事件发生的频率来近似代替事件发生的概率．

（2）若事件 A 发生的概率很小，则由伯努利大数定律知事件 A 发生的频率也是很小的，或者说事件 A 很少发生．即"概率很小的随机事件在个别试验中几乎不会发生"，称这一原理为小概率原理，它的实际应用很广泛．

定理 1.4.5（辛钦大数定律） 设随机变量 X_1，X_2，$\cdots$，X_n，$\cdots$ 相互独立，服从同一分布，且具有数学期望 $E(X_k)=\mu$，$k=1$，2，$\cdots$，则对任意 $\varepsilon>0$，有

$$\lim_{n\to\infty}P\left\{\left|\frac{1}{n}\sum_{i=1}^{n}X_i-\mu\right|<\varepsilon\right\}=1$$

注：伯努利大数定律是辛钦大数定律的特殊情况．

1.4.2 中心极限定理

中心极限定理回答的是大量独立随机变量和的近似分布问题，其结论表明：当一个量受许多随机因素（主导因素除外）的共同影响而随机取值时，它的分布就近似服从正态分布．

定理 1.4.6（独立同分布的中心极限定理） 设随机变量 X_1，X_2，$\cdots$，X_n，$\cdots$ 相互独立

且服从同一分布,它们具有数学期望和方差: $E(X_k) = \mu$, $D(X_k) = \sigma^2 > 0$, $k = 1, 2, \cdots$,

$n, \cdots$, 则随机变量之和 $\sum\limits_{k=1}^{n} X_k$ 的标准化随机变量 $Y_n = \dfrac{\sum\limits_{k=1}^{n} X_k - E\left(\sum\limits_{k=1}^{n} X_k\right)}{\sqrt{D\left(\sum\limits_{k=1}^{n} X_k\right)}} = \dfrac{\sum\limits_{k=1}^{n} X_k - n\mu}{\sqrt{n}\,\sigma}$ 的分

布函数 $F_n(x)$, 对于任意实数 x, 满足

$$\lim_{n\to\infty} F_n(x) = \lim_{n\to\infty} P\left\{\dfrac{\sum\limits_{k=1}^{n} X_k - n\mu}{\sigma\sqrt{n}} \leq x\right\} = \int_{-\infty}^{x} \dfrac{1}{\sqrt{2\pi}} \mathrm{e}^{\frac{-t^2}{2}} \mathrm{d}t = \Phi(x)$$

注: 定理 1.4.6 表明,当 n 充分大时,n 个具有期望和方差的独立同分布的随机变量之和近似服从正态分布. 对于 $a < b$, 有近似公式:

$$P\{a \leq X \leq b\} \approx \Phi\left(\dfrac{b - n\mu}{\sqrt{n}\,\sigma}\right) - \Phi\left(\dfrac{a - n\mu}{\sqrt{n}\,\sigma}\right)$$

由定理结论有

$$\dfrac{\sum\limits_{i=1}^{n} X_i - n\mu}{\sigma\sqrt{n}} \overset{\text{近似}}{\sim} N(0, 1) \Rightarrow \dfrac{\frac{1}{n}\sum\limits_{i=1}^{n} X_i - \mu}{\sigma/\sqrt{n}} \overset{\text{近似}}{\sim} N(0, 1) \Rightarrow \overline{X} \sim N(\mu, \sigma^2/n), \quad \overline{X} = \dfrac{1}{n}\sum\limits_{i=1}^{n} X_i$$

故定理 1.4.6 又可表述为均值为 μ, 方差为 σ^2 独立同分布的随机变量 $X_1, X_2, \cdots$, $X_n, \cdots$ 的算术平均值 $\overline{X}$, 当 n 充分大时近似地服从均值为 μ, 方差为 σ^2/n 的正态分布. 这一结果是数理统计中大样本统计推断的理论基础.

定理 1.4.7(棣莫弗-拉普拉斯定理) 设随机变量 $\eta_n(n = 1, 2, \cdots)$ 服从参数为 $n, p(0 < p < 1)$ 的二项分布,则对于任意 x, 有

$$\lim_{n\to\infty} P\left\{\dfrac{\eta_n - np}{\sqrt{np(1-p)}} \leq x\right\} = \int_{-\infty}^{x} \dfrac{1}{\sqrt{2\pi}} \mathrm{e}^{-\frac{t^2}{2}} \mathrm{d}t = \Phi(x)$$

注: 棣莫弗-拉普拉斯定理就是独立同分布的中心极限定理的一个特殊情况. 对于二项分布 $X \sim B(n, p)$, 当 n 充分大时,若 $a < b$, 则有近似公式:

$$P\{a \leq X < b\} \approx \Phi\left(\dfrac{b - np}{\sqrt{np(1-p)}}\right) - \Phi\left(\dfrac{a - np}{\sqrt{np(1-p)}}\right)$$

定理 1.4.8(李雅普诺夫定理) 设随机变量 $X_1, X_2, \cdots, X_n, \cdots$ 相互独立,它们具有数学期望和方差: $E(X_k) = \mu_k$, $D(X_k) = \sigma_k^2 > 0$, $k = 1, 2, \cdots$, 记 $B_n^2 = \sum\limits_{k=1}^{n} \sigma_k^2$. 若存在正数 δ, 使得当 $n \to \infty$ 时,有

$$\dfrac{1}{B_n^{2+\delta}} \sum_{k=1}^{n} E\left(\left|X_k - \mu_k\right|^{2+\delta}\right) \to 0$$

则随机变量之和 $\sum\limits_{k=1}^{n} X_k$ 的标准化随机变量

$$Z_n = \dfrac{\sum\limits_{k=1}^{n} X_k - E\left(\sum\limits_{k=1}^{n} X_k\right)}{\sqrt{D\left(\sum\limits_{k=1}^{n} X_k\right)}} = \dfrac{\sum\limits_{k=1}^{n} X_k - \sum\limits_{k=1}^{n} \mu_k}{B_n}.$$

的分布函数 $F_n(x)$ 对于任意 x，满足

$$\lim_{n\to\infty}F_n(x)=\lim_{n\to\infty}P\left\{\frac{\sum\limits_{k=1}^{n}X_k-\sum\limits_{k=1}^{n}\mu_k}{B_n}\leqslant x\right\}=\int_{-\infty}^{x}\frac{1}{\sqrt{2\pi}}e^{\frac{-t^2}{2}}dt=\Phi(x)$$

注：定理 1.4.8 表明，在定理的条件下，随机变量

$$Z_n=\frac{\sum\limits_{k=1}^{n}X_k-\sum\limits_{k=1}^{n}\mu_k}{B_n}$$

当 n 很大时，其近似地服从正态分布 $N(0,1)$. 由此，当 n 很大时，$\sum\limits_{k=1}^{n}X_k=B_nZ_n+\sum\limits_{k=1}^{n}\mu_k$ 近似地服从正态分布 $N\left(\sum\limits_{k=1}^{n}\mu_k,B_n^2\right)$. 这就是说，无论各个随机变量 $X_k(k=1,2,\cdots)$ 服从什么分布，只要满足定理的条件，那么当 n 很大时，它们的和 $\sum\limits_{k=1}^{n}X_k$ 就近似地服从正态分布. 这就是正态随机变量在概率论中占有重要地位的一个基本原因.

例 1.4.1 某单位内部有 260 部电话分机，每部电话分机有 4% 的时间要用外线通话，可以认为各部电话分机用不用外线是相互独立的，问总机要备有多少条外线才能以 95% 的把握保证各部电话分机在用外线时不必等候.

解 设有 X 部电话分机同时使用外线，则有 $X\sim B(260,0.04)$，其中 $n=260$，$p=0.04$，$E(X)=np=10.6$，$D(X)=np(1-p)=0.024$.

设有 N 条外线. 由题意有 $P\{X\leqslant N\}\geqslant0.95$，由棣莫弗-拉普拉斯定理有

$$P\{X\leqslant N\}\approx\Phi\left(\frac{N-np}{\sqrt{np(1-p)}}\right)=\Phi\left(\frac{N-10.4}{\sqrt{9.984}}\right).$$

查附录 A 中表 A.1 得：$\Phi(1.65)\approx0.9505$，因此 $\dfrac{N-10.4}{\sqrt{9.984}}\geqslant1.65$，从而

$$N\geqslant1.65\sqrt{9.984}+10.4=15.61$$

取整数 16，所以总机至少应备有 16 条外线，才能以 95% 的把握保证各部电话分机在用外线时不必等候.

本章小结

本章对概率论的内容分四个部分进行梳理，以便学生在学习数理统计的内容时更得心应手. 一是随机事件及概率，介绍了概率论的基本概念，以及事件的关系与运算和概率的性质、条件概率、概率的乘法定理、全概率公式、贝叶斯公式，要熟练掌握这些定义和性质，这是计算概率的基础. 二是随机变量及其分布，分别以离散型和连续型随机变量为重点，给出了其分布和计算概率的方法. 要重点掌握几种常见分布，熟练掌握二维随机变量的联合分布、边缘分布、条件分布的计算，以及随机变量独立性的判断. 三是随机变量的数字特征，要重点掌握数学期望、方差、协方差、相关系数、矩的概念、性质及计算方法，记住常见分

布的数学期望和方差，这些内容在数理统计学中的抽样分布和参数估计中均有应用．四是大数定律与中心极限定理，大数定律揭示了随机事件的概率与频率的关系，从大量测量值的平均值出发，讨论并反映了算术平均值及频率的稳定性，平均数的一种变化趋势．中心极限定理的实用价值是非常高的，除了可以求概率的近似值，在后续知识点，如区间估计、假设检验中，一般都是求正态分布下的参数，遇到不是正态总体的，利用中心极限定理，还可以找一个近似正态分布解决问题．对正态分布的相关内容要熟练掌握．

本章知识结构如图 1.4 所示．

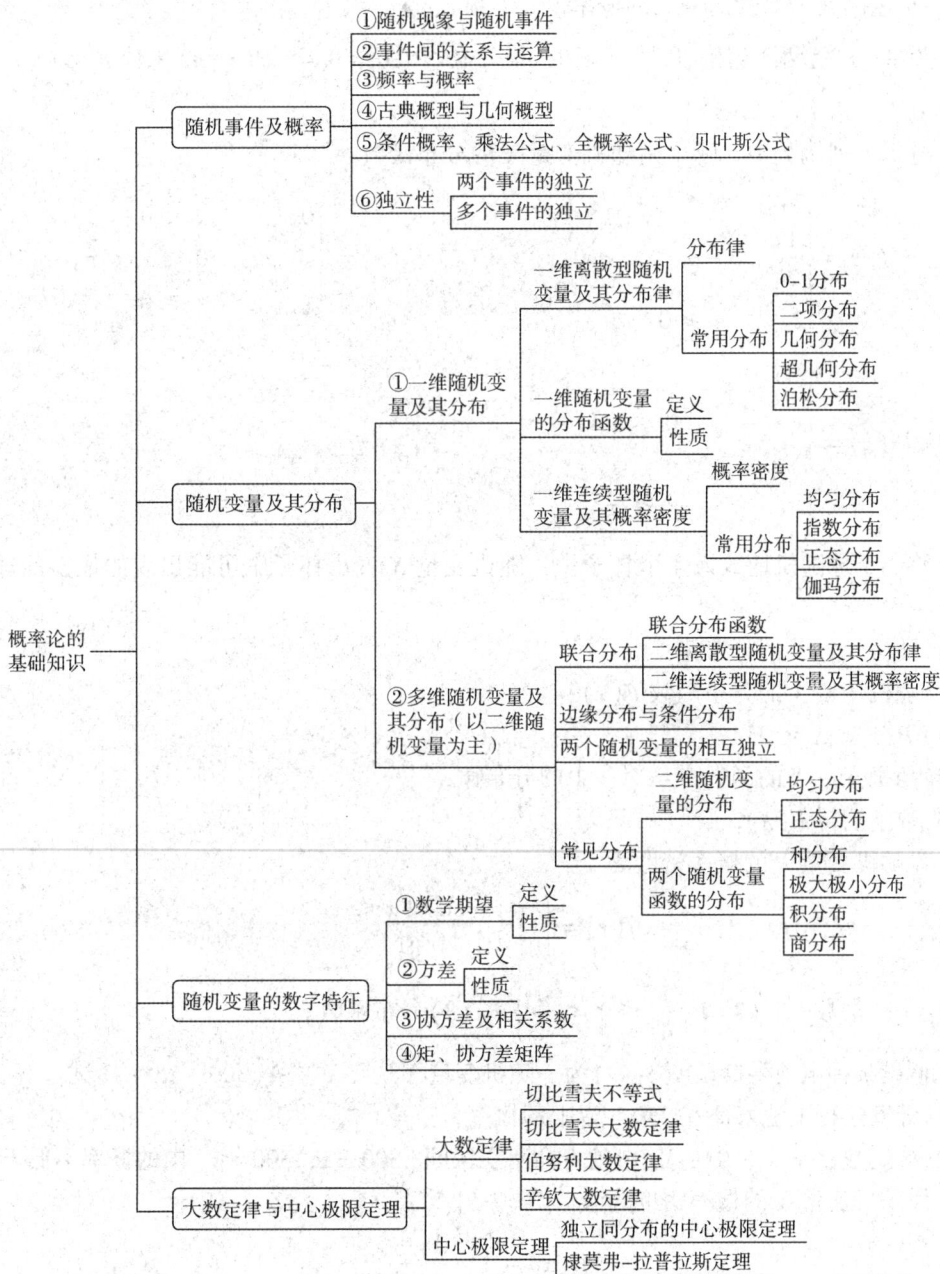

概率论的基础知识
- 随机事件及概率
  - ①随机现象与随机事件
  - ②事件间的关系与运算
  - ③频率与概率
  - ④古典概型与几何概型
  - ⑤条件概率、乘法公式、全概率公式、贝叶斯公式
  - ⑥独立性
    - 两个事件的独立
    - 多个事件的独立
- 随机变量及其分布
  - ①一维随机变量及其分布
    - 一维离散型随机变量及其分布律
      - 分布律
      - 常用分布
        - 0–1分布
        - 二项分布
        - 几何分布
        - 超几何分布
        - 泊松分布
    - 一维随机变量的分布函数
      - 定义
      - 性质
    - 一维连续型随机变量及其概率密度
      - 概率密度
      - 常用分布
        - 均匀分布
        - 指数分布
        - 正态分布
        - 伽玛分布
  - ②多维随机变量及其分布（以二维随机变量为主）
    - 联合分布
      - 联合分布函数
      - 二维离散型随机变量及其分布律
      - 二维连续型随机变量及其概率密度
    - 边缘分布与条件分布
    - 两个随机变量的相互独立
    - 常见分布
      - 二维随机变量的分布
        - 均匀分布
        - 正态分布
      - 两个随机变量函数的分布
        - 和分布
        - 极大极小分布
        - 积分布
        - 商分布
- 随机变量的数字特征
  - ①数学期望
    - 定义
    - 性质
  - ②方差
    - 定义
    - 性质
  - ③协方差及相关系数
  - ④矩、协方差矩阵
- 大数定律与中心极限定理
  - 大数定律
    - 切比雪夫不等式
    - 切比雪夫大数定律
    - 伯努利大数定律
    - 辛钦大数定律
  - 中心极限定理
    - 独立同分布的中心极限定理
    - 棣莫弗–拉普拉斯定理

图 1.4

习题一

1. 假设 1 000 件产品中有 200 件是不合格的产品,依次作不放回抽取两件产品,求第二次抽取到不合格品的概率.

2. 甲、乙、丙三部机床独立工作,由一个工人照管,某段时间内它们不需要工人照管的概率分别为 0.9,0.8 及 0.85,在这段时间内,求:

(1)有机床需要工人照管的概率;

(2)机床因无人照管而停工的概率.

3. 设 A,B 是两个随机事件,$0 < P(A) < 1$,$P(A) = 0.4$,$P(B|A) + P(\bar{B}|\bar{A}) = 1$,$P(A \cup B) = 0.7$,求 $P(\bar{A} \cup \bar{B})$.

4. 分析下列函数中,哪个是随机变量 X 的分布函数.

(1) $F_1(x) = \begin{cases} 1, & x < -2 \\ \dfrac{1}{2}, & -2 \leqslant x < 0; \\ 2, & x \geqslant 0 \end{cases}$ 　　(2) $F_2(x) = \begin{cases} 0, & x < 0 \\ \sin x, & 0 \leqslant x < \pi; \\ 1, & x \geqslant \pi \end{cases}$

(3) $F_3(x) = \begin{cases} 0, & x < 0 \\ x + \dfrac{1}{2}, & 0 \leqslant x < \dfrac{1}{2}. \\ 1, & x \geqslant \dfrac{1}{2} \end{cases}$

5. 将 3 个球随机地放入 4 个杯子中,随机变量 X 表示杯子中可能出现的最多的球的个数.求:

(1)随机变量 X 的分布律;

(2)随机变量 X 的分布函数 $F(x)$;

(3)$P\{1 < X < 3\}$;

(4)随机变量 X 的函数 $Y = X^2 + 1$ 的分布律;

(5)数学期望 $E(X)$.

6. 设随机变量 X 的概率密度为

$$f(x) = \begin{cases} kx^2, & 0 \leqslant x \leqslant 1 \\ 0, & \text{其他} \end{cases}$$

求:(1)常数 k;(2)$P\left\{\dfrac{1}{4} \leqslant X \leqslant \dfrac{1}{2}\right\}$;(3)分布函数.

7. 假设某种电池寿命(单位:h)为一随机变量 X,且 $X \sim N(300, 25^2)$,试:

(1)计算这种电池寿命在 250 h 以上的概率;

(2)确定数字 $x(x > 0)$,使电池寿命落在区间 $[300 - x, 300 + x]$ 内的概率不低于 90%.

8. 设随机变量 X 的概率密度为

$$f_X(x) = \frac{1}{\pi(1 + x^2)}$$

求随机变量 $Y = 1 - \sqrt[3]{X}$ 的概率密度.

9. 一整数 X 随机地在 2，3，4 这三个整数中取一个值，另一个整数 Y 在 $2 \sim X$ 中取一个值，试求 (X, Y) 的边缘分布律.

10. 设 X 和 Y 是两个相互独立的随机变量，且 X 在 $(0, 1)$ 内服从均匀分布，Y 服从参数为 $\theta = 1$ 的指数分布，求 $Z = X + Y$ 的概率密度.

11. 设随机变量 X 的概率密度为

$$f(x) = \begin{cases} 2^{-x}\ln 2, & x > 0 \\ 0, & x \leq 0 \end{cases}$$

对 X 进行独立重复的观测，直到两个大于 3 的观察值出现才停止，记 Y 为观测次数. 求：

(1) Y 的分布律；(2) $E(Y)$.

12. (1) 设 X 为随机变量，C 是常数，证明：$D(X) < E\{(X - C)^2\}$，对于 $C \neq E(X)$.

(由于 $D(X) = E\{[X - E(X)]^2\}$，上式表明 $E\{(X - C)^2\}$ 当 $C = E(X)$ 时取得最小值)

(2) 设随机变量 X，Y 相互独立，方差有限，证明：$D(XY) \geq D(X)D(Y)$.

13. 设随机变量 X 与 Y 相互独立，且 $X \sim B\left(1, \dfrac{1}{3}\right)$，$Y \sim B\left(2, \dfrac{1}{2}\right)$，求：

(1) $P(X = Y)$；(2) $E(XY)$，$D(XY)$.

14. 随机变量 (X, Y) 的概率密度为

$$f(x, y) = \begin{cases} Ae^{-(x+y)}, & x > 0, y > 0 \\ 0, & 其他 \end{cases}$$

求：(1) 常数 A；(2) 分布函数；(3) 边缘概率密度，并判断 X 与 Y 是否相互独立；(4) (X, Y) 落在由 x 轴、y 轴及直线 $2x + y = 2$ 所围成的三角形区域 G 内的概率；(5) $E(X)$，$D(Y)$.

15. 设随机变量 Z 服从 $[-\pi, \pi]$ 上的均匀分布，又 $X = \sin Z$，$Y = \cos Z$，试求相关系数 ρ_{XY}.

16. 设二维随机变量 (X, Y) 的概率密度为

$$f(x, y) = \begin{cases} 1/\pi, & x^2 + y^2 \leq 1 \\ 0, & x^2 + y^2 > 1 \end{cases}$$

试证明随机变量 X 和 Y 不相关，也不相互独立.

17. 设二维随机变量 $(X, Y) \sim N(\mu, \mu, \sigma^2, \sigma^2, 0)$，求 $E(XY^2)$.

18. 设 $X \sim N(\mu, \sigma^2)$，求 X 的 2 阶原点矩和 3 阶中心矩.

19. 现有一大批种子，其中良种占 $\dfrac{1}{6}$，现从中任取 6 000 粒种子，试分别用切比雪夫不等式估算和用中心极限定理计算这 6 000 粒种子中良种所占比例与 $\dfrac{1}{6}$ 之差的绝对值不超过 1%的概率.

20. 某一医院一个月接受破伤风患者的人数是一个随机变量，它服从参数为 5 的泊松分布，各月接受破伤风患者的人数相互独立，求一年中前 9 个月内接受的患者：

(1) 为 40 ~ 50 人的概率；(2) 多于 30 人的概率.

21. 在抽样检查某种产品质量时，若发现次品多于 10 个，则拒绝接受这批产品. 该产

品的次品率为10%，问至少要抽取多少个产品进行检查，才能保证接受这批产品的概率达到0.9？

延展阅读

概率论不但可以解释生活中很多的实际问题，而且其中蕴含着很多哲学原理，下面列举几个小例子请大家品读一下.

1. 小概率事件——量变与质变

假定一件事的成功率是1%，那么反复尝试100次，至少成功1次的概率大约是多少？答案可能会出乎你意料.

二维码1.3：概率论的发展历程简介

在概率论中，把概率很接近于0(即在大量重复试验中出现的频率非常低)的事件称为小概率事件. 小概率事件在一次试验中是几乎不可能发生的，但在多次重复试验中是必然发生的，我们称这个原理为小概率原理. 小概率原理是概率论中具有实际应用意义的基本理论.

成功率是1%，意味着失败率是99%. 按照反复尝试100次来计算，由二项分布可得失败率就是99%的100次方，约等于37%，那么成功率应该是100%减去37%，即63%. 这说明一件成功率仅为1%的事，倘若反复尝试100次，成功率竟然由1%奇迹般上升到63%，有一个质的飞跃，也再次印证了"锲而舍之，朽木不折；锲而不舍，金石可镂"这句至理名言. 这个例子充分体现了马克思主义哲学里的质量互变原理：根据马克思的唯物辩证法中的质量互变规律，即事物的变化分为质变和量变，其中使事物的性质发生变化的是事物的质变，只是引起事物的数量或空间位置发生变化的是事物的量变. 量变引起质变，质变又导致新的量变发生. 我国古人在很早以前就已经明白这一道理. 刘备去世前在给其子刘禅的遗诏中曾说："勿以恶小而为之，勿以善小而不为. 惟贤惟德，能服于人."这句话充分体现了质变和量变相互关系的哲学道理. 量变是质变的必要准备，质变是量变的必然结果. 量变达到一定的程度必然引起事物的质变. 这一哲学道理告诉我们，小恶不断，将成大恶；小善常为，将会成为对社会有用的人.

2. 贝叶斯公式——谎言与诚信

贝叶斯公式是概率统计中应用所观察到的现象对有关概率分布的主观判断(即先验概率)进行修正的标准方法. 它在计算机诊断、模式识别、基因组成、蛋白质结构等很多方面都有着重要的应用. 生活中的某些现象也可用这样的定理给出判断.

伊索寓言中有一个"孩子和狼"的故事，用贝叶斯公式可以解释村民对孩子的信任度下降这一现象，告诫我们要树立诚信做人的意识.

根据"孩子和狼"的故事，假设孩子说谎为事件A，村民认为孩子可信为事件B，则有孩子不说谎为事件$\overline{A}$，村民认为孩子不可信为事件$\overline{B}$. 再设过去村民对这个孩子的印象是$P(B)=0.8$，$P(\overline{B})=0.2$，$P(A|B)=0.1$，$P(A|\overline{B})=0.5$. 第一次村民上山打狼，发现狼没有来，即孩子说了谎，利用贝叶斯公式可得

$$P(B|A) = \frac{P(AB)}{P(A)} = \frac{P(B)P(A|B)}{P(B)P(A|B) + P(\overline{B})P(A|\overline{B})} = 0.444$$

即村民对这个孩子的信任度降低至0.444. 仿照上述步骤，将村民对孩子的信任度调整为

$P(B) = 0.444$，$P(\overline{B}) = 0.556$. 再用贝叶斯公式计算，可得当这个孩子第二次说谎后，村民对他的信任度降低为 $P(B|A) = 0.138$.

　　在上当两次后，村民对这个孩子的信任度已经由最初的 0.8 下降到 0.138，因此当村民第三次听到孩子呼救时，再没有人愿意上山去打狼了. 这个故事启发我们：个人的行为会不断修正他人对其言行的看法. 正如伊索所说："说谎的人所能得到的是，即使他说了真话，也没人会相信他."诚信是做人之本，也是科学研究的根基，同学们在做学问的过程中一定要讲诚信，这样才能在科研的道路上走得长远.

第2章

数理统计的基本概念

数理统计学是研究随机现象规律性的一门学科，它以概率论为理论基础，研究如何以有效的方式收集、整理、分析受到随机因素影响的数据，并对所考察的问题作出推理和预测，直至为采取某种决策提供依据和建议。数理统计所研究的内容非常广泛，概括起来可分为两大类：一是试验设计，即研究如何对随机现象进行观察和试验，以便更合理更有效地获得试验数据；二是统计推断，即研究如何对所获得的有限数据进行整理和加工，并对所考察的对象的某些性质作出尽可能精确可靠的判断。本书只讲述统计推断的基本内容。

在概率论中，是在随机变量的分布和参数都已知的前提下，去研究其相关性质、特点和规律性。而在数理统计中，所研究的随机变量的分布是未知的，或者是分布已知参数未知的，人们是通过对所研究的随机变量进行重复独立的观察，得到许多观察值（也称观测值），对这些数据进行分析，从而对所研究的随机变量的分布作出种种推断的。因此，数理统计的核心问题是由样本推断总体。

本章介绍总体、随机样本及统计量等数理统计的基本概念，并着重介绍几个常用统计量及抽样分布。本章既是数理统计的基础，也是以后分析问题和解决问题的出发点和理论依据，还是联系概率论与数理统计的桥梁。

§2.1 简单随机样本

2.1.1 总体与个体

定义 2.1.1 通常把研究对象的全体所组成的集合称为**总体**，把总体中的每一个元素称为**个体**。

在数理统计中，人们所关心的并不是总体中个体的所有方面，而是总体的某个数量指标。例如，考察某批灯泡的寿命，由于一批灯泡中每个灯泡都有一个确定的寿命值，所以把这批灯泡寿命值的全体视为总体，而其中每个灯泡的寿命值就是个体。由于具有不同寿命值的灯泡的比例是按一定规律分布的，即任取一个灯泡，其寿命为某一值具有一定概率，所以，这批灯泡的寿命是一个随机变量，也就是说，可以用一个随机变量 X 来表示这批灯泡的寿命这个总体。因此，在数理统计中，任何一个总体都可用一个随机变量来描述。对总体的研究也就归结为对表示总体的随机变量的研究。若总体中含有有限个元素，则称其为**有限总**

体，否则称其为**无限总体**.

当研究的指标不止一个(如灯泡的寿命、亮度)时，可将其分为几个总体来研究，分别称其为总体 X，总体 Y 等.

2.1.2 简单随机样本

定义 2.1.2 在数理统计中，为了了解总体 X 的分布规律或某些特征，往往通过从总体中抽取一部分个体，根据获得的数据来对总体分布作出推断，其中被抽出的部分个体，叫作总体的一个**样本**，样本中所含个体的数量叫作**样本容量**. 从总体中抽取若干个体的过程叫作**抽样**.

设 X_1，X_2，$\cdots$，X_n 是来自总体 X 的容量为 n 的样本. 由于 X_1，X_2，$\cdots$，X_n 都是从总体 X 中随机抽取的，它的取值就在总体 X 的可能取值范围内随机取得，所以 X_1，X_2，$\cdots$，X_n 也是随机变量.

抽样的目的是获取样本以推断总体的性质，因而要求抽取的样本能很好地反映总体的特征且便于处理. 常用的抽样方法有很多，如简单随机抽样、分层抽样、系统抽样、整群抽样等，它们在实际应用中各有优劣，而我们最为常用的是简单随机抽样，通过简单随机抽样抽取的样本被称为简单随机样本.

定义 2.1.3 设 X 是具有分布函数 F 的随机变量，若 X_1，X_2，$\cdots$，X_n 是具有同一分布函数 F 的、相互独立的随机变量，则称 X_1，X_2，$\cdots$，X_n 为从分布函数 F(或总体 F、或总体 X)得到的**容量为 n 的简单随机样本**，简称**样本**，它们的观察值 x_1，x_2，$\cdots$，x_n 被称为**样本观察值(简称样本值)**. 获得简单随机样本的抽样方法被称为**简单随机抽样**.

容量为 n 的样本也可以看成是一个 n 维随机向量，记成 $(X_1$，X_2，$\cdots$，$X_n)$，此时样本值相应地写成 $(x_1$，x_2，$\cdots$，$x_n)$. 若 $(x_1$，x_2，$\cdots$，$x_n)$ 与 $(y_1$，y_2，$\cdots$，$y_n)$ 都是相应于样本 $(X_1$，X_2，$\cdots$，$X_n)$ 的观察值，则它们通常是不相同的.

如无特别说明，本书中所提到的样本，均指简单随机样本.

关于样本的分布有如下结论.

设总体 X 的分布函数为 $F(x)$，则样本 X_1，X_2，$\cdots$，X_n 的联合分布函数为

$$F^*(x_1, x_2, \cdots, x_n) = \prod_{i=1}^{n} F(x_i)$$

若总体 X 是离散型随机变量，其分布律为 $P\{X = x_i\} = p(x_i)\ (i = 1, 2, \cdots)$，则样本 X_1，X_2，$\cdots$，X_n 的联合分布律为

$$P\{X_1 = x_1, X_2 = x_2, \cdots, X_n = x_n\} = \prod_{i=1}^{n} p(x_i)$$

若总体 X 是连续型随机变量，其概率密度为 $f(x)$，则样本 X_1，X_2，$\cdots$，X_n 的联合概率密度为

$$f^*(x_1, x_2, \cdots, x_n) = \prod_{i=1}^{n} f(x_i)$$

例 2.1.1 设总体 $X \sim P(\lambda)$，X_1，X_2，$\cdots$，X_n 是来自 X 的一个样本. 求样本 X_1，X_2，$\cdots$，X_n 的联合分布律.

解 由 $X \sim P(\lambda)$, 得

$$P\{X = x\} = \frac{\lambda^x}{x!}e^{-\lambda} \quad (x = 0, 1, 2, \cdots)$$

则

$$P\{X_1 = x_1, X_2 = x_2, \cdots, X_n = x_n\} = \prod_{i=1}^{n}\frac{\lambda^{x_i}}{x_i!}e^{-\lambda} = e^{-n\lambda}\prod_{i=1}^{n}\frac{\lambda^{x_i}}{x_i!}$$

例 2.1.2 设总体 X 服从参数为 θ 的指数分布, X_1, X_2, $\cdots$, X_n 是来自 X 的一个样本. 求样本 X_1, X_2, $\cdots$, X_n 的联合概率密度.

解 因为 X 服从参数为 θ 的指数分布, 所以 $f(x) = \begin{cases} \dfrac{1}{\theta}e^{-\frac{x}{\theta}}, & x > 0 \\ 0, & x \leqslant 0 \end{cases}$, 从而

$$f(x_1, x_2, \cdots, x_n) = \prod_{i=1}^{n}f(x_i) = \begin{cases} \dfrac{1}{\theta^n}e^{-\frac{1}{\theta}\sum_{i=1}^{n}x_i}, & x_i > 0 \\ 0, & x_i \leqslant 0 \end{cases}$$

2.1.3 常用统计量

样本来自总体, 样本观察值中含有总体各方面的信息, 但这些信息较为分散, 有时显得杂乱无章. 在实际应用中, 往往需要对样本进行数学上的加工, 最常用的加工方法就是构造样本的函数, 不同的函数反映总体的不同特征.

> **定义 2.1.4** 设 X_1, X_2, $\cdots$, X_n 是来自总体 X 的一个样本, 若样本函数 $g(X_1, X_2, \cdots, X_n)$ 中不含有任何未知参数, 则称 $g(X_1, X_2, \cdots, X_n)$ 为**统计量**.

例如, 若 X_1, X_2, $\cdots$, X_n 为样本, 当 μ, σ 已知时, 则 $\sum_{i=1}^{n}X_i^2$, X_2, $\max\{X_1, X_2, \cdots, X_n\}$, $\dfrac{X_1 - \mu}{\sigma}$ 都是统计量. 而当 μ, σ 未知时, $X_1 + \mu$, $\dfrac{X_1 - \mu}{\sigma}$ 等均不是统计量.

因为 X_1, X_2, $\cdots$, X_n 都是随机变量, 而统计量 $g(X_1, X_2, \cdots, X_n)$ 是随机变量的函数, 所以统计量也是一个随机变量. 设 $(x_1, x_2, \cdots, x_n)$ 是相应于样本 X_1, X_2, $\cdots$, X_n 的样本观察值, 则称 $g(x_1, x_2, \cdots, x_n)$ 是 $g(X_1, X_2, \cdots, X_n)$ 的观察值.

设 X_1, X_2, $\cdots$, X_n 是来自总体 X 的样本, x_1, x_2, $\cdots$, x_n 为样本观察值, 常用的统计量有以下 8 个.

(1)样本均值: $\overline{X} = \dfrac{1}{n}\sum_{i=1}^{n}X_i$.

其观察值为 $\overline{x} = \dfrac{1}{n}\sum_{i=1}^{n}x_i$.

(2)样本方差: $S^2 = \dfrac{1}{n-1}\sum_{i=1}^{n}(X_i - \overline{X})^2 = \dfrac{1}{n-1}\left(\sum_{i=1}^{n}X_i^2 - n\overline{X}^2\right)$.

其观察值为 $s^2 = \dfrac{1}{n-1}\sum_{i=1}^{n}(x_i - \overline{x})^2 = \dfrac{1}{n-1}\left(\sum_{i=1}^{n}x_i^2 - n\overline{x}^2\right)$.

（3）样本标准差：$S = \sqrt{S^2} = \sqrt{\dfrac{1}{n-1} \sum\limits_{i=1}^{n} (X_i - \bar{X})^2}$.

其观察值为 $s = \sqrt{\dfrac{1}{n-1} \sum\limits_{i=1}^{n} (x_i - \bar{x})^2}$.

（4）样本 k 阶（原点）矩：$A_k = \dfrac{1}{n} \sum\limits_{i=1}^{n} X_i^k$, $k = 1, 2, \cdots$.

其观察值为 $a_k = \dfrac{1}{n} \sum\limits_{i=1}^{n} x_i^k$, $k = 1, 2, \cdots$.

（5）样本 k 阶中心矩：$B_k = \dfrac{1}{n} \sum\limits_{i=1}^{n} (X_i - \bar{X})^k$, $k = 1, 2, \cdots$.

其观察值为 $b_k = \dfrac{1}{n} \sum\limits_{i=1}^{n} (x_i - \bar{x})^k$, $k = 1, 2, \cdots$.

上述统计量统称为样本的矩统计量，简称**样本矩**. 显然，样本均值 $\bar{X}$ 为样本 1 阶原点矩 A_1，但要注意，样本的 2 阶中心矩 $B_2 = \dfrac{1}{n} \sum\limits_{i=1}^{n} (X_i - \bar{X})^2$ 并不是样本方差，B_2 被称为**未修正的样本方差**.

关于样本的 k 阶矩，有下述结论.

定理 2.1.1　若总体 X 的 k 阶矩 $E(X^k) \overset{\text{记成}}{=} \mu_k$ 存在，则当 $n \to \infty$ 时，$A_k \xrightarrow{P} \mu_k$, $k = 1, 2, \cdots$.

证明　因为 $X_1, X_2, \cdots, X_n$ 独立且与 X 同分布，所以 $X_1^k, X_2^k, \cdots, X_n^k$ 独立且与 X^k 同分布，故有

$$E(X_1^k) = E(X_2^k) = \cdots = E(X_n^k) = \mu_k$$

从而由辛钦大数定律知

$$A^k = \frac{1}{n} \sum_{i=1}^{n} X_i^k \xrightarrow{P} \mu_k \quad (k = 1, 2, \cdots)$$

进而根据依概率收敛的序列的性质知

$$g(A_1, A_2, \cdots, A_k) \xrightarrow{P} g(\mu_1, \mu_2, \cdots, \mu_k)$$

其中 g 为连续函数. 这就是第 3 章将要介绍的矩估计法的理论依据.

（6）顺序统计量：设 $X_1, X_2, \cdots, X_n$ 是来自总体 X 的样本，将样本中的各分量按其观察值由小到大的顺序排列成：

$$X_{(1)} \leqslant X_{(2)} \leqslant \cdots \leqslant X_{(n)}$$

则称 $X_{(1)}, X_{(2)}, \cdots, X_{(n)}$ 为**顺序统计量**，称 $X_{(i)}$ 为第 i 个顺序统计量. 其中 $X_{(1)}$ 和 $X_{(n)}$ 分别被称为最小和最大统计量，即

$$X_{(1)} = \min\{X_1, X_2, \cdots, X_n\}, \quad X_{(n)} = \max\{X_1, X_2, \cdots, X_n\}$$

（7）样本中位数：设 $X_1, X_2, \cdots, X_n$ 是来自总体 X 的样本，$X_{(1)}, X_{(2)}, \cdots, X_{(n)}$ 是其顺序统计量，则

$$\widetilde{X} = \begin{cases} X_{(\frac{n+1}{2})}, & n \text{ 为奇数} \\ \dfrac{1}{2}(X_{(\frac{n}{2})} + X_{(\frac{n}{2}+1)}), & n \text{ 为偶数} \end{cases}$$

被称为**样本中位数**. 其观察值为

$$\tilde{x} = \begin{cases} x_{(\frac{n+1}{2})}, & n \text{ 为奇数} \\ \dfrac{1}{2}(x_{(\frac{n}{2})} + x_{(\frac{n}{2}+1)}), & n \text{ 为偶数} \end{cases}$$

由定义可知,当 n 为奇数时,样本中位数取 $X_{(1)}$, $X_{(2)}$, $\cdots$, $X_{(n)}$ 的正中间那个数;当 n 为偶数时,样本中位数取正中间两个数的算术平均值. 例如,数据 8,1,3 的中位数是 3;数据 8,1,3,1 的中位数是 2.

(8)样本众数:设 X_1, X_2, $\cdots$, X_n 是来自总体 X 的样本,样本 X_1, X_2, $\cdots$, X_n 的 n 个观察值中出现次数最多的数值,被称为**样本众数**,记作 $\hat{X}$.

众数是随机变量取值可能性最大的那个值,是反映随机变量取值位置的量. 一组数据中的众数不一定只有一个,可能有两个或两个以上. 例如,数据 1,2,3,3,4 的众数是 3;数据 1,2,2,3,3,4 的众数是 2 和 3.

例 2.1.3 如果总体 X 有有限的数学期望 $E(X) = \mu$,方差 $D(X) = \sigma^2$,X_1, X_2, $\cdots$, X_n 是来自 X 的一个样本,$\bar{X}$,S^2 分别是样本均值与样本方差,证明:(1) $E(\bar{X}) = \mu$;(2) $D(\bar{X}) = \sigma^2/n$;(3) $E(S^2) = \sigma^2$.

解 (1) $E(\bar{X}) = E\left(\dfrac{1}{n}\sum\limits_{i=1}^{n} X_i\right) = \dfrac{1}{n}\sum\limits_{i=1}^{n} E(X_i) = \dfrac{1}{n} \cdot n\mu = \mu$

(2) $D(\bar{X}) = D\left(\dfrac{1}{n}\sum\limits_{i=1}^{n} X_i\right) = \dfrac{1}{n^2}\sum\limits_{i=1}^{n} D(X_i) = \dfrac{1}{n^2} \cdot n\sigma^2 = \dfrac{1}{n}\sigma^2$

(3) $E(S^2) = E\left[\dfrac{1}{n-1}\left(\sum\limits_{i=1}^{n} X_i^2 - n\bar{X}^2\right)\right] = \dfrac{1}{n-1}\left[\sum\limits_{i=1}^{n} E(X_i^2) - nE(\bar{X}^2)\right]$

$$= \dfrac{1}{n-1}\left[\sum\limits_{i=1}^{n}(\sigma^2 + \mu^2) - n(\sigma^2/n + \mu^2)\right] = \sigma^2$$

这三个结果应该作为结论被记住,今后在构造统计量时经常会用到.

2.1.4 经验分布函数

与总体分布函数 $F(x)$ 相对应的统计量被称为经验分布函数. 它的作法如下:设 X_1, X_2, $\cdots$, X_n 是来自总体 F 的一个样本,用 $S(x)$($-\infty < x < +\infty$)表示 X_1, X_2, $\cdots$, X_n 中不大于 x 的随机变量的个数. 定义经验分布函数 $F_n(x)$ 为

$$F_n(x) = \dfrac{1}{n}S(x) \quad (-\infty < x < +\infty)$$

若给出了一个样本的观察值,则经验分布函数 $F_n(x)$ 的观察值很容易得到($F_n(x)$ 的观察值仍用 $F_n(x)$ 表示). 例如,设总体 F 的一个样本的观察值为 2,2,4,则经验分布函数 $F_3(x)$ 的观察值为

$$F_3(x) = \begin{cases} 0, & x < 2 \\ \dfrac{2}{3}, & 2 \leqslant x < 4 \\ 1, & x \geqslant 4 \end{cases}$$

一般地,设 x_1, x_2, $\cdots$, x_n 是总体 F 的一个容量为 n 的样本的观察值. 将 x_1, x_2, $\cdots$, x_n 按从小到大的次序排列,并重新编号. 设为

$$x_{(1)} \leqslant x_{(2)} \leqslant \cdots \leqslant x_{(n)}$$

则经验分布函数 $F_n(x)$ 的观察值为

$$F_n(x) = \begin{cases} 0, & x < x_{(1)} \\ \dfrac{k}{n}, & x_{(k)} \leqslant x < x_{(k+1)} \quad (k = 1, 2, \cdots, n-1) \\ 1, & x \geqslant x_{(n)} \end{cases}$$

经验分布函数 $F_n(x)$ 的图形如图 2.1 所示. 可以看出, $F_n(x)$ 是样本的观察值中不超过 x 的比例,它是一个单调非降并且右连续的阶梯函数,其跳跃点是样本的观察值,当 n 个观察值各不相同时,每个跳跃点的跳跃度为 $\dfrac{1}{n}$. $F(x)$ 为随机事件 $\{X \leqslant x\}$ 发生的概率,对 X 观察 n 次,得到该事件发生的频率 $F_n(x)$. 因此, $F_n(x)$ 是对总体分布函数 $F(x)$ 的一种估计,名字中"经验"二字表示是由样本得到的.

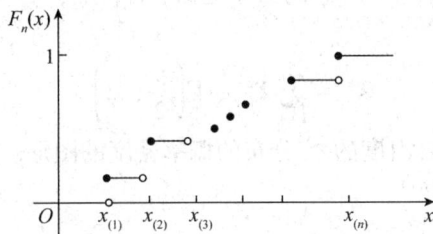

图 2.1

对于经验分布函数 $F_n(x)$,格里汶科(Glivenko)在 1933 年证明了下述结论.

定理 2.1.2(格里汶科定理) 对于任一实数 x,当 $n \to \infty$ 时, $F_n(x)$ 以概率 1 一致收敛于总体的分布函数 $F(x)$,即

$$P\left\{\lim_{n \to \infty} \sup_{-\infty < x < +\infty} |F_n(x) - F(x)| = 0\right\} = 1$$

因此,对于任一实数 x,当 n 充分大时,经验分布函数的任意一个观察值 $F_n(x)$ 与总体分布函数 $F(x)$ 只有微小的差别,从而在实际中, $F_n(x)$ 可当作 $F(x)$ 来使用.

§2.2 抽样分布

当取得总体 X 的样本 X_1, X_2, $\cdots$, X_n 后,在运用样本函数所构成的统计量进行统计推断时,常常需要首先明确统计量所服从的分布. 统计量的分布被称为**抽样分布**. 本节介绍来自正态总体的几个常用统计量的分布.

2.2.1 统计学的三大分布

在概率论中我们已经学习了一些常用的分布,但是在数理统计中,还有三个经常会遇到的分布是概率论中未曾讨论的,即 χ^2 分布、 t 分布与 F 分布,由于它们在统计学中的重要性,所以通常将其统称为"统计学的三大分布".

1. χ^2 分布

定义 2.2.1 设 X_1，X_2，$\cdots$，X_n 是来自总体 $N(0, 1)$ 的样本，则称统计量

$$\chi^2 = X_1^2 + X_2^2 + \cdots + X_n^2 \tag{2.1}$$

服从自由度为 n 的 χ^2 分布，记作 $\chi^2 \sim \chi^2(n)$. 此处，自由度是指式(2.1)右端包含的独立随机变量的个数. $\chi^2(n)$ 分布的概率密度为

$$f(y) = \begin{cases} \dfrac{1}{2^{\frac{n}{2}}\Gamma\left(\dfrac{n}{2}\right)} y^{\frac{n}{2}-1} e^{-\frac{y}{2}}, & y > 0 \\ \\ 0, & \text{其他} \end{cases}$$

式中，$\Gamma(\alpha) = \displaystyle\int_0^{+\infty} x^{\alpha-1} e^{-x} dx (\alpha > 0)$ 是 Γ（伽玛）函数.

$\chi^2(1)$ 分布即 $\Gamma\left(\dfrac{1}{2}, 2\right)$ 分布，又 $X_i \sim N(0, 1)$，由定义 $X_i^2 \sim \chi^2(1)$，即 $X_i^2 \sim \Gamma\left(\dfrac{1}{2}, 2\right)$，$i = 1, 2, \cdots, n$，和 X_1，X_2，$\cdots$，X_n 的独立性知，X_1^2，X_2^2，$\cdots$，X_n^2 也相互独立，从而由 Γ 分布的可加性知

$$\chi^2 = \sum_{i=1}^n X_i^2 \sim \Gamma\left(\frac{n}{2}, 2\right)$$

图 2.2 画出了几种不同自由度的 χ^2 分布的概率密度的图形.

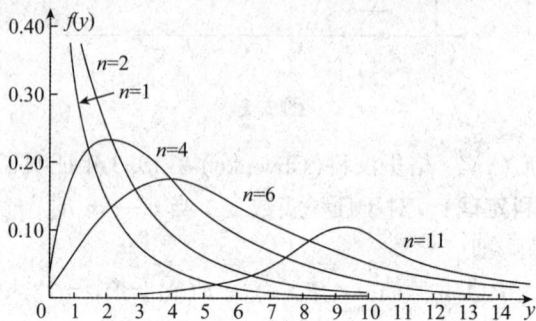

图 2.2

χ^2 分布具有以下性质.

(1)（χ^2 分布的数学期望和方差） 若 $\chi^2 \sim \chi^2(n)$，则 $E(\chi^2) = n$，$D(\chi^2) = 2n$.

证明 因为 $X_i \sim N(0, 1)$，故

$$E(X_i^2) = D(X_i) = 1$$

$$D(X_i^2) = E(X_i^4) - [E(X_i^2)]^2 = 3 - 1 = 2 \quad (i = 1, 2, \cdots, n)$$

于是

$$E(\chi^2) = E\left(\sum_{i=1}^n X_i^2\right) = \sum_{i=1}^n E(X_i^2) = n$$

$$D(\chi^2) = D\left(\sum_{i=1}^n X_i^2\right) = \sum_{i=1}^n D(X_i^2) = 2n$$

(2)（χ^2 分布的可加性） 若 $\chi_1^2 \sim \chi^2(n_1)$，$\chi_2^2 \sim \chi^2(n_2)$，且 χ_1^2，χ_2^2 相互独立，则

$$\chi_1^2 + \chi_2^2 \sim \chi^2(n_1 + n_2)$$

证明 因为 $\chi_1^2 \sim \chi^2(n_1)$，$\chi_2^2 \sim \chi^2(n_2)$，根据 χ^2 分布的定义知，必有 X_1，X_2，$\cdots$，X_{n_1} 相

互独立，$X_i \sim N(0, 1)$，$i = 1, 2, \cdots, n_1$，使得 $\chi_1^2 = \sum_{i=1}^{n_1} X_i^2$；有 $Y_1, Y_2, \cdots, Y_{n_2}$ 相互独立，

$Y_j \sim N(0, 1)$，$j = 1, 2, \cdots, n_2$，使得 $\chi_2^2 = \sum_{j=1}^{n_2} Y_j^2$.

因为 χ_1^2, χ_2^2 相互独立，所以 $X_1, X_2, \cdots, X_{n_1}, Y_1, Y_2, \cdots, Y_{n_2}$ 相互独立，则 $\chi_1^2 + \chi_2^2 = \sum_{i=1}^{n_1} X_i^2 + \sum_{j=1}^{n_2} Y_j^2$ 是 $n_1 + n_2$ 个相互独立的服从标准正态分布的随机变量的平方和，由 χ^2 分布的定义知，$\chi_1^2 + \chi_2^2 \sim \chi^2(n_1 + n_2)$.

第 1 章中我们给出过标准正态分布上 α 分位数的定义. 类似地，我们还可以将其推广到其他分布.

> **定义 2.2.2** 设随机变量 $\chi^2 \sim \chi^2(n)$，对于给定的 $\alpha(0 < \alpha < 1)$，称满足条件
> $$P\{\chi^2 > \chi_\alpha^2(n)\} = \int_{\chi_\alpha^2(n)}^{+\infty} f(y)\,\mathrm{d}y = \alpha$$
> 的数 $\chi_\alpha^2(n)$ 为 χ^2 **分布的上 α 分位数(或上 α 分位点)** (如图 2.3 所示).

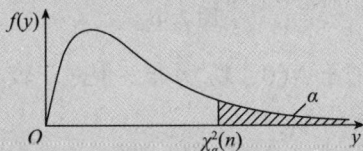

图 2.3

对于不同的 α，n，上 α 分位数 $\chi_\alpha^2(n)$ 的值可以从附录 A 的表 A.4 中查到. 例如，$\alpha = 0.01$，$n = 30$，查该表得 $\chi_{0.01}^2(30) = 50.89$. （但该表只详列到 $n = 40$ 为止.）费希尔 (R. A. Fisher) 曾证明，当自由度 n 充分大时，χ^2 分布可以近似地看作正态分布. 此时有

$$\chi_\alpha^2(n) \approx \frac{1}{2}\left(z_\alpha + \sqrt{2n - 1}\right)^2 \tag{2.2}$$

式中，z_α 是标准正态分布 $N(0, 1)$ 的上 α 分位数. 由上 α 分位数的定义，有

$$\Phi(z_\alpha) = 1 - \alpha.$$

例如，$\alpha = 0.01$，$n = 100$，由上式得 $\Phi(z_{0.01}) = 1 - 0.01 = 0.99$. 反查附录 A 中表 A.1 可得 $z_{0.01} = 2.33$，代入式 (2.2) 可以计算出所求的 $\chi_\alpha^2(n)$ 为

$$\chi_{0.01}^2(100) \approx \frac{1}{2}\left(2.33 + \sqrt{199}\right)^2 = 135.083$$

2. t 分布

> **定义 2.2.3** 设随机变量 $X \sim N(0, 1)$，$Y \sim \chi^2(n)$，且 X 与 Y 相互独立，则称随机变量
> $$t = \frac{X}{\sqrt{Y/n}} \tag{2.3}$$
> 服从自由度为 n 的 t 分布，记作 $t \sim t(n)$.

t 分布又称学生氏分布，若 $t \sim t(n)$，则其概率密度为

$$h(t) = \frac{\Gamma\left(\dfrac{n+1}{2}\right)}{\sqrt{n\pi}\,\Gamma\left(\dfrac{n}{2}\right)} \left(1 + \frac{t^2}{n}\right)^{-\frac{n+1}{2}} \quad (-\infty < t < \infty)$$

图 2.4 画出了 t 分布的概率密度的图形. t 分布的概率密度是偶函数, 即 $h(t)$ 的图形关于 $t = 0$ 对称, 当 n 充分大时, 其图形类似于标准正态分布的概率密度的图形. 事实上, 利用 Γ 函数的性质可得

$$\lim_{n \to \infty} h(t) = \frac{1}{\sqrt{2\pi}} e^{-\frac{t^2}{2}}$$

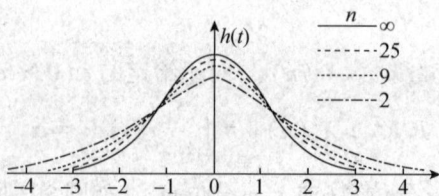

图 2.4

故当 n 足够大时, t 分布近似于 $N(0, 1)$ 分布. 但对于较小的 n, t 分布与 $N(0, 1)$ 分布相差较大(见附录 A 的表 A.1 与表 A.3).

定义 2.2.4 设随机变量 $t \sim t(n)$. 对于给定的 $\alpha(0 < \alpha < 1)$, 称满足条件

$$P\{t > t_\alpha(n)\} = \int_{t_\alpha(n)}^{+\infty} h(t)\,\mathrm{d}t = \alpha$$

的数 $t_\alpha(n)$ 为 t 分布的上 α 分位数(如图 2.5 所示).

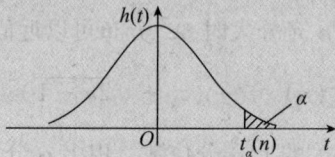

图 2.5

由于 t 分布的概率密度是偶函数, 所以有 $t_{1-\alpha}(n) = -t_\alpha(n)$, 即

$$t_\alpha(n) = -t_{1-\alpha}(n)$$

t 分布的上 α 分位数 $t_\alpha(n)$ 的值可以从附录 A 的表 A.3 中查到. 当 α 较大(接近于 1)时, 可由上式求出 $t_\alpha(n)$ 的值.

例如, $t_{0.05}(12) = 1.782$, $t_{0.99}(20) = -2.528$.

由于 t 分布的极限分布是标准正态分布, 所以在实际应用中, 当 n 充分大($n > 45$)时, 对于常用的 α 值, 就用正态分布近似:

$$t_\alpha(n) \approx z_\alpha$$

3. F 分布

定义 2.2.5 设随机变量 $U \sim \chi^2(n_1)$, $V \sim \chi^2(n_2)$, 且 U, V 相互独立, 则称随机变量

$$F = \frac{U/n_1}{V/n_2} \qquad (2.4)$$

服从自由度为 (n_1, n_2) 的 F 分布, 记作 $F \sim F(n_1, n_2)$.

若 $F \sim F(n_1, n_2)$, 则其概率密度为

$$\psi(y) = \begin{cases} \dfrac{\Gamma\left(\dfrac{n_1 + n_2}{2}\right)\left(\dfrac{n_1}{n_2}\right)^{\frac{n_1}{2}} y^{\frac{n_1}{2}-1}}{\Gamma\left(\dfrac{n_1}{2}\right)\Gamma\left(\dfrac{n_2}{2}\right)\left[1 + \left(\dfrac{n_1 y}{n_2}\right)\right]^{\frac{n_1+n_2}{2}}}, & y > 0 \\ 0, & \text{其他} \end{cases}$$

图 2.6 画出了 F 分布的概率密度的图形.

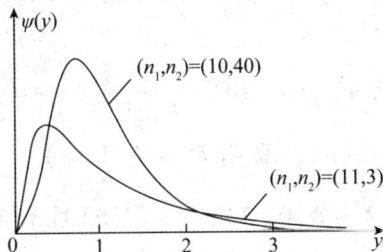

图 2.6

由 F 分布的定义, 显然有如下性质: 若 $F \sim F(n_1, n_2)$, 则 $\dfrac{1}{F} \sim F(n_2, n_1)$.

定义 2.2.6 设随机变量 $F \sim F(n_1, n_2)$. 对于给定的 $\alpha(0 < \alpha < 1)$, 称满足条件

$$P\{F > F_\alpha(n_1, n_2)\} = \int_{F_\alpha(n_1, n_2)}^{+\infty} \psi(y)\,\mathrm{d}y = \alpha$$

的数 $F_\alpha(n_1, n_2)$ 为 F 分布的上 α 分位数(如图 2.7 所示).

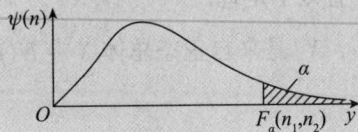

图 2.7

F 分布的上 α 分位数有如下重要性质:

$$F_\alpha(n_1, n_2) = \frac{1}{F_{1-\alpha}(n_2, n_1)} \qquad (2.5)$$

证明 若 $F \sim F(n_1, n_2)$, 由定义知

$$1 - \alpha = P\{F > F_{1-\alpha}(n_1, n_2)\} = P\left\{\frac{1}{F} < \frac{1}{F_{1-\alpha}(n_1, n_2)}\right\} = 1 - P\left\{\frac{1}{F} \geq \frac{1}{F_{1-\alpha}(n_1, n_2)}\right\}$$

于是

$$P\left\{\frac{1}{F} > \frac{1}{F_{1-\alpha}(n_1,\ n_2)}\right\} = \alpha$$

再由 $\frac{1}{F} \sim F(n_2,\ n_1)$ 知

$$P\left\{\frac{1}{F} > F_\alpha(n_2,\ n_1)\right\} = \alpha,$$

比较后可得

$$\frac{1}{F_{1-\alpha}(n_1,\ n_2)} = F_\alpha(n_2,\ n_1)$$

即

$$F_\alpha(n_1,\ n_2) = \frac{1}{F_{1-\alpha}(n_2,\ n_1)}$$

F 分布的上 α 分位数 $F_\alpha(n_1,\ n_2)$ 的值可以从附录 A 的表 A.5 中查到，当 α 较大时，可由式(2.5)求得．

例如，$F_{0.05}(10,\ 8) = 3.35$，$F_{0.95}(8,\ 10) = \frac{1}{F_{0.05}(10,\ 8)} = \frac{1}{3.35}$．

例 2.2.1 设随机变量 $T \sim t(n)$，证明 $T^2 \sim F(1,\ n)$．

证明 设 $T = \frac{X}{\sqrt{Y/n}}$，其中 $X \sim N(0,\ 1)$，$Y \sim \chi^2(n)$ 且 X 与 Y 相互独立，于是 $T^2 = \frac{X^2}{Y/n}$，而 $X^2 \sim \chi^2(1)$ 且 X^2 与 Y 相互独立，所以 $T^2 \sim F(1,\ n)$．

2.2.2 基于正态总体条件下的抽样分布

统计量是进行统计推断的重要工具，而在实际应用中，要确定某个统计量的分布是比较困难的，有时甚至是不可能的．但是对于来自正态总体的几个常用统计量的分布，已经得到了一系列重要的结果．

1. 单个正态总体条件下的抽样分布

对于正态总体 $N(\mu,\ \sigma^2)$，有以下定理．

定理 2.2.1 设 $X_1,\ X_2,\ \cdots,\ X_n$ 是来自正态总体 $X \sim N(\mu,\ \sigma^2)$ 的样本，$\bar{X}$ 与 S^2 分别为样本均值与样本方差，则

(1) $\bar{X} \sim N\left(\mu,\ \dfrac{\sigma^2}{n}\right)$；

(2) $\dfrac{(n-1)S^2}{\sigma^2} \sim \chi^2(n-1)$；

(3) $\bar{X}$ 与 S^2 相互独立．

证明 (1)在概率论中曾提到过，有限个相互独立的正态随机变量的线性组合仍然服从正态分布，因此 $\bar{X}$ 服从正态分布，又由例 2.1.3 知，$E(\bar{X}) = \mu$，$D(\bar{X}) = \dfrac{\sigma^2}{n}$，故

$$\bar{X} \sim N\left(\mu,\ \frac{\sigma^2}{n}\right)$$

(2)(3)的证明过程较长，有兴趣的读者可参阅盛骤等人编写的《概率论与数理统计》(高等教育出版社).

定理 2.2.1 是关于正态总体的样本均值 $\overline{X}$ 与样本方差 S^2 的基础性定理. 结合统计学的三大分布，我们便可以构造出一些重要的统计量，使之服从确定的已知分布.

定理 2.2.2　设 X_1，X_2，$\cdots$，X_n 是来自正态总体 $X \sim N(\mu, \sigma^2)$ 的样本，$\overline{X}$ 与 S^2 分别为样本均值与样本方差，则

$$t = \frac{\overline{X} - \mu}{S/\sqrt{n}} \sim t(n-1)$$

证明　因为 $\dfrac{\overline{X} - \mu}{\sigma/\sqrt{n}} \sim N(0, 1)$，$\dfrac{(n-1)S^2}{\sigma^2} \sim \chi^2(n-1)$，且两者相互独立，故由 t 分布的定义知

$$\frac{\overline{X} - \mu}{\sigma/\sqrt{n}} \Bigg/ \sqrt{\frac{(n-1)S^2}{(n-1)\sigma^2}} \sim t(n-1)$$

化简得

$$\frac{\overline{X} - \mu}{S/\sqrt{n}} \sim t(n-1)$$

定理 2.2.1 和定理 2.2.2 为讨论单正态总体参数的置信区间和假设检验提供了合适的统计量，在数理统计中具有重要意义.

例 2.2.2　设总体 $X \sim N(0, \sigma^2)$，X_1，X_2，$\cdots$，X_9 是来自总体 X 的简单随机样本，试确定 σ 的值，使得概率 $P\{1 < \overline{X} < 3\}$ 最大 . (其中 $\overline{X} = \dfrac{1}{9}\sum\limits_{i=1}^{9} X_i$)

解　由于 $X \sim N(0, \sigma^2)$，从而 $\overline{X} \sim N\left(0, \dfrac{\sigma^2}{9}\right)$，即 $\dfrac{\overline{X}}{\sigma/3} \sim N(0, 1)$，于是

$$P\{1 < \overline{X} < 3\} = F(3) - F(1) = \Phi\left(\frac{9}{\sigma}\right) - \Phi\left(\frac{3}{\sigma}\right)$$

令 $\Phi_1(\sigma) = \Phi\left(\dfrac{9}{\sigma}\right) - \Phi\left(\dfrac{3}{\sigma}\right)$，则

$$\Phi_1'(\sigma) = -\frac{9}{\sigma^2}\varphi\left(\frac{9}{\sigma}\right) + \frac{3}{\sigma^2}\varphi\left(\frac{3}{\sigma}\right) = \frac{3}{\sqrt{2\pi}\sigma^2}e^{-\frac{9}{2\sigma^2}}(1 - 3e^{-\frac{36}{\sigma^2}}) = 0$$

得唯一驻点 $\sigma = \dfrac{6}{\sqrt{\ln 3}}$，故当 $\sigma = \dfrac{6}{\sqrt{\ln 3}}$ 时，概率 $P\{1 < \overline{X} < 3\}$ 最大.

例 2.2.3　设 X_1，X_2，$\cdots$，X_{10} 是来自正态总体 $N(0, 0.3^2)$ 的一个简单随机样本，试求：

(1) $P\left\{\sum\limits_{i=1}^{10} X_i^2 > 1.44\right\}$；(2) $P\left\{0.053\,1 \leqslant \dfrac{1}{10}\sum\limits_{i=1}^{10}(X_i - \overline{X})^2 \leqslant 0.171\,2\right\}$.

解　(1) 由 χ^2 分布的定义知 $\sum\limits_{i=1}^{n}(X_i - \mu)^2/\sigma^2 \sim \chi^2(n)$，题中 $\mu = 0$，因此

$$P\left\{\sum_{i=1}^{10} X_i^2 > 1.44\right\} = P\left\{\sum_{i=1}^{10} X_i^2 / 0.3^2 > 1.44 / 0.3^2\right\} = P\{\chi^2(10) > 16\} = 0.1$$

(2) 由 $\dfrac{(n-1)S^2}{\sigma^2} = \dfrac{\sum\limits_{i=1}^{n} (X_i - \overline{X})^2}{\sigma^2} \sim \chi^2(n-1)$ 知

$$P\left\{0.053\ 1 \leqslant \frac{1}{10}\sum_{i=1}^{10}(X_i - \overline{X})^2 \leqslant 0.171\ 2\right\} = P\left\{5.899 \leqslant \frac{\sum\limits_{i=1}^{n}(X_i - \overline{X})^2}{0.3^2} \leqslant 19.023\right\}$$

$$= P\{\chi^2(9) \leqslant 19.023\} - P\{\chi^2(9) \leqslant 5.899\}$$
$$= 0.975 - 0.25 = 0.725$$

2. 两个正态总体条件下的抽样分布

对于两个正态总体的样本均值和样本方差,有以下定理.

定理 2.2.3 设 $X_1, X_2, \cdots, X_{n_1}$ 与 $Y_1, Y_2, \cdots, Y_{n_2}$ 分别是来自两个正态总体 $N(\mu_1, \sigma_1^2)$ 与 $N(\mu_2, \sigma_2^2)$ 的样本,且相互独立. 其样本均值分别记为 $\overline{X} = \dfrac{1}{n_1}\sum\limits_{i=1}^{n_1} X_i$ 与 $\overline{Y} = \dfrac{1}{n_2}\sum\limits_{i=1}^{n_2} Y_i$,

样本方差分别记为 $S_1^2 = \dfrac{1}{n_1 - 1}\sum\limits_{i=1}^{n_1}(X_i - \overline{X})^2$ 与 $S_2^2 = \dfrac{1}{n_2 - 1}\sum\limits_{i=1}^{n_2}(Y_i - \overline{Y})^2$,则

(1) $\overline{X} - \overline{Y} \sim N\left(\mu_1 - \mu_2, \dfrac{\sigma_1^2}{n_1} + \dfrac{\sigma_2^2}{n_2}\right)$;

(2) $F = \dfrac{S_1^2 / S_2^2}{\sigma_1^2 / \sigma_2^2} \sim F(n_1 - 1, n_2 - 1)$;

(3) $\dfrac{1}{n_1}\sum\limits_{i=1}^{n_1}\left(\dfrac{X_i - \mu_1}{\sigma_1}\right)^2 \bigg/ \dfrac{1}{n_2}\sum\limits_{i=1}^{n_2}\left(\dfrac{Y_i - \mu_2}{\sigma_2}\right)^2 \sim F(n_1, n_2)$;

(4) 当 $\sigma_1^2 = \sigma_2^2 = \sigma^2$ 时,$\dfrac{(\overline{X} - \overline{Y}) - (\mu_1 - \mu_2)}{S_w\sqrt{\dfrac{1}{n_1} + \dfrac{1}{n_2}}} \sim t(n_1 + n_2 - 2)$,其中 $S_w = $

$\dfrac{(n_1 - 1)S_1^2 + (n_2 - 1)S_2^2}{n_1 + n_2 - 2}$.

证明 (1) 由于 $\overline{X} \sim N\left(\mu_1, \dfrac{\sigma_1^2}{n_1}\right)$,$\overline{Y} \sim N\left(\mu_2, \dfrac{\sigma_2^2}{n_2}\right)$,且两者相互独立,所以 $\overline{X} - \overline{Y}$ 仍然服从正态分布,且有 $\overline{X} - \overline{Y} \sim N\left(\mu_1 - \mu_2, \dfrac{\sigma_1^2}{n_1} + \dfrac{\sigma_2^2}{n_2}\right)$.

(2) 由于 $\dfrac{(n_1 - 1)S_1^2}{\sigma_1^2} \sim \chi^2(n_1 - 1)$,$\dfrac{(n_2 - 1)S_2^2}{\sigma_2^2} \sim \chi^2(n_2 - 1)$,且两者相互独立,故由 F 分布的定义知

$$\dfrac{(n_1 - 1)S_1^2}{(n_1 - 1)\sigma_1^2} \bigg/ \dfrac{(n_2 - 1)S_2^2}{(n_2 - 1)\sigma_2^2} = \dfrac{S_1^2 / S_2^2}{\sigma_1^2 / \sigma_2^2} \sim F(n_1 - 1, n_2 - 1)$$

(3)由 χ^2 分布的定义知 $\sum_{i=1}^{n_1}\left(\dfrac{X_i-\mu_1}{\sigma_1}\right)^2 \sim \chi^2(n_1)$, $\sum_{i=1}^{n_2}\left(\dfrac{Y_i-\mu_2}{\sigma_2}\right)^2 \sim \chi^2(n_2)$ ，且两者相互独立．故由 F 分布的定义知

$$\frac{1}{n_1}\sum_{i=1}^{n_1}\left(\frac{X_i-\mu_1}{\sigma_1}\right)^2 \Big/ \frac{1}{n_2}\sum_{i=1}^{n_2}\left(\frac{Y_i-\mu_2}{\sigma_2}\right)^2 \sim F(n_1,\ n_2)$$

(4)由(1)可知， $\sigma_1^2=\sigma_2^2=\sigma^2$ 时，有 $\bar{X}-\bar{Y}\sim N\left(\mu_1-\mu_2,\ \dfrac{\sigma^2}{n_1}+\dfrac{\sigma^2}{n_2}\right)$ ，即有

$$U=\frac{(\bar{X}-\bar{Y})-(\mu_1-\mu_2)}{\sigma\sqrt{\dfrac{1}{n_1}+\dfrac{1}{n_2}}} \sim N(0,\ 1)$$

又因为 $\dfrac{(n_1-1)S_1^2}{\sigma^2}\sim\chi^2(n_1-1)$, $\dfrac{(n_2-1)S_2^2}{\sigma^2}\sim\chi^2(n_2-1)$ ，且两者相互独立，故由 χ^2 分布的可加性知

$$V=\frac{(n_1-1)S_1^2}{\sigma^2}+\frac{(n_2-1)S_2^2}{\sigma^2}\sim\chi^2(n_1+n_2-2)$$

且 V 与 U 相互独立，从而由 t 分布的定义知

$$\frac{U}{\sqrt{V/(n_1+n_2-2)}}=\frac{(\bar{X}-\bar{Y})-(\mu_1-\mu_2)}{S_w\sqrt{\dfrac{1}{n_1}+\dfrac{1}{n_2}}} \sim t(n_1+n_2-2)$$

定理 2.2.3 为讨论双正态总体参数的置信区间和假设检验提供了合适的统计量，在数理统计中具有重要意义.

例 2.2.4 设 $X\sim N(\mu_1,\ \sigma^2)$, $Y\sim N(\mu_2,\ \sigma^2)$ ，且 X , Y 相互独立， X_1 , X_2 , $\cdots$, X_{n_1} 与 Y_1 , Y_2 , $\cdots$, Y_{n_2} 分别为取自 X , Y 的简单随机样本，设 $\bar{X}=\dfrac{1}{n_1}\sum_{i=1}^{n_1}X_i$, $\bar{Y}=\dfrac{1}{n_2}\sum_{i=1}^{n_2}Y_i$ 分别是这两个样本的均值，记 $S^2=\dfrac{1}{n_1-1}\sum_{i=1}^{n_1}(X_i-\bar{X})^2$ ，证明统计量 $\dfrac{(\bar{X}-\bar{Y})-(\mu_1-\mu_2)}{S\sqrt{\dfrac{1}{n_1}+\dfrac{1}{n_2}}} \sim t(n_1-1)$.

证明 因为 $X\sim N(\mu_1,\ \sigma^2)$, $Y\sim N(\mu_2,\ \sigma^2)$, $\bar{X}\sim N\left(\mu_1,\ \dfrac{\sigma^2}{n_1}\right)$, $\bar{Y}\sim N\left(\mu_2,\ \dfrac{\sigma^2}{n_2}\right)$ ，从而 $\bar{X}-\bar{Y}\sim N\left(\mu_1-\mu_2,\ \left(\dfrac{1}{n_1}+\dfrac{1}{n_2}\right)\sigma^2\right)$. 经标准化有 $\dfrac{(\bar{X}-\bar{Y})-(\mu_1-\mu_2)}{\sigma\sqrt{\dfrac{1}{n_1}+\dfrac{1}{n_2}}}\sim N(0,\ 1)$.

又因为 $\dfrac{(n_1-1)S^2}{\sigma^2}\sim\chi^2(n_1-1)$ ，且二者相互独立，于是由 t 分布定义得

$$\frac{\left[(\bar{X} - \bar{Y}) - (\mu_1 - \mu_2)\right] \Big/ \left(\sigma \sqrt{\dfrac{1}{n_1} + \dfrac{1}{n_2}}\right)}{\sqrt{\dfrac{(n_1 - 1)S^2}{\sigma^2} \Big/ (n_1 - 1)}} = \frac{(\bar{X} - \bar{Y}) - (\mu_1 - \mu_2)}{S \sqrt{\dfrac{1}{n_1} + \dfrac{1}{n_2}}} \sim t(n_1 - 1)$$

例 2.2.5 设 $X \sim N(\mu_1, \sigma^2)$，$Y \sim N(\mu_2, \sigma^2)$，且 X, Y 相互独立，$X_1, X_2, \cdots, X_n$ 与 $Y_1, Y_2, \cdots, Y_n$ 分别为取自 X, Y 的简单随机样本，$\bar{X}$ 和 S_X^2 分别是样本 $X_1, X_2, \cdots, X_n$ 的样本均值与样本方差，$\bar{Y}$ 和 S_Y^2 分别是样本 $Y_1, Y_2, \cdots, Y_n$ 的样本均值与样本方差，则下列统计量服从什么分布？

(1) $\dfrac{(n-1)(S_X^2 + S_Y^2)}{\sigma^2}$； (2) $\dfrac{n\left[(\bar{X} - \bar{Y}) - (\mu_1 - \mu_2)\right]^2}{S_X^2 + S_Y^2}$.

解 (1) 由于 $\dfrac{(n-1)S_X^2}{\sigma^2} \sim \chi^2(n-1)$，$\dfrac{(n-1)S_Y^2}{\sigma^2} \sim \chi^2(n-1)$，且二者相互独立，所以由 χ^2 分布的可加性，可得 $\dfrac{(n-1)(S_X^2 + S_Y^2)}{\sigma^2} \sim \chi^2(2n-2)$；

(2) 由于 $\bar{X} - \bar{Y} \sim N(\mu_1 - \mu_2, 2\sigma^2/n)$，将其标准化为 $\dfrac{(\bar{X} - \bar{Y}) - (\mu_1 - \mu_2)}{\sigma \sqrt{2/n}} \sim N(0, 1)$，

故 $\dfrac{\left[(\bar{X} - \bar{Y}) - (\mu_1 - \mu_2)\right]^2}{(\sigma \sqrt{2/n})^2} \sim \chi^2(1)$，再由(1)知 $\dfrac{(n-1)(S_X^2 + S_Y^2)}{\sigma^2} \sim \chi^2(2n-2)$，结合 F 分布的定义有

$$\frac{\dfrac{\left[(\bar{X} - \bar{Y}) - (\mu_1 - \mu_2)\right]^2}{(\sigma \sqrt{2/n})^2} \Big/ 1}{\dfrac{(n-1)(S_X^2 + S_Y^2)}{\sigma^2} \Big/ (2n-2)} = \frac{n\left[(\bar{X} - \bar{Y}) - (\mu_1 - \mu_2)\right]^2}{S_X^2 + S_Y^2} \sim F(1, 2n-2).$$

本章小结

数理统计是以概率论为理论基础，根据试验或观察得到的数据来研究随机现象，并对其客观规律作出种种合理估计和判断的一个数学分支. 本章既是数理统计的基础，又是以后分析问题和解决问题的出发点和理论依据，还是联系概率论与数理统计的纽带.

数理统计的核心问题是由样本推断总体，总体、样本、统计量及其分布是本章的重点. 样本是进行统计推断的依据，本课程讨论的样本均为既具有相互独立性，又与总体有相同分布的简单随机样本. 为了对总体进行推断，在应用时常常针对不同问题构造样本的适当函数——统计量来进行统计推断. 统计量的选择和运用在统计推断中占据核心地位，我们所涉及的统计量主要是各种样本的数字特征，如样本均值、样本方差、样本原点矩与样本中心矩等. 而统计量的分布被称为抽样分布，它是统计推断方法的重要基础，最常用的抽样分布有 χ^2 分布、t 分布和 F 分布，它们都是正态随机变量函数的分布，

这三个分布在数理统计中有着广泛的应用，它们既是本章的重点，也是难点，要求读者掌握它们的定义、概率密度图形的轮廓及某些特殊性质，还会使用分位点表求出分位点．另外，正态总体在理论研究与实际应用中占有十分重要的地位，因为很多场合讨论的总体是正态总体，而且关于正态总体的理论性研究成果比较完整，读者应予以重视．

本章知识结构如图 2.8 所示．

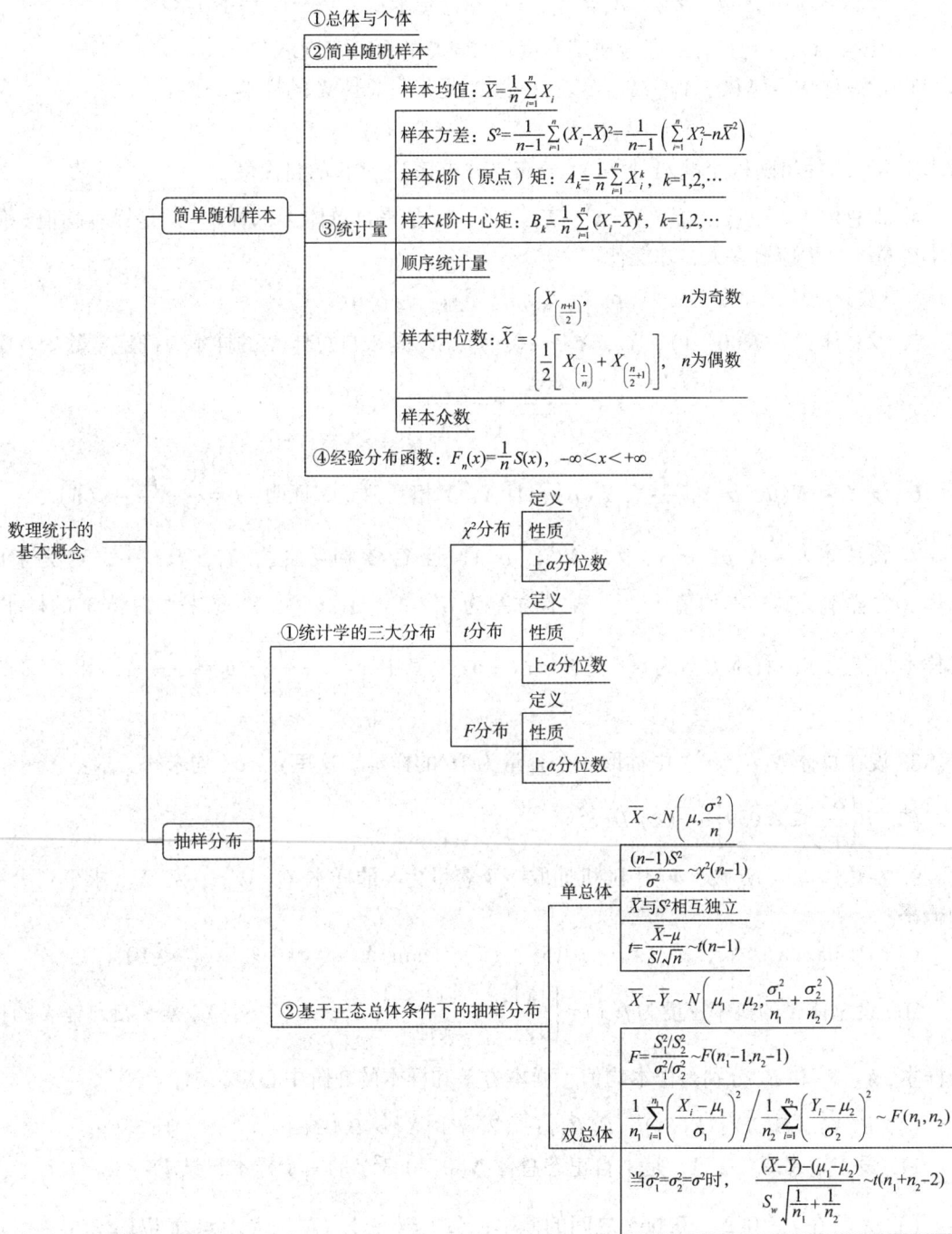

数理统计的基本概念

简单随机样本
- ① 总体与个体
- ② 简单随机样本
- ③ 统计量
  - 样本均值：$\overline{X}=\frac{1}{n}\sum_{i=1}^{n}X_i$
  - 样本方差：$S^2=\frac{1}{n-1}\sum_{i=1}^{n}(X_i-\overline{X})^2=\frac{1}{n-1}\left(\sum_{i=1}^{n}X_i^2-n\overline{X}^2\right)$
  - 样本k阶（原点）矩：$A_k=\frac{1}{n}\sum_{i=1}^{n}X_i^k,\ k=1,2,\cdots$
  - 样本k阶中心矩：$B_k=\frac{1}{n}\sum_{i=1}^{n}(X_i-\overline{X})^k,\ k=1,2,\cdots$
  - 顺序统计量
  - 样本中位数：$\widetilde{X}=\begin{cases} X_{\left(\frac{n+1}{2}\right)}, & n\text{为奇数} \\ \frac{1}{2}\left[X_{\left(\frac{1}{n}\right)}+X_{\left(\frac{n}{2}+1\right)}\right], & n\text{为偶数} \end{cases}$
  - 样本众数
- ④ 经验分布函数：$F_n(x)=\frac{1}{n}S(x),\ -\infty<x<+\infty$

抽样分布
- ① 统计学的三大分布
  - χ^2分布
    - 定义
    - 性质
    - 上α分位数
  - t分布
    - 定义
    - 性质
    - 上α分位数
  - F分布
    - 定义
    - 性质
    - 上α分位数
- ② 基于正态总体条件下的抽样分布
  - 单总体
    - $\overline{X}\sim N\left(\mu,\frac{\sigma^2}{n}\right)$
    - $\frac{(n-1)S^2}{\sigma^2}\sim\chi^2(n-1)$
    - $\overline{X}$与S^2相互独立
    - $t=\frac{\overline{X}-\mu}{S/\sqrt{n}}\sim t(n-1)$
  - 双总体
    - $\overline{X}-\overline{Y}\sim N\left(\mu_1-\mu_2,\frac{\sigma_1^2}{n_1}+\frac{\sigma_2^2}{n_2}\right)$
    - $F=\frac{S_1^2/S_2^2}{\sigma_1^2/\sigma_2^2}\sim F(n_1-1,n_2-1)$
    - $\frac{1}{n_1}\sum_{i=1}^{n_1}\left(\frac{X_i-\mu_1}{\sigma_1}\right)^2\Big/\frac{1}{n_2}\sum_{i=1}^{n_2}\left(\frac{Y_i-\mu_2}{\sigma_2}\right)^2\sim F(n_1,n_2)$
    - 当$\sigma_1^2=\sigma_2^2=\sigma^2$时，$\frac{(\overline{X}-\overline{Y})-(\mu_1-\mu_2)}{S_w\sqrt{\frac{1}{n_1}+\frac{1}{n_2}}}\sim t(n_1+n_2-2)$

图 2.8

习题二

1. 设总体 $X \sim B(1, p)$, $X_1, X_2, \cdots, X_n$ 是来自 X 的一个样本. 求:

(1) $(X_1, X_2, \cdots, X_n)$ 的分布律; (2) $\sum_{i=1}^{n} X_i$ 的分布律.

2. 设总体 $X \sim N(\mu, \sigma^2)$, $X_1, X_2, \cdots, X_{10}$ 是来自 X 的一个样本. 求:

(1) $X_1, X_2, \cdots, X_{10}$ 的联合概率密度; (2) $\bar{X}$ 的概率密度.

3. 设总体 $X \sim N(0, 1)$, $X_1, X_2, \cdots, X_6$ 是来自总体 X 的样本. 令

$$Y = (X_1 + X_2 + X_3)^2 + (X_4 + X_5 + X_6)^2$$

试求常数 c, 使得随机变量 cY 服从 χ^2 分布, 并求该 χ^2 分布的自由度.

4. 设总体 $X \sim N(\mu, 0.3^2)$, $X_1, X_2, \cdots, X_n$ 是来自总体 X 的样本, $\bar{X}$ 是样本均值. 问样本容量 n 至少应取多大, 才能使

$$P\{|\bar{X} - \mu| < 0.1\} \geqslant 0.95$$

5. 设总体 $X \sim N(0, 1)$, X_1, X_2, X_3, X_4, X_5 是来自总体 X 的样本. 确定常数 c, 使

$$Y = \frac{c(X_1 + X_2)}{\sqrt{X_3^2 + X_4^2 + X_5^2}} \sim t(3)$$

6. 设 $X \sim N(\mu, \sigma^2)$, $\dfrac{Y}{\sigma^2} \sim \chi^2(n)$, 且 X, Y 相互独立. 证明: $T = \dfrac{\bar{X} - \mu}{\sqrt{Y/n}} \sim t(n)$.

7. 设总体 $X \sim N(\mu, \sigma_1^2)$, $Y \sim N(\mu, \sigma_2^2)$, 且 X, Y 相互独立. $X_1, X_2, \cdots, X_m$ 是来自总体 X 的样本, 其样本均值为 $\bar{X}$, 样本方差为 S_1^2; $Y_1, Y_2, \cdots, Y_n$ 是来自总体 Y 的样本, 其样本均值为 $\bar{Y}$, 样本方差为 S_2^2. 记 $Z = a\bar{X} + b\bar{Y}$, 其中 $a = \dfrac{S_1^2}{S_1^2 + S_2^2}$, $b = \dfrac{S_2^2}{S_1^2 + S_2^2}$, 求 $E(Z)$.

8. 设在总体 $N(\mu, \sigma^2)$ 中抽取一个容量为 16 的样本, 这里 μ, σ^2 均未知. 求:

(1) $P\left\{\dfrac{S^2}{\sigma^2} \leqslant 2.039\right\}$; (2) $D(S^2)$.

9. 在总体 $X \sim N(12, 4)$ 中随机抽取一个容量为 5 的样本 $X_1, X_2, \cdots, X_5$. 求下列事件的概率:

(1) $P\{\max\{X_1, X_2, \cdots, X_5\} > 15\}$; (2) $P\{\min\{X_1, X_2, \cdots, X_5\} < 10\}$.

10. 设总体 X 的概率密度为 $f(x) = \begin{cases} |x|, & |x| < 1 \\ 0, & \text{其他} \end{cases}$. $X_1, X_2, \cdots, X_{50}$ 是来自总体 X 的一个样本, $\bar{X}$、S^2 和 B_2 分别是样本均值、样本方差和样本的 2 阶中心矩, 求:

(1) $E(\bar{X})$, $D(\bar{X})$, $E(S^2)$, $E(B_2)$; (2) $P\{|\bar{X}| > 0.02\}$.

11. 设 $X_1, X_2, \cdots, X_{10}$ 是来自正态总体 $N(0, 0.3^2)$ 的一个样本, 试求:

(1) $\bar{X}$ 落在 $(-0.21, 0.06)$ 之间的概率; (2) $P\left\{\dfrac{1}{10}\sum_{i=1}^{10}(X_i - \bar{X})^2 \leqslant 0.171\,2\right\}$.

12. 设总体 $X \sim N(150, 400)$, $Y \sim N(125, 625)$, 且 X, Y 相互独立. 现从两总体中分

别抽取容量为 5 的样本，样本均值分别为 $\overline{X}$, $\overline{Y}$，求 $P\{\overline{X} - \overline{Y} \leq 0\}$.

13. 设总体 $X \sim N(\mu, 4)$，X_1, X_2, $\cdots$, X_n 是来自总体 X 的样本，样本容量 n 至少取多大时，有：（1）$E(|\overline{X} - \mu|^2) \leq 0.1$；（2）$P\{|\overline{X} - \mu| \leq 0.1\} \geq 0.95$.

14. 设 $X \sim N(\mu, \sigma^2)$，X_1, X_2, $\cdots$, X_n 是来自总体 X 的样本，$\overline{X}$ 为样本均值，S^2 为样本方差，B_2 为样本的 2 阶中心矩，则下列统计量各服从什么分布？

（1）$\dfrac{nB_2}{\sigma^2}$；（2）$\dfrac{\overline{X} - \mu}{\sqrt{B_2} / \sqrt{n-1}}$；（3）$\dfrac{\displaystyle\sum_{i=1}^{n}(X_i - \mu)^2}{\sigma^2}$；

（4）$\left(\dfrac{n}{5} - 1\right) \displaystyle\sum_{i=1}^{5}(X_i - \mu)^2 \Big/ \sum_{i=6}^{n}(X_i - \mu)^2$ $(n > 5)$.

15. 设随机变量 $X \sim F(m, m)$，求证：$P\{X \leq 1\} = P\{X \geq 1\} = 0.5$.

延展阅读

　　数理统计学是应用十分广泛的基础性学科，现代人的生活、科学的发展都离不开数理统计．具体地说，小到与人们生活有关的某种食品营养价值高低的调查、某种家用电器的上榜品牌排名情况、某种药品对某种疾病的治疗效果的观察评价，大到一些比较前沿的科技问题以及军事、国民经济等问题，都可以利用数理统计学对这些问题进行预先推断和判断，以此为决策与行动提供可靠的依据和建议．现在人工智能、大数据等热门领域的理论基础

二维码 2.2：数理统计的发展历程简介

更是与数理统计有着密不可分的联系．数理统计用处之大不胜枚举，从某种意义上来讲，数理统计在一个国家中的应用程度标志着这个国家的科学水平．下面我们看一个统计学在军事领域方面应用的小例子．

　　在第二次世界大战中，美英联军出动大量战斗机，对德国展开大规模空袭，但是德军强大的防空火力让美英联军遭受重创．为了对抗德军的防空火力，美英联军找来了飞机领域的多位专家，要求他们研究战斗机的受损情况，对飞机的设计提出改进意见．专家们对执行任务归来的飞机进行了仔细的检查，发现几乎所有飞机的机腹都伤痕累累，于是专家们建议加固机腹．可是，美英联军最终没有采纳飞机专家的意见，反而加强了对于机翼的防护．这是因为，国防部的统计学家瓦尔德认为，能够幸运返航的飞机，机翼大多完好无损，这说明，被击中机翼的飞机都坠落了，而仅被击中机腹的飞机却能够顺利返航，说明机腹不是要害部位，不需要进行加固．因此，他建议美英联军加强对于机翼的防护．统计学家瓦尔德用统计学方法找到了危险区域，美英联军用钢板加固了危险区域——机翼，作战过程中大大提高了空军的战斗力，美英联军最终取得了胜利．

　　在上面的事例中，飞机领域的专家由于缺少统计学知识，错把顺利返航的飞机与被击落的飞机混为一谈．他们把"顺利返航的飞机"作为样本，来推测总体的规律，恰恰掉入了"幸存者偏差"的陷阱中．反观统计学家，从总体出发来寻找规律，虽然他无法观察到被击落的飞机，但他观察顺利返航的飞机之后，推测出了被击落的飞机可能的受损情况，进而提出加固建议，是更合理的解题思路．这个例子除了提醒我们提防"幸存者偏差"，还告诉我们，弄清研究对象十分重要，被击落的飞机才是正确的研究对象．

第 3 章
参数估计

参数估计理论是统计推断的重要内容之一. 对所研究的随机变量 X, 当它的概率分布类型为已知时, 还需要确定分布函数中的参数是什么值, 这样随机变量 X 的分布函数才能完全确定, 这就提出了参数的估计问题. 在有些实际问题中, 事先并不知道随机变量 X 服从什么分布, 而要对其数字特征, 如数学期望 $E(X)$ 及方差 $D(X)$ 等作出估计. 随机变量 X 的数字特征与它的概率分布中的参数有一定关系, 因此数字特征的估计问题, 也被称为参数的估计问题.

参数估计分为点估计和区间估计. 前者是用一个适当的统计量作为参数的近似值, 称之为参数的估计量; 后者则用两个统计量所界定的区间来指出真实参数值的大致范围, 称之为置信区间.

§3.1 点估计

设总体 X 的分布函数的形式已知, 但它的一个或多个参数未知, 借助于总体 X 的一个样本来估计总体未知参数的值的问题被称为参数的点估计问题.

点估计问题的一般提法如下:

设总体 X 的分布函数 $F(x; \theta)$ 形式已知, θ 是待估参数. X_1, X_2, $\cdots$, X_n 是来自总体 X 的一个样本, x_1, x_2, $\cdots$, x_n 是相应的样本观察值. 点估计问题就是要构造一个适当的统计量 $\hat{\theta}(X_1, X_2, \cdots, X_n)$, 用它的观察值 $\hat{\theta}(x_1, x_2, \cdots, x_n)$ 作为未知参数 θ 的近似值. 称 $\hat{\theta}(X_1, X_2, \cdots, X_n)$ 为 θ 的估计量, 称 $\hat{\theta}(x_1, x_2, \cdots, x_n)$ 为 θ 的估计值.

常用的构造估计量的方法: 矩估计法和极大似然估计法

3.1.1 矩估计法

设 X_1, X_2, $\cdots$, X_n 是来自总体 X 的一个样本, $g(X_1, X_2, \cdots, X_n)$ 是 X_1, X_2, $\cdots$, X_n 的函数, 若总体 X 的 k 阶矩 $E(X^k) = \mu_k$ 存在, 则由辛钦大数定律知

$$A_k = \frac{1}{n} \sum_{i=1}^{n} X_i^k \xrightarrow{P} \mu_k \quad (k = 1, 2, \cdots)$$

由依概率收敛的序列的性质知

$$g(A_1, A_2, \cdots, A_n) \xrightarrow{P} g(\mu_1, \mu_2, \cdots, \mu_n)$$

用样本矩来估计总体矩，用样本矩的连续函数来估计总体矩的连续函数，这种估计法被称为矩估计法.

矩估计法的具体做法如下：

若总体分布函数中含 k 个未知参数，则先求出总体的 $1 \sim k$ 阶原点矩，即

$$\begin{cases} \mu_1 = \mu_1(\theta_1, \theta_2, \cdots, \theta_k) \\ \qquad\qquad \vdots \\ \mu_k = \mu_k(\theta_1, \theta_2, \cdots, \theta_k) \end{cases}$$

这是一个包含 k 个未知参数 θ_1, θ_2, $\cdots$, θ_k 的联立方程组. 可解出 θ_1, θ_2, $\cdots$, θ_k, 得

$$\begin{cases} \theta_1 = \theta_1(\mu_1, \mu_2, \cdots, \mu_k) \\ \qquad\qquad \vdots \\ \theta_k = \theta_k(\mu_1, \mu_2, \cdots, \mu_k) \end{cases}$$

令

$$A_i = \mu_i \quad (i = 1, 2, \cdots, k)$$

以

$$\hat{\theta}_i = \theta_i(A_1, A_2, \cdots, A_k) \quad (i = 1, 2, \cdots, k)$$

分别作为 θ_i, $i = 1, 2, \cdots, k$ 的估计量，这种估计量被称为矩估计量.

例 3.1.1 设总体 X 服从对数级数分布，分布律为 $P\{X = k\} = -\dfrac{1}{\ln(1-p)} \cdot \dfrac{p^k}{k}$, $k = 1$, 2, $\cdots$, 其中 $0 < p < 1$, p 未知. X_1, X_2, $\cdots$, X_n 是来自总体 X 的一个样本，求参数 p 的矩估计量.

解 $\mu_1 = E(X) = \sum\limits_{k=1}^{n} k \cdot p\{X = k\} = -\dfrac{1}{\ln(1-p)} \cdot \sum\limits_{k=1}^{\infty} p^k = -\dfrac{1}{\ln(1-p)} \cdot \dfrac{p}{1-p}$

$\mu_2 = E(X^2) = \sum\limits_{k=1}^{n} k^2 \cdot p\{X = k\} = -\dfrac{1}{\ln(1-p)} \cdot \sum\limits_{k=1}^{\infty} k \cdot p^k = -\dfrac{p}{\ln(1-p)} \cdot \sum\limits_{k=1}^{\infty} k \cdot p^{k-1}$

$= -\dfrac{p}{\ln(1-p)} \cdot \left(\sum\limits_{k=1}^{\infty} x^k\right)' \Big|_{x=p} = -\dfrac{p}{\ln(1-p)} \cdot \left(\dfrac{x}{1-x}\right)' \Big|_{x=p} = -\dfrac{p}{\ln(1-p)} \cdot \dfrac{1}{(1-x)^2} \Big|_{x=p}$

$= -\dfrac{p}{\ln(1-p)} \cdot \dfrac{1}{(1-p)^2}$

$$A_1 = \frac{1}{n}\sum_{i=1}^{n} X_i, \quad A_2 = \frac{1}{n}\sum_{i=1}^{n} X_i^2$$

由矩估计法，令 $A_1 = \mu_1$, $A_2 = \mu_2$, 即

$$\frac{\mu_1}{\mu_2} = \frac{A_1}{A_2}$$

则有

$$1 - p = \frac{\dfrac{1}{n}\sum\limits_{i=1}^{n} X_i}{\dfrac{1}{n}\sum\limits_{i=1}^{n} X_i^2}$$

解得参数 p 的矩估计量为 $\hat{p} = 1 - \dfrac{\dfrac{1}{n}\sum\limits_{i=1}^{n} X_i}{\dfrac{1}{n}\sum\limits_{i=1}^{n} X_i^2}$.

注: 正常情况下, 一个方程能解出一个未知量. 但在本题中由 $A_1 = \mu_1$ 得出的一元一次方程 $-\dfrac{1}{\ln(1-p)} \cdot \dfrac{p}{1-p} = \dfrac{1}{n}\sum\limits_{i=1}^{n} x_i$ 无法用常规解题方法直接得出参数 p 的矩估计量, 故借助 $A_2 = \mu_2$ 再建立一个等式, 利用两个等式之间的关系巧妙地解出参数 p 的矩估计量.

例 3.1.2 设总体 X 的概率密度为

$$f(x) = \begin{cases} \theta x^{\theta-1}, & 0 < x < 1 \\ 0, & \text{其他} \end{cases}$$

其中 $\theta > 0$ 未知, $X_1, X_2, \cdots, X_n$ 是来自总体 X 的一个样本, 求参数 θ 的矩估计量.

解 $$\mu_1 = E(X) = \int_{-\infty}^{+\infty} xf(x)\,\mathrm{d}x = \int_0^1 \theta x^\theta\,\mathrm{d}x = \frac{\theta}{\theta+1}x^{\theta+1}\Big|_0^1 = \frac{\theta}{\theta+1}$$

$$A_1 = \overline{X}$$

令 $A_1 = \mu_1$, 则参数 θ 的矩估计量为

$$\hat{\theta} = \frac{\overline{X}}{1-\overline{X}}$$

例 3.1.3 无论总体 X 服从什么分布, 总体 X 的均值 μ 和方差 σ^2 都存在, 且 $\sigma^2 > 0$, 但均值 μ 和方差 σ^2 均未知, 试求期望 μ 和方差 σ^2 的矩估计量.

解 $$\mu_1 = E(X) = \mu, \quad A_1 = \overline{X}$$

$$\mu_2 = E(X^2) = D(X) + [E(X)]^2 = \sigma^2 + \mu^2, \quad A_2 = \frac{1}{n}\sum_{i=1}^{n} X_i^2$$

令 $A_1 = \mu_1$, $A_2 = \mu_2$, 得期望 μ 的矩估计量为

$$\hat{\mu} = \overline{X}$$

方差 σ^2 的矩估计量为

$$\hat{\sigma}^2 = A_2 - A_1^2 = \frac{1}{n}\sum_{i=1}^{n} X_i^2 - \overline{X}^2 = \frac{1}{n}\sum_{i=1}^{n}(X_i - \overline{X})^2 = S_n^2$$

$$= \frac{n-1}{n}\cdot\frac{1}{n-1}\sum_{i=1}^{n}(X_i - \overline{X})^2 = \frac{n-1}{n}S^2$$

式中, $S_n^2 = \dfrac{1}{n}\sum\limits_{i=1}^{n}(X_i - \overline{X})^2$ 为样本的 2 阶中心矩; $S^2 = \dfrac{1}{n-1}\sum\limits_{i=1}^{n}(X_i - \overline{X})^2$ 为样本的方差.

此例说明: 总体均值与方差的矩估计量的表达式不因不同的总体分布而异. 同时, 从结果中可以看出, 总体均值的矩估计量是样本的均值, 但总体方差的矩估计量却不是样本的方差 $S^2 = \dfrac{1}{n-1}\sum\limits_{i=1}^{n}(X_i - \overline{X})^2$, 而是样本的 2 阶中心矩 $S_n^2 = \dfrac{1}{n}\sum\limits_{i=1}^{n}(X_i - \overline{X})^2$.

3.1.2 极大似然估计法

1. 极大似然估计法的思想

"似然"的字面意义就是看起来像. 在得到样本的情况下, 用哪一个值去估计 θ 呢? 当然要取那个"看起来最像"的值, 因此, 在有了试验观察结果 $x_1, x_2, \cdots, x_n$ 后, 自然会关心参数 θ 取不同值时, 导出这个观察结果的可能性如何? 我们必然会给参数 θ 选取这样一个数值, 使得前面观察结果出现的可能性最大, 例如: "有一个盒子, 混装 100 枚围棋子, 已知一种颜色的棋子是 99 枚, 另一种颜色的棋子是 1 枚, 现随机取出一枚是黑色, 判断 99 枚是什么颜色?"我们自然判断是黑色. 为什么呢? 因为当 99 枚是黑色时, 随机取出一枚棋子是黑色的概率比 99 枚是白色时取出一枚棋子是黑色的概率大得多, 所以应该取那样的参数, 它使已经发生的事件的概率达到最大. 也就是说, 所取得参数 θ 的估计量能使似然函数 L 达到极大值. 这就是极大似然估计的基本思想, 即在已经得到实验结果的情况下, 应该寻找使这个结果出现的可能性最大的那个 θ 作为 θ 的估计 $\hat{\theta}$.

定义 3.1.1 设总体 X 是离散型的, 分布律为
$$P\{X = x\} = p(x; \theta)$$
其中 θ 为未知参数. 设 $X_1, X_2, \cdots, X_n$ 是来自总体 X 的样本, $x_1, x_2, \cdots, x_n$ 为样本观察值, 则样本的联合分布律为
$$P\{X_1 = x_1, X_2 = x_2, \cdots, X_n = x_n\} = \prod_{i=1}^{n} p(x_i; \theta)$$
对确定的样本观察值 $x_1, x_2, \cdots, x_n$, 它是未知参数 θ 的函数, 记为
$$L(\theta) = L(x_1, x_2, \cdots, x_n; \theta) = \prod_{i=1}^{n} p(x_i; \theta)$$
称之为样本的似然函数.

定义 3.1.2 设连续型总体 X 的概率密度为 $f(x; \theta)$, 其中 θ 为未知参数, 定义其似然函数为
$$L(\theta) = L(x_1, x_2, \cdots, x_n; \theta) = \prod_{i=1}^{n} f(x_i; \theta)$$

似然函数 $L(\theta)$ 的值的大小意味着该样本观察值出现的可能性的大小, 在已得到样本观察值 $x_1, x_2, \cdots, x_n$ 的情况下, 则应该选择使 $L(\theta)$ 达到极大值的那个 θ 作为 θ 的估计 $\hat{\theta}$. 这种求点估计的方法被称为极大似然估计(也称最大似然估计)法.

定义 3.1.3 若对任意给定的样本观察值 $x_1, x_2, \cdots, x_n$, 存在
$$\hat{\theta} = \hat{\theta}(x_1, x_2, \cdots, x_n)$$
使
$$L(\hat{\theta}) = \max_{\theta \in \Theta} L(\theta)$$
则称 $\hat{\theta} = \hat{\theta}(x_1, x_2, \cdots, x_n)$ 为 θ 的极大似然估计值, 称 $\hat{\theta}(X_1, X_2, \cdots, X_n)$ 为 θ 的极大似然估计量, 这里 Θ 是 θ 的范围.

2. 求极大似然估计量的步骤

(1)写出似然函数：

$$L(\theta) = L(x_1,\ x_2,\ \cdots,\ x_n;\ \theta) = \prod_{i=1}^{n} p(x_i;\ \theta)$$

或

$$L(\theta) = L(x_1,\ x_2,\ \cdots,\ x_n;\ \theta) = \prod_{i=1}^{n} f(x_i;\ \theta)$$

(2)取对数 $\ln L(x_1,\ x_2,\ \cdots,\ x_n;\ \theta)$；

(3)求导 $\dfrac{\mathrm{d}[\ln L(\theta)]}{\mathrm{d}\theta}$，令 $\dfrac{\mathrm{d}[\ln L(\theta)]}{\mathrm{d}\theta}=0$；（由于在许多情况下，求 $\ln L(\theta)$ 的极大值点比较简单，而且 $\ln x$ 是 x 的严格单调递增函数，所以在 $\ln L(\theta)$ 对 θ 的导数存在的情况下，$\hat{\theta}$ 可由 $\dfrac{\mathrm{d}[\ln L(\theta)]}{\mathrm{d}\theta}=0$ 求得）

(4)解出 θ，即所求的极大似然估计量 $\hat{\theta}$.

例 3.1.4　设总体 X 服从参数为 λ 的泊松分布，即其分布律为

$$P\{X=k\} = \frac{\lambda^k}{k!}\mathrm{e}^{-\lambda} \quad (k=0,\ 1,\ \cdots)$$

其中 $\lambda > 0$ 为未知参数. $X_1,\ X_2,\ \cdots,\ X_n$ 为来自总体 X 的样本，求 λ 的极大似然估计量.

解　似然函数为

$$L(x_1,\ x_2,\ \cdots,\ x_n;\ \lambda) = \prod_{i=1}^{n} \frac{\lambda^{x_i}}{x_i!}\mathrm{e}^{-\lambda} = \mathrm{e}^{-n\lambda} \frac{\lambda^{\sum_{i=1}^{n} x_i}}{\prod_{i=1}^{n} x_i!}$$

取对数：

$$\ln L(x_1,\ x_2,\ \cdots,\ x_n;\ \lambda) = -n\lambda + \ln\lambda \sum_{i=1}^{n} x_i - \sum_{i=1}^{n} \ln x_i$$

令

$$\frac{\mathrm{d}[\ln L]}{\mathrm{d}\lambda} = -n + \frac{1}{\lambda}\sum_{i=1}^{n} x_i = 0$$

从而 λ 的极大似然估计值为

$$\hat{\lambda} = \frac{1}{n}\sum_{i=1}^{n} x_i = \bar{x}$$

λ 的极大似然估计量为

$$\hat{\lambda} = \bar{X}$$

例 3.1.5　总体 X 的概率密度为

$$f(x) = \begin{cases} \theta x^{\theta-1}, & 0 < x < 1 \\ 0, & \text{其他} \end{cases}$$

其中 $\theta > 0$ 为未知参数. $X_1,\ X_2,\ \cdots,\ X_n$ 是来自总体 X 的一个样本，求参数 θ 的极大似然估

计量.

解 似然函数为

$$L(\theta) = \prod_{i=1}^{n} f(x_i; \theta) = \theta^n \left(\prod_{i=1}^{n} x_i \right)^{\theta-1}$$

取对数:

$$\ln L(\theta) = n\ln \theta + (\theta - 1)\left(\sum_{i=1}^{n} \ln x_i \right)$$

令

$$\frac{\mathrm{d}[\ln L(\theta)]}{\mathrm{d}\theta} = \frac{n}{\theta} + \sum_{i=1}^{n} \ln x_i = 0$$

得到参数 θ 的极大似然估计值为

$$\hat{\theta} = -\frac{n}{\displaystyle\sum_{i=1}^{n} \ln x_i}$$

参数 θ 的极大似然估计量为

$$\hat{\theta} = -\frac{n}{\displaystyle\sum_{i=1}^{n} \ln X_i}$$

3. 分布中含有多个未知参数 $\theta_1, \theta_2, \cdots, \theta_k$ 的情形

极大似然估计法也适用于分布中含有多个未知参数 $\theta_1, \theta_2, \cdots, \theta_k$ 的情形.

若 $L(x; \theta)(\theta = (\theta_1, \theta_2, \cdots, \theta_k))$ 对 $\theta_i(i = 1, 2, \cdots, k)$ 的偏导数存在, 极大似然估计 $\hat{\theta}$ 应满足方程组:

$$\frac{\partial L}{\partial \theta_i} = 0 \quad (i = 1, 2, \cdots, k) \tag{3.1}$$

式(3.1)被称为似然方程组. 在 $\ln L(x; \theta)$ 对 $\theta_i(i = 1, 2, \cdots, k)$ 的偏导数存在的情况下, $\hat{\theta}$ 可由

$$\frac{\partial(\ln L)}{\partial \theta_i} = 0 \quad (i = 1, 2, \cdots, k) \tag{3.2}$$

求得. 式(3.2)被称为对数似然方程组. 解这一方程组, 若 $\ln L(x; \theta)$ 的驻点唯一, 又能验证它是一个极大值点, 则它必是 $\ln L(x; \theta)$ 的极大值点, 即所求的极大似然估计. 但若驻点不唯一, 则需进一步判断哪一个为极大值点. 还需指出的是, 若 $\ln L(x; \theta)$ 对 $\theta_i(i = 1, 2, \cdots, k)$ 的偏导数不存在, 或者偏导数存在却无驻点, 则我们无法得到方程组, 这时必须根据极大似然估计的定义直接求 $L(x; \theta)$ 的极大值点.

例 3.1.6 设 $X_1, X_2, \cdots, X_n$ 是来自总体 $X \sim N(\mu, \sigma^2)$ 的样本, 求 μ 与 σ^2 的极大似然估计量.

解 X 的概率密度为

$$f(x; \mu, \sigma^2) = \frac{1}{\sqrt{2\pi}\sigma}\mathrm{e}^{-\frac{(x-\mu)^2}{2\sigma^2}}$$

似然函数为

$$L(\mu, \sigma^2) = \prod_{i=1}^{n} \frac{1}{\sqrt{2\pi}\sigma} e^{-\frac{(x_i-\mu)^2}{2\sigma^2}}$$

$$= \frac{1}{(2\pi)^{\frac{n}{2}}(\sigma^2)^{\frac{n}{2}}} \exp\left\{-\frac{\sum_{i=1}^{n}(x_i-\mu)^2}{2\sigma^2}\right\}$$

$$\ln L(\mu, \sigma^2) = -\frac{n}{2}\ln 2\pi - \frac{n}{2}\ln\sigma^2 - \frac{\sum_{i=1}^{n}(x_i-\mu)^2}{2\sigma^2}$$

$$\begin{cases} \dfrac{\partial[\ln L(\mu, \sigma^2)]}{\partial\mu} = \dfrac{1}{\sigma^2}\sum_{i=1}^{n}(x_i-\mu) = 0 \\ \dfrac{\partial\ln L(\mu, \sigma^2)}{\partial\sigma^2} = -\dfrac{n}{2\sigma^2} + \dfrac{1}{2\sigma^4}\sum_{i=1}^{n}(x_i-\mu)^2 = 0 \end{cases}$$

解对数似然方程组，即得 μ 与 σ^2 的极大似然估计量：

$$\hat{\mu} = \frac{1}{n}\sum_{i=1}^{n}X_i = \bar{X}$$

$$\hat{\sigma}^2 = \frac{1}{n}\sum_{i=1}^{n}(X_i-\bar{X})^2$$

例 3.1.7 设总体 X 在 $[a, b]$ 上服从均匀分布，a, b 未知，$x_1, x_2, \cdots, x_n$ 是来自总体 X 的一个样本观察值. 试求 a, b 的极大似然估计量.

解 X 的概率密度为

$$f(x; a, b) = \begin{cases} \dfrac{1}{b-a}, & a \leqslant x \leqslant b \\ 0, & \text{其他} \end{cases}$$

似然函数为

$$L(x_1, x_2, \cdots, x_n; a, b) = \begin{cases} \dfrac{1}{(b-a)^n}, & a \leqslant x_i \leqslant b, i = 1, 2, \cdots, n \\ 0, & \text{其他} \end{cases}$$

由于无驻点，所以该题必须从极大似然估计的定义出发来求 L 的极大值点.

为使 L 达到最大，$b-a$ 应尽量地小，而由极大似然函数的条件 $a \leqslant x_i \leqslant b$ 可知：

$$b \geqslant \max\{x_1, x_2, \cdots, x_n\} = x_b$$

且

$$a \leqslant \min\{x_1, x_2, \cdots, x_n\} = x_a$$

$$L(a, b) = \frac{1}{(b-a)^n} \leqslant \frac{1}{(x_b-x_a)^n}$$

因此 a, b 的极大似然估计量为

$$\hat{a} = \min\{X_1, X_2, \cdots, X_n\}, \quad \hat{b} = \max\{X_1, X_2, \cdots, X_n\}$$

设 θ 的函数 $u = u(\theta)$，$\theta \in \Theta$，具有单值反函数 $\theta = \theta(u)$，又设 $\hat{\theta}$ 是 X 的概率密度 $f(x; \theta)$ 或分布律 $p(x; \theta)$（形式已知）中参数 θ 的极大似然估计，则 $\hat{\mu} = \mu(\hat{\theta})$ 是 $u(\theta)$ 的极大似然

估计. 这一性质被称为极大似然函数估计的不变性.

在例 3.1.5 中, 若求参数 $U = e^\theta$ 的极大似然估计, 则应先解得参数 θ 的极大似然估计量 $\hat\theta = -\dfrac{n}{\sum\limits_{i=1}^{n} \ln X_i}$. 由于 $U = e^\theta$ 具有单值反函数, 故由极大似然函数估计的不变性知, $U = e^\theta$ 的极大似然估计值为 $\hat U = e^{\hat\theta}$.

§3.2 基于截尾样本的极大似然估计

在研究产品的可靠性时, 需要研究产品寿命 T 的各种特征. 产品寿命 T 是一个随机变量, 它的分布被称为寿命分布.

为了对寿命分布进行统计推断, 就需要通过产品的寿命试验, 以取得寿命数据. 一类典型的寿命试验: 将随机抽取的 n 个产品在时间 $t = 0$ 时同时投入试验, 直到每个产品都失效. 记录每个产品的失效时间, 这样得到的样本(即由所有产品的失效时间所组成的样本 $0 \leqslant t_1 \leqslant t_2 \leqslant \cdots \leqslant t_n$)叫作完全样本.

然而产品的寿命往往很长, 而且试验可能具有破坏性, 由于时间和财力的限制, 不可能得到完全样本, 于是就考虑截尾寿命试验. 截尾寿命试验常用的有以下两种.

(1)假设将随机抽取的 n 个产品在时间 $t = 0$ 时同时投入试验, 试验进行到事先规定的截尾时间 t_0 停止. 如果试验截止时共有 m 个产品失效, 失效时间分别为 $0 \leqslant t_1 \leqslant t_2 \leqslant \cdots \leqslant t_m \leqslant t_0$, 此时 m 是一个随机变量, 所得的样本 $t_1, t_2, \cdots, t_m$ 被称为**定时截尾样本**.

(2)假设将随机抽取的 n 个产品在时间 $t = 0$ 时同时投入试验, 试验进行到有 m 个(m 是事先规定的, $m < n$)产品失效时停止, m 个失效产品的失效时间分别为 $0 \leqslant t_1 \leqslant t_2 \leqslant \cdots \leqslant t_m$, 这里 t_m 是第 m 个产品的失效时间, t_m 是随机变量, 所得的样本 $t_1, t_2, \cdots, t_m$ 被称为**定数截尾样本**.

设产品的寿命分布是指数分布, 其概率密度为

$$f(t) = \begin{cases} \dfrac{1}{\theta} e^{-\frac{t}{\theta}}, & t > 0 \\ 0, & t \leqslant 0 \end{cases}$$

其中 $\theta > 0$ 为未知参数. 设有 n 个产品投入定数截尾试验, 截尾数为 m, 得定数截尾样本 $t_1, t_2, \cdots, t_m$, $0 \leqslant t_1 \leqslant t_2 \leqslant \cdots \leqslant t_m$, 现用极大似然估计法来估计 θ.

在时间区间 $[0, t_m]$ 有 m 个产品失效, $n - m$ 个产品在 t_m 时尚未失效, 即有 $n - m$ 个产品的寿命超过 t_m.

产品在 $(t_i, t_i + \mathrm{d}t_i]$ 失效的概率近似地为

$$f(t_i)\,\mathrm{d}t_i = \frac{1}{\theta} e^{-\frac{t_i}{\theta}}\mathrm{d}t_i \quad (i = 1, 2, \cdots, m)$$

其余 $n - m$ 个产品的寿命超过 t_m 的概率为

$$\left(\int_{t_m}^{\infty} \frac{1}{\theta} e^{-\frac{t}{\theta}}\mathrm{d}t \right)^{n-m} = \left(e^{-\frac{t_m}{\theta}} \right)^{n-m}$$

故得到上述观察结果的概率近似地为

$$C_n^m\left(\frac{1}{\theta}\mathrm{e}^{-\frac{t_1}{\theta}}\mathrm{d}t_1\right)\left(\frac{1}{\theta}\mathrm{e}^{-\frac{t_2}{\theta}}\mathrm{d}t_2\right)\cdots\left(\frac{1}{\theta}\mathrm{e}^{-\frac{t_m}{\theta}}\mathrm{d}t_m\right)\left(\mathrm{e}^{-\frac{t_m}{\theta}}\right)^{n-m}=C_n^m\frac{1}{\theta^m}\mathrm{e}^{-\frac{1}{\theta}[t_1+t_2+\cdots+t_m+(n-m)t_m]}\mathrm{d}t_1\mathrm{d}t_2\cdots\mathrm{d}t_m$$

其中 $\mathrm{d}t_1$，$\mathrm{d}t_2$，$\cdots$，$\mathrm{d}t_m$ 为常数，常数因子不影响 θ 的极大似然估计，故取似然函数为

$$L(\theta)=\frac{1}{\theta^m}\mathrm{e}^{-\frac{1}{\theta}[t_1+t_2+\cdots+t_m+(n-m)t_m]}$$

取对数

$$\ln L(\theta)=-m\ln\theta-\frac{1}{\theta}[t_1+t_2+\cdots+t_m+(n-m)t_m]$$

令

$$\frac{\mathrm{d}}{\mathrm{d}\theta}\ln L(\theta)=-\frac{m}{\theta}+\frac{1}{\theta^2}[t_1+t_2+\cdots+t_m+(n-m)t_m]=0$$

得

$$\hat{\theta}=\frac{s(t_m)}{m}$$

其中 $s(t_m)=t_1+t_2+\cdots+t_m+(n-m)t_m$ 为总试验时间，它表示直至时刻 t_m 为止 n 个产品的试验时间的总和.

对于定时截尾样本：

$$0\leqslant t_1\leqslant t_2\leqslant\cdots\leqslant t_m\leqslant t_0$$

与上面的讨论类似，可得似然函数为

$$L(\theta)=\frac{1}{\theta^m}\mathrm{e}^{-\frac{1}{\theta}[t_1+t_2+\cdots+t_m+(n-m)t_0]}$$

θ 的极大似然估计为

$$\hat{\theta}=\frac{s(t_0)}{m}$$

其中 $s(t_0)=t_1+t_2+\cdots+t_m+(n-m)t_0$ 为总试验时间，它表示直至时刻 t_0 为止 n 个产品的试验时间的总和.

例 3.2.1 设某工地使用的某种电镐电池的寿命服从指数分布，其概率密度为

$$f(t)=\begin{cases}\dfrac{1}{\theta}\mathrm{e}^{-\frac{t}{\theta}}, & t>0\\ 0, & t\leqslant 0\end{cases}$$

其中 $\theta>0$ 为未知参数. 随机地取 50 只电池投入寿命试验，规定试验进行到其中有 15 只电池失效时结束试验，测得失效时间（天）为 115，119，131，138，142，147，148，155，158，159，163，166，167，170，172. 试求电池的平均寿命 θ 的极大似然估计.

解 $n=50$，$m=15$，则

$$s(t_{15})=115+119+\cdots+170+172+(50-15)\times 172=8\ 270$$

θ 的极大似然估计为

$$\hat{\theta}=\frac{8\ 270}{15}=551.33$$

例 3.2.2 设某工地使用的电镐电池的寿命服从指数分布，其概率密度为

$$f(t) = \begin{cases} \dfrac{1}{\theta} e^{-\frac{t}{\theta}}, & t > 0 \\ 0, & t \leq 0 \end{cases}$$

其中 $\theta > 0$ 为未知参数. 随机地取 100 只电池投入寿命试验, 规定试验进行到 180 h 结束, 此时测得失效电池的失效时间 (天) 为 115, 119, 131, 138, 142, 147, 148, 155, 158, 159, 163, 166, 167, 170, 172, 174, 175, 177, 178, 179. 试求电池的平均寿命 θ 的极大似然估计.

解 $n = 100$, $m = 20$, 则

$s(t_0) = 115 + 119 + \cdots + 170 + 172 + 174 + 175 + 177 + 178 + 179 + (100 - 20) \times 180$

$\qquad = 17\,533$

θ 的极大似然估计为

$$\hat{\theta} = \frac{17\,533}{20} = 876.55$$

§3.3 估计量的评选标准

对于同一参数, 用不同方法来估计, 结果有可能是不同的. 既然估计的结果往往不是唯一的, 那么究竟孰优孰劣? 这里就有一个标准的问题. 我们总希望用一个最好的估计量来估计参数. 注意到, 由于样本是随机变量, 所以作为样本函数的估计量也是随机变量, 它的取值是随观察结果而定的. 评价一个估计量的优劣不能仅从它的一次具体观察值来衡定, 而应从估计量本身, 根据不同的要求, 整体评价估计量的优劣. 下面介绍几种常见的评价估计量的标准.

3.3.1 无偏性

设 X_1, X_2, $\cdots$, X_n 是来自总体 X 的一个样本, $\theta \in \Theta$ 是包含在总体 X 的分布中的待估参数, 这里 Θ 是 θ 的范围.

定义 3.3.1 设估计量 $\hat{\theta} = \hat{\theta}(X_1, X_2, \cdots, X_n)$ 的数学期望 $E(\hat{\theta})$ 存在, 若对任意的 $\theta \in \Theta$, 都有 $E(\hat{\theta}) = \theta$, 则称 $\hat{\theta}$ 是 θ 的无偏估计量.

估计量的无偏性是指: 对于某些样本值, 由这一估计量得到的估计值相对于真值来说有些偏大, 有些则偏小, 反复将这一估计量使用多次, 就 "平均" 来说其偏差为零.

定义 3.3.2 若 $\lim\limits_{n \to \infty} [E[\hat{\theta}(X_1, X_2, \cdots, X_n)] - \theta] \stackrel{\Delta}{=\!=\!=} \lim\limits_{n \to \infty} b_n(\theta) = 0$, 则称 $\hat{\theta}$ 是 θ 的渐近无偏估计量, 其中 $b_n(\theta)$ 被称为 $\hat{\theta}$ 的偏差.

例 3.3.1 证明: $\overline{X}$ 是总体期望 $E(X) = \mu$ 的无偏估计量.

证明 $E(\overline{X}) = E\left(\dfrac{1}{n} \sum\limits_{i=1}^{n} X_i\right) = \dfrac{1}{n} \sum\limits_{i=1}^{n} E(X_i) = \dfrac{1}{n} n\mu = \mu$

故 $\overline{X}$ 是总体期望 $E(X) = \mu$ 的无偏估计量.

例 3.3.2 证明：S_n^2 不是总体方差 $D(X) = \sigma^2$ 的无偏估计量，而是渐近无偏估计量；S^2 才是总体方差 $D(X) = \sigma^2$ 的无偏估计量.

证明
$$D(\bar{X}) = D\left(\frac{1}{n}\sum_{i=1}^n X_i\right) = \frac{1}{n^2}\sum_{i=1}^n D(X_i) = \frac{1}{n^2}n\sigma^2 = \frac{\sigma^2}{n}$$

故
$$E(S_n^2) = E\left[\frac{1}{n}\sum_{i=1}^n (X_i - \bar{X})^2\right] = E\left[\frac{1}{n}\sum_{i=1}^n (X_i - \mu)^2 - (\bar{X} - \mu)^2\right]$$
$$= \frac{1}{n}\sum_{i=1}^n D(X_i) - D(\bar{X}) = \frac{1}{n}\cdot n\sigma^2 - \frac{\sigma^2}{n} = \frac{n-1}{n}\sigma^2 \neq \sigma^2$$

但
$$\lim_{n\to\infty}\left(\frac{n-1}{n}\sigma^2 - \sigma^2\right) = 0$$

因此 S_n^2 不是总体方差 $D(X) = \sigma^2$ 的无偏估计量，而是渐近无偏估计量. 由于
$$E(S^2) = E\left[\frac{1}{n-1}\sum_{i=1}^n (X_i - \bar{X})^2\right] = E\left[\frac{1}{n-1}\sum_{i=1}^n (X_i - \mu)^2 - \frac{1}{n-1}(\bar{X} - \mu)^2\right]$$
$$= \frac{1}{n-1}\sum_{i=1}^n D(X_i) - \frac{n}{n-1}D(\bar{X}) = \frac{n}{n-1}\cdot n\sigma^2 - \frac{\sigma^2}{n-1} = \sigma^2$$

故 S^2 才是总体方差 $D(X) = \sigma^2$ 的无偏估计量.

3.3.2 有效性和最小方差性

无偏估计量只说明估计量的取值在真值周围摆动，但众多无偏估计量中哪个最好呢？这个"周围"究竟有多大？我们自然希望摆动范围越小越好，即估计量的取值的集中程度要尽可能高. 由于方差是衡量随机变量取值与其数学期望的偏离程度的数字特征，故无偏估计量以方差小者为好. 这就引出了最小方差无偏估计量的概念.

定义 3.3.3 设总体 X 有分布函数 $F(x; \theta)$，$\theta \in \Theta$ 为未知参数，$X_1, X_2, \cdots, X_n$ 是来自总体 X 的样本，$T = T(X_1, X_2, \cdots, X_n)$ 和 $T' = T'(X_1, X_2, \cdots, X_n)$ 均是待估函数 $g(\theta)$ 的无偏估计量，若
$$D_\theta(T) \leqslant D_\theta(T'), \quad \forall \theta \in \Theta$$
则称估计量 $T(X_1, X_2, \cdots, X_n)$ 比 $T'(X_1, X_2, \cdots, X_n)$ 有效.

定义 3.3.4 对于固定的样本容量 n，设 $T = T(X_1, X_2, \cdots, X_n)$ 是参数函数 $g(\theta)$ 的无偏估计量，若对 $g(\theta)$ 的任意一个无偏估计量 $T' = T'(X_1, X_2, \cdots, X_n)$，有
$$D_\theta(T) \leqslant D_\theta(T'), \quad \forall \theta \in \Theta$$
则称 $T(X_1, X_2, \cdots, X_n)$ 为 $g(\theta)$ 的（一致）最小方差无偏估计量，或者称之为最优无偏估计量.

从定义上看，要直接验证某个估计量是参数函数 $g(\theta)$ 的最优无偏估计量是有困难的. 现考虑 $g(\theta)$ 的一切无偏估计量 U，若能求出其一切无偏估计量中方差的一个下界（下界显然是存在的，至少可以取 0），而又能证明某个估计 $T \in U$ 能达到这一下界，则 T 当然就是

最优无偏估计量. 我们来求一下这个下界.

不妨考虑总体为连续型随机变量.

简记:

统计量 $T = T(X_1, X_2, \cdots, X_n)$ 为 $T(X)$;

样本 $X_1, X_2, \cdots, X_n$ 的概率密度 $\prod_{i=1}^{n} f(x_i; \theta)$ 为 $f(x; \theta)$;

积分 $\int \cdots \int \mathrm{d}x_1 \cdots \mathrm{d}x_n$ 为 $\int \mathrm{d}x$.

又假设在以下计算中, 所有需要求导和在积分号下求导的场合都具有相应的可行性. 今考虑 $g(\theta)$ 的一个无偏估计量 $T(X)$, 即有

$$\int T(x) f(x; \theta) \mathrm{d}x = E_\theta(T) = g(\theta)$$

两边对 θ 求导, 得

$$\int T(x) \frac{\partial f(x; \theta)}{\partial \theta} \mathrm{d}x = g'(\theta) \tag{3.3}$$

又

$$\int f(x; \theta) \mathrm{d}x = 1$$

上式两边对 θ 求导, 得

$$\int \frac{\partial f(x; \theta)}{\partial \theta} \mathrm{d}x = 0 \tag{3.4}$$

将式 (3.4) 乘以 $-g(\theta)$ 得

$$\int -g(\theta) \frac{\partial f(x; \theta)}{\partial \theta} \mathrm{d}x = 0 \tag{3.5}$$

式 (3.3) 与式 (3.5) 相加得

$$\int [T(x) - g(\theta)] \frac{\partial f(x; \theta)}{\partial \theta} \mathrm{d}x = g'(\theta)$$

上式改写为

$$g'(\theta) = \int \left\{ [T(x) - g(\theta)] \sqrt{f(x; \theta)} \right\} \left[\frac{\sqrt{f(x; \theta)}}{f(x; \theta)} \cdot \frac{\partial f(x; \theta)}{\partial \theta} \right] \mathrm{d}x$$

由柯西-西瓦尔兹不等式, 得

$$[g'(\theta)]^2 \le \int [T(x) - g(\theta)]^2 f(x; \theta) \mathrm{d}x \cdot \int \left(\frac{\partial f(x; \theta)}{\partial \theta} \cdot \frac{1}{f(x; \theta)} \right)^2 f(x; \theta) \mathrm{d}x \tag{3.6}$$

其中

$$\int [T(x) - g(\theta)]^2 f(x; \theta) \mathrm{d}x = D_\theta(T) \tag{3.7}$$

$$\int \left(\frac{\partial f(x; \theta)}{\partial \theta} \cdot \frac{1}{f(x; \theta)} \right)^2 f(x; \theta) \mathrm{d}x = E_\theta \left\{ \frac{\partial \ln f(X; \theta)}{\partial \theta} \right\}^2 \tag{3.8}$$

故得著名的克拉默-劳不等式, 简称 C-R 不等式:

$$D_\theta[T(X)] \ge [g'(\theta)]^2 / E_\theta \left\{ \frac{\partial [\ln f(X; \theta)]}{\partial \theta} \right\}^2 \tag{3.9}$$

因为 X_1，X_2，$\cdots$，X_n 独立同分布，故由

$$\frac{\partial \ln f(x;\ \theta)}{\partial \theta} = \sum_{i=1}^{n} \frac{\partial \ln f(x_i;\ \theta)}{\partial \theta}$$

以及当 $i \neq j$ 时，利用式 (3.4)，有

$$E_\theta\left\{\frac{\partial[\ln f(X_i;\ \theta)]}{\partial \theta}\right\}\left\{\frac{\partial[\ln f(X_j;\ \theta)]}{\partial \theta}\right\} = E_\theta\left\{\frac{\partial[\ln f(X_i;\ \theta)]}{\partial \theta}\right\} \cdot E_\theta\left\{\frac{\partial[\ln f(X_j;\ \theta)]}{\partial \theta}\right\}$$

$$= E_\theta\left\{\frac{\partial[\ln f(X_i;\ \theta)]}{\partial \theta}\right\} \cdot \int \frac{\partial[\ln f(x_j;\ \theta)]}{\partial \theta} f(x_j;\ \theta)\mathrm{d}x_j$$

$$= E_\theta\left\{\frac{\partial[\ln f(X_i;\ \theta)]}{\partial \theta}\right\} \cdot \int \left[\frac{\partial f(x_j;\ \theta)}{\partial \theta} \cdot \frac{1}{f(x_j;\ \theta)}\right] f(x_j;\ \theta)\mathrm{d}x_j$$

$$= E_\theta\left\{\frac{\partial[\ln f(X_i;\ \theta)]}{\partial \theta}\right\} \cdot \int \frac{\partial f(x_j;\ \theta)}{\partial \theta}\mathrm{d}x_j = 0$$

可得

$$E_\theta\left\{\frac{\partial[\ln f(X;\ \theta)]}{\partial \theta}\right\}^2 = \sum_{i=1}^{n} E_\theta\left\{\frac{\partial[\ln f(X_i;\ \theta)]}{\partial \theta}\right\}^2 = nE_\theta\left\{\frac{\partial[\ln f(X_1;\ \theta)]}{\partial \theta}\right\}^2 = nI(\theta)$$

其中 $I(\theta) = E_\theta\left\{\frac{\partial[\ln f(X_1;\ \theta)]}{\partial \theta}\right\}^2 = E_\theta\left\{\frac{\partial[\ln f(X;\ \theta)]}{\partial \theta}\right\}^2$，被称为费希尔信息量.

注：此处 X_1 应为总体 X，由于样本与总体是同分布的，为避免与前面假设符号相混淆，此处用 X_1 表示，后面的问题中仍用总体 X 表示.

于是式 (3.9) 可简写成

$$D_\theta[T(X)] \geqslant [g'(\theta)]^2/I(\theta)$$

定义 3.3.5 $\dfrac{[g'(\theta)]^2}{I(\theta)}$ 被称为参数函数 $g(\theta)$ 估计量方差的克拉默-劳下界. $I(\theta)$ 的另一表达式有时用起来更方便，其为

$$I(\theta) = -E_\theta\left\{\frac{\partial^2[\ln f(X;\ \theta)]}{\partial \theta^2}\right\}$$

定义 3.3.6 称 $e_n = \dfrac{[g'(\theta)]^2}{D_\theta[T(X)]nI(\theta)}$ 为 $g(\theta)$ 的无偏估计量 T 的效率；当 $e_n = 1$ 时，称 T 是有效估计量；若 $\lim\limits_{n\to\infty} e_n = 1$，则称 T 是渐近有效估计量.

注：(1) 显然，由克拉默-劳不等式可知 $e_n \leqslant 1$.

(2) 当 $e_n = 1$ 时，有 $D_\theta[T(X)] = [g'(\theta)]^2/nI(\theta)$，对一切 $\theta \in \Theta$，$g(\theta)$ 的任意一个无偏估计量 $T' = T'(X_1, X_2, \cdots, X_n)$，都有 $D_\theta(T) \leqslant D_\theta(T')$. 因此，此时 $g(\theta)$ 的无偏估计量 $T(X)$ 是 $g(\theta)$ 的最优无偏估计量. 故称无偏估计量 T 较 T' 有效.

例 3.3.3 设总体 $X \sim N(\mu,\ \sigma^2)$，X_1，X_2，$\cdots$，X_n 为来自总体 X 的样本. 证明：μ 的无偏估计量 $\overline{X}$ 是有效的，σ^2 的无偏估计量 S^2 是渐近有效的.

证明 (1) 由例 3.3.1 和例 3.3.2 知，$\overline{X}$，S^2 分别是 μ 和 σ^2 的无偏估计量.

（2）计算 $D(\overline{X})$，$D(S^2)$. 易知

$$D(\overline{X}) = \frac{\sigma^2}{n}$$

又由 $\frac{(n-1)S^2}{\sigma^2} \sim \chi^2(n-1)$，可得

$$D\left[\frac{(n-1)S^2}{\sigma^2}\right] = 2(n-1)$$

从而

$$D(S^2) = D\left[\frac{\sigma^2}{n-1} \cdot \frac{(n-1)S^2}{\sigma^2}\right] = \frac{\sigma^4}{(n-1)^2} \cdot 2(n-1) = \frac{2\sigma^4}{n-1}$$

（3）计算 $I(\mu)$，$I(\sigma^2)$. 易知

$$\ln f(X; \mu, \sigma^2) = -\frac{(X-\mu)^2}{2\sigma^2} - \ln\sqrt{2\pi} - \frac{1}{2}\ln\sigma^2$$

故

$$\frac{\partial[\ln f(X; \mu, \sigma^2)]}{\partial\mu} = \frac{X-\mu}{\sigma^2}$$

$$I(\mu) = E\left\{\left[\frac{\partial[\ln f(X; \mu, \sigma^2)]}{\partial\mu}\right]^2\right\} = E\left(\frac{X-\mu}{\sigma^2}\right)^2 = \frac{1}{\sigma^4}D(X) = \frac{1}{\sigma^2}$$

又

$$\frac{\partial[\ln f(X; \mu, \sigma^2)]}{\partial\sigma^2} = -\frac{1}{2\sigma^2} + \frac{1}{2\sigma^4}(X-\mu)^2$$

$$\frac{\partial^2[\ln f(X; \mu, \sigma^2)]}{(\partial\sigma^2)^2} = \frac{1}{2\sigma^4} - \frac{1}{\sigma^6}(X-\mu)^2$$

故

$$I(\sigma^2) = -E\left\{\frac{\partial^2[\ln f(X; \mu, \sigma^2)]}{(\partial\sigma^2)^2}\right\} = -\frac{1}{2\sigma^4} + \frac{1}{\sigma^4} = \frac{1}{2\sigma^4}$$

（4）计算效率 $e_n(\overline{X})$，$e_n(S^2)$. 易知

$$e_n(\overline{X}) = \frac{1}{D(\overline{X})nI(\mu)} = \frac{1}{\frac{\sigma^2}{n} \cdot n\frac{1}{\sigma^2}} = 1$$

$$e_n(S^2) = \frac{1}{D(S^2)nI(\sigma^2)} = \frac{1}{\frac{2\sigma^4}{n-1} \cdot n\frac{1}{2\sigma^4}} = \frac{n-1}{n} \to 1 \quad (n \to \infty)$$

故 $\overline{X}$ 是 μ 的有效估计量，S^2 是 σ^2 的渐近有效估计量.

3.3.3　相合性

无偏性和有效性都是在样本容量固定的前提下提出的. 随着样本容量的增大，一个估计量的值是否稳定于待估参数的真值呢？这就对估计量提出了相合性的要求.

定义 3.3.7 设 $\hat{\theta}(X_1, X_2, \cdots, X_n)$ 是总体 X 分布的未知参数 θ 的估计量，若 $\hat{\theta}$ 依概率收敛于 θ，即对任意的 $\varepsilon > 0$，有

$$\lim_{n \to \infty} P\{|\hat{\theta} - \theta| < \varepsilon\} = 1$$

则称 $\hat{\theta}$ 是 θ 的相合估计量，也称 $\hat{\theta}$ 是 θ 的一致估计量.

例 3.3.4 若总体 $X \sim N(\mu, \sigma^2)$，$X_1, X_2, \cdots, X_n$ 是来自总体 X 的容量为 n 的样本.
证明：μ 的估计量 $\hat{\mu} = \overline{X}$ 是 μ 的一致估计量.

证明 $X_1, X_2, \cdots, X_n$ 是来自总体 X 的容量为 n 的样本，则 $E(X_i) = \mu$，$i = 1, 2, \cdots$, n. 所以

$$E(\overline{X}) = E\left(\frac{1}{n}\sum_{i=1}^{n}X_i\right) = \frac{1}{n}\sum_{i=1}^{n}E(X_i) = \frac{1}{n}n\mu = \mu$$

则由大数定律知，$\overline{X}$ 依概率收敛于 μ，即

$$\lim_{n \to \infty} P\{|\overline{X} - E(\overline{X})| < \varepsilon\} = \lim_{n \to \infty} P\{|\overline{X} - \mu| < \varepsilon\} = 1$$

也即未知参数 μ 的估计量 $\hat{\mu} = \overline{X}$ 是 μ 的一致估计量.

§3.4　区间估计

如果只是对总体的某个未知参数 θ 的值进行统计推断，那么点估计是一种很有用的形式，即只要得到样本观察值 $(x_1, x_2, \cdots, x_n)$，点估计值 $\hat{\theta}(x_1, x_2, \cdots, x_n)$ 就能让我们对 θ 的值有一个明确的数量概念. 但是 $\hat{\theta}(x_1, x_2, \cdots, x_n)$ 仅仅是 θ 的一个近似值，它并没有反映出这个近似值的误差范围，也没有给出这个近似值估计真值的可靠性有多大，这对实际工作来说都是不方便的，而区间估计正好弥补了点估计的这个缺陷. 区间估计是指由两个取值于 Θ 的统计量 $\hat{\theta}_1$，$\hat{\theta}_2$ 组成一个区间，对于一个具体问题得到样本观察值之后，便给出了一个具体的区间 $(\hat{\theta}_1, \hat{\theta}_2)$，使该区间尽可能地包含参数 θ 的真值.

事实上，因为 $\hat{\theta}_1$，$\hat{\theta}_2$ 是两个统计量，所以 $(\hat{\theta}_1, \hat{\theta}_2)$ 实际上是一个随机区间，它覆盖 θ（即 $\theta \in (\hat{\theta}_1, \hat{\theta}_2)$）就是一个随机事件，而 $P\{\theta \in (\hat{\theta}_1, \hat{\theta}_2)\}$ 就反映了这个区间估计的可信程度；此外，区间长度 $\hat{\theta}_2 - \hat{\theta}_1$ 也是一个随机变量，$E(\hat{\theta}_2 - \hat{\theta}_1)$ 反映了区间估计的精确程度. 我们自然希望反映的可信程度越大越好，反映精确程度的区间长度越小越好. 但在实际问题中，二者常常不能兼顾. 为此，这里引入置信区间的概念，并给出在一定可信程度的前提下求置信区间的方法，使区间的平均长度最短.

3.4.1　置信区间的概念

定义 3.4.1 设总体 X 的分布函数 $F(x; \theta)$ 含有一个未知参数 θ，$\theta \in \Theta$（Θ 是 θ 取值的范围），对于给定的 $\alpha(0 < \alpha < 1)$，若由来自 X 的样本 $X_1, X_2, \cdots, X_n$ 确定的两个统计量 $\hat{\theta}_1(X_1, X_2, \cdots, X_n)$ 和 $\hat{\theta}_2(X_1, X_2, \cdots, X_n)(\hat{\theta}_1 < \hat{\theta}_2)$，对于任意的 $\theta \in \Theta$，满足：

$$P\{\hat{\theta}_1 < \theta < \hat{\theta}_2\} \geqslant 1 - \alpha$$

则称 $(\hat{\theta}_1, \hat{\theta}_2)$ 为 θ 的置信水平为 $1 - \alpha$ 的置信区间，称 $1 - \alpha$ 为置信水平或置信度，称 $\hat{\theta}_1$ 为双侧置信区间的置信下限，称 $\hat{\theta}_2$ 为置信上限.

当 X 是连续型随机变量时，对于给定的 α，按要求 $P\{\hat{\theta}_1 < \theta < \hat{\theta}_2\} = 1 - \alpha$ 求出置信区间；而当 X 是离散型随机变量时，对于给定的 α，我们常常找不到区间 $(\hat{\theta}_1, \hat{\theta}_2)$，使得 $P\{\hat{\theta}_1 < \theta < \hat{\theta}_2\}$ 恰为 $1 - \alpha$，此时我们去找区间 $(\hat{\theta}_1, \hat{\theta}_2)$，使得 $P\{\hat{\theta}_1 < \theta < \hat{\theta}_2\}$ 至少 $1 - \alpha$，且尽可能接近 $1 - \alpha$.

$P\{\hat{\theta}_1 < \theta < \hat{\theta}_2\} = 1 - \alpha$ 的意义在于：若反复抽样多次，则每个样本观察值确定一个区间 $(\hat{\theta}_1, \hat{\theta}_2)$，每个这样的区间要么包含 θ 的真值，要么不包含 θ 的真值. 根据伯努利大数定律，在这样多的区间中，包含 θ 真值的约占 $1 - \alpha$，不包含 θ 真值的约占 α，例如，若 $\alpha = 0.005$，反复抽样 1 000 次，则得到的 1 000 个区间中不包含 θ 真值的区间大约为 5 个.

例 3.4.1 设总体 $X \sim N(\mu, \sigma^2)$，σ^2 为已知，μ 为未知，$X_1, X_2, \cdots, X_n$ 是来自总体 X 的一个样本，求 μ 的置信水平为 $1 - \alpha$ 置信区间.

解 已知 $\overline{X}$ 是 μ 的无偏估计量，且有

$$U = \frac{\overline{X} - \mu}{\frac{\sigma}{\sqrt{n}}} \sim N(0, 1)$$

据标准正态分布的 α 分位点的定义(如图 3.1 所示)，有

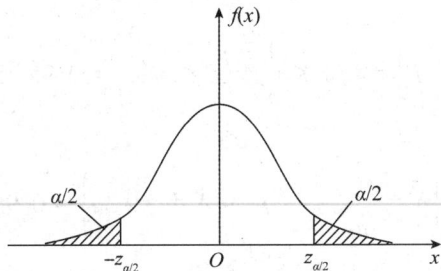

图 3.1

$$P\{|U| < z_{\alpha/2}\} = 1 - \alpha$$

即

$$P\left\{-z_{\alpha/2} < \frac{\overline{X} - \mu}{\sigma/\sqrt{n}} < z_{\alpha/2}\right\} = 1 - \alpha$$

解得

$$P\left\{\overline{X} - \frac{\sigma}{\sqrt{n}}z_{\alpha/2} < \mu < \overline{X} + \frac{\sigma}{\sqrt{n}}z_{\alpha/2}\right\} = 1 - \alpha$$

所以 μ 的置信水平为 $1 - \alpha$ 的置信区间为

$$\left(\overline{X} - \frac{\sigma}{\sqrt{n}}z_{\alpha/2}, \ \overline{X} + \frac{\sigma}{\sqrt{n}}z_{\alpha/2}\right)$$

简写成

$$\left(\overline{X} \pm \frac{\sigma}{\sqrt{n}} z_{\alpha/2} \right)$$

该置信区间的长度为

$$2 \times \frac{\sigma}{\sqrt{n}} z_{\alpha/2}$$

例如，$\alpha = 0.05$ 时，$1 - \alpha = 0.95$，查附录 A 中表 A.1 得：$z_{\alpha/2} = z_{0.025} = 1.96$，又若 $n = 9$，$\sigma = 4$，$\overline{x} = 50$，则得到一个置信水平为 0.95 的置信区间为

$$\left(50 \pm \frac{4}{\sqrt{9}} \times 1.96 \right)$$

即 (47.387, 52.613).

注：此时，该区间已不再是随机区间了，但仍被称为置信水平为 0.95 的置信区间，其含义是"该区间包含 μ"这一陈述的可信程度为 95%. 而若写成 $P\{47.387 < \mu < 52.613\} = 0.95$，则是错误的，因为此时该区间要么包含 μ，要么不包含 μ.

置信水平为 $1 - \alpha$ 的置信区间并不唯一.

对于给定的 $\alpha = 0.05$，μ 的置信水平为 0.95 的置信区间为

$$\left(\overline{X} \pm \frac{\sigma}{\sqrt{n}} z_{0.025} \right)$$

置信区间的长度为

$$L_1 = 2 \times \frac{\sigma}{\sqrt{n}} z_{0.025} = 3.92 \times \frac{\sigma}{\sqrt{n}}$$

又有

$$P\left\{ -z_{0.04} < \frac{\overline{X} - \mu}{\sigma/\sqrt{n}} < z_{0.01} \right\} = 0.95$$

即

$$P\left\{ \overline{X} - \frac{\sigma}{\sqrt{n}} z_{0.01} < \mu < \overline{X} + \frac{\sigma}{\sqrt{n}} z_{0.04} \right\} = 0.95$$

故 $\left(\overline{X} - \frac{\sigma}{\sqrt{n}} z_{0.01}, \ \overline{X} + \frac{\sigma}{\sqrt{n}} z_{0.04} \right)$ 也是 μ 的置信水平为 0.95 的置信区间. 被置信区间的长度为

$$L_2 = \frac{\sigma}{\sqrt{n}} (z_{0.04} + z_{0.01}) = 4.08 \times \frac{\sigma}{\sqrt{n}} > L_1$$

置信区间短表示估计的精度高，故前一个区间较后一个区间更优.

说明：对于概率密度的图形是单峰且关于纵坐标轴对称的情况，易证取 a 和 b 关于原点对称时，能使置信区间长度最小，因此选用这样的区间精度最高.

3.4.2 求未知参数 θ 的置信区间的一般步骤

求未知参数 θ 的置信区间的一般步骤如下.

(1) 寻求一个样本 $X_1, X_2, \cdots, X_n$ 的函数 $W(X_1, X_2, \cdots, X_n; \theta)$，它包含待估参数

θ，而不包含其他未知参数，并且 W 的分布已知，不依赖于任何未知参数. 称具有这种性质的函数 W 为枢轴量.

（2）对于给定的置信水平 $1-\alpha$，定出两个常数 a，b，使

$$P\{a < W(X_1, X_2, \cdots, X_n; \theta) < b\} = 1 - \alpha$$

从 $a < W(X_1, X_2, \cdots, X_n; \theta) < b$ 中得到与之等价的 θ 的不等式 $\hat{\theta}_1 < \theta < \hat{\theta}_2$，其中 $\hat{\theta}_1 = \hat{\theta}_1(X_1, X_2, \cdots, X_n)$，$\hat{\theta}_2 = \hat{\theta}_2(X_1, X_2, \cdots, X_n)$ 都是统计量，则 $(\hat{\theta}_1, \hat{\theta}_2)$ 就是 θ 的一个置信水平为 $1-\alpha$ 的置信区间.

§3.5　正态总体的均值与方差的区间估计

下面就正态总体的期望和方差，给出其置信区间.

3.5.1　单个正态总体期望与方差的区间估计

设总体 $X \sim N(\mu, \sigma^2)$，$X_1, X_2, \cdots, X_n$ 为来自总体 X 的一个样本，$\overline{X}$，S^2 分别是样本均值和样本方差，已给定置信水平为 $1-\alpha$.

1. 均值 μ 的置信区间

（1）当 σ^2 已知时，由抽样分布可得枢轴量为

$$U = \frac{\overline{X} - \mu}{\frac{\sigma}{\sqrt{n}}} \sim N(0, 1)$$

μ 的置信水平为 $1-\alpha$ 的置信区间为

$$\left(\overline{X} \pm \frac{\sigma}{\sqrt{n}} z_{\alpha/2}\right)$$

（2）当 σ^2 未知时，因为 S^2 是 σ^2 的无偏估计量，由第 2 章定理 2.2.2 可得枢轴量为

$$T = \frac{\overline{X} - \mu}{S}\sqrt{n} \sim t(n-1)$$

由自由度为 $n-1$ 的 t 分布的分位数的定义（如图 3.2 所示），有

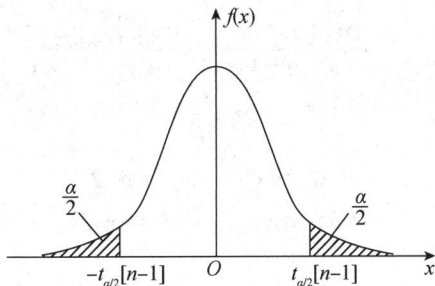

图 3.2

$$P\left\{-t_{\alpha/2}(n-1) < \frac{\overline{X}-\mu}{S/\sqrt{n}} < t_{\alpha/2}(n-1)\right\} = 1-\alpha$$

即

$$P\left\{\overline{X} - \frac{S}{\sqrt{n}}t_{\alpha/2}(n-1) < \mu < \overline{X} + \frac{S}{\sqrt{n}}t_{\alpha/2}(n-1)\right\} = 1-\alpha$$

所以 μ 的置信水平为 $1-\alpha$ 的置信区间为

$$\left(\overline{X} \pm \frac{S}{\sqrt{n}}t_{\alpha/2}(n-1)\right)$$

例 3.5.1 设来自正态分布总体 $X \sim N(\mu, \sigma^2)$ 的样本观察值为

$$5.1, \ 5.1, \ 4.8, \ 5.0, \ 4.7, \ 5.0, \ 5.2, \ 5.1, \ 5.0$$

试就 σ 未知的情况求总体均值 μ 的置信水平为 0.95 的置信区间.

解 σ 未知时,总体均值 μ 的置信水平为 0.95 的置信区间为

$$\left(\overline{X} \pm \frac{S}{\sqrt{n}}t_{\alpha/2}(n-1)\right)$$

计算得

$$\overline{x} = \frac{1}{9}(5.1 + 5.1 + \cdots + 5.0) = 5, \quad s = 0.1581$$

因为 $1-\alpha = 0.95$,所以 $\alpha = 0.05$. $t_{\alpha/2}(8) = 2.306$,则

$$\overline{x} - t_{\alpha/2}\frac{s}{\sqrt{n}} = 5.0 - 2.306 \times \frac{0.1581}{\sqrt{9}} = 4.878$$

$$\overline{x} + t_{\alpha/2}\frac{s}{\sqrt{n}} = 5.0 + 2.306 \times \frac{0.1581}{\sqrt{9}} = 5.122$$

故所求总体均值 μ 的置信水平为 0.95 的置信区间为 (4.878, 5.122).

2. 方差 σ^2 的置信区间

(1) 当 μ 已知时,由抽样分布可得枢轴量为

$$\chi^2 = \sum_{i=1}^{n} \frac{(X_i - \mu)^2}{\sigma^2} \sim \chi^2(n)$$

据 $\chi^2(n)$ 分布分位数的定义(如图 3.3 所示),有

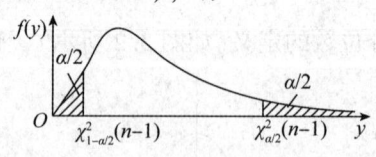

图 3.3

$$P\{\chi^2 > \chi^2_{\alpha/2}(n)\} = \alpha/2$$
$$P\{\chi^2 < \chi^2_{1-\alpha/2}(n)\} = \alpha/2$$

所以

$$P\{\chi^2_{\alpha/2}(n) < \chi^2 < \chi^2_{1-\alpha/2}(n)\} = 1-\alpha$$

从而

$$P\left\{\frac{\sum\limits_{i=1}^{n}(X_i-\mu)^2}{\chi^2_{\alpha/2}(n)}<\sigma^2<\frac{\sum\limits_{i=1}^{n}(X_i-\mu)^2}{\chi^2_{1-\alpha/2}(n)}\right\}=1-\alpha$$

故 σ^2 的置信水平为 $1-\alpha$ 的置信区间为

$$\left(\frac{\sum\limits_{i=1}^{n}(X_i-\mu)^2}{\chi^2_{\alpha/2}(n)},\ \frac{\sum\limits_{i=1}^{n}(X_i-\mu)^2}{x^2_{1-\alpha/2}(n)}\right)$$

（2）当 μ 未知时，$\overline{X}$ 既是 μ 的无偏估计量，又是有效估计量，所以用 $\overline{X}$ 代替 μ，则枢轴量为

$$\frac{(n-1)S^2}{\sigma^2}=\frac{\sum\limits_{i=1}^{n}(X_i-\overline{X})^2}{\sigma^2}\sim\chi^2(n-1)$$

据 $\chi^2(n-1)$ 分布分位数的定义，有

$$P\left\{\chi^2_{1-\alpha/2}(n-1)<\frac{(n-1)S^2}{\sigma^2}<\chi^2_{\alpha/2}(n-1)\right\}=1-\alpha$$

即

$$P\left\{\frac{(n-1)S^2}{\chi^2_{\alpha/2}(n-1)}<\sigma^2<\frac{(n-1)S^2}{\chi^2_{1-\alpha/2}(n-1)}\right\}=1-\alpha$$

可以得到 σ^2 的一个置信水平为 $1-\alpha$ 的置信区间为

$$\left(\frac{(n-1)S^2}{\chi^2_{\alpha/2}(n-1)},\ \frac{(n-1)S^2}{\chi^2_{1-\alpha/2}(n-1)}\right)$$

进一步还可以得到 σ 的置信水平为 $1-\alpha$ 的置信区间为

$$\left(\frac{\sqrt{n-1}S}{\sqrt{\chi^2_{\alpha/2}(n-1)}},\ \frac{\sqrt{n-1}S}{\sqrt{\chi^2_{1-\alpha/2}(n-1)}}\right)$$

注意：当分布不对称时，如 χ^2 分布和 F 分布，出于计算方便，习惯上仍然取其对称的分位点来确定置信区间，但所得区间不是最短的.

例 3.5.2 随机地从某工地的钢筋中抽取 10 根测试其折断力，其测试值的样本标准差 $s=11$，设其折断力服从正态分布，求 μ 未知时标准差 σ 的置信水平为 0.95 的置信区间.

解 μ 未知时，标准差 σ 的置信水平为 0.95 的置信区间为

$$\left(\frac{\sqrt{n-1}S}{\sqrt{\chi^2_{\alpha/2}(n-1)}},\ \frac{\sqrt{n-1}S}{\sqrt{\chi^2_{1-\alpha/2}(n-1)}}\right)$$

已知 $\alpha/2=0.025$，$1-\alpha/2=0.975$，$n-1=8$，查附录 A 中表 A.4 得

$$\chi^2_{0.025}(8)=17.535,\ \chi^2_{0.975}(8)=2.180$$

于是得到标准差 σ 的置信水平为 0.95 的置信区间为

$$\left(\frac{\sqrt{8}\times11}{\sqrt{17.535}},\ \frac{\sqrt{8}\times11}{\sqrt{2.180}}\right)=(7.4,\ 21.1)$$

3.5.2 两个正态总体的均值差与方差比的区间估计

在实际中常遇到下面的问题:已知产品的某一质量指标服从正态分布,但原料、设备条件、操作人员不同,或者工艺过程的改变等因素,会引起总体均值、总体方差有所改变,我们需要知道这些变化有多大,这就需要考虑两个正态总体均值差或方差比的估计问题.

设已给定置信水平为 $1 - \alpha$,总体 $X \sim N(\mu_1, \sigma_1^2)$,总体 $Y \sim N(\mu_2, \sigma_2^2)$,且 X 与 Y 相互独立,$X_1, X_2, \cdots, X_{n_1}$ 为来自总体 X 的一个样本,$Y_1, Y_2, \cdots, Y_{n_2}$ 为来自总体 Y 的一个样本,且设 $\bar{X}, \bar{Y}, S_1^2, S_2^2$ 分别为总体 X 与 Y 的样本均值与样本方差.

1. 两个总体均值差 $\mu_1 - \mu_2$ 的置信区间

(1)当 σ_1^2, σ_2^2 已知时,因为 $\bar{X}, \bar{Y}$ 分别为 μ_1, μ_2 的无偏估计量,故 $\bar{X} - \bar{Y}$ 是 $\mu_1 - \mu_2$ 的无偏估计量,于是得枢轴量为

$$U = \frac{(\bar{X} - \bar{Y}) - (\mu_1 - \mu_2)}{\sqrt{\dfrac{\sigma_1^2}{n_1} + \dfrac{\sigma_2^2}{n_2}}} \sim N(0, 1)$$

所以可以得到 $\mu_1 - \mu_2$ 的置信水平为 $1 - \alpha$ 的置信区间为

$$\left(\bar{X} - \bar{Y} \pm z_{\alpha/2} \sqrt{\frac{\sigma_1^2}{n_1} + \frac{\sigma_2^2}{n_2}} \right)$$

(2)当 σ_1^2, σ_2^2 均为未知,且 n_1, n_2 均较大时(大于50),可用 S_1^2 和 S_2^2 分别代替上式中的 σ_1^2, σ_2^2,则可得 $\mu_1 - \mu_2$ 的置信水平为 $1 - \alpha$ 的近似置信区间为

$$\left(\bar{X} - \bar{Y} \pm z_{\alpha/2} \sqrt{\frac{S_1^2}{n_1} + \frac{S_2^2}{n_2}} \right)$$

(3)当 σ_1^2, σ_2^2 均为未知,但满足 $\sigma_1^2 = \sigma_2^2 = \sigma^2$ 时,由抽样分布可知,若令

$$S_w^2 = \frac{(n_1 - 1)S_1^2 + (n_2 - 1)S_2^2}{n_1 + n_2 - 2}$$

则有枢轴量为

$$T = \frac{(\bar{X} - \bar{Y}) - (\mu_1 - \mu_2)}{\sqrt{\dfrac{1}{n_1} + \dfrac{1}{n_2}} \cdot S_w} \sim t(n_1 + n_2 - 2)$$

从而可得 $\mu_1 - \mu_2$ 的置信水平为 $1 - \alpha$ 的置信区间为

$$\left(\bar{X} - \bar{Y} \pm t_{\alpha/2}(n_1 + n_2 - 2) S_w \sqrt{\frac{1}{n_1} + \frac{1}{n_2}} \right)$$

例 3.5.3 为比较 Ⅰ,Ⅱ 两种型号步枪子弹的枪口速度,随机取 Ⅰ 型子弹 10 发,得到枪口平均速度为 $\bar{x}_1 = 500(\text{m/s})$,标准差 $s_1 = 1.10(\text{m/s})$,取 Ⅱ 型子弹 20 发,得到枪口平均速度为 $\bar{x}_2 = 496(\text{m/s})$,标准差 $s_2 = 1.20(\text{m/s})$,假设两总体都可认为近似地服从正态分布,且由生产过程可认为它们的方差相等,求两总体均值差 $\mu_1 - \mu_2$ 的置信水平为 0.95 的置信区间.

解 由题设：两总体的方差相等却未知，故 $\mu_1 - \mu_2$ 的置信水平为 $1 - \alpha$ 的置信区间为

$$\left(\overline{X} - \overline{Y} \pm t_{\alpha/2}(n_1 + n_2 - 2) S_w \sqrt{\frac{1}{n_1} + \frac{1}{n_2}} \right)$$

由于 $1 - \alpha = 0.95$，$\alpha/2 = 0.025$，$n_1 = 10$，$n_2 = 20$，$n_1 + n_2 - 2 = 28$，$t_{0.075}(28) = 2.0484$，$s_w^2 = \dfrac{9 \times 1.1^2 + 19 \times 1.2^2}{28}$，即 $s_w = \sqrt{s_w^2} = 1.1688$，故所求置信区间为

$$\left(\overline{x}_1 - \overline{x}_2 \pm s_w \times t_{0.025}(28) \sqrt{\frac{1}{10} + \frac{1}{20}} \right) = (4 \pm 0.93)$$

即 $(3.07, 4.93)$.

在该题中所得置信区间的下限大于 0，在实际中认为 μ_1 比 μ_2 大. 相反，若置信区间包含 0，则认为 μ_1 与 μ_2 没有显著的差别.

2. 两个总体方差比 σ_1^2/σ_2^2 的置信区间（μ_1，μ_2 均未知）

据抽样分布得枢轴量为

$$F = \frac{\dfrac{S_1^2}{\sigma_1^2}}{\dfrac{S_2^2}{\sigma_2^2}} \sim F(n_1 - 1, n_2 - 1)$$

由 F 分布的分位数定义（如图 3.4 所示），有

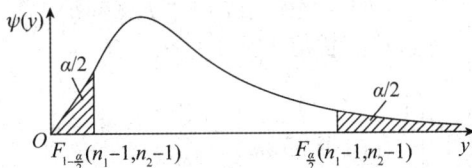

图 3.4

$$P\left\{ F_{1-\alpha/2}(n_1 - 1, n_2 - 1) < \frac{S_1^2/\sigma_1^2}{S_2^2/\sigma_2^2} < F_{\alpha/2}(n_1 - 1, n_2 - 1) \right\} = 1 - \alpha$$

可得 σ_1^2/σ_2^2 的置信水平为 $1 - \alpha$ 的置信区间为

$$\left(\frac{S_1^2}{S_2^2} \cdot \frac{1}{F_{\alpha/2}(n_1 - 1, n_2 - 1)}, \; \frac{S_1^2}{S_2^2} \cdot \frac{1}{F_{1-\alpha/2}(n_1 - 1, n_2 - 1)} \right)$$

例 3.5.4 某工地使用两个厂家的水泥，分别从这两个厂家生产的水泥中抽取样本 X_1，X_2，$\cdots$，X_{13} 及 Y_1，Y_2，$\cdots$，Y_{16}，算出 $s_1^2 = 2.4$，$s_2^2 = 4.7$，假设这两个厂家生产的水泥的质量都服从正态分布，且相互独立，其均值分别为 μ_1，μ_2，均未知，求 σ_1^2/σ_2^2 的置信水平为 0.95 的置信区间.

解 σ_1^2/σ_2^2 的置信水平为 $1 - \alpha$ 的置信区间为

$$\left(\frac{S_1^2}{S_2^2} \cdot \frac{1}{F_{\alpha/2}(n_1 - 1, n_2 - 1)}, \; \frac{S_1^2}{S_2^2} \cdot \frac{1}{F_{1-\alpha/2}(n_1 - 1, n_2 - 1)} \right)$$

已知 $s_1^2 = 2.4$，$s_2^2 = 4.7$，查附录 A 中表 A.5 得

$$F_{0.025}(12, 15) = 2.96, \quad F_{0.975}(12, 15) = \frac{1}{F_{0.025}(15, 12)} = \frac{1}{3.18} = 0.3145$$

于是得 σ_1^2/σ_2^2 的置信水平为 0.95 的置信区间为 $(0.1725, 1.6237)$.

由于 σ_1^2/σ_2^2 的置信区间包含 1, 所以在实际中我们认为 σ_1^2 与 σ_2^2 没有显著差别.

§3.6 常见其他类型的区间估计

除前面所求的置信区间外, 还存在常见其他类型的置信区间.

3.6.1 0-1 分布参数的置信区间

考虑 0-1 分布情形, 设有一容量 $n > 50$ 的大样本, 其总体 X 的分布律为
$$P\{X = 1\} = p, \quad P\{X = 0\} = 1 - p \quad (0 < p < 1)$$
现求 p 的置信水平为 $1 - \alpha$ 的置信区间.

已知 0-1 分布的均值和方差分别为
$$E(X) = p, \quad D(X) = p(1 - p)$$
设 $X_1, X_2, \cdots, X_n$ 是来自总体 X 的一个样本, 由中心极限定理知, 当 n 充分大时,
$$\frac{\overline{X} - E(X)}{\sqrt{D(X)/n}} = \frac{\overline{X} - p}{\sqrt{p(1 - p)/n}}$$
近似地服从 $N(0, 1)$ 分布, 对给定的置信水平 $1 - \alpha$, 有
$$P\left\{ \left| \frac{\overline{X} - p}{\sqrt{p(1 - p)/n}} \right| < z_{\alpha/2} \right\} \approx 1 - \alpha$$
经不等式变形, 得
$$P\{ap^2 + bp + c < 0\} \approx 1 - \alpha$$
式中, $a = n + (z_{\alpha/2})^2$; $b = -2n\overline{X} - (z_{\alpha/2})^2$; $c = n(\overline{X})^2$. 解上述不等式得
$$P\{p_1 < p < p_2\} \approx 1 - \alpha$$
式中, $p_1 = \frac{1}{2a}(-b - \sqrt{b^2 - 4ac})$; $p_2 = \frac{1}{2a}(-b + \sqrt{b^2 - 4ac})$.

于是 (p_1, p_2) 可作为 p 的一个近似的置信水平为 $1 - \alpha$ 的置信区间.

例 3.6.1 设抽自一大批产品的 100 个样品中, 一级品有 60 个, 求这批产品的一级品率 p 的置信水平为 0.95 的置信区间.

解 一级品率 p 是 0-1 分布的参数, 由题设知 $n = 100$, $\overline{x} = 60/100 = 0.6$, $z_{\alpha/2} = z_{0.025} = 1.96$, 得
$$a = n + (z_{\alpha/2})^2 = 103.84, \quad b = -2n\overline{x} - (z_{\alpha/2})^2 = -123.84, \quad c = n(\overline{x})^2 = 36$$
$$p_1 = \frac{1}{2a}(-b - \sqrt{b^2 - 4ac}) = 0.50, \quad p_2 = \frac{1}{2a}(-b + \sqrt{b^2 - 4ac}) = 0.69$$
故得 p 的近似的置信水平为 0.95 的置信区间为 $(0.50, 0.69)$.

3.6.2 单侧置信区间

上述讨论的置信区间都是双边的,而在许多实际问题中,并不需要作双边估计,只需估计单边的置信下限或置信上限,即要求形如 $(\hat{\theta}_1, +\infty)$ 或 $(-\infty, \hat{\theta}_2)$ 的置信区间,这种估计被称为单侧置信区间估计. 例如,对于电子元件的寿命,我们通常只关心下限.

> **定义** 设总体 X 的分布函数 $F(x; \theta)$ 含有一个未知参数 θ, 对于给定的 $\alpha(0 < \alpha < 1)$, 若由来自总体 X 的样本 $X_1, X_2, \cdots, X_n$ 确定的统计量 $\hat{\theta}_1(X_1, X_2, \cdots, X_n)$, 对于任意的 $\theta \in \Theta$, 满足
>
> $$P\{\theta > \hat{\theta}_1\} \geqslant 1 - \alpha$$
>
> 则称随机区间 $(\hat{\theta}_1, +\infty)$ 是 θ 的置信水平为 $1 - \alpha$ 的单侧置信区间,$\hat{\theta}_1$ 被称为 θ 的置信水平为 $1 - \alpha$ 的单侧置信下限.

若统计量 $\hat{\theta}_2(X_1, X_2, \cdots, X_n)$, 对于任意的 $\theta \in \Theta$, 满足

$$P\{\theta < \hat{\theta}_2\} \geqslant 1 - \alpha$$

则称随机区间 $(-\infty, \hat{\theta}_2)$ 是 θ 的置信水平为 $1 - \alpha$ 的单侧置信区间,$\hat{\theta}_2$ 被称为 θ 的置信水平为 $1 - \alpha$ 的单侧置信上限.

作单侧置信区间估计,其方法和计算与双侧置信区间估计十分相似,此处不再赘述.

例 3.6.2 设总体 $X \sim N(\mu, \sigma^2)$, $\sigma^2 = \sigma_0^2$ 已知,$X_1, X_2 \cdots, X_n$ 为来自总体 X 的样本,求 μ 的置信水平为 $1 - \alpha$ 的单侧置信下限.

解 求 $\hat{\mu}$, 使其满足 $P\{\mu > \hat{\mu}\} = 1 - \alpha$, 或

$$P\left\{\frac{\sqrt{n}(\overline{X} - \mu)}{\sigma_0} < \frac{\sqrt{n}(\overline{X} - \hat{\mu})}{\sigma_0}\right\} = 1 - \alpha$$

由于 $U = \dfrac{\sqrt{n}(\overline{X} - \mu)}{\sigma_0} \sim N(0, 1)$, 且对于给定的 α, 可得 z_α, 使得

$$P\{U < z_\alpha\} = 1 - \alpha$$

$$P\left\{\frac{\sqrt{n}(\overline{X} - \mu)}{\sigma_0} < z_\alpha\right\} = 1 - \alpha$$

即

$$\frac{\sqrt{n}(\overline{X} - \hat{\mu})}{\sigma_0} = z_\alpha$$

$$\hat{\mu} = \overline{X} - z_\alpha \frac{\sigma_0}{\sqrt{n}}$$

从而 μ 的置信水平为 $1 - \alpha$ 的单侧置信区间为

$$\left(\overline{X} - z_\alpha \cdot \frac{\sigma_0}{\sqrt{n}}, +\infty\right)$$

其余情况类似处理,不再一一推导.

本章小结

本章分 6 节介绍了区间估计. 第 1 节为点估计, 具体包含矩估计和极大似然估计. 第 2 节为基于截尾样本的极大似然估计, 具体包含基于定时截尾样本的极大似然估计和基于定数截尾样本的极大似然估计. 第 3 节为估计量的评选标准, 具体包含无偏性、有效性和最小方差性以及相合性. 第 4 节为区间估计, 具体包含其定义和求解的一般步骤. 第 5 节为正态总体均值与方差的区间估计, 具体包含单个正态总体期望与方差的区间估计和两个正态总体的均值差和方差比的区间估计. 第 6 节为常见其他类型的区间估计, 具体包含 0-1 分布参数的置信区间及单侧置信区间. 本章知识结构如图 3.5 所示.

二维码 3.1:
第三章小结

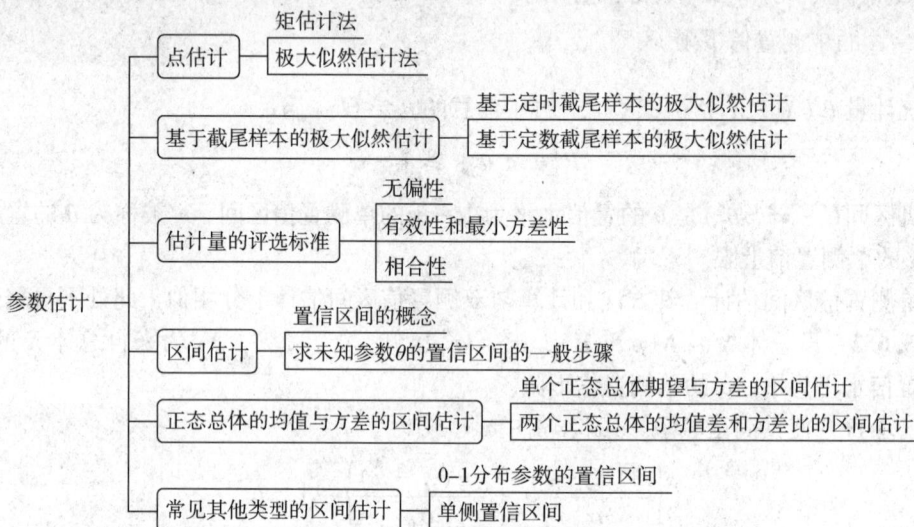

```
                      ┌ 矩估计法
          ┌ 点估计 ─────┤
          │           └ 极大似然估计法
          │
          │                         ┌ 基于定时截尾样本的极大似然估计
          ├ 基于截尾样本的极大似然估计 ─┤
          │                         └ 基于定数截尾样本的极大似然估计
          │
          │                    ┌ 无偏性
          ├ 估计量的评选标准 ─────┤ 有效性和最小方差性
          │                    └ 相合性
参数估计 ──┤
          │                    ┌ 置信区间的概念
          ├ 区间估计 ───────────┤
          │                    └ 求未知参数 θ 的置信区间的一般步骤
          │
          │                           ┌ 单个正态总体期望与方差的区间估计
          ├ 正态总体的均值与方差的区间估计 ─┤
          │                           └ 两个正态总体的均值差和方差比的区间估计
          │
          │                     ┌ 0-1 分布参数的置信区间
          └ 常见其他类型的区间估计 ─┤
                                └ 单侧置信区间
```

图 3.5

习题三

1. 随机地取 8 只活塞环, 测得它们的直径(单位: mm)为

74.005, 74.003, 74.001, 74.000, 73.998, 74.006, 74.002, 74.010

试求总体均值 μ 及方差 σ^2 的矩估计值.

2. 设 $X \sim B(1, p)$, $x_1, x_2, \cdots, x_n$ 是取自总体 X 的样本观察值, 试求参数 p 的极大似然估计值.

3. 设总体 X 的分布律如表 3.1 所示.

表 3.1 X 的分布律

X	1	2	3
P	θ^2	$2\theta(1-\theta)$	$(1-\theta)^2$

其中 θ 为未知参数. 现抽得一个样本 $x_1 = 1$, $x_2 = 2$, $x_3 = 1$, 求 θ 的矩估计值.

4. 设某种电子元件的寿命 $X \sim N(\mu, \sigma^2)$，其中 μ, σ^2 未知，现随机抽取 5 个产品，测得寿命分别为 1 500，1 450，1 453，1 502，1 650. 试求 μ 及 σ^2 的矩估计值.

5. 设总体 X 的概率密度为 $f(x) = \begin{cases} \sqrt{\theta} x^{\sqrt{\theta}-1}, & 0 \leqslant x \leqslant 1 \\ 0, & \text{其他} \end{cases}$，其中 $\theta > 0$，θ 未知，X_1，X_2，$\cdots$，X_n 是来自总体 X 的一个样本，求：(1) θ 的矩估计；(2) θ 的极大似然估计.

6. 设总体 X 服从 $[0, \theta]$ 上的均匀分布，θ 未知，X_1，X_2，$\cdots$，X_n 为来自总体 X 的样本，x_1，x_2，$\cdots$，x_n 为样本观察值. 试求 θ 的极大似然估计.

7. 设总体 X 服从指数分布，其概率密度为

$$f(x) = \begin{cases} \lambda e^{-\lambda x}, & x > 0 \\ 0, & x \leqslant 0 \end{cases}$$

其中 $\lambda > 0$ 为未知参数. x_1，x_2，$\cdots$，x_n 是来自总体 X 的样本观察值，求参数 λ 的极大似然估计值.

8. 设随机变量 X 的概率密度为

$$f(x, \theta) = \begin{cases} \lambda \alpha x^{\alpha-1} e^{-\lambda x^{\alpha}}, & x > 0, \lambda > 0 \\ 0, & \text{其他} \end{cases}$$

x_1，x_2，$\cdots$，x_n 是来自总体 X 的一组正的样本观察值，求 $U = e^{\lambda}$ 的极大似然估计值.

9. 设产品的寿命分布是指数分布，其概率密度为

$$f(t) = \begin{cases} \dfrac{1}{\theta} e^{-\frac{t}{\theta}}, & t > 0 \\ 0, & t \leqslant 0 \end{cases}$$

其中 $\theta > 0$ 为未知参数. 设有 n 个产品投入定时截尾试验，对于定时截尾样本 $0 \leqslant t_1 \leqslant t_2 \leqslant \cdots \leqslant t_m \leqslant t_0$，用极大似然估计法来估计 θ.

10. 设分别从总体 $N(\mu_1, \sigma^2)$ 和 $N(\mu_2, \sigma^2)$ 中抽取容量为 n_1, n_2 的两独立样本，其样本方差分别为 S_1^2, S_2^2. 试证：对于任意常数 a, $b(a + b = 1)$，$Z = aS_1^2 + bS_2^2$ 都是 σ^2 的无偏估计.

11. 设 x_1，x_2，$\cdots$，x_n 是来自总体的样本观察值，试证：

(1) $\hat{\mu} = \dfrac{1}{5} x_1 + \dfrac{3}{10} x_2 + \dfrac{1}{2} x_3$；

(2) $\hat{\mu}_2 = \dfrac{1}{3} x_1 + \dfrac{1}{4} x_2 + \dfrac{5}{12} x_3$；

(3) $\hat{\mu}_3 = \dfrac{1}{3} x_1 + \dfrac{3}{4} x_2 - \dfrac{1}{12} x_3$.

都是总体均值 μ 的无偏估计值，并比较有效性.

12. 设 X_1，X_2，$\cdots$，X_n 为来自总体 X 的样本，验证泊松分布参数 λ 的估计量 $\hat{\lambda}_1 = \overline{X}$ 的有效性.

13. 若总体 $X \sim P(\lambda)$，证明：估计量 $\hat{\lambda} = \overline{X}$ 是 λ 的一致估计.

14. 若总体 X 服从 0-1 分布，证明：$\hat{p} = \overline{X}$ 是 p 的一致估计.

15. 随机地从一批零件中抽取 16 个，测得长度（单位：cm）为

    2.14，2.10，2.13，2.15，2.13，2.12，2.13，2.10

2. 15，2. 12，2. 14，2. 10，2. 13，2. 11，2. 14，2. 11

设零件长度服从正态分布，其中 $\sigma = 0.01$，求总体均值 μ 的置信水平为 90% 的置信区间.

16. 随机地从一批零件中抽取 9 个，测得长度（单位：cm）为

9. 9，10. 1，9. 7，9. 6，10. 2，8. 7，10. 7，11. 0，10. 1

设零件长度服从正态分布，其中 $\sigma^2 = 0.04$，求总体均值 μ 的置信水平为 95% 的置信区间.

17. 设 X_1，X_2，$\cdots$，X_n 是来自正态总体 $N(\mu，\sigma^2)$ 的一个样本，已知 $n = 40$，σ^2 未知，$\overline{X} = 2.7$，$\sum_{i=1}^{n}(X_i - \overline{X}) = 225$，求 μ 的置信水平为 95% 的置信区间.

18. 某种岩石密度的测量误差 $X \sim N(\mu，\sigma^2)$，取样本观察值 12 个，得样本方差 $S^2 = 0.04$，求 σ^2 的置信水平为 0.90 的置信区间.

19. 为提高某一化学生产过程的得率，试图采用一种新的催化剂，为慎重起见，在试验工厂先进行试验. 设采用原来的催化剂进行了 $n_1 = 8$ 次试验，得到得率的平均值 $\bar{x}_1 = 91.73$，样本方差 $s_1^2 = 3.89$；又采用新的催化剂进行了 $n_2 = 8$ 次试验，得到得率的平均值 $\bar{x}_2 = 93.75$，样本方差 $s_2^2 = 4.02$. 假设两总体都可认为近似地服从正态分布，且方差相等，求两总体均值差 $\mu_1 - \mu_2$ 的置信水平为 95% 的置信区间.

20. 甲、乙两台机床加工同一种零件，在机床甲加工的零件中抽取 9 个样品，在机床乙加工的零件中抽取 6 个样品，并分别测得它们的长度（单位：mm），由所给数据算得 $s_1^2 = 0.245$，$s_2^2 = 0.357$，在置信水平 0.98 下，试求这两台机床加工精度之比 σ_1/σ_2 的置信区间. 假定测量值都服从正态分布，方差分别为 σ_1^2，σ_2^2.

延展阅读

极大似然估计及其提出者简介

极大似然估计是一种重要而普遍的求估计量的方法，极大似然估计法是费希尔于 1912 年首次提出的，并于 1921 年和 1925 年的工作中加以发展，臻于完善. 极大似然估计是已知某个随机样本满足某种概率分布，但是其中具体的参数不清楚，然后通过若干次试验，观察其结果，利用结果推出参数的大概值. 极大似然估计是建立在这样的思想上：已知某个参数能使这个样本出现的概率最大，所以就把这个参数作为估计的真实值.

极大似然估计在统计推断中不需要有关事前概率的信息，克服了贝叶斯法的致命弱点，是统计学史上一大突破.

费希尔，1890 年 2 月 17 日出生于英国伦敦的东芬利奇，1962 年 7 月 29 日卒于澳大利亚阿德莱德，英国统计学家和遗传学家，1912 年毕业于剑桥大学数学系，后随英国数理统计学家 J. 琼斯进修了一年统计力学. 他担任过中学数学教师，1918 年任罗坦斯泰德农业试验站统计试验室主任. 1933 年，他因为在生物统计和遗传学研究方面成绩卓著而被聘为伦敦大学优生学教授，1943 年任剑桥大学遗传学教授，1957 年退休，1959 年去澳大利亚，在联邦科学和工业研究组织的数学统计部做研究工作.

他的主要贡献如下.

(1) 用亲属间的相关性说明了连续变异的性状可以用孟德尔定律来解释，从而解决了遗传学中孟德尔学派和生物统计学派的争论.

（2）论证了方差分析的原理和方法，并应用于试验设计，阐明了极大似然性方法，以及随机化、重复性和统计控制的理论，指出自由度作为检查 K. 皮尔逊制定的统计表格的重要性．此外，还阐明了各种相关系数的抽样分布，亦进行过显著性测验研究．

（3）他提出的一些数学原理和方法对人类遗传学、进化论和数量遗传学的基本概念以及农业、医学方面的试验均有很大影响．例如，遗传力的概念就是在他提出的可将性状分解为加性效应、非加性（显性）效应和环境效应的理论基础上建立起来的．

他的主要著作有《根据孟德尔遗传方式的亲属间的相关》《研究者用的统计方法》《自然选择的遗传理论》《试验设计》《近交的理论》及《统计方法和科学推理》等．他在进化遗传学上是一个极端的选择论者，认为中立性状很难存在．他在统计生物学中的功绩是十分突出的．

第4章 | 假设检验

统计推断的另一类重要问题是假设检验问题. 在总体分布函数未知或虽知其分布类型但含有未知参数的时候, 为推断总体的某些未知特性, 提出某些关于总体的假设. 例如, 提出总体服从正态分布的假设或对于正态总体提出其数学期望等于某一常数 μ_0 的假设等. 我们要根据样本所提供的信息以及运用适当的统计量, 对提出的假设作出接受或拒绝的决策, 假设检验是作出这一决策的过程. 假设检验有参数假设检验及非参数假设检验两大类. 参数假设检验针对总体分布函数中的未知参数提出的假设进行检验, 非参数假设检验针对总体分布函数形式或类型的假设进行检验. 本章先介绍假设检验的基本概念, 然后介绍正态总体参数的假设检验问题, 最后介绍三类非参数假设检验问题: 分布拟合检验、独立性检验和秩和检验.

§4.1 假设检验的基本概念

4.1.1 假设检验的基本思想

为了阐述假设检验的基本思想, 我们先看一个例子.

例 4.1.1 某化学日用品有限责任公司用包装机包装洗衣粉, 洗衣粉包装机的装包量是一个随机变量, 它服从正态分布. 当机器正常工作时, 其均值为 500 g, 标准差为 2 g. 某日开工后, 为检验包装机工作是否正常, 随机地在它所包装的洗衣粉中任取 9 袋, 称得其质量 (单位: g) 如下:

$$505,\ 499,\ 502,\ 506,\ 498,\ 498,\ 497,\ 510,\ 503$$

试问该天包装机工作是否正常?

解 题目提出的问题是"该天包装机工作是否正常". 不是包装机包装出来的洗衣粉每袋都是 500 g 才算正常. 因为受随机误差的影响, 每袋装包量是一个随机变量, 设其为 X, μ 和 σ 分别表示装包量 X 的均值和标准差. 由实践知道, X 服从正态分布, 由于标准差由机器精度决定, 一般比较稳定, 可以认为 $\sigma = 2$. 故 $X \sim N(\mu,\ 2^2)$ (单位: g), 这里 μ 未知. 根据上述 9 个样本观察值来判断 $\mu = 500$ 还是 $\mu \neq 500$, 从而判断机器工作是否正常. 为此, 我们提出两个相互对立的假设:

$$H_0: \mu = \mu_0 = 500,\quad H_1: \mu \neq \mu_0$$

然后, 我们给出一个合理的法则, 根据这一法则, 利用已知样本作出决策是接受假设

H_0（即拒绝假设 H_1），还是拒绝假设 H_0（即接受假设 H_1）. 若决策是接受假设 H_0，则认为 $\mu = \mu_0 = 500$，即认为机器工作正常，否则，认为 $\mu \neq \mu_0$，即认为机器工作不正常.

由于要检验的假设涉及总体的数学期望 μ，由前面学过的参数估计的知识知，样本均值 $\overline{X}$ 是总体数学期望 μ 的性质优良的无偏估计量，所以我们很自然地想到用 $\overline{X}$ 这个统计量来进行判断. 假定 $H_0: \mu = \mu_0 = 500$ 为真，虽然由于随机因素的影响，$\overline{X}$ 与 500 之间的差异是不可避免的，但它们之间的差异 $|\overline{X} - 500|$ 不能太大，若 $|\overline{X} - 500|$ 过分大，我们就怀疑假设 H_0 的正确性而拒绝 H_0，认为该天包装机工作不正常；若 $|\overline{X} - 500|$ 不太大，符合我们的预期，我们就没有理由怀疑 H_0 的正确性，故认为该天包装机工作正常. 考虑到当 $H_0: \mu = \mu_0 = 500$ 为真时，$\dfrac{\overline{X} - \mu_0}{\sigma / \sqrt{n}} \sim N(0, 1)$，而衡量 $|\overline{X} - \mu_0|$ 的大小可归结为衡量 $\dfrac{\overline{X} - \mu_0}{\sigma / \sqrt{n}}$ 的大小. 因此我们应寻找一个合适的常数 k，使得当 $\dfrac{|\overline{X} - \mu_0|}{\sigma / \sqrt{n}} \geq k$ 时就拒绝 H_0，认为包装机工作不正常；当 $\dfrac{|\overline{X} - \mu_0|}{\sigma / \sqrt{n}} < k$ 时就接受 H_0，认为包装机工作正常.

这样，问题就转化为怎样确定这个常数 k，这就需要给出确定常数 k 的原则. 注意到 $\left\{\dfrac{|\overline{X} - \mu_0|}{\sigma / \sqrt{n}} \geq k\right\}$ 是一个随机事件，我们的做法是确定这样的常数 k：使当原假设 $H_0: \mu = \mu_0 = 500$ 为真时，$\left\{\dfrac{|\overline{X} - \mu_0|}{\sigma / \sqrt{n}} \geq k\right\}$ 是一个小概率事件. 而根据实际推断原理（也叫小概率原理），小概率事件在一次试验中几乎是不可能发生的. 这样，如果在一次观察中出现了满足 $\left\{\dfrac{|\overline{x} - \mu_0|}{\sigma / \sqrt{n}} \geq k\right\}$ 的观察值 $\overline{x}$，我们就有理由怀疑假设 H_0 的正确性，因而拒绝 H_0；相反，若观察值满足 $\left\{\dfrac{|\overline{x} - \mu_0|}{\sigma / \sqrt{n}} < k\right\}$，则表明假设 H_0 与实际情况没有矛盾，此时没有理由拒绝 H_0，因而接受 H_0.

若令这个小概率事件的概率为 α，即 $P\left\{\dfrac{|\overline{X} - \mu_0|}{\sigma / \sqrt{n}} \geq k\right\} = \alpha$，因为当原假设 H_0 为真时，$\dfrac{\overline{X} - \mu_0}{\sigma / \sqrt{n}} \sim N(0, 1)$，由标准正态分布分位数的定义（如图 4.1 所示）得

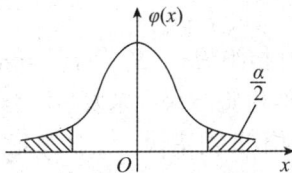

图 4.1

$$k = z_{\frac{\alpha}{2}}$$

若 $Z = \dfrac{\overline{X} - \mu_0}{\sigma / \sqrt{n}}$ 的样本观察值满足

$$|z| = \frac{|\overline{x} - \mu_0|}{\sigma / \sqrt{n}} \geq k = z_{\frac{\alpha}{2}}$$

则拒绝 H_0，而若

$$|z| = \frac{|\overline{x} - \mu_0|}{\sigma / \sqrt{n}} < k = z_{\frac{\alpha}{2}}$$

则接受 H_0.

若取 $\alpha = 0.05$，则由附录 A 中表 A.1 可以查到 $k = z_{\frac{\alpha}{2}} = z_{0.025} = 1.96$，又已知 $n = 9$，$\sigma = 2$，$\overline{x} = 502$，即有

$$\frac{|\overline{x} - \mu_0|}{\sigma / \sqrt{n}} = \frac{|502 - 500|}{2 / \sqrt{9}} = 3 > 1.96$$

于是拒绝 H_0，认为该天包装机工作不正常.

通过这个例子可总结出假设检验的统计思想如下.

为了检验一个假设 H_0（上例中为 $H_0: \mu = 500$）是否正确，首先假定该假设 H_0 正确，在此假定下构造一个已知其分布的统计量（上例中为 $Z = \dfrac{\overline{X} - \mu_0}{\sigma / \sqrt{n}}$），并由此构造一个在 H_0 为真的条件下的小概率事件 A（上例中为 $A = \left\{ \dfrac{|\overline{X} - \mu_0|}{\sigma / \sqrt{n}} \geq z_{\frac{\alpha}{2}} \right\}$），然后根据样本观察值对假设 H_0 作出接受或拒绝的判断. 如果样本观察值导致了不合理的现象的发生，就应拒绝假设 H_0，否则应接受假设 H_0. 假设检验的基本思想实质上是带有某种概率性质的反证法.

假设检验中所谓"不合理"，并非逻辑中的绝对矛盾，而是基于人们在实践中广泛采用的原则，即"小概率事件在一次试验中几乎是不可能发生的". 但概率小到什么程度才能算作"小概率事件"呢？显然，"小概率事件"的概率越小，否定原假设 H_0 就越有说服力. 常记这个概率值为 $\alpha(0 < \alpha < 1)$，称之为检验的显著性水平. 对不同的问题，检验的显著性水平 α 不一定相同，但一般应取为较小的值，如 0.1，0.05 或 0.01 等.

4.1.2 假设检验的两类错误

当假设 H_0 为真时，小概率事件也有可能发生，此时我们会拒绝假设 H_0，因而犯了"弃真"的错误，称此错误为第 I 类错误. 犯第 I 类错误的概率恰好就是"小概率事件"发生的概率 α，即

$$P\{拒绝 H_0 \mid H_0 为真\} = \alpha$$

反之，若假设 H_0 不真，但一次抽样检验结果，未发生不合理结果，这时我们会接受 H_0，因而犯了"取伪"的错误，称此错误为第 II 类错误. 记 β 为犯第 II 类错误的概率，即

$$P\{接受 H_0 \mid H_0 不真\} = \beta$$

理论上，自然希望犯这两类错误的概率都很小. 当样本容量 n 固定时，α，β 不能同时都小，

即 α 变小时，β 就变大；而 β 变小时，α 就变大．只有当样本容量 n 增大时，才有可能使两者变小．在实际应用中，一般原则是控制犯第 I 类错误的概率，即给定 α，然后通过增大样本容量 n 来减小 β.

对犯第 I 类错误的概率加以控制，适当考虑犯第 II 类错误的概率的大小，这种检验被称为显著性检验.

4.1.3　假设检验问题的一般提法

在假设检验问题中，把要检验的假设 H_0 称为原假设(零假设或基本假设)，把原假设 H_0 的对立面称为备择假设或对立假设，记为 H_1.

例如，例 4.1.1 中的假设检验问题可简记为

$$H_0: \mu = \mu_0, \quad H_1: \mu \neq \mu_0 \quad (\mu_0 = 500) \tag{4.1}$$

形如式(4.1)的备择假设 H_1，表示 μ 可能大于 μ_0，也可能小于 μ_0，被称为双侧(边)备择假设．形如式(4.1)的假设检验被称为双侧(边)假设检验.

在实际问题中，有时还需要检验下列形式的假设：

$$H_0: \mu \leqslant \mu_0, \quad H_1: \mu > \mu_0 \tag{4.2}$$

$$H_0: \mu \geqslant \mu_0, \quad H_1: \mu < \mu_0 \tag{4.3}$$

形如式(4.2)的假设检验被称为右侧(边)检验，形如式(4.3)的假设检验被称为左侧(边)检验，右侧(边)检验和左侧(边)检验统称为单侧(边)检验.

为检验提出的假设，通常需构造一个已知其分布的统计量(如例 4.1.1 中的 $Z = \dfrac{\overline{X} - \mu_0}{\sigma / \sqrt{n}}$)，我们称它为检验统计量，并构造一个在原假设 H_0 为真的条件下的小概率事件(例 4.1.1 中是 $\left\{ \dfrac{|\overline{X} - \mu_0|}{\sigma / \sqrt{n}} \geqslant z_{\frac{\alpha}{2}} \right\}$)，取总体的一个样本，根据该样本提供的信息来判断假设是否成立．当检验统计量取某个区域 W 中的值时，我们拒绝原假设 H_0，则称区域 W 为拒绝域，W 的补集 $\overline{W}$ 被称为接受域，拒绝域与接受域的边界点被称为临界点．例 4.1.1 中拒绝域为 $|z| \geqslant z_{\frac{\alpha}{2}}$，接受域为 $|z| < z_{\frac{\alpha}{2}}$，$z = -z_{\frac{\alpha}{2}}$ 和 $z = z_{\frac{\alpha}{2}}$ 为临界点.

4.1.4　检验结果的理解

就假设检验的结果来说，拒绝原假设的理由是充足的，而接受原假设的理由则是比较牵强的．因为我们对于犯第 I 类错误的概率进行了控制(检验的显著性水平 α 很小)．这就使得在原假设为真时，错误地拒绝原假设的可能性很小(犯这种错误的概率小于或等于 α)．从而我们在拒绝原假设时就有着很大的把握．而且，很明显 α 越小，这种把握就越大，拒绝假设的理由就越充足．相反，我们接受原假设是因为小概率事件没发生，没出现与小概率事件相违背的现象，所以接受了原假设，严格来说是"因为没有理由拒绝原假设，所以才接受原假设"，这就使得在原假设是假时，错误地接受原假设的可能性也许不小，因此接受原假设的理由是比较牵强的．由以上讨论可见，在假设检验问题中原假设与备择假设的地位不是对等的.

假设检验中对犯第 I 类错误的概率加以控制，体现了"保护原假设"的原则．因为原假

设 H_0 是"受保护的",所以在做假设检验工作时应把有把握的、不能轻易被否定的命题作为原假设,而把没有把握的、不能轻易肯定的命题作为备择假设.例如,某建材厂一直生产材料 A.据称最近试制了新材料 B 要代替材料 A.材料 A 经过长期使用被证明其性能是好的,不能轻易被淘汰,否则后果比较严重或造成浪费.除非有充分的证据证明材料 B 明显地优于材料 A,这样才能用材料 B 代替材料 A,否则宁可继续使用材料 A 而不使用材料 B.所以应把"材料 B 的性能不优于材料 A"作为原假设,而把"材料 B 的性能优于材料 A"作为备择假设.因为拒绝原假设的理由是充足的,而接受原假设的理由则是比较牵强的,所以,我们往往把需要充足理由拒绝的作为原假设.例如,例 4.1.1 中拒绝 $\mu = 500$ 意味着生产不正常,从而要停产检修,产品也不能出厂,工厂作此决定当然要持慎重态度,除非有充分把握,理由很足,否则一般不轻易作出停产检修的决定,因此把 $\mu = 500$ 作为原假设,而把 $\mu \neq 500$ 作为备择假设.

4.1.5 假设检验的一般步骤

假设检验的一般步骤如下.

(1)根据实际问题的要求,充分考虑和利用已知的背景知识,提出原假设 H_0 及备择假设 H_1.

(2)给定显著性水平 α 以及样本容量 n.

(3)确定检验统计量 Z,并在原假设 H_0 成立的前提下导出 Z 的概率分布,要求 Z 的分布不依赖于任何未知参数.

(4)确定拒绝域,即依据直观分析先确定拒绝域的形式,然后根据给定的显著性水平 α 和 Z 的分布,由

$$P\{拒绝 H_0 \mid H_0 \text{ 为真}\} = \alpha$$

确定拒绝域的临界值,从而确定拒绝域.

(5)进行一次具体的抽样,根据得到的样本观察值和拒绝域,对假设 H_0 作出拒绝或接受的判断.

4.1.6 检验的 p 值法

前面我们在讨论假设检验问题时,都先给出显著性水平 α,接着根据 α 的值确定临界值,然后通过比较检验统计量的观察值与临界值的大小来决定拒绝还是接受 H_0.在许多文献中采用另一种假设检验的途径,提出了"p 值检验法",简称 p 值法.下面通过例题来阐述 p 值法.

二维码 4.1:p 值检验的统计学意义

考察例 4.1.1,在这个问题中使用的检验统计量是 $Z = \dfrac{\overline{X} - 500}{\sigma / \sqrt{n}}$.由一组样本观察值算得检验统计量 Z 的观察值 z.我们把 $P_{\mu_0}\{|Z| \geq |z|\}$ 称为该检验的 p 值,记为 p.对于给定的显著性水平 α,由检验规则知,在显著性水平 α 之下拒绝 H_0:$\mu = 500$,当且仅当 $|z| \geq z_{\frac{\alpha}{2}}$,而 $|z| \geq z_{\frac{\alpha}{2}}$ 时,有 $p = P_{\mu_0}\{|Z| \geq |z|\} \leq P_{\mu_0}\{|Z| \geq z_{\frac{\alpha}{2}}\} = \alpha$,所以检验规划可改写如下:

若 $p \leq \alpha$,则在显著性水平 α 之下拒绝 H_0;

若 $p > \alpha$,则在显著性水平 α 之下接受 H_0.

在例 4.4.1 中已算得 $z = 3$,由此即可算得该检验问题的 p 值:

$$p = P_{\mu_0}\{|Z| \geq 3\} = 1 - P_{\mu_0}\{-3 < Z < 3\} = 1 - [\Phi(3) - \Phi(-3)] = 2[1 - \Phi(3)]$$
$$= 2(1 - 0.998\ 7) = 0.002\ 6$$

因 $p = 0.002\ 6 < 0.05 = \alpha$，故拒绝 H_0（在显著性水平 0.05 之下）.

p 值的一般定义：假设检验问题的 p 值是由检验统计量的样本值得出的原假设可被拒绝的最小显著性水平.

按 p 值的定义，对于任意指定的显著性水平 α，有：

(1)若 $p \leq \alpha$，则在显著性水平 α 之下拒绝 H_0；

(2)若 $p > \alpha$，则在显著性水平 α 之下接受 H_0.

有了这两条结论就能方便地确定是否拒绝 H_0. 这种利用 p 值来确定是否拒绝 H_0 的方法叫作 p 值法.

p 值表示反对原假设 H_0 的依据的强度，p 值越小，反对 H_0 的依据越强、理由越充分. 例如，对于某个检验问题的检验统计量的观察值的 p 值为 0.000 8，p 值如此小，以至于事件几乎不可能在 H_0 为真时发生，这说明拒绝 H_0 的理由很强，应该拒绝 H_0.

一般地，若 $p \leq 0.01$，则称推断拒绝 H_0 的依据很强或称检验是高度显著的；若 $0.01 < p \leq 0.05$，则称推断拒绝 H_0 的依据强或称检验是显著的；若 $0.05 < p \leq 0.1$，则称推断拒绝 H_0 的依据弱或称检验是不显著的；若 $p > 0.1$，则一般来说没有理由拒绝 H_0.

p 值与前述得出的检验结果相比含有更多的信息. 一些通用统计软件（如 SPSS 软件）的计算机输出，一般只给出 p 值，然后由统计软件使用者根据问题的实际背景确定显著性水平 α，并由此获得检验的结果.

对不同的备择假设，p 值的计算公式不同. 若将本章例 4.1.1 中的假设分别改为
$$H_0: \mu \leq \mu_0, \quad H_1: \mu > \mu_0$$
和
$$H_0: \mu \geq \mu_0, \quad H_1: \mu < \mu_0$$
则计算 p 值的公式分别为

$$p = P_{\mu_0}\{Z \geq z\} \tag{4.4}$$

和

$$p = P_{\mu_0}\{Z \leq -z\} \tag{4.5}$$

式(4.4)和式(4.5)中的 z 是检验统计量 $Z = \dfrac{\overline{X} - \mu_0}{\sigma/\sqrt{n}}$ 的观察值. 式(4.4)右边计算的是 $\mu = \mu_0$ 时事件 $\{Z \geq z\}$ 的概率. $\{Z \geq z\}$ 与备择假设 H_1 成立时拒绝域的形式 $\{Z \geq z_\alpha\}$ 一致. 式(4.5)右边出现的事件 $\{Z \leq -z\}$ 与备择假设 H_1 成立时拒绝域的形式 $\{Z \leq -z_\alpha\}$ 一致.

对于以后几节将要遇到的 t 检验、χ^2 检验和 F 检验，亦可以类似地计算 p 值.

例 4.1.2 一工厂生产一种灯管，已知灯管的寿命 X 服从正态分布 $N(\mu, 40\ 000)$，根据以往的生产经验，知道灯管的平均寿命不会超过 1 500 h. 为了提高灯管的平均寿命，工厂采用了新的工艺. 为了弄清楚新工艺是否真能提高灯管的平均寿命，他们测试了采用新工艺生产的 25 只灯管的寿命，其平均值是 1 575 h. 样本的平均值大于 1 500 h，试问：可否由此判定这恰是新工艺的效应，而非偶然的原因使得抽出的这 25 只灯管的平均寿命较长呢？

解 把上述问题归纳为下述假设检验问题：
$$H_0: \mu \leq 1\ 500, \quad H_1: \mu > 1\ 500$$
从而可利用右侧检验法来检验，相应于 $\mu_0 = 1\ 500$，$\sigma = 200$，$n = 25$. 取显著性水平为 $\alpha = 0.05$，查附录 A 中表 A.1 得 $z_\alpha = 1.645$，因已测出 $\bar{x} = 1\ 575$，故

$$z = \frac{\bar{x} - \mu_0}{\sigma / \sqrt{n}} = \frac{1\,575 - 1\,500}{200} \cdot \sqrt{25} = 1.875$$

由于 $z = 1.875 > z_\alpha = 1.645$, 从而拒绝原假设 H_0, 接受备择假设 H_1, 即认为新工艺事实上提高了灯管的平均寿命.

若用 p 值法: 由计算机算得

$$p = P_{\mu_0}\{Z \geq 1.875\} = 0.034\,8$$

因为 $p < \alpha = 0.05$, 故拒绝 H_0.

鉴于正态总体是统计应用中最为常见的总体, 在以下各节中, 我们将分别讨论单正态总体与双正态总体的参数假设检验.

§4.2 单个正态总体参数的假设检验

4.2.1 单个正态总体均值的假设检验

当检验关于总体均值 μ (数学期望) 的假设时, 该总体中的另一个参数, 即方差 σ^2 是否已知, 会影响对于检验统计量的选择, 故下面分两种情形进行讨论.

1. 方差 σ^2 已知

设总体 $X \sim N(\mu, \sigma^2)$, 其中总体方差 σ^2 已知, $X_1, X_2, \cdots, X_n$ 是来自总体 X 的一个样本, $\bar{X}$ 为样本均值.

1) 双侧假设检验

检验假设:

$$H_0: \mu = \mu_0, \ H_1: \mu \neq \mu_0 \tag{4.6}$$

其中 μ_0 为已知常数.

当 H_0 为真时,

$$Z = \frac{\bar{X} - \mu_0}{\sigma / \sqrt{n}} \sim N(0, 1)$$

故选取 Z 作为检验统计量, 记其观察值为 z, 相应的检验法被称为 z 检验法.

由 4.1 节的讨论知, 对于给定的显著性水平 α, 其拒绝域为

$$|z| = \left| \frac{\bar{x} - \mu_0}{\sigma / \sqrt{n}} \right| \geq z_{\alpha/2} \tag{4.7}$$

即 $\qquad\qquad W = (-\infty, \ -z_{\alpha/2}) \cup (z_{\alpha/2}, \ +\infty)$

根据一次抽样后得到的样本观察值 $x_1, x_2, \cdots, x_n$ 计算出 Z 的观察值 z, 若 $|z| \geq z_{\alpha/2}$, 则拒绝原假设 H_0, 即认为总体均值与 μ_0 有显著差异; 若 $|z| < z_{\alpha/2}$, 则接受原假设 H_0, 即认为总体均值与 μ_0 无显著差异.

2) 右侧检验

检验假设:

$$H_0: \mu \leq \mu_0, \ H_1: \mu > \mu_0$$

其中 μ_0 为已知常数. 可得拒绝域为

$$z = \frac{\bar{x} - \mu_0}{\sigma / \sqrt{n}} \geqslant z_\alpha \tag{4.8}$$

3）左侧检验

检验假设：

$$H_0 : \mu \geqslant \mu_0, \ H_1 : \mu < \mu_0$$

其中 μ_0 为已知常数. 可得拒绝域为

$$z = \frac{\bar{x} - \mu_0}{\sigma / \sqrt{n}} \leqslant -z_\alpha \tag{4.9}$$

2. 方差 σ^2 未知

设总体 $X \sim N(\mu, \sigma^2)$，其中总体方差 σ^2 未知，$X_1, X_2, \cdots, X_n$ 是来自总体 X 的一个样本，$\bar{X}$ 与 S^2 分别为样本均值与样本方差.

1）双侧假设检验

检验假设：

$$H_0 : \mu = \mu_0, \ H_1 : \mu \neq \mu_0$$

其中 μ_0 为已知常数.

由于 σ^2 未知，所以不能用 $Z = \dfrac{\bar{X} - \mu_0}{\sigma / \sqrt{n}}$ 作为检验统计量. 注意到 S^2 是 σ^2 的无偏估计量，

我们用 S 来代替 σ，采用 $T = \dfrac{\bar{X} - \mu_0}{S / \sqrt{n}}$ 作为检验统计量，记其观察值为 t，相应的检验法被称为 t 检验法.

由于 $\bar{X}$ 是 μ 的无偏估计量，S^2 是 σ^2 的无偏估计量，所以当 H_0 成立时，$|t|$ 不应太大，当 H_1 成立时，$|t|$ 有偏大的趋势，故拒绝域形式为

$$|t| = \left| \frac{\bar{x} - \mu_0}{s / \sqrt{n}} \right| \geqslant k \quad (k \text{ 待定})$$

当 H_0 为真时，

$$T = \frac{\bar{X} - \mu_0}{S / \sqrt{n}} \sim t(n-1)$$

对于给定的显著性水平 α，查附录 A 中表 A.3 得 $k = t_{\alpha/2}(n-1)$，使

$$P\{|T| \geqslant t_{\alpha/2}(n-1)\} = \alpha$$

由此得拒绝域为

$$|t| = \left| \frac{\bar{x} - \mu_0}{s / \sqrt{n}} \right| \geqslant t_{\alpha/2}(n-1) \tag{4.10}$$

即 $\qquad W = (-\infty, -t_{\alpha/2}(n-1)) \cup (t_{\alpha/2}(n-1), +\infty)$

根据一次抽样后得到的样本观察值 $x_1, x_2, \cdots, x_n$ 计算出 T 的观察值 t，若 $|t| \geqslant t_{\alpha/2}(n-1)$，则拒绝原假设 H_0，即认为总体均值与 μ_0 有显著差异；若 $|t| < t_{\alpha/2}(n-1)$，则

接受原假设 H_0，即认为总体均值与 μ_0 无显著差异.

2）右侧检验

检验假设：

$$H_0: \mu \leqslant \mu_0, \ H_1: \mu > \mu_0$$

其中 μ_0 为已知常数. 可得拒绝域为

$$t = \frac{\bar{x} - \mu_0}{s/\sqrt{n}} \geqslant t_\alpha(n-1) \tag{4.11}$$

3）左侧检验

检验假设：

$$H_0: \mu \geqslant \mu_0, \ H_1: \mu < \mu_0$$

其中 μ_0 为已知常数. 可得拒绝域为

$$t = \frac{\bar{x} - \mu_0}{s/\sqrt{n}} \leqslant - t_\alpha(n-1) \tag{4.12}$$

例 4.2.1 某车间生产钢丝，用 X 表示钢丝的折断力（单位：N），由经验判断 $X \sim N(\mu, \sigma^2)$，其中 $\mu = 570$，$\sigma^2 = 8^2$；今换了一批材料，从性能上看估计折断力的方差 σ^2 不会有什么变化（即仍有 $\sigma^2 = 8^2$），但不知折断力的均值 μ 和原先有无差别. 现抽得样本，测得其折断力为

$$578, \ 572, \ 570, \ 568, \ 572, \ 570, \ 570, \ 572, \ 596, \ 584$$

取 $\alpha = 0.05$，试检验折断力均值有无变化.

解 （1）建立假设 $H_0: \mu = \mu_0 = 570$，$H_1: \mu \neq 570$.

（2）因方差已知，选择统计量 $Z = \dfrac{\bar{X} - \mu_0}{\sigma/\sqrt{n}} \sim N(0, 1)$.

（3）对于给定的显著性水平 α，确定 k，使 $P\{|Z| > k\} = \alpha$.

查附录 A 中表 A.1 得 $k = z_{\alpha/2} = z_{0.025} = 1.96$，从而拒绝域为 $|z| \geqslant 1.96$.

（4）由于 $\bar{x} = \dfrac{1}{10} \sum\limits_{i=j}^{10} x_i = 575.20$，$\sigma^2 = 64$，所以

$$|z| = \left| \frac{\bar{x} - \mu_0}{\sigma/\sqrt{n}} \right| = 2.06 > 1.96$$

故应拒绝 H_0，即认为折断力的均值发生了变化.

例 4.2.2 水泥厂用自动包装机包装水泥，每袋额定质量是 50 kg，某日开工后随机抽查了 9 袋，称得质量（单位：kg）如下：

$$49.6, \ 49.3, \ 50.1, \ 50.0, \ 49.2, \ 49.9, \ 49.8, \ 51.0, \ 50.2$$

设每袋质量服从正态分布，问包装机工作是否正常？（$\alpha = 0.05$）.

解 （1）建立假设 $H_0: \mu = 50$，$H_1: \mu \neq 50$.

（2）因方差未知，选择统计量 $T = \dfrac{\bar{X} - \mu_0}{S/\sqrt{n}} \sim t(n-1)$.

（3）对于给定的显著性水平 α，查附录 A 中表 A.3 得 $k = t_{\alpha/2} = t_{0.025}(8) = 2.306$，由式（4.10）知其拒绝域为 $|t| \geqslant 2.306$.

（4）由于 $\bar{x} = 49.9$，$s^2 = 0.29$，所以

$$|t| = \left| \frac{\bar{x} - 50}{s/\sqrt{n}} \right| = 0.56 < 2.036$$

故应接受 H_0，即认为包装机工作正常.

例 4.2.3 某品牌汽车公司声称某种类型的新能源汽车电池的平均续航能力至少为 215 km. 有一实验室检验了该公司制造的 6 套电池，得到如下的续航里程（单位：km）数：

$$190, \ 180, \ 220, \ 200, \ 160, \ 250$$

试问：这些结果是否表明，这种类型电池的续航能力低于该公司所声称的续航能力？（假设这种类型电池的续航里程数服从正态分布，显著性水平 $\alpha = 0.05$）

解 可把上述问题归纳为下述假设检验问题：

$$H_0: \mu \geq 215, \ H_1: \mu < 215$$

因方差 σ^2 未知，可取检验统计量：

$$T = \frac{\bar{X} - \mu_0}{S/\sqrt{n}} \sim t(n-1)$$

利用 t 检验法的左侧检验法来求解. 本例中 $\mu_0 = 215$，$n = 6$，对于给定的显著性水平 $\alpha = 0.05$，查附录 A 中表 A.3 得

$$t_\alpha(n-1) = t_{0.05}(5) = 2.015$$

由式（4.12）知其拒绝域为 $t \leq -2.015$.

再据测得的 6 个续航里程数算得：$\bar{x} = 200$，$s^2 = 1\,000$. 则

$$t = \frac{\bar{x} - \mu_0}{s/\sqrt{n}} = \frac{200 - 215}{\sqrt{1\,000}}\sqrt{6} = -1.162$$

因为 $t = -1.162 > -2.015 = -t_{0.05}(5)$，所以不能否定原假设 H_0，从而认为这种类型电池的续航能力并不比公司宣称的低.

4.2.2 单个正态总体方差的假设检验

设 $X \sim N(\mu, \sigma^2)$，$X_1, X_2, \cdots, X_n$ 是来自总体 X 的一个样本，$\bar{X}$ 与 S^2 分别为样本均值与样本方差.

1）双侧假设检验

检验假设：

$$H_0: \sigma^2 = \sigma_0^2, \ H_1: \sigma^2 \neq \sigma_0^2$$

其中 σ_0 为已知常数.

由第 2 章定理 2.2.1 知，当 H_0 为真时，有

$$\chi^2 = \frac{n-1}{\sigma_0^2} S^2 \sim \chi^2(n-1)$$

故选取 χ^2 作为检验统计量，相应的检验法被称为 χ^2 检验法.

由于 S^2 是 σ^2 的无偏估计量，当 H_0 成立时，S^2 应在 σ_0^2 附近；当 H_1 成立时，χ^2 有偏小或偏大的趋势，故拒绝域形式为

$$\chi^2 = \frac{n-1}{\sigma_0^2} S^2 \leq k_1 \ \text{或} \ \chi^2 = \frac{n-1}{\sigma_0^2} S^2 \geq k_2 \quad (k_1, \ k_2 \ \text{待定})$$

对于给定的显著性水平 α，此处 k_1，k_2 的值由下式确定：

$$P\{ 当 H_0 为真时拒绝 H_0 \} = P\left\{ \left(\frac{(n-1)S^2}{\sigma_0^2} \leqslant k_1 \right) \cup \left(\frac{(n-1)S^2}{\sigma_0^2} \geqslant k_2 \right) \right\} = \alpha$$

为计算方便，习惯上取

$$P\left\{ \frac{(n-1)S^2}{\sigma_0^2} \leqslant k_1 \right\} = \frac{\alpha}{2}, \quad P\left\{ \frac{(n-1)S^2}{\sigma_0^2} \geqslant k_2 \right\} = \frac{\alpha}{2}$$

查附录 A 中表 A.4 得

$$k_1 = \chi^2_{1-\alpha/2}(n-1), \quad k_2 = \chi^2_{\alpha/2}(n-1)$$

由此得拒绝域为

$$\chi^2 = \frac{n-1}{\sigma_0^2}s^2 \leqslant \chi^2_{1-\alpha/2}(n-1) \text{ 或 } \chi^2 = \frac{n-1}{\sigma_0^2}s^2 \geqslant \chi^2_{\alpha/2}(n-1) \tag{4.13}$$

即

$$W = [0, \chi^2_{1-\alpha/2}(n-1)) \cup (\chi^2_{\alpha/2}(n-1), +\infty)$$

根据一次抽样后得到的样本观察值 x_1，x_2，$\cdots$，x_n，计算出 χ^2 的观察值，若 $\chi^2 \leqslant \chi^2_{1-\alpha/2}(n-1)$ 或 $\chi^2 \geqslant \chi^2_{\alpha/2}(n-1)$，则拒绝原假设 H_0；若 $\chi^2_{1-\alpha/2}(n-1) \leqslant \chi^2 \leqslant \chi^2_{\alpha/2}(n-1)$，则接受原假设 H_0。

2）左侧检验

检验假设：

$$H_0: \sigma^2 \geqslant \sigma_0^2, \ H_1: \sigma^2 < \sigma_0^2$$

其中 σ_0 为已知常数. 可得拒绝域为

$$\chi^2 = \frac{n-1}{\sigma_0^2}s^2 \leqslant \chi^2_{1-\alpha}(n-1) \tag{4.14}$$

3）右侧检验

检验假设：

$$H_0: \sigma^2 \leqslant \sigma_0^2, \ H_1: \sigma^2 > \sigma_0^2$$

其中 σ_0 为已知常数. 可得拒绝域为

$$\chi^2 = \frac{n-1}{\sigma_0^2}s^2 \geqslant \chi^2_{\alpha}(n-1) \tag{4.15}$$

例 4.2.4 某厂生产的某种型号的电池，其寿命（单位：h）长期以来服从方差 $\sigma^2 = 5\,000$ 的正态分布，现有一批这种电池，从它的生产情况来看，寿命的波动性有所改变. 现随机取 26 只电池，测出其寿命的样本方差 $s^2 = 9\,200$. 问根据这一数据能否推断这批电池寿命的波动性较以往有显著的变化？（取 $\alpha = 0.02$）

解 本题要求在显著性水平 $\alpha = 0.02$ 下检验假设：

$$H_0: \sigma^2 = 5\,000, \ H_1: \sigma^2 \neq 5\,000$$

已知 $n = 26$，$\sigma_0^2 = 5\,000$，$\chi^2_{\alpha/2}(n-1) = \chi^2_{0.01}(25) = 44.314$，$\chi^2_{1-\alpha/2}(n-1) = \chi^2_{0.99}(25) = 11.524$，根据 χ^2 检验法，得拒绝域为

$$W = [0, 11.524) \cup (44.314, +\infty)$$

代入观察值 $s^2 = 9\,200$，得

$$\chi^2 = \frac{(n-1)s^2}{\sigma_0^2} = 46 > 44.314$$

故拒绝 H_0，即认为这批电池寿命的波动性较以往有显著的变化.

例 4.2.5 某工厂生产金属丝，产品指标为折断力(单位：kg). 折断力的方差被当作工厂生产精度的表征. 方差越小，表明精度越高. 以往工厂一直把该方差保持在 64 以下. 最近从一批产品中抽取 10 根做折断力试验，测得的结果如下：

$$578, \ 572, \ 570, \ 568, \ 572, \ 570, \ 572, \ 596, \ 584, \ 570$$

由上述样本数据算得

$$\bar{x} = 575.2, \ s^2 = 75.74$$

为此，厂方怀疑金属丝折断力的方差变大了. 若方差确实变大，则表明生产精度不如以前，就需对生产流程作检查，以发现生产环节中存在的问题. 请确认厂方的怀疑是否为真.

解 为确认厂方的怀疑是否为真，假定金属丝折断力服从正态分布，并建立假设：

$$H_0: \ \sigma^2 \leqslant 64, \ H_1: \ \sigma^2 > 64$$

上述假设检验问题可利用 χ^2 检验法的右侧检验法来检验，就本例而言，相应于

$$\sigma_0^2 = 64, \ n = 10$$

对于给定的显著性水平 ($\alpha = 0.05$)，查附录 A 中表 A.4 知，

$$\chi_\alpha^2(n-1) = \chi_{0.05}^2(9) = 16.919$$

从而有

$$\chi^2 = \frac{n-1}{\sigma_0^2}s^2 = \frac{9 \times 75.74}{64} = 10.65 \leqslant 16.919 = \chi_{0.05}^2,$$

故不能拒绝原假设 H_0，从而认为样本方差的偏大系偶然因素，生产流程正常，故不需再作进一步的检查.

§4.3 两个正态总体参数的假设检验

上节中我们讨论单个正态总体的参数假设检验，基于同样的思想，本节将考虑两个正态总体的参数假设检验. 与单个正态总体的参数假设检验不同的是，这里所关心的不是逐一对每个参数的值作假设检验，而是着重考虑两个总体之间的差异，即两个总体的均值或方差是否相等.

设 $X \sim N(\mu_1, \sigma_1^2)$，$Y \sim N(\mu_2, \sigma_2^2)$，$X_1, X_2, \cdots, X_{n_1}$ 为来自总体 X 的一个样本，$Y_1, Y_2, \cdots, Y_{n_2}$ 为来自总体 Y 的一个样本，并且两个样本相互独立，记 $\bar{X}$ 与 $\bar{Y}$ 分别为样本 $X_1, X_2, \cdots, X_{n_1}$ 与 $Y_1, Y_2, \cdots, Y_{n_2}$ 的均值，S_1^2 与 S_2^2 分别为 $X_1, X_2, \cdots, X_{n_1}$ 与 $Y_1, Y_2, \cdots, Y_{n_2}$ 的方差.

4.3.1 两个正态总体均值差的假设检验

1. 方差 σ_1^2, σ_2^2 已知

1)双侧假设检验

检验假设：

$$H_0: \ \mu_1 - \mu_2 = \mu_0, \ H_1: \ \mu_1 - \mu_2 \neq \mu_0$$

其中 μ_0 为已知常数. 因当 H_0 为真时，

$$Z = \frac{\bar{X} - \bar{Y} - \mu_0}{\sqrt{\sigma_1^2/n_1 + \sigma_2^2/n_2}} \sim N(0, 1)$$

故选取 Z 作为检验统计量，记其观察值为 z，称相应的检验法为 z 检验法.

由于 $\bar{X}$ 与 $\bar{Y}$ 是 μ_1 与 μ_2 的无偏估计量，所以当 H_0 成立时，$|z|$ 不应太大，当 H_1 成立时，$|z|$ 有偏大的趋势，故拒绝域形式为

$$|z| = \left| \frac{\bar{x} - \bar{y} - \mu_0}{\sqrt{\sigma_1^2/n_1 + \sigma_2^2/n_2}} \right| \geq k \quad (k \text{ 待定})$$

对于给定的显著性水平 α，查附录 A 中表 A.1 得 $k = z_{\alpha/2}$，使

$$P\{|Z| \geq z_{\alpha/2}\} = \alpha$$

由此得拒绝域为

$$|z| = \left| \frac{\bar{x} - \bar{y} - \mu_0}{\sqrt{\sigma_1^2/n_1 + \sigma_2^2/n_2}} \right| \geq z_{\alpha/2} \tag{4.16}$$

根据一次抽样后得到的样本观察值 $x_1, x_2, \cdots, x_{n_1}$ 和 $y_1, y_2, \cdots, y_{n_2}$ 计算出 Z 的观察值 z，若 $|z| \geq z_{\alpha/2}$，则拒绝原假设 H_0，当 $\mu_0 = 0$ 时即认为总体均值 μ_1 与 μ_2 有显著差异；若 $|z| < z_{\alpha/2}$，则接受原假设 H_0，当 $\mu_0 = 0$ 时即认为总体均值 μ_1 与 μ_2 无显著差异.

2）右侧检验

检验假设：

$$H_0: \mu_1 - \mu_2 \leq \mu_0, \ H_1: \mu_1 - \mu_2 > \mu_0$$

其中 μ_0 为已知常数. 得拒绝域为

$$z = \frac{\bar{x} - \bar{y} - \mu_0}{\sqrt{\sigma_1^2/n_1 + \sigma_2^2/n_2}} \geq z_{\alpha} \tag{4.17}$$

3）左侧检验

检验假设：

$$H_0: \mu_1 - \mu_2 \geq \mu_0, \ H_1: \mu_1 - \mu_2 < \mu_0.$$

其中 μ_0 为已知常数. 得拒绝域为

$$z = \frac{\bar{x} - \bar{y} - \mu_0}{\sqrt{\sigma_1^2/n_1 + \sigma_2^2/n_2}} \leq -z_{\alpha} \tag{4.18}$$

例 4.3.1 设甲、乙两厂生产同样的灯泡，其寿命（单位：h）X, Y 分别服从正态分布 $N(\mu_1, \sigma_1^2)$, $N(\mu_2, \sigma_2^2)$，已知它们寿命的标准差分别为 84 h 和 96 h，现从两厂生产的灯泡中各取 60 只，测得平均寿命甲厂为 1 295 h，乙厂为 1 230 h，能否认为两厂生产的灯泡寿命无显著差异？（$\alpha = 0.05$）

解 （1）建立假设 $H_0: \mu_1 = \mu_2$, $H_1: \mu_1 \neq \mu_2$.

（2）选择统计量 $Z = \dfrac{\bar{X} - \bar{Y}}{\sqrt{\dfrac{\sigma_1^2}{n_1} + \dfrac{\sigma_2^2}{n_2}}} \sim N(0, 1)$.

（3）对于给定的显著性水平 α，查附录 A 中表 A.1 得 $k = z_{\alpha/2} = z_{0.025} = 1.96$，由式(4.16)知其拒绝域为 $|z| \geq 1.96$.

（4）因为 $\bar{x} = 1\ 295$，$\bar{y} = 1\ 230$，$\sigma_1 = 84$，$\sigma_2 = 96$，所以

$$|z| = \left| \frac{\bar{x} - \bar{y}}{\sqrt{\dfrac{\sigma_1^2}{n_1} + \dfrac{\sigma_1^2}{n_2}}} \right| = 3.95 > 1.96$$

故应拒绝 H_0，即认为两厂生产的灯泡寿命有显著差异.

例 4.3.2 一药厂生产一种新的止痛片，厂方希望验证服用新药后至开始起作用的时间较原有止痛片至少缩短一半，因此厂方提出需检验假设：

$$H_0: \mu_1 \leqslant 2\mu_2,\ H_1: \mu_1 > 2\mu_2$$

其中 μ_1，μ_2 分别是服用原有止痛片和服用新止痛片后至起作用的时间的总体的均值. 设两总体均服从正态分布且方差分别为已知值 σ_1^2，σ_2^2，现分别在两总体中取一样本 X_1，X_2，…，X_{n_1} 和 Y_1，Y_2，…，Y_{n_2}，设两个样本相互独立. 试给出上述假设 H_0 的拒绝域，取显著性水平为 α.

解 检验假设 $H_0: \mu_1 \leqslant 2\mu_2$，$H_1: \mu_1 > 2\mu_2$，采用 $\bar{X} - 2\bar{Y} \sim N\left(\mu_1 - 2\mu_2, \dfrac{\sigma_1^2}{n_1} + \dfrac{4\sigma_2^2}{n_2}\right)$.

在 H_0 成立下，$Z = \dfrac{\bar{X} - 2\bar{Y} - (\mu_1 - 2\mu_2)}{\sqrt{\dfrac{\sigma_1^2}{n_1} + \dfrac{4\sigma_2^2}{n_2}}} \sim N(0,\ 1)$.

因此，类似于右侧检验，对于给定的 $\alpha > 0$，则 H_0 成立时，拒绝域为

$$W = \left\{ \frac{\bar{x} - 2\bar{y}}{\sqrt{\dfrac{\sigma_1^2}{n_1} + \dfrac{4\sigma_2^2}{n_2}}} \geqslant z_\alpha \right\}$$

2. 方差 σ_1^2，σ_2^2 未知，但 $\sigma_1^2 = \sigma_2^2 = \sigma^2$

1）双侧假设检验

检验假设：

$$H_0: \mu_1 - \mu_2 = \mu_0,\ H_1: \mu_1 - \mu_2 \neq \mu_0$$

其中 μ_0 为已知常数.

由 2.2 节知，当 H_0 为真时，有

$$T = \frac{\bar{X} - \bar{Y} - \mu_0}{S_w\sqrt{1/n_1 + 1/n_2}} \sim t(n_1 + n_2 - 2)$$

其中 $\qquad S_w^2 = \dfrac{(n_1 - 1)S_1^2 + (n_2 - 1)S_2^2}{n_1 + n_2 - 2}$，$S_w = \sqrt{S_w^2}$

故选取 T 作为检验统计量，记其观察值为 t，相应的检验法被称为 t 检验法.

由于 S_w^2 也是 σ^2 的无偏估计量，所以当 H_0 成立时，$|t|$ 不应太大，当 H_1 成立时，$|t|$ 有偏大的趋势，故拒绝域形式为

$$|t| = \left| \frac{\bar{X} - \bar{Y} - \mu_0}{S_w\sqrt{1/n_1 + 1/n_2}} \right| \geqslant k \quad (k\ 待定)$$

对于给定的显著性水平 α，查附录 A 中表 A.3 得 $k = t_{\alpha/2}(n_1 + n_2 - 2)$，使

$$P\{\,|T| \geq t_{\alpha/2}(n_1 + n_2 - 2)\} = \alpha$$

由此得拒绝域为

$$|t| = \left|\frac{\overline{X} - \overline{Y} - \mu_0}{S_w \sqrt{1/n_1 + 1/n_2}}\right| \geq t_{\alpha/2}(n_1 + n_2 - 2) \tag{4.19}$$

根据一次抽样后得到的样本观察值 x_1, x_2, $\cdots$, x_{n_1} 和 y_1, y_2, $\cdots$, y_{n_2} 计算出 T 的观察值 t, 若 $|t| \geq t_{\alpha/2}(n_1 + n_2 - 2)$, 则拒绝原假设 H_0, 否则接受原假设 H_0.

2)右侧检验

检验假设:

$$H_0: \mu_1 - \mu_2 \leq \mu_0, \quad H_1: \mu_1 - \mu_2 > \mu_0$$

其中 μ_0 为已知常数. 得拒绝域为

$$t = \frac{\overline{X} - \overline{Y} - \mu_0}{S_w \sqrt{1/n_1 + 1/n_2}} \geq t_{\alpha}(n_1 + n_2 - 2) \tag{4.20}$$

3)左侧检验

检验假设:

$$H_0: \mu_1 - \mu_2 \geq \mu_0, \quad H_1: \mu_1 - \mu_2 < \mu_0$$

其中 μ_0 为已知常数. 得拒绝域为

$$t = \frac{\overline{X} - \overline{Y} - \mu_0}{S_w \sqrt{1/n_1 + 1/n_2}} \leq -t_{\alpha}(n_1 + n_2 - 2) \tag{4.21}$$

例 4.3.3 某地某年高考后随机抽得 15 名男生、12 名女生的物理考试成绩如下:

男生:49, 48, 47, 53, 51, 43, 39, 57, 56, 46, 42, 44, 55, 44, 40;

女生:46, 40, 47, 51, 43, 36, 43, 38, 48, 54, 48, 34.

由这 27 名学生的成绩能说明这个地区男女生的物理考试成绩不相上下吗?(显著性水平 $\alpha = 0.05$).

解 把男生和女生物理考试的成绩分别近似地看作是服从正态分布的随机变量, 且它们的方差相等, 即 $X \sim N(\mu_1, \sigma^2)$ 与 $Y \sim N(\mu_2, \sigma^2)$, 则本例可归结为双侧检验问题:

$$H_0: \mu_1 = \mu_2, \quad H_1: \mu_1 \neq \mu_2$$

由题设知, $n_1 = 15$, $n_2 = 12$, 从而 $n = n_1 + n_2 = 27$. 再根据题中数据算出 $\bar{x} = 47.6$, $\bar{y} = 44$, 则

$$(n_1 - 1)s_1^2 = \sum_{i=1}^{15}(x_i - \bar{x})^2 = 469.6, \quad (n_2 - 1)s_2^2 = \sum_{i=1}^{12}(y_i - \bar{y})^2 = 412$$

$$S_w = \sqrt{\frac{(n_1 - 1)S_1^2 + (n_2 - 1)S_2^2}{n_1 + n_2 - 2}} = \sqrt{\frac{1}{25}(469.6 + 412)} = 5.94$$

由此便可计算出

$$t = \frac{\bar{x} - \bar{y}}{S_w \sqrt{1/n_1 + 1/n_2}} = \frac{47.6 - 44}{5.94\sqrt{1/15 + 1/12}} = 1.566$$

取显著性水平 $\alpha = 0.05$, 查附录 A 中表 A.3 得 $t_{\alpha/2}(n-2) = t_{0.025}(25) = 2.060$.

因为 $|t| = 1.556 \leq 2.060 = t_{0.025}(25)$, 所以没有充分理由否认原假设 H_0, 即认为这个地区男女生的物理考试成绩不相上下.

3. 基于成对数据的检验(t 检验)

有时为了比较两种产品、两种仪器或两种方法等的差异，我们常在相同的条件下做对比试验，得到一批成对的观察值，然后分析观察数据作出推断. 这种方法常被称为逐对比较法，下面通过例子说明这种方法.

例 4.3.4 有两台光谱仪 I_x，I_y，用来测量材料中某种金属的含量，为鉴定它们的测量结果有无显著差异，制备了 9 个试块(它们的成分、金属含量、均匀性等各不相同)，现在分别用这两台仪器对每一个试块测量一次，得到 9 对观察值，如表 4.1 所示.

表 4.1 观察值数据

$x/\%$	0.20	0.30	0.40	0.50	0.60	0.70	0.80	0.90	1.00
$y/\%$	0.10	0.21	0.52	0.32	0.78	0.59	0.68	0.77	0.89
$d = x - y/\%$	0.10	0.09	0.12	0.18	0.18	0.11	0.12	0.13	0.11

问能否认为这两台仪器的测量结果有显著差异？($\alpha = 0.01$)

解 本题中的数据是成对的，即对同一试块测出一对数据，我们看到一对与另一对之间的差异是由各种因素，如材料成分、金属含量、均匀性等引起的. 由于各试块的特性有广泛的差异，所以不能将光谱仪 I_x 对 9 个试块的测量结果(即表中第一行)看成是同分布随机变量的观察值，即表中第一行不能看成是一个样本的观察值，同样也不能将表中第二行看成是一个样本的观察值，再者，对于每一对数据而言，它们是同一试块用不同仪器 I_x，I_y 测得的结果，因此，它们不是两个独立的随机变量的观察值，不能用表 4.2 中序号为 4 的检验法作检验. 而同一对中两个数据的差异则可看成是仅由这两台仪器性能的差异所引起的，这样，局限于各对中两个数据来比较就能排除种种其他因素，而只考虑单独由仪器的性能所产生的影响，从而能比较这两台仪器的测量结果是否有显著差异. 表中第三行表示各对数据的差 $d_i = x_i - y_i$，由于 d_1，d_2，$\cdots$，d_n 是由同一因素所引起的，所以可以认为它们服从同一分布，若两台仪器的性能一样，则各对数据的差异 d_1，d_2，$\cdots$，d_n 属随机误差，可以认为随机误差服从正态分布，其均值为零. 设 d_1，d_2，$\cdots$，d_n 来自正态总体 $N(\mu_d, \sigma^2)$，这里 μ_d，σ^2 均为未知. 检验假设：

$$H_0: \mu_d = 0, \quad H_1: \mu_d \neq 0.$$

设 d_1，d_2，$\cdots$，d_n 的样本均值为 $\bar{d}$，样本方差为 s^2，按表 4.2 中序号为 2 的关于单个正态分布均值的 t 检验，知拒绝域为

$$|t| = \left| \frac{\bar{d} - 0}{s/\sqrt{n}} \right| \geq t_{\alpha/2}(n - 1)$$

由 $n = 9$，$t_{\alpha/2}(8) = t_{0.005}(8) = 3.3554$，$\bar{d} = 0.06$，$s = 0.1227$，可知 $|t| = 1.467 < 3.3554$，所以接受 H_0，认为这两台仪器的测量结果无显著差异.

4.3.2 两个正态总体方差相等的假设检验

设 X_1，X_2，$\cdots$，X_{n_1} 为来自正态总体 $N(\mu_1, \sigma_1^2)$ 的一个样本，Y_1，Y_2，$\cdots$，Y_{n_2} 为来自正态总体 $N(\mu_2, \sigma_2^2)$ 的一个样本，且两个样本相互独立，记 $\bar{X}$ 与 $\bar{Y}$ 分别为相应的样本均值，S_1^2 与 S_2^2 分别为相应的样本方差.

1）双侧假设检验

检验假设：

$$H_0: \sigma_1^2 = \sigma_2^2, \ H_1: \sigma_1^2 \neq \sigma_2^2.$$

由 2.2 节知，当 H_0 为真时，

$$F = S_1^2/S_2^2 \sim F(n_1 - 1, \ n_2 - 1)$$

故选取 F 作为检验统计量，相应的检验法被称为 F 检验法。

由于 S_1^2 与 S_2^2 是 σ_1^2 与 σ_2^2 的无偏估计量，所以当 H_0 成立时，F 的取值应集中在 1 的附近，当 H_1 成立时，F 的取值有偏小或偏大的趋势，故拒绝域形式为

$$F \leq k_1 \ 或 \ F \geq k_2 \quad (k_1, \ k_2 \ 待定)$$

对于给定的显著性水平 α，查附录 A 中表 A.5 得

$$k_1 = F_{1-\alpha/2}(n_1 - 1, \ n_2 - 1), \ k_2 = F_{\alpha/2}(n_1 - 1, \ n_2 - 1)$$

使

$$P\{F \leq F_{1-\alpha/2}(n_1 - 1, \ n_2 - 1) \ 或 \ F \geq F_{\alpha/2}(n_1 - 1, \ n_2 - 1)\} = \alpha$$

由此得拒绝域为

$$F \leq F_{1-\alpha/2}(n_1 - 1, \ n_2 - 1) \ 或 \ F \geq F_{\alpha/2}(n_1 - 1, \ n_2 - 1) \tag{4.22}$$

根据一次抽样后得到的样本观察值 $x_1, x_2, \cdots, x_{n_1}$ 和 $y_1, y_2, \cdots, y_{n_2}$ 计算出 F 的观察值，若式(4.22)成立，则拒绝原假设 H_0，否则接受原假设 H_0。

2）右侧检验

检验假设：

$$H_0: \sigma_1^2 \leq \sigma_2^2, \ H_1: \sigma_1^2 > \sigma_2^2$$

得拒绝域为

$$F \geq F_\alpha(n_1 - 1, \ n_2 - 1) \tag{4.23}$$

3）左侧检验

检验假设：

$$H_0: \sigma_1^2 \geq \sigma_2^2, \ H_1: \sigma_1^2 < \sigma_2^2$$

得拒绝域为

$$F \leq F_{1-\alpha}(n_1 - 1, \ n_2 - 1) \tag{4.24}$$

例 4.3.5 两台车床加工同种零件，分别从两台车床加工的零件中抽取 6 个和 9 个测量其直径，并计算得：$s_1^2 = 0.345$，$s_2^2 = 0.375$。假定零件直径服从正态分布，试比较两台车床加工精度有无显著差异，取 $\alpha = 0.10$。

解 设两总体 X 和 Y 分别服从正态分布 $N(\mu_1, \ \sigma_1^2)$ 和 $N(\mu_2, \ \sigma_2^2)$，$\mu_1, \ \mu_2, \ \sigma_1^2, \ \sigma_2^2$ 未知。

(1)建立假设 $H_0: \sigma_1^2 = \sigma_2^2, \ H_1: \sigma_1^2 \neq \sigma_2^2$。

(2)选统计量 $F = S_1^1/S_2^2 \sim F(n_1 - 1, \ n_2 - 1)$。

(3)对于给定的显著性水平 α，查附录 A 中表 A.5 得

$$k_1 = F_{1-\alpha/2}(n_1 - 1, \ n_2 - 1) = F_{0.95}(5, \ 8) = \frac{1}{F_{0.05}(8, \ 5)} = 0.207$$

$$k_2 = F_{\alpha/2}(n_1 - 1, \ n_2 - 1) = F_{0.05}(5, \ 8) = 3.69$$

由式(4.22)知，其拒绝域为 $F \leqslant 0.207$ 或 $F \geqslant 3.69$.

（4）因为 $s_1^2 = 0.345$，$s_2^2 = 0.375$，所以 $F = s_1^2/s_2^2 = 0.92$. 而 $0.27 < 0.92 < 3.69$，故应接受 H_0，即认为两台车床加工精度无显著差异.

正态总体均值、方差的检验表如表4.2所示.

表4.2　正态总体均值、方差的检验表（显著性水平为 α）

序号	原假设 H_0	检验统计量	备择假设 H_1	拒绝域
1	$\mu = \mu_0$ $\mu \leqslant \mu_0$ $\mu \geqslant \mu_0$ （σ^2 已知）	$Z = \dfrac{\overline{X} - \mu_0}{\sigma/\sqrt{n}}$	$\mu \neq \mu_0$ $\mu > \mu_0$ $\mu < \mu_0$	$\lvert z \rvert \geqslant z_{\alpha/2}$ $z \geqslant z_\alpha$ $z \leqslant -z_\alpha$
2	$\mu = \mu_0$ $\mu \leqslant \mu_0$ $\mu \geqslant \mu_0$ （σ^2 未知）	$T = \dfrac{\overline{X} - \mu_0}{S/\sqrt{n}}$	$\mu \neq \mu_0$ $\mu > \mu_0$ $\mu < \mu_0$	$\lvert t \rvert \geqslant t_{\alpha/2}(n-1)$ $t \geqslant t_\alpha(n-1)$ $t \leqslant -t_\alpha(n-1)$
3	$\mu_1 - \mu_2 = \delta$ $\mu_1 - \mu_2 \leqslant \delta$ $\mu_1 - \mu_2 \geqslant \delta$ （σ_1^2，σ_2^2 已知）	$Z = \dfrac{\overline{X} - \overline{Y} - \delta}{\sqrt{\sigma_1^2/n_1 + \sigma_2^2/n_2}}$	$\mu_1 - \mu_2 \neq \delta$ $\mu_1 - \mu_2 > \delta$ $\mu_1 - \mu_2 < \delta$	$\lvert z \rvert \geqslant z_{\alpha/2}$ $z \geqslant z_\alpha$ $z \leqslant -z_\alpha$
4	$\mu_1 - \mu_2 = \delta$ $\mu_1 - \mu_2 \leqslant \delta$ $\mu_1 - \mu_2 \geqslant \delta$ （$\sigma_1^2 = \sigma_2^2 = \sigma^2$ 未知）	$T = \dfrac{\overline{X} - \overline{Y} - \delta}{S_w\sqrt{1/n_1 + 1/n_2}}$ $S_w^2 = \dfrac{(n_1-1)S_1^2 + (n_2-1)S_2^2}{n_1 + n_2 - 2}$	$\mu_1 - \mu_2 \neq \delta$ $\mu_1 - \mu_2 > \delta$ $\mu_1 - \mu_2 < \delta$	$\lvert t \rvert \geqslant t_{\alpha/2}(n_1 + n_2 - 2)$ $t \geqslant t_\alpha(n_1 + n_2 - 2)$ $t \leqslant -t_\alpha(n_1 + n_2 - 2)$
5	$\sigma^2 = \sigma_0^2$ $\sigma^2 \leqslant \sigma_0^2$ $\sigma^2 \geqslant \sigma_0^2$ （μ 未知）	$\chi^2 = \dfrac{n-1}{\sigma_0^2}S^2$	$\sigma^2 \neq \sigma_0^2$ $\sigma^2 > \sigma_0^2$ $\sigma^2 < \sigma_0^2$	$\chi^2 \leqslant \chi_{1-\alpha/2}^2(n-1)$ 或 $\chi^2 \geqslant \chi_{\alpha/2}^2(n-1)$ $\chi^2 \geqslant \chi_\alpha^2(n-1)$ $\chi^2 \leqslant \chi_{1-\alpha}^2(n-1)$
6	$\sigma_1^2 = \sigma_2^2$ $\sigma_1^2 \leqslant \sigma_2^2$ $\sigma_1^2 \geqslant \sigma_2^2$ （μ_1，μ_2 未知）	$F = \dfrac{S_1^2}{S_2^2}$	$\sigma_1^2 \neq \sigma_2^2$ $\sigma_1^2 > \sigma_2^2$ $\sigma_1^2 < \sigma_2^2$	$F \geqslant F_{\alpha/2}(n_1 - 1, n_2 - 1)$ 或 $F \leqslant F_{1-\alpha/2}(n_1 - 1, n_2 - 1)$ $F \geqslant F_\alpha(n_1 - 1, n_2 - 1)$ $F \leqslant F_{1-\alpha}(n_1 - 1, n_2 - 1)$
7	$\mu_D = 0$ $\mu_D \leqslant 0$ $\mu_D \geqslant 0$ （成对数据）	$T = \dfrac{\overline{D} - 0}{S_D/\sqrt{n}}$	$\mu_D \neq 0$ $\mu_D > 0$ $\mu_D < 0$	$\lvert t \rvert \geqslant t_{\alpha/2}(n-1)$ $t \geqslant t_\alpha(n-1)$ $t \leqslant -t_\alpha(n-1)$

§4.4 分布拟合检验

本章前三节所介绍的各种检验法，都是在总体分布类型已知的情况下，对其中的未知参数进行检验，这类统计检验法统称为参数检验．在实际问题中，有时我们并不能确切预知总体服从何种分布，这时就需要根据来自总体的样本对总体的分布进行推断，以判断总体服从何种分布．这类统计检验被称为非参数检验．解决这类问题的工具之一是英国统计学家卡尔·皮尔逊(Karl Pearson)在1900年提出的χ^2检验法，不少人把此项工作视为近代统计学的开端．

4.4.1 χ^2检验法的基本思想

χ^2检验法是在总体X的分布未知时，根据来自总体的样本，对总体分布的假设：

H_0：总体X的分布函数为$F(x)$

H_1：总体X的分布函数不是$F(x)$（这里备择假设H_1可以不必写出）

进行检验的一种检验方法．这种检验通常称作拟合优度检验．一般地，我们先根据样本观察值用直方图和经验分布函数，推断出总体可能服从的分布，据此提出原假设，然后根据样本的经验分布和所假设的理论分布之间的吻合程度来决定接受或拒绝原假设．

4.4.2 χ^2检验法的基本原理和步骤

(1)提出原假设：

$$H_0：总体 X 的分布函数为 F(x) \tag{4.25}$$

若总体分布为离散型，则假设具体为

$$H_0：总体 X 的分布律为 P\{X = x_i\} = p_i \quad (i = 1, 2, \cdots)$$

若总体分布为连续型，则假设具体为

$$H_0：总体 X 的概率密度为 f(x)$$

(2)将总体X的取值范围分成k个互不相交的小区间，记为$A_1, A_2, \cdots, A_k$，如可取为

$$(a_0, a_1], (a_1, a_2], \cdots, (a_{k-2}, a_{k-1}], (a_{k-1}, a_k)$$

其中a_0可取$-\infty$，a_k可取$+\infty$；区间的划分视具体情况而定，使每个小区间所含样本值个数不小于5，而区间个数k不要太大也不要太小．

(3)把落入第i个小区间A_i的样本值的个数记作f_i，称之为组频数，所有组频数之和$f_1 + f_2 + \cdots + f_k$等于样本容量n．

(4)当H_0为真时，根据所假设的总体理论分布，可算出总体X的值落入第i个小区间A_i的概率p_i，于是np_i就是落入第i个小区间A_i的样本值的理论频数．

(5)当H_0为真时，n次试验中样本值落入第i个小区间A_i的频率f_i/n与概率p_i应很接近；当H_0不真时，则f_i/n与p_i相差较大．基于这种思想，皮尔逊引进如下检验统计量：

$$\chi^2 = \sum_{i=1}^{k} \frac{(f_i - np_i)^2}{np_i} \tag{4.26}$$

并证明了下列结论．

定理 4.4.1 当 n 充分大 $(n \geqslant 50)$ 时，若原假设 H_0 为真，则式(4.26)所表示的统计量 χ^2 近似服从 $\chi^2(k-1)$ 分布.(证略)

根据该定理，当 H_0 为真时，式(4.26)中的统计量 χ^2 不应太大，太大就应拒绝 H_0. 对给定的显著性水平 α，确定 l 值，使

$$P\{\chi^2 > l\} = \alpha$$

查附录 A 中表 A.4 得 $l = \chi_\alpha^2(k-1)$，所以拒绝域为

$$\chi^2 \geqslant \chi_\alpha^2(k-1) \tag{4.27}$$

若由所给的样本值 x_1，x_2，$\cdots$，x_n 算得统计量 χ^2 的实测值落入拒绝域，则拒绝原假设 H_0，否则就认为差异不显著而接受原假设 H_0.

在上述对总体分布的假设检验中，分布函数 $F(x)$ 是完全已知的，不含未知参数.

如果 $F(x)$ 中还含有未知参数，即分布函数为

$$F(x; \theta_1, \theta_2, \cdots, \theta_r)$$

其中 θ_1，θ_2，$\cdots$，θ_r 为未知参数. 设 X_1，X_2，$\cdots$，X_n 是来自总体 X 的样本，现要用此样本来检验假设：

H_0：总体 X 的分布函数为 $F(x; \theta_1, \theta_2, \cdots, \theta_r)$

此类情况可按如下步骤进行检验：

(1)利用样本 X_1，X_2，$\cdots$，X_n，求出 θ_1，θ_2，$\cdots$，θ_r 的极大似然估计 $\hat{\theta}_1$，$\hat{\theta}_2$，$\cdots$，$\hat{\theta}_r$；

(2)在 $F(x; \theta_1, \theta_2, \cdots, \theta_r)$ 中用 $\hat{\theta}_i$ 代替 $\theta_i (i = 1, 2, \cdots, r)$，则 $F(x; \theta_1, \theta_2, \cdots, \theta_r)$ 就变成完全已知的分布函数 $F(x; \hat{\theta}_1, \hat{\theta}_2, \cdots, \hat{\theta}_r)$；

(3)计算 p_i 时，利用 $F(x; \hat{\theta}_1, \hat{\theta}_2, \cdots, \hat{\theta}_r)$ 计算 p_i 的估计值 $\hat{p}_i (i = 1, 2, \cdots, k)$；

(4)计算要检验的统计量：

$$\chi^2 = \sum_{i=1}^{k} (f_i - n\hat{p}_i)^2/n\hat{p}_i \tag{4.28}$$

当 n 充分大时，统计量 χ^2 近似服从 $\chi_\alpha^2(k-r-1)$ 分布；

(5)对给定的显著性水平 α，得拒绝域为

$$\chi^2 = \sum_{i=1}^{k} (f_i - n\hat{p}_i)^2/n\hat{p}_i \geqslant \chi_\alpha^2(k-r-1) \tag{4.29}$$

注：在使用 χ^2 检验法时，要求 $n \geqslant 50$，以及每个理论频数 $np_i \geqslant 5 (i = 1, 2, \cdots, k)$，否则应适当地合并相邻的小区间，使 np_i 满足要求.

例 4.4.1 将一颗骰子掷 120 次，所得数据如表 4.3 所示.

表 4.3 掷骰子数据

点数 i	1	2	3	4	5	6
出现次数 f_i	23	26	21	20	15	15

问这颗骰子是否均匀、对称？（取 $\alpha = 0.05$）

解 若这颗骰子是均匀、对称的，则 1~6 点中每点出现的可能性相同，都为 1/6. 若用 A_i 表示第 i 点出现 $(i = 1, 2, \cdots, 6)$，则待检验假设为

$$H_0: P(A_i) = 1/6 \quad (i = 1, 2, \cdots, 6)$$

在 H_0 成立的条件下，理论概率 $p_i = P(A_i) = 1/6$，由 $n = 120$ 得理论频数 $np_i = 20$.

计算结果如表 4.4 所示.

表 4.4 掷骰子数据的分组表

i	f_i	p_i	np_i	$(f_i - np_i)^2/(np_i)$
1	23	1/6	20	9/20
2	26	1/6	20	36/20
3	21	1/6	20	1/20
4	20	1/6	20	0
5	15	1/6	20	25/20
6	15	1/6	20	25/20
合计	120			4.8

因为分布不含未知参数，又有 $k = 6$，$\alpha = 0.05$，查附录 A 中表 A.4 得 $\chi_\alpha^2(k-1) = \chi_{0.05}^2(5) = 11.071$.

由表 4.4 知，$\chi^2 = \sum_{i=1}^{6} \frac{(f_i - np_i)^2}{np_i} = 4.8 < 11.071$，故接受 H_0，即认为这颗骰子是均匀、对称的.

例 4.4.2 从 1500 年到 1931 年的 432 年间，每年爆发战争的次数可以看作一个随机变量，据统计，这 432 年间共爆发了 299 次战争，具体数据如表 4.5 所示.

表 4.5 每年爆发战争次数数据

战争次数 X	发生 X 次战争的年数
0	223
1	142
2	48
3	15
4	4

根据所学知识和经验知，每年爆发战争的次数 X 近似服从泊松分布. 根据上述数据，问每年爆发战争的次数 X 是否服从泊松分布？

解 依题意提出原假设：

$$H_0：X \text{ 服从参数为 } \lambda \text{ 的泊松分布}$$

则

$$P\{X = i\} = \frac{\lambda^i e^{-\lambda}}{i!} \quad (i = 0, 1, 2, 3, 4)$$

因总体分布中含有 1 个未知参数 λ，所以先估计参数 λ. 由极大似然估计法得参数 λ 的极大似然估计值为 $\hat{\lambda} = \bar{x} = 0.69$. 按参数为 0.69 的泊松分布，计算事件 $\{X = i\}$ 的概率 p_i，p_i 的估计是 $\hat{p}_i = e^{-0.69} 0.69^i/i!$，$i = 0, 1, 2, 3, 4$.

根据表 4.5 的数据，将有关计算结果列于表 4.6 中.

表 4.6 每年爆发战争次数数据的分组表

战争次数 x	实测频数 f_i	$\hat{p}_i$	$n\hat{p}_i$	$(f_i - n\hat{p}_i)^2/n\hat{p}_i$
0	223	0.502	216.86	0.174
1	142	0.346	149.47	0.373
2	48	0.119	51.41	0.226
3	15	0.027	11.66	1.942
4	4	0.005	2.16	
				$\sum = 2.715$

将 $n\hat{p}_i < 5$ 的组予以合并，即将每年发生 3 次及 4 次战争的组归并为一组. 因 H_0 所假设的理论分布中有一个未知参数，故自由度为 $4 - 1 - 1 = 2$.

按 $\alpha = 0.05$，自由度为 2，查附录 A 中表 A.4 得 $\chi^2_{0.05}(2) = 5.99$.

因统计量 χ^2 的观察值 $\chi^2 = 2.715 < 5.99$，未落入拒绝域，故认为每年发生战争的次数 X 服从参数为 0.69 的泊松分布.

例 4.4.3 为检验棉纱的拉力强度(单位：N)X 是否服从正态分布，从一批棉纱中随机抽取 300 条进行拉力试验，将结果列在表 4.7 中.

表 4.7 棉纱拉力数据

i	x	f_i	i	x	f_i
1	0.5~0.64	1	8	1.48~1.62	53
2	0.64~0.78	2	9	1.62~1.76	25
3	0.78~0.92	9	10	1.76~1.90	19
4	0.92~1.06	25	11	1.90~2.04	16
5	1.06~1.20	37	12	2.04~2.18	3
6	1.20~1.34	53	13	2.18~2.38	1
7	1.34~1.48	56			

问题是检验假设

$$H_0: X \sim N(\mu, \sigma^2) \quad (\alpha = 0.01)$$

解 可按以下 4 步来检验.

(1)将观察值 x_i 分成 13 组：$(a_0, a_1], (a_1, a_2], \cdots, (a_{11}, a_{12}], (a_{12}, a_{13})$. 其中 $a_0 = -\infty$，$a_1 = 0.64$，$a_2 = 0.78$，$\cdots$，$a_{12} = 2.18$，$a_{13} = +\infty$，但是这样分组后，前两组和最后两组的 $n\hat{p}_i$ 比较小，故把它们合并成为一个组(如表 4.8 所示).

(2)计算每个区间上的理论频数. 这里 $F(x)$ 就是正态分布 $N(\mu, \sigma^2)$ 的分布函数，其含有两个未知数 μ 和 σ^2，分别用它们的极大似然估计 $\hat{\mu} = \overline{X}$ 和 $\hat{\sigma}^2 = \sum_{i=1}^{n} (X_i - \overline{X})^2/n$ 来代替.

关于 $\overline{X}$ 的计算作如下说明：因拉力数据表中的每个区间都很狭窄，所以可认为每个区间内 X_i 都取这个区间的中点，然后将每个区间的中点值乘以该区间的样本数，将这些值相加再除以总样本数就得具体样本均值 $\bar{X}$，计算得到：$\hat{\mu} = 1.41$，$\hat{\sigma}^2 = 0.26^2$.

对于服从 $N(1.41, 0.26^2)$ 的随机变量 Y，计算它在上面第 i 个区间上的概率 $\hat{p}_i$.

(3)计算 x_1，x_2，$\cdots$，x_{300} 中落在每个区间的实际频数 f_i，如表 4.8 所示.

(4)计算统计量值：$\chi^2 = \sum\limits_{k=1}^{10} \dfrac{(f_i - n\hat{p}_i)^2}{n\hat{p}_i} = 22.07$，因为 $k = 10$，$r = 2$，故 χ^2 的自由度为

$10 - 2 - 1 = 7$，查附录 A 中表 A.4 得 $\chi^2_{0.01}(7) = 18.48 < \chi^2 = 22.07$，故拒绝原假设，即认为棉纱拉力强度不服从正态分布.

表 4.8 棉纱拉力数据的分组表

区间序号	区间	f_i	$\hat{p}_i$	$n\hat{p}_i$	$f_i - n\hat{p}_i$
1	≤0.78 或 ≥2.04	7	0.015 6	4.68	2.32
2	0.78~0.92	9	0.022 3	6.69	2.31
3	0.92~1.06	25	0.058 4	17.52	7.48
4	1.06~1.20	37	0.120 5	36.15	0.85
5	1.20~1.34	53	0.184 6	55.38	−2.38
6	1.34~1.48	56	0.212 8	63.84	−7.84
7	1.48~1.62	53	0.184 6	55.38	−2.38
8	1.62~1.76	25	0.120 5	36.15	−11.15
9	1.76~1.90	19	0.058 4	17.52	1.48
10	1.90~2.04	16	0.022 3	6.69	9.31

§4.5 独立性检验

χ^2 统计量的极限分布除了用来作分布函数的拟合检验，还能用于列联表的独立性检验.

随机试验的结果常常可用两个(或更多)不同的指标或特性来分类. 例如，随机抽样调查 1 000 人，可按性别和是否色盲两个特性分类，并将数据整理在表 4.9 中.

表 4.9 按性别和是否色盲分类

是否色盲	男	女	合计
正常	442	514	956
色盲	38	6	44
合计	480	520	1 000

表 4.9 被称为 2×2 列联表，我们通过它来研究性别与色盲这两个特性是否相互独立.

一般地，考虑二维总体 (X, Y). 设 X 的可能值为 x_1，x_2，$\cdots$，x_r，Y 的可能值为 y_1，y_2，$\cdots$，y_s，现从总体 (X, Y) 中抽取一个容量为 n 的样本 (X_1, Y_1)，(X_2, Y_2)，$\cdots$，(X_n, Y_n)，其中事件 $\{X = x_i, Y = y_j\}$ 发生的频数为 $n_{ij}(i = 1, 2, \cdots, r; j = 1, 2, \cdots, s)$.

又记 $n_{i\cdot} = \sum\limits_{j=1}^{s} n_{ij}$，$n_{\cdot j} = \sum\limits_{i=1}^{r} n_{ij}$，易见，$n = \sum\limits_{i=1}^{r}\sum\limits_{j=1}^{s} n_{ij} = \sum\limits_{i=1}^{r} n_{i\cdot} = \sum\limits_{j=1}^{s} n_{\cdot j}$，将这些数据列入表 4.10

中，这张表被称为 $r \times s$ 列联表. 其中 2×2 列联表常被称为"四格表"，是应用最为广泛的一种情况.

表4.10 $r \times s$ 列联表

X	Y				
	y_1	y_2	$\cdots$	y_s	
x_1	n_{11}	n_{12}	$\cdots$	n_{1s}	$n_{1.}$
x_2	n_{21}	n_{22}	$\cdots$	n_{2s}	$n_{2.}$
$\vdots$	$\vdots$	$\vdots$		$\vdots$	$\vdots$
x_r	n_{r1}	n_{r2}	$\cdots$	n_{rs}	$n_{r.}$
	$n_{.1}$	$n_{.2}$	$\cdots$	$n_{.s}$	n

(X, Y) 的可能值 $(x_i, y_i)(i = 1, 2, \cdots, r; j = 1, 2, \cdots, s)$ 是平面上的 $r \times s$ 个点. 在平面上作 $r \times s$ 个互不相交的区域 A_{ij}，使得 $(x_i, y_i) \in A_{ij}$. 以上所说的 n_{ij} 亦可看作样本 (X_1, Y_1)，(X_2, Y_2)，$\cdots$，(X_n, Y_n) 落入 A_{ij} 的个数，这样就可把前面所说的分布拟合 χ^2 检验法用于检验假设：

$$H_0 : X \text{ 与 } Y \text{ 相互独立} \tag{4.30}$$

记 $p_{ij} = p\{X = x_i, Y = y_j\}$，$p\{X = x_i\} = \sum_{j=1}^{s} p_{ij} = p_{i.}$，$p\{Y = y_j\} = \sum_{i=1}^{r} p_{ij} = p_{.j}$.

易见

$$\sum_{i=1}^{r} p_{i.} = \sum_{j=1}^{s} p_{.j} = 1 \tag{4.31}$$

由离散型随机变量相互独立的定义知，假设(4.30)等价于假设：

$$H_0 : p_{ij} = p_{i.} p_{.j} \quad (i = 1, 2, \cdots, r; j = 1, 2, \cdots, s) \tag{4.32}$$

上述假设中出现的 $p_{i.}$ 和 $p_{.j}$ 都是未知参数. 由式(4.31)知，这些未知参数中仅有 $r + s - 2$ 个独立变化. 要想使用检验统计量 χ^2，需先求出这 $r + s - 2$ 个未知参数的极大似然估计. 在假设(4.32)为真的条件下，似然函数为

$$
\begin{aligned}
L &= \prod_{i=1}^{r} \prod_{j=1}^{s} p_{ij}^{n_{ij}} = \prod_{i=1}^{r} \prod_{j=1}^{s} (p_{i.} p_{.j})^{n_{ij}} = \prod_{i=1}^{r} p_{i.}^{n_{i.}} \prod_{j=1}^{s} p_{.j}^{n_{.j}} \\
&= \prod_{i=1}^{r-1} p_{i.}^{n_{i.}} \left(1 - \sum_{i=1}^{r-1} p_{i.}\right)^{n_r.} \cdot \prod_{j=1}^{s-1} p_{.j}^{n_{.j}} \left(1 - \sum_{j=1}^{s-1} p_{.j}\right)^{n_{.s}}
\end{aligned} \tag{4.33}
$$

取对数得

$$\ln L = \sum_{i=1}^{r-1} n_{i.} \ln p_{i.} + n_r. \ln\left(1 - \sum_{i=1}^{r-1} p_{i.}\right) + \sum_{j=1}^{s-1} n_{.j} \ln p_{.j} + n_{.s} \ln\left(1 - \sum_{j=1}^{s-1} p_{.j}\right)$$

把 $\ln L$ 分别对 $p_{i.}$ 和 $p_{.j}(i = 1, 2, \cdots, r-1; j = 1, 2, \cdots, s-1)$ 求偏导，并令其为零，得到这些参数的极大似然估计为

$$\hat{p}_{i.} = \frac{n_{i.}}{n}, \quad \hat{p}_{.j} = \frac{n_{.j}}{n} \tag{4.34}$$

将它们代入式(4.28)，得检验统计量为

$$\hat{\chi}^2 = n \sum_{i=1}^{r} \sum_{j=1}^{s} \frac{\left(n_{ij} - \dfrac{n_{i\cdot}\,n_{\cdot j}}{n}\right)^2}{n_{i\cdot}\,n_{\cdot j}} \tag{4.35}$$

由式(4.28)知，当 $n \to \infty$ 时，检验统计量(4.35)的极限分布为 χ^2 分布，其自由度为 $rs - (r + s - 2) - 1 = (r-1)(s-1)$. 所以假设检验问题(4.30)，即假设检验问题(4.32)的检验统计量为式(4.35)，其近似拒绝域为 $\hat{\chi}^2 \geq \chi_\alpha^2((r-1)(s-1))$.

例 4.5.1 为了研究赌博与吸烟之间的关系，美国某地调查了 1 000 个人，他们赌博与吸烟的情况如表 4.11 所示.

表 4.11 赌博与吸烟的情况

	吸烟	不吸烟	合计
赌博者	120	30	150
非赌博者	479	371	850
合计	599	401	1 000

试问：赌博与吸烟是否有关？（取 $\alpha = 0.01$）

解 对于调查对象引进随机变量 X 和 Y. $\{X = 1\}$ 表示是赌博者，$\{X = 2\}$ 表示非赌博者；$\{Y = 1\}$ 表示吸烟，$\{Y = 2\}$ 表示不吸烟. 问题是要在显著性水平 $\alpha = 0.01$ 之下检验假设：

$$H_0 : X \text{ 与 } Y \text{ 相互独立}$$

由表 4.11 知，$n = 1\,000$，$n_{11} = 120$，$n_{12} = 30$，$n_{21} = 479$，$n_{22} = 371$，$n_{1\cdot} = 150$，$n_{2\cdot} = 850$，$n_{\cdot 1} = 599$，$n_{\cdot 2} = 401$. 将它们代入式(4.35)得

$$\hat{\chi}^2 = 1\,000 \times \frac{(120 - 150 \times 599/1\,000)^2}{150 \times 599} + 1\,000 \times \frac{(30 - 150 \times 401/1\,000)^2}{150 \times 401} +$$

$$1\,000 \times \frac{(479 - 850 \times 599/1\,000)^2}{850 \times 599} + 1\,000 \times \frac{(371 - 850 \times 401/1\,000)^2}{850 \times 401}$$

$$= 10.117 + 15.113 + 1.785 + 2.667 = 29.682$$

本题 $r = s = 2$，自由度为 $(r-1)(s-1) = 1$. 查附录 A 中表 A.4 得 $\chi_{0.01}^2(1) = 6.63$. 因为 $\hat{\chi}^2 = 29.682 > 6.63 = \chi_{0.01}^2(1)$，故在显著性水平 $\alpha = 0.01$ 之下拒绝 H_0，即认为赌博与吸烟有关.

注：对于 2×2 列联表，计算检验统计量(4.35)的观察值，用公式

$$\hat{\chi}^2 = n \frac{(n_{11}n_{22} - n_{12}n_{21})^2}{n_{1\cdot}\,n_{2\cdot}\,n_{\cdot 1}\,n_{\cdot 2}} \tag{4.36}$$

要简便得多，如用式(4.36)计算例 4.5.1 得

$$\hat{\chi}^2 = n \frac{(n_{11}n_{22} - n_{12}n_{21})^2}{n_{1\cdot}\,n_{2\cdot}\,n_{\cdot 1}\,n_{\cdot 2}} = 1\,000 \times \frac{(120 \times 371 - 30 \times 479)^2}{150 \times 850 \times 599 \times 401} = 29.682$$

用列联表检验独立性，除了用于上例那种按类计数的变量，还可以用于连续变化的量. 此时先要根据实际情况和需要，将变量 X 与 Y 的可能值的范围分别分成若干个互不相交的区间 A_1，A_2，$\cdots$，A_r 和 B_1，B_2，$\cdots$，B_s. 从总体 (X, Y) 中抽取一个容量为 n 的样本 (X_1, Y_1)，(X_2, Y_2)，$\cdots$，(X_n, Y_n)，其中 $\{X \in A_i, Y \in B_j\}$ 发生的频数记为 $n_{ij}(i = 1, 2, \cdots,$

r；$j = 1, 2, \cdots, s$），又记 $n_{i\cdot} = \sum_{j=1}^{s} n_{ij}$，$n_{\cdot j} = \sum_{i=1}^{r} n_{ij}$. 于是我们可构造一张类似于表 4.10 的 $r \times s$ 列联表，然后就可以借助于这张列联表检验" X 与 Y 相互独立"这个假设.

例 4.5.2 为了研究成年人的胖瘦与患高血压是否有关，澳大利亚某地调查了 491 名成年人的情况. 计算这些人体重（kg）除以身高平方（m²）的数值，该值小于或等于 20 的归于"瘦"，大于 20 但小于或等于 25 的归于"正常"，大于 25 的归于"胖"；又把收缩压大于 140 或舒张压大于 90（单位：mmHg）的归于"患高血压"，其余均归于"未患高血压"，调查结果列于表 4.12.

表 4.12　胖瘦与患高血压的数据

	瘦	正常	胖	合计
患高血压	32	40	59	131
未患高血压	133	121	106	360
合计	165	161	165	491

试问：成年人患高血压与胖瘦是否有关？（取 $\alpha = 0.05$）

解　对于调查对象，引进随机变量 X 和 Y. X 等于 1，2 分别表示调查对象患与未患高血压；Y 等于 1，2，3 分别表示调查对象瘦、正常与胖. 现要在显著性水平 $\alpha = 0.05$ 之下检验假设：

$$H_0: X 与 Y 相互独立$$

由表 4.12 知，$n = 491$，$n_{11} = 32$，$n_{12} = 40$，$n_{13} = 59$，$n_{21} = 133$，$n_{22} = 121$，$n_{23} = 106$，$n_{1\cdot} = 131$，$n_{2\cdot} = 360$，$n_{\cdot 1} = 165$，$n_{\cdot 2} = 161$，$n_{\cdot 3} = 165$，把它们代入式（4.35）得

$$\hat{\chi}^2 = 491 \times \frac{(32 - 131 \times 165/491)^2}{131 \times 165} + 491 \times \frac{(40 - 131 \times 161/491)^2}{131 \times 161} +$$

$$491 \times \frac{(59 - 131 \times 165/491)^2}{131 \times 165} + 491 \times \frac{(133 - 360 \times 165/491)^2}{360 \times 165} +$$

$$491 \times \frac{(121 - 360 \times 161/491)^2}{360 \times 161} + 491 \times \frac{(106 - 360 \times 165/491)^2}{360 \times 165}$$

$$= 3.283 + 0.203 + 5.096 + 1.195 + 0.074 + 1.854 = 11.705$$

本题 $r = 2$，$s = 3$，自由度为 $(r - 1)(s - 1) = 2$. 查附录 A 中表 A.4 得 $\chi^2_{0.05}(2) = 5.99$. 因为 $\hat{\chi}^2 = 11.705 > 5.99 = \chi^2_{0.05}(2)$，故在显著性水平 $\alpha = 0.05$ 之下拒绝 H_0，即认为成年人的胖瘦与患高血压是有关的.

§4.6　秩和检验

在许多实际问题中，我们经常需要比较两个总体的分布函数是否相等，若它们是同一种分布函数，则问题转化为检验两总体参数是否相等的参数假设检验问题. 但如果分布函数完全未知，我们就只能用非参数方法进行检验.

本节介绍一种用于比较两个连续总体的、有效的、使用方便的检验方法——秩和检验法.

4.6.1 假设检验的等价提法及秩的定义

设有两个连续型总体，它们的概率密度分别为 $f_1(x)$，$f_2(x)$，均为未知，但已知

$$f_1(x) = f_2(x - a) \quad (a \text{ 为未知常数}) \tag{4.37}$$

即 f_1 与 f_2 至多只差一个平移. 我们要检验下述各项假设：

$$H_0: a = 0, \ H_1: a < 0 \tag{4.38}$$

$$H_0: a = 0, \ H_1: a > 0 \tag{4.39}$$

$$H_0: a = 0, \ H_1: a \neq 0 \tag{4.40}$$

特别地，若两个总体的均值存在，分别记为 μ_1，μ_2，由于 f_1，f_2 最多只差一个平移，则

$$\mu_2 = \mu_1 - a$$

此时，上述各项假设分别等价于

$$H_0: \mu_1 = \mu_2, \ H_1: \mu_1 < \mu_2$$

$$H_0: \mu_1 = \mu_2, \ H_1: \mu_1 > \mu_2$$

$$H_0: \mu_1 = \mu_2, \ H_1: \mu_1 \neq \mu_2$$

现在来介绍秩和检验法以检验上述假设. 为此，先引进秩的概念.

定义 4.6.1 设 X 为一总体，将容量为 n 的样本观察值按从小到大的次序编号排列成

$$x_{(1)} < x_{(2)} < \cdots < x_{(n)} \tag{4.41}$$

称 $x_{(i)}$ 的下标 i 为 $x_{(i)}$ 的秩，$i = 1, 2, \cdots, n$.

例如：某旅行团人员的行李质量数据如表 4.13 所示，写出质量 33 的秩.

表 4.13 行李质量数据

质量/kg	34	39	41	28	33

因为 $28 < 33 < 34 < 39 < 41$，故 33 的秩为 2.

特殊情况：若在排列大小时出现了相同大小的观察值，则其秩的定义为下标的平均值. 例如，抽得的样本观察值按次序排成 0，1，1，1，2，3，3，则三个 1 的秩均为 $\dfrac{2 + 3 + 4}{3} = 3$，两个 3 的秩均为 $\dfrac{6 + 7}{2} = 6.5$.

定义 4.6.2 现设从总体 1、总体 2 两总体中分别抽取容量为 n_1，n_2 的样本，且设两样本相互独立，这里总假定 $n_1 \leqslant n_2$. 我们将这 $n_1 + n_2$ 个观察值放在一起，按从小到大的次序排列，求出每个观察值的秩，然后将属于第 1 个总体的样本观察值的秩相加，其和记为 R_1，称之为第 1 样本的秩和. 其余观察值的秩的和记作 R_2，称之为第 2 样本的秩和.

显然 R_1 和 R_2 是离散型随机变量，且有

$$R_1 + R_2 = \frac{1}{2}(n_1 + n_2)(n_1 + n_2 + 1) \tag{4.42}$$

所以，R_1，R_2 中的一个确定后，另一个随之而定. 这样，我们只要考虑统计量 R_1 即可.

4.6.2 秩和检验法的原理

现在来解决双边检验问题 (4.40). 为此，先作直观分析：当 H_0 为真时，即有 $f_1(x) =$

$f_2(x)$，此时，两个独立样本实际上来自同一个总体．故第 1 样本中各元素的秩应该随机地、分散地在自然数 $1 \sim n_1 + n_2$ 中取值，一般来说不应该过分集中取较小的或较大的值．因为 $\frac{1}{2}n_1(n_1 + 1) \leqslant R_1 \leqslant \frac{1}{2}n_1(n_1 + 2n_2 + 1)$，所以当 H_0 为真时，秩和 R_1 一般来说不应该取太靠近上述不等式两端的值．因而，当 R_1 的值 r_1 过分大或过分小时，我们都拒绝 H_0.

据此分析，对于双边检验问题(4.40)，在给定显著性水平 α 时，H_0 的拒绝域为

$$R_1 \leqslant C_U\left(\frac{\alpha}{2}\right) \text{ 或 } R_1 \geqslant C_L\left(\frac{\alpha}{2}\right)$$

其中临界点 $C_U\left(\frac{\alpha}{2}\right)$ 是满足 $P_{a=0}\left\{R_1 \leqslant C_U\left(\frac{\alpha}{2}\right)\right\} \leqslant \frac{\alpha}{2}$ 的最大整数，临界点 $C_L\left(\frac{\alpha}{2}\right)$ 是满足 $P_{a=0}\left\{R_1 \geqslant C_L\left(\frac{\alpha}{2}\right)\right\} \leqslant \frac{\alpha}{2}$ 的最小整数．而犯第 I 类错误的概率是

$$P_{a=0}\left\{R_1 \leqslant C_U\left(\frac{\alpha}{2}\right)\right\} + P_{a=0}\left\{R_1 \geqslant C_L\left(\frac{\alpha}{2}\right)\right\} \leqslant \frac{\alpha}{2} + \frac{\alpha}{2} = \alpha$$

若知道 R_1 的分布，则临界点 $C_U\left(\frac{\alpha}{2}\right)$ 和 $C_L\left(\frac{\alpha}{2}\right)$ 不难求得.

4.6.3 求临界点的方法

以 $n_1 = 3$，$n_2 = 4$ 为例，当 $n_1 = 3$，$n_2 = 4$ 时，第 1 个样本中各观察值的秩的不同取法共有 $\binom{3 + 4}{3} = 35$ 种，如表 4.14 所示.

表 4.14　各观察值的秩

秩	R_1	秩	R_1	秩	R_1	秩	R_1	秩	R_1
123	6	136	10	167	14	247	13	356	14
124	7	137	11	234	9	256	13	357	15
125	8	145	10	235	10	257	14	367	16
126	9	146	11	236	11	267	15	456	15
127	10	147	12	237	12	345	12	457	16
134	8	156	12	245	11	346	13	467	17
135	9	157	13	246	12	347	14	567	18

由于这 35 种情况的出现是等可能的，所以由表 4.14 求得 R_1 的分布律和分布函数，如表 4.15 所示.

表 4.15　R_1 的分布律和分布函数

R_1	6	7	8	9	10	11	12	13	14	15	16	17	18
$P\{R_1 = r_1\}$	1/35	1/35	2/35	3/35	4/35	4/35	5/35	4/35	4/35	3/35	2/35	1/35	1/35
$P\{R_1 \leqslant r_1\}$	1/35	2/35	4/35	7/35	11/35	15/35	20/35	24/35	28/35	31/35	33/35	34/35	1

对不同的 α 值，参照表 4.15 可以写出双边检验(4.40)的临界值和拒绝域．例如，给定

$\alpha = 0.2$，由表 4.15 可知

$$P_{a=0}\{R_1 \leqslant 7\} = \frac{2}{35} = 0.057 < 0.1 = \frac{\alpha}{2}$$

$$P_{a=0}\{R_1 \geqslant 17\} = \frac{2}{35} = 0.057 < 0.1 = \frac{\alpha}{2}$$

即有 $C_U(0.1) = 7$，$C_L(0.1) = 17$. 故当 $n_1 = 3$，$n_2 = 4$ 时，双边检验(4.40)的拒绝域为

$$R_1 \leqslant 7 \text{ 或 } R_1 \geqslant 17$$

此时，犯第 Ⅰ 类错误的概率是

$$P_{a=0}\left\{R_1 \leqslant C_U\left(\frac{\alpha}{2}\right)\right\} + P_{a=0}\left\{R_1 \geqslant C_L\left(\frac{\alpha}{2}\right)\right\} = P_{a=0}\{R_1 \leqslant 7\} + P_{a=0}\{R_1 \geqslant 17\}$$

$$= 0.057 + 0.057 = 0.114$$

类似地，可得左边检验(4.38)的拒绝域为 $r_1 \leqslant C_U(\alpha)$（显著性水平为 α），此处临界点 $C_U(\alpha)$ 是满足 $P_{a=0}\{R_1 \leqslant C_U(\alpha)\} \leqslant \alpha$ 的最大整数. 右边检验(4.39)的拒绝域为 $r_1 \geqslant C_L(\alpha)$（显著性水平为 α），此处临界点 $C_L(\alpha)$ 是满足 $P_{a=0}\{R_1 \geqslant C_L(\alpha)\} \leqslant \alpha$ 的最小整数.

例如，若给定 $\alpha = 0.1$，抽取的样本容量为 $n_1 = 3$，$n_2 = 4$，则由表 4.15 知右边检验 (4.39)的拒绝域为 $r_1 \geqslant 17$.

此时，犯第 Ⅰ 类错误的概率为 $\frac{2}{35} < 0.1$.

例 4.6.1 为查明某种血清是否会抑制白血病，选取患白血病已到晚期的老鼠 9 只，其中有 5 只接受这种治疗，另外 4 只则不接受这种治疗. 设两样本相互独立. 从试验开始时计算，老鼠存活时间(以月计)如表 4.16 所示.

表 4.16 老鼠存活时间

不接受治疗	1.9	0.5	0.9	2.1	
接受治疗	3.1	5.3	1.4	4.6	2.8

设治疗与否的存活时间的概率密度至多只差一个平移. 问这种血清对白血病是否有抑制作用？（显著性水平 $\alpha = 0.05$）

解 根据题意需检验老鼠的存活期是否有增长，分别用 μ_1 和 μ_2 表示不接受治疗和接受治疗的老鼠的存活时间的均值，需要检验的假设是

$$H_0: \mu_1 = \mu_2, \ H_1: \mu_1 < \mu_2$$

这里 $n_1 = 4$，$n_2 = 5$，$\alpha = 0.05$. 先计算对应于 $n_1 = 4$ 的一组观察值的秩和，将两组数据放在一起按从小到大的次序排列（对来自第 1 总体（$n_1 = 4$）的数据下面加下画线表示），如表 4.17 所示.

表 4.17 两组数据的秩

数据	0.5	0.9	1.4	1.9	2.1	2.8	3.1	4.6	5.3
秩	1	2	3	4	5	6	7	8	9

所以 R_1 的观察值为 $r_1 = 1 + 2 + 4 + 5 = 12$. 查附录 A 中表 A.6 知 $C_U(0.05) = 12$，即拒绝域为 $r_1 \leqslant 12$. 而现在 $r_1 = 12$，故拒绝 H_0，即认为这种血清对白血病有抑制作用.

4.6.4 特殊情况

特殊情况如下.

(1)可以证明当 H_0 为真时(即 $a = 0$),有

$$\mu_{R_1} = E(R_1) = \frac{1}{2}n_1(n_1 + n_2 + 1), \quad \sigma_{R_1}^2 = D(R_1) = \frac{1}{12}n_1 n_2(n_1 + n_2 + 1)$$

而当 n_1,$n_2 \geq 10$,H_0 为真时,近似地有 $R_1 \sim N(\mu_{R_1}, \sigma_{R_1}^2)$. 因此当 n_1,$n_2 \geq 10$ 时,选 $Z = \dfrac{R_1 - \mu_{R_1}}{\sigma_{R_1}}$ 作检验统计量,在显著性水平 α 下,双边检验、右边检验、左边检验的拒绝域分别是 $|z| \geq z_{\alpha/2}$,$z \geq z_\alpha$,$z \leq -z_\alpha$.

(2)将两个样本 $n_1 + n_2 = n$ 个元素按从小到大的次序排列,若出现秩相同的组,设其中有 t_i 个数的秩为 a_i,$i = 1$,2,$\cdots$,k,$a_1 < \cdots < a_k$,则当 H_0 为真时,R_1 的均值仍为

$$\mu_{R_1} = \frac{n_1(n_1 + n_2 + 1)}{2}$$

而 R_1 的方差修正为

$$\sigma_{R_1}^2 = \frac{n_1 n_2 \left[n(n^2 - 1) - \sum_{i=1}^{k} t_i(t_i^2 - 1) \right]}{12n(n-1)} \tag{4.43}$$

当 n_1,$n_2 \geq 10$,H_0 为真,且 k 不大时,近似地有 $R_1 \sim N(\mu_{R_1}, \sigma_{R_1}^2)$,其中 $\mu_{R_1} = \dfrac{n_1(n_1 + n_2 + 1)}{2}$,$\sigma_{R_1}^2$ 见式(4.43). 此时选 $Z = \dfrac{R_1 - \mu_{R_1}}{\sigma_{R_1}}$ 作检验统计量来检验假设:

$$H_0: \mu_1 = \mu_2, \quad H_1: \mu_1 < \mu_2$$
$$H_0: \mu_1 = \mu_2, \quad H_1: \mu_1 > \mu_2$$
$$H_0: \mu_1 = \mu_2, \quad H_1: \mu_1 \neq \mu_2$$

例 4.6.2 某商店为了确定向公司 A 或公司 B 购买某种商品,将 A,B 公司以往各次进货的次品率进行比较,数据如表 4.18 所示,设两个样本相互独立. 问两个公司商品的质量有无显著差异?设两个公司的商品的次品率的概率密度最多只差一个平移.(显著性水平 $\alpha = 0.05$)

表 4.18 两个公司商品的次品率

| A | 7.0 | 3.5 | 9.6 | 8.1 | 6.2 | 5.1 | 10.4 | 4.0 | 2.0 | 10.5 | | | |
| B | 5.7 | 3.2 | 4.2 | 11.0 | 9.7 | 6.9 | 3.6 | 4.8 | 5.6 | 8.4 | 10.1 | 5.5 | 12.3 |

解 分别用 μ_A,μ_B 表示公司 A,B 的商品次品率总体的均值,需要检验的假设:

$$H_0: \mu_A = \mu_B, \quad H_1: \mu_A \neq \mu_B$$

先将数据按从小到大的次序排列,得到对应于 $n_1 = 10$ 的样本的秩和为

$$r_1 = 1 + 3 + 5 + 8 + 12 + 14 + 15 + 17 + 20 + 21 = 116$$

当 H_0 为真时,有

$$E(R_1) = \frac{1}{2}n_1(n_1 + n_2 + 1)$$

$$= \frac{1}{2} \times 10(10 + 13 + 1) = 120$$

$$D(R_1) = \frac{1}{12}n_1 n_2(n_1 + n_2 + 1) = 260$$

故当 H_0 为真时,近似地有

$$R_1 \sim N(120, 260)$$

拒绝域为

$$\frac{|R_1 - 120|}{\sqrt{260}} \geq z_{0.025} = 1.96$$

现在 R_1 的观察值为 $r_1 = 116$，$\dfrac{|r_1 - 120|}{\sqrt{260}} = 0.25 < 1.96$，故接受 H_0，即认为两个公司商品的质量无显著差异.

例 4.6.3　两个化验员各自读得某种液体黏度如表 4.19 所示.

表 4.19　某种液体的黏度

化验员 A	82	73	91	84	77	98	81	79	87	85	
化验员 B	80	76	92	86	74	96	83	79	80	75	79

设数据来自仅均值可能有差异的总体的样本. 试在显著性水平 $\alpha = 0.05$ 下检验假设 $H_0: \mu_1 = \mu_2$，$H_1: \mu_1 > \mu_2$. 其中 μ_1，μ_2 分别为两个总体的均值.

解　将两个样本的元素混合，按从小到大的次序排列，并求出各元素的秩，如表 4.20 所示.

表 4.20　各元素的秩

数据	<u>73</u>	74	75	76	<u>77</u>	<u>79</u>	79	79	80	80	<u>81</u>
秩	1	2	3	4	5	7	7	7	9.5	9.5	11

这里 $n_1 = 10$，$n_2 = 11$，$n = 21$，$\alpha = 0.05$，$\mu_{R_1} = \dfrac{n_1(n_1 + n_2 + 1)}{2} = \dfrac{10 \times 22}{2} = 110$，$k = 2$，

$\sum\limits_{i=1}^{k} t_i(t_i^2 - 1) = \sum\limits_{i=1}^{2} t_i(t_i^2 - 1) = 3 \times (9 - 1) + 2 \times (4 - 1) = 30$，由式 (4.43) 得 $\sigma_{R_1}^2 = 201$，故当 H_0 为真时，近似地有

$$R_1 \sim N(110, 201)$$

拒绝域为

$$\frac{|R_1 - 110|}{\sqrt{201}} \geq z_{0.05} = 1.645$$

现在 R_1 的观察值为 $r_1 = 121$，得 $\dfrac{|r_1 - 110|}{\sqrt{201}} = 0.776 < 1.645$，故接受 H_0，即认为两个化验员所测得的数据无显著差异.

本章小结

二维码 4.2：置信区间与
假设检验之间的关系

统计推断就是由样本来推断总体，它的一类重要基本问题就是假设检验. 有关总体分布的未知参数或未知分布形式的种种论断叫统计假设，人们要根据样本所提供的信息对所考虑的假设作出接受或拒绝的决策. 假设检验就是作出这一决策的过程. 假设检验有参数假设检验及非参数假设检验两大类. 参数假设检验针对总体分布

函数中的未知参数提出的假设进行检验，非参数假设检验针对总体分布函数形式或类型及随机变量独立性的假设进行检验．本章先介绍假设检验的基本概念及检验方法，然后介绍正态总体参数的假设检验问题，最后介绍非参数假设检验问题中的分布拟合检验、独立性检验及秩和检验．

假设检验的基本方法是"概率反证法"，其基本思想是先提出原假设 H_0 及与其对立的备择假设 H_1，然后在假设条件下构造一个小概率事件，通过样本观察值计算小概率事件是否发生，如果在一次实验中小概率事件发生了，这与我们熟知的原理相违背，为此我们就拒绝原假设 H_0，认为原假设不成立，进而接受备择假设 H_1，这里所说的原理就是小概率原理．由于判断原假设 H_0 是否为真的依据是一个样本，而由样本的随机性知，当 H_0 为真时，检验统计量的观察值可能会落入拒绝域，致使我们作出拒绝 H_0 的错误决策；而当 H_0 不真时，检验统计量的观察值也可能未落入拒绝域，致使我们作出接受 H_0 的错误决策．所以假设检验有两类错误：弃真错误和取伪错误，如表 4.21 所示．

表 4.21　假设检验的两类错误

真实情况(未知)	所作决策	
	接受 H_0	拒绝 H_0
H_0 为真	正确	犯第 I 类错误(弃真错误)
H_0 不真	犯第 II 类错误(取伪错误)	正确

我们使用"接受假设"或"拒绝假设"这样的术语．接受一个假设并不意味着确信它是真的，它只意味着采取某种行动；拒绝一个假设也不意味着它是假的，也仅仅意味着采取另一种不同的行动．不论哪种情况，都存在作出错误选择的可能性．

当样本容量 n 固定时，减少犯第 I 类错误的概率，就会增大犯第 II 类错误的概率，反之亦然．我们的做法是控制犯第 I 类错误的概率，使

$$P\{当 H_0 为真时拒绝 H_0\} \leqslant \alpha$$

其中 $0 < \alpha < 1$ 是给定的小的正数． α 被称为检验的显著性水平．这种只对犯第 I 类错误的概率加以控制而不考虑犯第 II 类错误的概率的检验被称为显著性检验．

在进行显著性检验时，犯第 I 类错误的概率是由我们控制的． α 取得小，则概率 $P\{当 H_0 为真时拒绝 H_0\}$ 就小，这保证了当 H_0 为真时错误地拒绝 H_0 的可能性很小，这意味着 H_0 是受到保护的，也表明 H_0，H_1 的地位不是对等的．于是，在一对对立假设中，选哪一个作为 H_0 需要小心．例如，考虑某种药品是否为真，这里可能犯两种错误：(1)将假药误作为真药，则冒着伤害病人的健康甚至生命的风险；(2)将真药误作为假药，则冒着造成经济损失的风险．显然，犯错误(1)比犯错误(2)的后果严重．因此，我们选取" H_0：药品为假，H_1：药品为真"．即犯第 I 类错误"当药品为假时错判药品为真"的概率 $\leqslant \alpha$．就是说，选择 H_0，H_1 使两类错误中后果严重的错误成为第 I 类错误．这是选择 H_0，H_1 的一个原则．

若在两类错误中，没有一类错误的后果严重更需要避免，则常常取 H_0 为维持现状，即 H_0 取为"无效益""无改进""无价值"等．例如，取

$$H_0：新技术未提高效益；H_1：新技术提高效益$$

实际上，我们感兴趣的是 H_1"新技术提高效益"．但对采用新技术应持慎重态度．选取 H_0 为新技术未提高效益，一旦 H_0 被拒绝了，表示有较强的理由去采用新技术．

注意：拒绝域的形式是由 H_1 确定的.

正态总体参数的假设检验问题是本章的重点. 对正态总体的期望、方差的假设检验, 本章按单个正态总体和两个正态总体分类详细进行阐述, 它们是本章的核心, 有了第一节的基础, 这些内容也较易理解, 其各种假设的拒绝域、所用的检验统计量详见表 4.2.

非参数检验中本章介绍了分布拟合检验、独立性检验及秩和检验. 其中, 分布拟合检验是众多非参数假设检验的一种, 主要用于对总体分布类型进行推断, 它所用的检验统计量是皮尔逊统计量:

$$\chi^2 = \sum_{i=1}^{k} \frac{(f_i - np_i)^2}{np_i}$$

其基本思想及方法与参数假设检验相同.

独立性检验主要用于列联表, 是判断两类因素是否相互独立的一种假设检验. 它所用的检验统计量是

$$\hat{\chi}^2 = n \sum_{i=1}^{r} \sum_{j=1}^{s} \frac{\left(n_{ij} - \dfrac{n_{i\cdot} \cdot n_{\cdot j}}{n}\right)^2}{n_{i\cdot} \cdot n_{\cdot j}}$$

其检验方法与分布拟合检验类似.

秩和检验是针对两个连续总体(它们的分布函数或概率密度图像形状相同, 但有可能位置差一个平移), 判断它们是否来自同一总体的一种检验方法. 它的原理是来自同一总体的两个随机样本, 其数据分布应该混合得比较均匀, 若太偏左或偏右则是来自两个不同的总体. 其方法是引入秩的概念, 通过判断某一样本的秩和的大小, 以检验两个样本是否来自同一总体. 本章知识结构如图 4.2 所示.

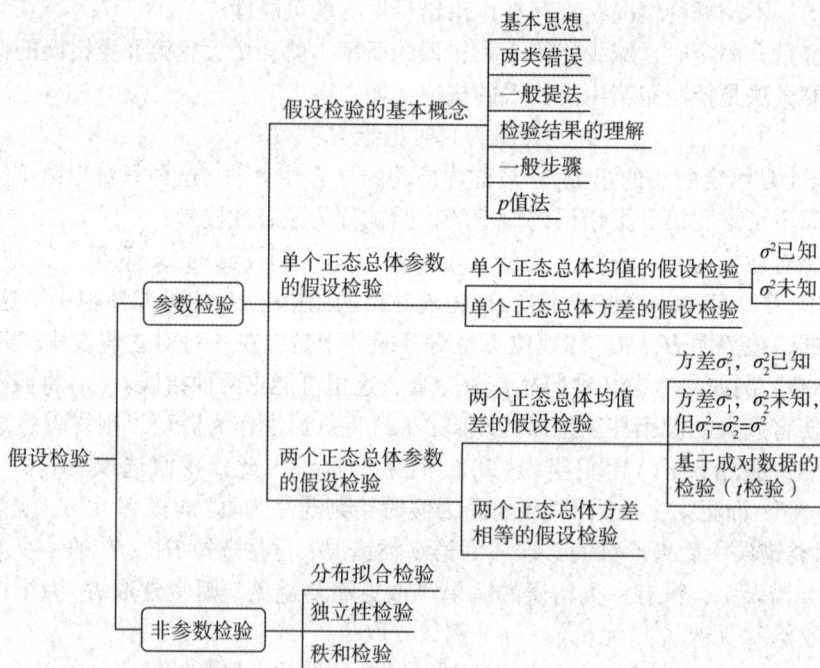

图 4.2

习题四

1. 某切割机正常工作时，切割出的金属棒的长度服从正态分布 $N(100, 1.2^2)$，从该切割机切割出的一批金属棒中抽取 15 根，测得它们的长度（单位：mm）如下：

99，101，96，103，100，98，102，95，97，104，101，99，102，97，100

（1）若已知总体方差不变，检验该切割机工作是否正常，即总体均值是否等于 100；（取显著性水平 $\alpha = 0.05$）

（2）若不能确定总体方差是否变化，检验总体均值是否等于 100.（取 $\alpha = 0.05$）

2. 在一批木材中抽取 100 根，测量其小头直径（单位：cm），得到样本均值 $\bar{x} = 11.6$. 已知木材小头直径服从正态分布，且方差 $\sigma^2 = 6.76$，问是否可以认为该批木材小头直径的均值小于 12.00？（$\alpha = 0.05$）

3. 某种电子元件的使用寿命（单位：h）服从正态分布，总体均值不应低于 2 000. 从一批这种元件中抽取 25 个，测得元件寿命的样本均值 $\bar{x} = 1\,920$，样本标准差 $S = 150$，检验这批元件是否合格.（取显著性水平 $\alpha = 0.01$）

4. 从某电工器材厂生产的一批保险丝中抽取 9 根，测试其熔化时间（单位：s），得到数据如下：

42，65，75，71，59，57，68，55，54

设这批保险丝的熔化时间服从正态分布，检验总体方差是否等于 12^2.（取 $\alpha = 0.05$）

5. 无线电厂生产某种高频管，其中一项指标服从正态分布 $N(\mu, \sigma^2)$. 从该厂生产的一批高频管中抽取 8 个，测得该项指标的数据如下：

68，43，70，65，55，56，60，72

试检验假设 $H_0: \sigma^2 \leq 49$，$H_1: \sigma^2 > 49$.（取 $\alpha = 0.05$）

6. 甲、乙两台机床生产同一型号的滚珠，从两台机床生产的滚珠中分别抽取若干个样品，测得滚珠的直径（单位：mm）如表 4.22 所示.

表 4.22 滚珠的直径

甲机床	15.0	14.7	15.2	15.4	14.8	15.1	15.2	15.0	
乙机床	15.2	15.0	14.8	15.2	15.0	15.0	14.8	15.1	14.9

设这两台机床生产的滚珠的直径都服从正态分布，检验它们是否服从相同的正态分布.（取 $\alpha = 0.05$）

7. 在 20 世纪 70 年代后期，人们发现，酿造啤酒时，在麦芽干燥过程中形成致癌物质亚硝基二甲胺（NDMA）. 到了 20 世纪 80 年代初期，人们开发了一种新的麦芽干燥过程，表 4.23 给出在新老两种过程中形成的 NDMA 含量（以 10 亿份中的份数计）.

表 4.23 新老两种过程中形成的 NDMA 含量

老过程	6	4	5	5	6	5	5	6	4	6	7	4
新过程	2	1	2	2	1	0	3	2	1	0	1	3

设两个样本分别来自正态总体，且两个总体的方差相等，两个样本相互独立. 新、老过程的总体的均值分别记为 μ_1，μ_2，试检验假设 $H_0: \mu_1 - \mu_2 = 2$；$H_1: \mu_1 - \mu_2 > 2$.（取 $\alpha = 0.05$）

8. 为了提高振动板的硬度（HB），热处理车间选择两种淬火温度 T_1 及 T_2 进行试验，测得振动板的硬度数据如表 4.24 所示.

表 4.24　振动板的硬度数据

T_1	85.6	85.9	85.7	85.8	85.7	86.0	85.5	85.4
T_2	86.2	85.7	86.5	85.7	85.8	86.3	86.0	85.8

设两种淬火温度下振动板的硬度都服从正态分布，检验：

(1)两种淬火温度下振动板硬度的方差是否有显著差异；（取 $\alpha = 0.05$）

(2)淬火温度对振动板的硬度是否有显著影响.（取 $\alpha = 0.05$）

9. 甲、乙两厂生产同一种电阻，现从甲、乙两厂的产品中分别随机抽取 12 个和 10 个样品，测得它们的电阻值后，计算出样本方差分别为 $s_1^2 = 1.40$，$s_2^2 = 4.38$. 假设电阻值服从正态分布，在显著性水平 $\alpha = 0.10$ 下，我们是否可以认为两厂生产的电阻的电阻值的方差相等.

10. 为了比较用来做鞋子后跟的两种材料的质量，选取了 15 个男子(他们的生活条件各不相同)，每人穿着一双新鞋，其中一只是以材料 A 做后跟，另一只则以材料 B 做后跟，其厚度(单位：mm)均为 10. 过了一个月再度测量鞋跟厚度，得到数据如表 4.25 所示.

表 4.25　鞋跟厚度

男子	1	2	3	4	5	6	7	8	9	10	11	12	13	14	15
材料 A (x_i)	6.6	7.0	8.3	8.2	5.2	9.3	7.9	8.5	7.8	7.5	6.1	8.9	6.1	9.4	9.1
材料 B (y_i)	7.4	5.4	8.8	8.0	6.8	9.1	6.3	7.5	7.0	6.5	4.4	7.7	4.2	9.4	9.1

设 $d_i = x_i - y_i (i = 1, 2, \cdots, 15)$ 来自正态总体. 问是否可以认为用材料 A 制成的鞋跟比用材料 B 制成的鞋跟耐穿？（取 $\alpha = 0.05$）

11. 某谷物有 A、B 两种种子可选择. 选取 8 块不同的土地，每块分为面积相同的两部分，分别种植种子 A 和种子 B，其产量(单位：kg)如表 4.26 所示.

表 4.26　产量

土地	1	2	3	4	5	6	7	8
种子 A (x_i)	25.2	21.8	24.3	23.7	26.1	22.5	28.0	27.4
种子 B (y_i)	26.0	22.2	23.8	24.6	25.7	24.3	27.8	29.1

设 $d_i = x_i - y_i (i = 1, 2, \cdots, 8)$ 来自正态总体. 试检验使用 A、B 两种种子时该种谷物产量有无显著差异？（取 $\alpha = 0.01$）

12. 一农场 10 年前在一鱼塘里按比例 20∶15∶40∶25 投放了鲑鱼、鲈鱼、竹夹鱼和鲇鱼的鱼苗. 今在鱼塘里获得一样本如表 4.27 所示.

表 4.27　样本

序号	1	2	3	4	
种类	鲑鱼	鲈鱼	竹夹鱼	鲇鱼	
数量/条	132	100	200	168	$\sum = 600$

试取 $\alpha = 0.05$ 检验各类鱼数量的比例较 10 年前是否有显著改变.

13. 在数 $\pi \approx 3.141\,59\cdots$ 的前 800 位小数中，数字 0，1，2，$\cdots$，9 出现的频数记录如表 4.28 所示.

表 4.28　频数记录

数字 x_i	0	1	2	3	4	5	6	7	8	9
频数 n_i	74	92	83	79	80	73	77	75	76	91

检验这些数字服从等概率分布的假设.（取 $\alpha = 0.05$）

14. 某电话站在一小时内接到用户呼叫次数按每分钟记录，如表 4.29 所示.

表 4.29　接到用户呼叫次数

呼叫次数	0	1	2	3	4	5	6	≥ 7
频数	8	16	17	10	6	2	1	0

试问该电话站每分钟接到的呼叫次数是否服从泊松分布？（取 $\alpha = 0.05$）

15. 在一次实验中，每隔一定时间观察一次由某种铀所放射的到达计数器上的 α 粒子数 X，共观察了 100 次，得结果如表 4.30 所示.

表 4.30　铀放射的到达计数器上的 α 粒子数的实验记录

i	0	1	2	3	4	5	6	7	8	9	10	11	≥ 12
f_i	1	5	16	17	26	11	9	9	2	1	2	1	0
A_i	A_0	A_1	A_2	A_3	A_4	A_5	A_6	A_7	A_8	A_9	A_{10}	A_{11}	A_{12}

其中 f_i 是观察到有 i 个 α 粒子的次数. 从理论上考虑，知 X 应服从泊松分布：

$$P\{X = i\} = \frac{\lambda^i e^{-\lambda}}{i!} \quad (i = 0,\ 1,\ 2,\ \cdots)$$

试在显著性水平 0.05 下检验假设 H_0：总体 X 服从泊松分布，即 $P\{X = i\} = \frac{\lambda^i e^{-\lambda}}{i!}$，$i = 0,\ 1,$

$2,\ \cdots$.

16. 某地震观测站要考察地下水位与发生地震之间是否有联系，收集了 1 700 个观察结果，得数据如表 4.31 所示.

表 4.31　观察结果

	有地震	无地震
水位有变化	98	902
水位无变化	82	618

试问：在显著性水平 $\alpha = 0.05$ 下能否认为地下水位变化与发生地震有关？

17. 工人甲、乙、丙生产同一种零件. 现从他们三人生产的零件中任意取出 200 个. 检查这些零件是正品还是次品，并按由哪位工人所生产的进行分类，其结果如表 4.32 所示.

表 4.32　零件分类结果

	甲	乙	丙
次品	10	8	14
正品	52	60	56

试问：零件是正品还是次品与由哪位工人生产的有关吗？（取 $\alpha = 0.01$）

18. 某成人高校在某门基础课考试后，任意抽取了 9 名未婚小姐和 9 名已婚女士的考卷. 她们的成绩如表 4.33 所示.

表 4.33　成绩

未婚小姐	85	65	74	79	60	77	75	68	69
已婚女士	72	76	66	73	73	63	70	70	71

假定上述两个样本相互独立，且样本来自的两个总体其分布函数至多相差一个位置参数. 问该高校的未婚小姐与已婚女士该门课考试成绩有无显著差异？（取 $\alpha = 0.05$）

19. 甲、乙两位工人在同一台机床上加工相同规格的零件，从两人所加工的零件中分别随机地抽取 7 件，测量其直径（单位：cm），得到数据如表 4.34 所示.

表 4.34　直径

甲	20.5	19.8	19.7	20.4	20.1	20.0	19.0
乙	19.7	20.8	20.5	19.8	19.4	20.6	19.2

用秩和检验法检验这两位工人所加工的零件直径是否服从相同的分布. （取 $\alpha = 0.05$）

20. 对由 A，B 两种材料的灯丝制成的灯泡进行寿命（单位：h）试验，得到数据如表 4.35 所示.

表 4.35　寿命

材料 A	1 610	1 700	1 680	1 650	1 750	1 800	1 720
材料 B	1 700	1 640	1 640	1 580	1 600		

问由两种材料的灯丝制成的灯泡的寿命有无显著差异？（取 $\alpha = 0.05$）

延展阅读

卡尔·皮尔逊简介

本章中经常出现皮尔逊统计量，它是研究非参数假设检验中非常重要的统计量，是由卡尔·皮尔逊首次提出并证明它是服从卡方（χ^2）分布的.

卡尔·皮尔逊是 19 世纪和 20 世纪之交罕见的百科全书式的学者，既是英国著名的统计学家、生物统计学家、应用数学家，又是名副其实的历史学家、科学哲学家、伦理学家、民俗学家、人类学家、宗教学家、优生学家、弹性和工程问题专家、头骨测量学家，还是精力充沛的社会活动家、律师、自由思想者、教育改革家、社会主义者、妇女解放的鼓吹者、婚姻和性问题的研究者，也是受欢迎的教师、编辑、文学作品和人物传记的作者，也是一位身体力行的社会改革家. 他就各种社会问题发表了一系列独到的见解，提出了一整套诱人的解决方案. 他关于"自由思想"的论述，至今仍值得每一个知识人深思；他关于"市场的热情和研究的热情"的论述，值得"研究人"警惕. 这些论述的思想意义是永存的，其现实意义是不言而喻的.

卡尔·皮尔逊从儿童时代起，就有着广阔的兴趣范围，非凡的知识活力，善于独立思考，不轻易相信权威，重视数据和事实. 他的主要成就和贡献是在统计学方面. 他开始把数学运用于遗传和进化的随机过程，首创次数分布表与次数分布图，提出一系列次数曲线；推导出卡方分布，提出卡方检验，用以检验观察值与期望值之间的差异显著性；发展了回归和相关理论；为大样本理论奠定了基础．皮尔逊的科学道路是从数学研究开始的，继之以哲学和法律学，进而研究生物学与遗传学，集大成于统计学．

在 19 世纪 90 年代以前，统计理论和方法的发展是很不完善的，统计资料的搜集、整理和分析都受到很多限制．皮尔逊在生物学家高尔登(Galton)和韦尔顿(Weldon)的影响下，从 19 世纪 90 年代初开始进军生物统计学．他认为生物现象缺乏定量研究是不行的，决心要使进化论在一般定性叙述的基础之上，进一步进行数量描述和定量分析．他不断运用统计方法对生物学、遗传学、优生学作出新的贡献．同时，他在先辈们对概率论研究的基础上，导入了许多新的概念，把生物统计方法提炼成一般处理统计资料的通用方法，发展了统计方法论，把概率论与统计学融为一体．他被公认是"旧派理学派和描述统计学派的代表人物"，并被誉为"现代统计科学的创立者"．他在统计学方面的主要贡献有以下 5 个。

(1)导出一般化的次数曲线体系．在皮尔逊之前，人们普遍认为，几乎所有社会现象都是接近于正态分布的．若所得到的统计资料呈非正态分布，则往往怀疑统计资料不够或有偏差；而不重视非正态分布的研究，甚至对个别提出非正态分布理论的人加以压制．皮尔逊认为，正态分布只是一种分布形态，他在高尔登优生学统计方法的启示下，于 1894 年发表了《关于不对称曲线的剖析》，1895 年发表了《同类资料的偏斜变异》等论文，得到包括正态分布、矩形分布、J 型分布、U 型分布等 13 种曲线及其方程式．他的这一成果，打破了以往次数分布曲线的"唯正态"观念，推进了次数分布曲线理论的发展和应用，为大样本理论奠定了基础．

(2)提出卡方(χ^2)检验．皮尔逊认为，不管理论分布构造得如何好，它与实际分布之间总存在着或多或少的差异．这些差异是由观察次数不充分、随机误差太大引进的呢？还是所选配的理论分布本身就与实际分布有实质性差异？这需要用一种方法来检验．1900 年，皮尔逊发表了一个著名的统计量，称之为卡方(χ^2)，用来检验实际值的分布数列与理论数列是否在合理范围内相符合，即用以测定观察值与期望值之间的差异显著性．"卡方检验法"提出后得到了广泛的应用，在现代统计理论中占有重要地位．

(3)发展了相关和回归理论．皮尔逊推广了高尔登的相关结论和方法，推导出人们称之为"皮尔逊积动差"的公式，给出了简单的计算；说明对三个变量的一般相关理论，并且赋予多重回归方程系数以零阶相关系数的名称．他意识到只有通过回归才能回答韦尔顿提出的关于出现相关器官的选择问题，意识到要测定复回归系数值，广泛搜集所有变量的基本平均数、标准差和相关的数据．他提出了净相关、复相关、总相关、相关比等概念，发明了计算复相关和净相关的方法及相关系数的公式．

(4)重视个体变异性的数量表现和变异数据的处理．皮尔逊认为，在各个个体之间真正变异性的概念，与在估算一个单值方面的误差之间的机遇变异有着很大的差别．对这个观念的强调，是他对生命了解的真正贡献之一．他在 1894 年那篇关于不对称次数曲线的论文中，提出了"标准差"及其符号 σ．

(5)推导出统计学上的概差．皮尔逊推导出他称之为"频率常数"的概差，并编制了各种概差计算表．这是他自己认为的最重要贡献之一．

皮尔逊还发明了一种用于二项分布的器械装置．他对算术平均数、众数、中位数之间的关系进行了深入的研究．他发现，在完全对称分布的资料中，算术平均数、众数和中位数三者是重合在一起的，而当资料的分布不对称时，算术平均数、众数和中位数三者是分开的．

若这种不对称的程度不严重，则三者可构成一固定关系．他还提出了一些重要统计理论和方法，如统计假设所预计的结果、随机移动、组间相关、四分相关以及力矩方法的应用等．

1914 年第一次世界大战开始后，皮尔逊的研究转向用统计来处理和完成大量与战争有关的特殊计算工作，为反法西斯战争服务．在这期间，他编辑发行了一些计算用表，以便利统计人员．战争结束后，他又立即回到各种统计理论方面的研究．1921—1933 年，他在伦敦大学学院应用统计系讲授 17、18 世纪统计学史．1936 年 4 月 27 日，他在英格兰萨里郡的科尔德哈伯去世．

皮尔逊的这些成就和贡献，受到了统计学家们的推崇，使整整一代的西方统计学家在他的影响下成长起来．

第 5 章
方差分析

方差分析(Analysis of Variance, ANOVA)是在 20 世纪 20 年代发展起来的一种统计方法,它是总体均值检验问题的推广. 目前, 方差分析方法被广泛应用于分析心理学、生物学、工程、农业生产和医药的试验数据.

方差分析, 又称"变异数分析", 用于两个及两个以上样本均值差别的显著性检验. 通过分析研究不同来源的变异对总变异的贡献大小, 从而确定可控因素对研究结果影响力的大小. 从形式上看, 方差分析是比较多个总体的均值是否相等, 但本质上是研究自变量(因素)与因变量(随机变量)的相关关系, 这与下一章介绍的回归分析方法有许多相同之处, 但又有本质区别. 方差分析只是要求辨明某个因素对因变量是不是有显著性的影响, 可按预定计划只做很少的试验, 而且因素也不一定是数量性的, 可以是属性因素. 在研究一个或多个分类型自变量与一个数值型因变量之间的关系时, 方差分析就是其中的主要方法之一. 本章将介绍的内容主要包括方差分析的基本原理、单因素方差分析及双因素方差分析的检验统计方法.

§5.1 方差分析简介

5.1.1 方差分析的研究意义

在科学实验和生产实践过程中, 人们经常需要对影响观测对象的各种主要因素进行分析, 以便寻找出各个因素在什么状态下能够使观测对象达到最佳效果. 例如, 在土建材料科学实验中, 在相同的混凝土的运输、施工和养护条件下, 影响混凝土强度的主要因素有水泥的强度、掺和料的活性指数、混凝土配合比等. 为了提高混凝土的强度, 需要比较不同水泥的强度、掺和料的活性指数、混凝土配合比等对混凝土强度的影响, 并在不同要求的混凝土强度下找出最优的配比方案, 以便根据不同的需要选择不同的水泥强度、掺和料活性指数、混凝土配合比. 又如, 在农业科学实验和农业生产活动中, 影响农作物产量的主要因素有土地、品种、施肥量等. 为了提高农作物的产量, 需要在不同的土地上比较不同的品种、施不同种类和不同数量的肥料对农作物产量的影响, 并从中找出最适宜多种类型土地种植的农作物品种、施用肥料的种类和数量, 以便因地制宜选择农作物品种和肥料, 发展农业生产. 为了解决此类问题, 首先需要在各种主要影响因素的不同状态下对人们所研究的变量的取值进行观测, 然后对观测数据进行比较分析. 方差分析就是分析推断各种因素的不同状态对所观测对象(变量)的影响(或变异)效应是否显著的一种统计分析方法.

　　方差分析最早是由著名统计学家费希尔于 20 世纪 20 年代在对农业田间实验数据的分析研究过程中创立和发展起来的．第 2 章讲到的 F 分布就是由他在进行方差分析的过程中提出的，并以其姓氏的第一个字母命名．方差分析和实验设计现在已经成为统计学中的一个重要分支．目前，方差分析不仅在农业科学实验和农业生产中有着广泛应用，而且在工业产品的试制与配方，以及物理与化学实验乃至生物学和医学等自然科学和工程领域中发挥重要作用．即使在人们对研究对象的影响因素难以控制的社会科学领域和经济管理活动中，如在社会学的研究和市场研究等方面，方差分析的应用也起到举足轻重的作用.

5.1.2　方差分析的基本原理

　　与第 4 章中介绍的假设检验方法相比，方差分析可以提高检验的效率，同时由于它是将所有的样本信息结合在一起，所以也增加了分析的可靠性．例如，设有 4 个总体的均值分别为 μ_1、μ_2、μ_3、μ_4，要检验 4 个总体的均值是否相等，若每次检验两个，则共需要进行 $C_4^2 = 6$ 次不同的检验，设每次检验犯第 I 类错误的概率为 $\alpha = 0.05$，连续作 6 次检验都不犯第 I 类错误的概率(即相应的置信水平)为 $(1 - \alpha)^6 = 0.735$，而犯第 I 类错误的概率升至 0.265，远大于 0.05．一般来说，采用上一章假设检验的方法，不管是用 t 检验法还是 z 检验法，随着个体增加，显著性检验的次数也会大幅增加，偶然因素导致差别的可能性也随之增加(并非均值真的存在差别)，从而增大了犯第 I 类错误的概率，因而不适用于多个样本均值比较的检验．而方差分析方法则同时考虑所有的样本，因此排除了错误累积的概率，从而可有效地控制犯第 I 类错误的概率.

　　为了更好地理解方差分析的含义，我们先通过一个例子来说明方差分析所要解决的问题及其基本原理.

　　例 5.1.1　为了对建筑领域几个行业的服务质量进行评价，建设协会联合消费者协会在 4 个建筑行业中分别抽取了不同的样本．最近一年中消费者对总共 23 家建筑企业投诉的次数如表 5.1 所示.

表 5.1　消费者对 4 个建筑行业的投诉次数

观察值	建筑行业			
	家装业	建材业	家具业	灯具业
1	66	29	34	77
2	49	45	40	58
3	40	56	31	44
4	34	51	49	51
5	53	68	21	65
6	44	39		
7	57			

　　分析 4 个行业之间的服务质量是否有显著差异，也就是要判断"行业"对"投诉次数"是否有显著影响？

　　分析：要分析 4 个行业之间的服务质量是否有显著差异，实际上作出这种判断最终被归结为检验这4个行业被投诉次数的均值是否相等．若它们的均值相等，则意味着"行业"对投诉次数是没有影响的，即它们之间的服务质量没有显著差异；若均值不全相等，则意味着"行业"对投诉次数是有影响的，它们之间的服务质量有显著差异．为了便于表述和进一步深入地研究，我们引进一些统计量和相应的概念．

定义5.1.1 检验多个总体均值是否相等(通常通过分析数据的误差判断各总体均值是否相等)的统计方法，被称为方差分析．

定义5.1.2 在方差分析中所要检验的对象被称为因素或因子．

定义5.1.3 因素的不同表现被称为水平或处理．

定义5.1.4 在每个水平下得到的样本数据被称为观察值．

在上面的例子中，分析行业对投诉次数的影响，行业是要检验的因素；家装业、建材业、家具业、灯具业被称为水平；每个行业被投诉的次数被称为观察值．由表5.1可见，23家企业被投诉的次数各不相同，称之为总变异；4个行业被投诉次数的均值也各不相同，称之为组间变异；同一行业的不同企业被投诉的次数也不相同，称之为组内变异．该例的总变异包括组间变异和组内变异两部分，或者说可把总变异分解为组间变异和组内变异．组内变异由企业间的个体差异所致．组间变异可能由两种原因所致，一是抽样误差；二是各行业服务水平(我们称之为处理因素)可能存在不同．在抽样研究中，抽样误差是不可避免的，故导致组间变异的第一种原因肯定存在；第二种原因是否存在，需通过假设检验作出推断．假设检验的方法很多，由于该例为多个样本均值的比较，所以应选用本章将介绍的方差分析．

对于上面的例子，设每个总体都服从正态分布，即对于因素的每一个水平，其观察值是来自服从正态分布总体的简单随机样本，如每个行业被投诉的次数 $X_i(i=1,2,3,4)$ 服从正态分布，且观察值是相互独立的，各个总体的方差相同，即

$$X_i \sim N(\mu_i, \sigma^2) \quad (i=1,2,3,4)$$

现从总体 X_i 中抽取容量为 n_i 的样本：

$$X_{i1}, X_{i2}, \cdots, X_{in_i} \quad (i=1,2,3,4)$$

我们的问题归结为检验假设：

$$H_0: \mu_1 = \mu_2 = \mu_3 = \mu_4$$

是否成立．

相应的备择假设为

$$H_1: \mu_1, \mu_2, \mu_3, \mu_4 \text{ 不全相等}$$

这是一个具有方差齐次性的4个正态总体均值的假设检验问题．前面已经分析过，若用第4章中的方法，则不但烦琐，更重要的是有很大的可能性增大犯第Ⅰ类错误的概率，从而导致得出错误的结论．而方差分析把所有总体一起考虑，用分解样本的总偏差平方和的方法，能简单地得出结论．

若不拒绝 H_0，则可认为各样本均值间的差异是由抽样误差所致，而不是由处理因素的作用所致．理论上，此时的组间变异与组内变异应相等，两者的比值(下节我们会证明两者比值的统计量服从 F 分布)为1．由于存在抽样误差，两者往往不恰好相等，但相差不会太大，统计量 F 应接近于1．而当组间变异远大于组内变异，两者的比值即统计量 F 明显大于

1 且大于某一阈值时，我们有理由拒绝 H_0，接受 H_1，即意味着各样本均值间的差异，不仅由抽样误差所致，还有处理因素的作用.

基于上述分析，方差分析的基本原理就是根据研究目的和设计类型，将总变异中的离差平方和分解成相应的若干部分，然后求各相应部分的变异；再用各部分的变异与组内（或误差）变异进行比较，得出统计量 F 值；最后，与第 4 章的假设检验类似，根据 F 值的大小与预先给定的显著性水平 α 通过查附录 A 中表 A.5 所得的值作为阈值进行比较，作出统计推断.

§5.2 单因素方差分析

一般地，试验结果也被称为试验指标，为了考察某一个因素对试验指标的影响，往往把影响试验指标的其他因素固定，而把要考察的那个因素严格控制在几个不同状态或等级上进行试验，这样的试验被称为单因素试验. 处理一个因素试验的统计推断问题被称为一个因素的方差分析，即单因素方差分析.

5.2.1 单因素试验的数学模型

现在开始讨论单因素试验的方差分析. 设因素 A 有 s 个水平：A_1，A_2，$\cdots$，A_s，在水平 $A_j(j=1,2,\cdots,s)$ 下，进行 $n_j(n_j \geq 2)$ 次独立试验，得到表 5.2 所示的结果.

表 5.2 单因素试验结果表

观察结果	水平			
	A_1	A_2	$\cdots$	A_s
观察值	x_{11} x_{21} $\vdots$ $x_{n_1 1}$	x_{12} x_{22} $\vdots$ $x_{n_2 2}$	$\cdots$ $\cdots$ $\cdots$	x_{1s} x_{2s} $\vdots$ $x_{n_s s}$
样本总和	$T_{\cdot 1}$	$T_{\cdot 2}$	$\cdots$	$T_{\cdot s}$
样本均值	$\overline{X}_{\cdot 1}$	$\overline{X}_{\cdot 2}$	$\cdots$	$\overline{X}_{\cdot s}$
总体均值	μ_1	μ_2		μ_s

我们假定：各个水平 $A_j(j=1,2,\cdots,s)$ 下的样本 X_{1j}，X_{2j}，$\cdots$，$X_{n_j j}$ 来自具有相同方差 σ^2，均值分别为 $\mu_j(j=1,2,\cdots,s)$ 的正态总体 $N(\mu_j,\sigma^2)$，μ_j 与 σ^2 未知，且设不同水平 A_j 下的样本之间相互独立.

因为 $X_{ij} \sim N(\mu_j,\sigma^2)$，所以有 $X_{ij}-\mu_j \sim N(0,\sigma^2)$，故 $X_{ij}-\mu_j$ 可以看成是随机误差. 记 $X_{ij}-\mu_j=\varepsilon_{ij}$，则 X_{ij} 可以写成

$$\begin{cases} X_{ij}=\mu_j+\varepsilon_{ij} \\ \varepsilon_{ij} \sim N(0,\sigma^2)，各 \varepsilon_{ij} 相互独立 \\ i=1,2,\cdots,n_j;\ j=1,2,\cdots,s \\ \mu_j 与 \sigma^2 均未知 \end{cases} \tag{5.1}$$

式(5.1)被称为单因素试验方差分析的数学模型，即本节的研究对象.

方差分析的任务是对于式(5.1)：

(1)检验 s 个总体 $N(\mu_1,\ \sigma^2)$，$\cdots$，$N(\mu_s,\ \sigma^2)$ 的均值是否相等，即检验假设：

$$H_0:\mu_1=\mu_2=\cdots=\mu_s,\ H_1:\mu_1,\ \mu_2,\ \cdots,\ \mu_s\ 不全相等 \tag{5.2}$$

(2)对未知参数 μ_1，μ_2，$\cdots$，μ_s，σ^2 作估计.

为了将假设(5.2)写成便于讨论的形式，我们将 μ_1，μ_2，$\cdots$，μ_s 的加权平均值 $\frac{1}{n}\sum_{j=1}^{s}n_j\mu_j$ 记为 μ，即

$$\mu=\frac{1}{n}\sum_{j=1}^{s}n_j\mu_j \tag{5.3}$$

其中 $n=\sum_{j=1}^{s}n_j$，μ 被称为**总平均**. 再引入

$$\delta_j=\mu_j-\mu\quad(j=1,\ 2,\ \cdots,\ s) \tag{5.4}$$

此时有 $n_1\delta_1+n_2\delta_2+\cdots+n_s\delta_s=0$，$\delta_j$ 表示水平 A_j 下的总体平均值与总平均的差异，习惯上将 δ_j 称为水平 A_j 的**效应**.

利用这些记号，式(5.1)可改写成

$$\begin{cases}X_{ij}=\mu+\delta_j+\varepsilon_{ij}\\ \varepsilon_{ij}\sim N(0,\ \sigma^2)，各\ \varepsilon_{ij}\ 相互独立\\ i=1,\ 2,\ \cdots,\ n_j;\ j=1,\ 2,\ \cdots,\ s\\ \sum_{j=1}^{s}n_j\delta_j=0\end{cases} \tag{5.5}$$

而假设(5.2)等价于假设：

$$H_0:\delta_1=\delta_2=\cdots=\delta_s=0,\ H_1:\delta_1,\ \delta_2,\ \cdots,\ \delta_s\ 不全为零 \tag{5.6}$$

这是因为当且仅当 $\mu_1=\mu_2=\cdots=\mu_s$ 时，$\mu_j=\mu$，即 $\delta_j=0$，$j=1,\ 2,\ \cdots,\ s$.

5.2.2　统计分析

1. 误差分解

如何运用准确的方法来检验行业对投诉次数的影响这种差异是否显著呢？这需要对其进行方差分析. 之所以叫方差分析，是因为虽然我们感兴趣的是均值，但在判断均值之间是否有显著差异时需要借助于方差这个名字来表示：它通过对数据误差来源的分析来判断不同总体的均值是否相等. 因此，进行方差分析时，需要考察数据误差的来源. 下面结合表5.1中的数据说明数据之间的误差来源及其分解过程.

首先，因素在同一水平(总体)下，样本各观察值之间存在差异. 例如，同一行业下不同企业被投诉次数之间的差异. 这种差异可以看成是由随机因素的影响造成的，或者是由抽样的随机性造成的，或称为**随机误差**. 其次，因素的不同水平(不同总体)之间观察值存在差异. 例如，不同行业之间的被投诉次数之间的差异，这种差异可能是由抽样的随机性造成的，也可能是由行业本身造成的，后者所形成的误差是由系统性因素造成的，或称为**系统误差**. 为了更好地进行误差分析，下面我们从平方和的分解着手，导出假设(5.6)的相关定义和检验统计量.

定义 5.2.1 来自水平内部的数据误差,被称为**组内误差**.

定义 5.2.2 来自不同水平之间的数据误差,被称为**组间误差**.

定义 5.2.3 反映全部数据误差大小的平方和,被称为**总平方和**,记为 S_T, 即

$$S_T = \sum_{j=1}^{s} \sum_{i=1}^{n_j} (X_{ij} - \overline{X})^2 \qquad (5.7)$$

其中

$$\overline{X} = \frac{1}{n} \sum_{j=1}^{s} \sum_{i=1}^{n_j} X_{ij} \qquad (5.8)$$

是数据的总平均.

S_T 能反映全部试验数据之间的差异,因此又称 S_T 为总变差. 记水平 A_j 下的样本平均值为 $\overline{X}_{\cdot j}$, 即

$$\overline{X}_{\cdot j} = \frac{1}{n_j} \sum_{i=1}^{n_j} X_{ij} \qquad (5.9)$$

定义 5.2.4 反映组内误差大小的平方和,即因素的同一水平下数据误差的平方和,被称为**组内平方和**,亦称**误差平方和**,记为 S_E, 即

$$S_E = \sum_{j=1}^{s} \sum_{i=1}^{n_j} (X_{ij} - \overline{X}_{\cdot j})^2 \qquad (5.10)$$

定义 5.2.5 反映组间误差大小的平方和,即因素的不同水平之间数据误差的平方和,被称为**组间平方和**,也被称为**水平项平方和**,亦称**效应平方和**,记为 S_A, 即

$$S_A = \sum_{j=1}^{s} \sum_{i=1}^{n_j} (\overline{X}_{\cdot j} - \overline{X})^2 \qquad (5.11)$$

实际做题时我们经常应用下面关于 S_A 的简化公式来计算:

$$S_A = \sum_{j=1}^{s} \sum_{i=1}^{n_j} (\overline{X}_{\cdot j} - \overline{X})^2 = \sum_{j=1}^{s} n_j (\overline{X}_{\cdot j} - \overline{X})^2 = \sum_{j=1}^{s} n_j \overline{X}_{\cdot j}^2 - n\overline{X}^2 \qquad (5.12)$$

例如,在 5.1 节的例子中,家装业所抽取的 7 家企业被投诉的次数之间的误差就是组内误差,它反映了一个样本内部数据的离散程度. 显然,组内误差只含有随机误差. 4 个行业被投诉次数之间的误差即组间误差,它反映了不同样本之间数据的离散程度. 显然,组间误差中既包含随机误差,也包含系统误差. 另外,所抽取的全部 23 家企业被投诉次数之间的误差就是总误差平方和,它反映了全部观察值的离散状况;每个样本内部的数据平方和加在一起就是误差平方和,如家具业被投诉次数的误差平方和,它只包含随机误差,它反映了每个样本内各观察值的总离散状况;4 个行业被投诉次数之间的误差平方和就是效应平方和,既包含随机误差,也包含系统误差,它反映了样本均值之间的差异程度.

将上述统计量适当变形可得如下关系.

定理 5.2.1(平方和分解定理) 在单因素方差分析模型中,平方和有如下恒等式:

$$S_T = S_E + S_A \qquad (5.13)$$

证明

$$S_T = \sum_{j=1}^{s} \sum_{i=1}^{n_j} (X_{ij} - \overline{X})^2 = \sum_{j=1}^{s} \sum_{i=1}^{n_j} \left[(X_{ij} - \overline{X}_{.j}) + (\overline{X}_{.j} - \overline{X}) \right]^2$$

$$= \sum_{j=1}^{s} \sum_{i=1}^{n_j} (X_{ij} - \overline{X}_{.j})^2 + \sum_{j=1}^{s} \sum_{i=1}^{n_j} (\overline{X}_{.j} - \overline{X})^2 + 2 \sum_{j=1}^{s} \sum_{i=1}^{n_j} (X_{ij} - \overline{X}_{.j})(\overline{X}_{.j} - \overline{X})$$

其中

$$2 \sum_{j=1}^{s} \sum_{i=1}^{n_j} (X_{ij} - \overline{X}_{.j})(\overline{X}_{.j} - \overline{X}) = 2 \sum_{j=1}^{s} (\overline{X}_{.j} - \overline{X}) \left[\sum_{i=1}^{n_j} (X_{ij} - \overline{X}_{.j}) \right]$$

$$= 2 \sum_{j=1}^{s} (\overline{X}_{.j} - \overline{X}) \left[\sum_{i=1}^{n_j} X_{ij} - n_j \overline{X}_{.j} \right] = 0$$

所以，我们有

$$S_T = \sum_{j=1}^{s} \sum_{i=1}^{n_j} (X_{ij} - \overline{X})^2 = \sum_{j=1}^{s} \sum_{i=1}^{n_j} \left[(X_{ij} - \overline{X}_{.j}) + (\overline{X}_{.j} - \overline{X}) \right]^2 = S_E + S_A$$

证毕.

定理 5.2.1 的意义是将试验中的总平方和分解为误差平方和与因素 A 的效应平方和.

2. 误差分析

下面我们对所给误差在方差分析中所起到的作用进行具体的分析.

上节我们讨论过，如果不同行业对投诉次数没有影响，那么在组间误差中只包含随机误差，而没有系统误差. 这时，组间误差与组内误差经过平均后的数值，即均方（或方差）就应该很接近，它们的比值就会接近 1；反之，如果不同行业对投诉次数有影响，在组间误差中除了包含随机误差，还包含系统误差，这时组间误差平均后的数值就会大于组内误差平均后的数值，它们之间的比值就会大于 1. 当这个比值大到某种程度时，就认为因素的不同水平之间存在着显著差异，也就是自变量对因变量有影响. 因此，判断行业对投诉次数是否有显著影响这一问题，实际上也就是检验被投诉次数的差异主要是由什么原因引起的. 如果这种差异主要是系统误差，此时就认为不同行业对投诉次数有显著影响. 在方差分析的假定前提下，要检验行业（即分类自变量）对投诉次数（数值型因变量）是否有显著影响，在形式上也就转化为检验 4 个行业被投诉次数的均值是否相等.

3. S_E 和 S_A 的统计特性

为了引出假设（5.6）的检验统计量，我们依次来讨论 S_E、S_A 的一些统计特性.

定理 5.2.2 在式（5.1）中，有

$$E(S_E) = (n - s)\sigma^2 \tag{5.14}$$

$$E(S_A) = (s - 1)\sigma^2 + \sum_{j=1}^{s} n_j \delta_j^2 \tag{5.15}$$

$$S_E / \sigma^2 \sim \chi^2(n - s) \tag{5.16}$$

证明 将 S_E 写成

$$S_E = \sum_{j=1}^{s} \sum_{i=1}^{n_j} (X_{ij} - \overline{X}_{.j})^2 = \sum_{i=1}^{n_1} (X_{i1} - \overline{X}_{.1})^2 + \cdots + \sum_{i=1}^{n_s} (X_{is} - \overline{X}_{.s})^2 \tag{5.17}$$

注意到 $\sum_{i=1}^{n_j} (X_{ij} - \overline{X}_{.j})^2$ 是总体 $N(\mu_j, \sigma^2)$ 的样本方差的 $n_j - 1$ 倍，于是有

$$\sum_{i=1}^{n_j} (X_{ij} - \overline{X}_{.j})^2/\sigma^2 \sim \chi^2(n_j - 1)$$

因各 X_{ij} 相互独立, 故式(5.13)中各平方和相互独立, 所以由 χ^2 分布的可加性知

$$S_E/\sigma^2 \sim \chi^2(\sum_{j=1}^{s}(n_j - 1))$$

即

$$S_E/\sigma^2 \sim \chi^2(n - s)$$

其中 $n = \sum_{j=1}^{s} n_j$, 由式(5.14)还可知, S_E 的自由度为 $n - s$, 且有

$$E(S_E) = (n - s)\sigma^2$$

下面讨论 S_A 的统计特性, 因为

$$S_A = \sum_{j=1}^{s} \sum_{i=1}^{n_j} (\overline{X}_{.j} - \overline{X})^2 = \sum_{j=1}^{s} [\sqrt{n_j}(\overline{X}_{.j} - \overline{X})]^2$$

由上式可知 S_A 是 s 个变量 $\sqrt{n_j}(\overline{X}_{.j} - \overline{X})$ $(j = 1, 2, \cdots, s)$ 的平方和, 它们之间仅有一个线性约束条件:

$$\sum_{j=1}^{s} \sqrt{n_j}[\sqrt{n_j}(\overline{X}_{.j} - \overline{X})] = \sum_{j=1}^{s} n_j(\overline{X}_{.j} - \overline{X}) = \sum_{j=1}^{s} \sum_{i=1}^{n_j} X_{ij} - n\overline{X} = 0$$

所以 S_A 的自由度是 $s - 1$.

再由式(5.3)和式(5.8)的独立性知

$$\overline{X} \sim N(\mu, \sigma^2/n) \tag{5.18}$$

即得

$$E(S_A) = E\left(\sum_{j=1}^{s} n_j \overline{X}_{.j}^2 - n\overline{X}^2\right) = \sum_{j=1}^{s} n_j E(\overline{X}_{.j}^2) - nE(\overline{X}^2)$$

$$= \sum_{j=1}^{s} n_j \left[\frac{\sigma^2}{n_j} + (\mu + \delta_j)^2\right] - n\left(\frac{\sigma^2}{n} + \mu^2\right)$$

$$= (s - 1)\sigma^2 + 2\mu \sum_{j=1}^{s} n_j \delta_j + n\mu^2 + \sum_{j=1}^{s} n_j \delta_j^2 - n\mu^2$$

由式(5.5)知 $\sum_{j=1}^{s} n_j \delta_j = 0$, 故有

$$E(S_A) = (s - 1)\sigma^2 + \sum_{j=1}^{s} n_j \delta_j^2$$

证毕.

注意: 本定理的证明没有用到假设 H_0, 因此, 不论假设 H_0 是否成立, 定理5.2.2都是正确的. 另外, 由定理5.2.2还可知

$$\hat{\sigma}^2 = \frac{S_E}{(n - s)}$$

是 σ^2 的无偏估计量.

进一步还可以证明 S_A 与 S_E 相互独立, 且 H_0 为真时, 有如下结论.

定理5.2.3 式(5.1)中, 有

(1) $S_A/\sigma^2 \sim \chi^2(s-1)$;   (5.19)

(2) S_E 与 S_A 相互独立, 因而

$$F = \frac{S_A/(s-1)}{S_E/(n-s)} \sim F(s-1, \ n-s) \tag{5.20}$$

证明 当 $H_0 : \delta_1 = \delta_2 = \cdots = \delta_s = 0$ 成立时, 有

$$X_{ij} \sim N(\mu, \ \sigma^2) \quad (j=1, \ 2, \ \cdots, \ n; \ i=1, \ 2, \ \cdots, \ s)$$

得

$$\frac{X_{ij} - \mu}{\sigma} \sim N(0, \ 1) \tag{5.21}$$

且 $\dfrac{X_{ij} - \mu}{\sigma}(j=1, \ 2, \ \cdots, \ n; \ i=1, \ 2, \ \cdots, \ s)$ 相互独立.

与定理 5.2.1 的证法类似, 不难得到下面的分解式:

$$
\begin{aligned}
\sum_{j=1}^{s} \sum_{i=1}^{n_j} (X_{ij} - \mu)^2 &= \sum_{j=1}^{s} \sum_{i=1}^{n_j} \left[(X_{ij} - \overline{X}_{\cdot j}) + (\overline{X}_{\cdot j} - \overline{X}) + (\overline{X} - \mu) \right]^2 \\
&= \sum_{j=1}^{s} \sum_{i=1}^{n_j} (X_{ij} - \overline{X}_{\cdot j})^2 + \sum_{j=1}^{s} \sum_{i=1}^{n_j} (\overline{X}_{\cdot j} - \overline{X})^2 + \sum_{j=1}^{s} \sum_{i=1}^{n_j} (\overline{X} - \mu)^2 \\
&= \sum_{j=1}^{s} \sum_{i=1}^{n_j} (X_{ij} - \overline{X}_{\cdot j})^2 + \sum_{j=1}^{s} \sum_{i=1}^{n_j} (\overline{X}_{\cdot j} - \overline{X})^2 + n \ (\overline{X} - \mu)^2 \\
&= S_E + S_A + n \ (\overline{X} - \mu)^2
\end{aligned}
$$

$$\tag{5.22}$$

将上式两边同除以 σ^2, 得

$$\sum_{j=1}^{s} \sum_{i=1}^{n_j} \left(\frac{X_{ij} - \mu}{\sigma} \right)^2 = \frac{S_E}{\sigma^2} + \frac{S_A}{\sigma^2} + n \left(\frac{\overline{X} - \mu}{\sigma} \right)^2 \tag{5.23}$$

在上述分解式的左端, 当 H_0 为真时, 是 n 个相互独立的标准正态变量的平方和. 根据 χ^2 分布的定义, 得

$$\sum_{j=1}^{s} \sum_{i=1}^{n_j} \left(\frac{X_{ij} - \mu}{\sigma} \right)^2 \sim \chi^2(n) \tag{5.24}$$

由定理 5.2.2 知 $\dfrac{S_E}{\sigma^2} \sim \chi^2(n-s)$, 所以 $\dfrac{S_E}{\sigma^2}$ 的自由度为 $n-s$.

对于 $\dfrac{S_A}{\sigma^2} = \displaystyle\sum_{j=1}^{s} n_j \left(\frac{\overline{X}_{\cdot j} - \overline{X}}{\sigma} \right)^2$, 其共有 s 项平方和, 则至少有一个线性约束方程:

$$\sum_{j=1}^{s} \sqrt{n_j} \left[\sqrt{n_j} \left(\frac{\overline{X}_{\cdot j} - \overline{X}}{\sigma} \right) \right] = 0$$

可知 $\dfrac{S_A}{\sigma^2}$ 的自由度不超过 $s-1$.

又由 $X_{ij} \sim N(\mu, \ \sigma^2)(j=1, \ 2, \ \cdots, \ n; \ i=1, \ 2, \ \cdots, \ s)$, 可知 $\overline{X}_{ij} \sim N\left(\mu, \ \dfrac{\sigma^2}{n} \right)$, 于是

$$\frac{\overline{X} - \mu}{\sigma / \sqrt{n}} \sim N(0, 1) \tag{5.25}$$

根据 χ^2 分布的定义, 可知

$$n\left(\frac{\overline{X} - \mu}{\sigma}\right)^2 \sim \chi^2(1) \tag{5.26}$$

即 $n\left(\dfrac{\overline{X} - \mu}{\sigma}\right)^2$ 的自由度为 1.

注意到式(5.22)的右端三项有

$$(n - r) + (r - 1) + 1 = n$$

再根据 χ^2 分布的性质, 立即得到当 H_0 为真时, 有

$$\frac{S_E}{\sigma^2} \sim \chi^2(n - s), \quad \frac{S_A}{\sigma^2} \sim \chi^2(s - 1)$$

且 S_E 与 S_A 相互独立.

由 F 分布的定义, 可得

$$F = \frac{S_A/(s - 1)}{S_E/(n - s)} \sim F(s - 1, n - s)$$

证毕.

4. 假设检验问题的拒绝域

现在我们利用上面结论来确定假设检验问题(5.6)的拒绝域.

由式(5.15)知, 当 H_0 为真时, 有

$$E\left(\frac{S_A}{s - 1}\right) = \sigma^2 \tag{5.27}$$

即 $\dfrac{S_A}{s - 1}$ 是 σ^2 的无偏估计. 而当 H_0 为真时, $\displaystyle\sum_{j=1}^{s} n_j \delta_j^2 > 0$, 此时

$$E\left(\frac{S_A}{s - 1}\right) = \sigma^2 + \frac{1}{s - 1} \sum_{j=1}^{s} n_j \delta_j^2 > \sigma^2 \tag{5.28}$$

又由式(5.14)知

$$E\left(\frac{S_E}{n - s}\right) = \sigma^2 \tag{5.29}$$

即不管 H_0 是否为真, $S_E/(n - s)$ 都是 σ^2 的无偏估计量.

综上所述, 分式 $F = \dfrac{S_A/(s - 1)}{S_E/(n - s)}$ 的分子与分母相互独立, 分母 S_E 不论 H_0 是否为真, 其数学期望总是 σ^2. 当 H_0 为真时, 分子的期望为 σ^2, 当 H_0 不真时, 由式(5.28)知分子的取值有偏大的趋势. 因此假设(5.6)的拒绝域有如下形式:

$$F = \frac{S_A/(s - 1)}{S_E/(n - s)} \geqslant k \tag{5.30}$$

其中 k 由预先给定的显著性水平 α 确定. 由式(5.16)和式(5.19)及 S_E 与 S_A 的独立性知, 当 H_0 为真时, 有

$$\frac{S_A/(s-1)}{S_E/(n-s)} = \frac{S_A/\sigma^2}{(s-1)} \Big/ \frac{S_E/\sigma^2}{(n-s)} \sim F(s-1,\ n-s) \tag{5.31}$$

由此得假设(5.6)的拒绝域如图 5.1 所示，具体拒绝域为

$$F = \frac{S_A/(s-1)}{S_E/(n-s)} \geqslant F_\alpha(s-1,\ n-s) \tag{5.32}$$

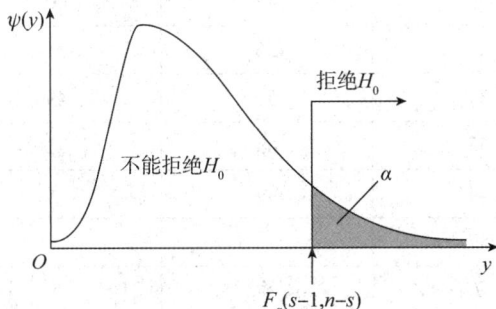

图 5.1

上述分析的结果可排成表 5.3 的形式，称之为方差分析表.

表 5.3 单因素试验方差分析表

方差来源	平方和	自由度	均方	F 值
因素 A（组间）	S_A	$s-1$	$\overline{S}_A = \dfrac{S_A}{s-1}$	$F = \overline{S}_A/\overline{S}_E$
误差（组内）	S_E	$n-s$	$\overline{S}_E = \dfrac{S_E}{n-s}$	
总和	S_T	$n-1$		

表中 $\overline{S}_A = \dfrac{S_A}{s-1}$ 和 $\overline{S}_E = \dfrac{S_E}{n-s}$ 分别被称为 S_A 和 S_E 的均方. 另外，由于在 S_T 中 n 个变量 $X_{ij} - \overline{X}$ 之间仅满足一个约束条件(5.8)，故 S_T 的自由度为 $n-1$.

在实际计算 S_T、S_E、S_A 时，常采用下面的一组简化计算公式.

记 $T_{\cdot j} = \sum\limits_{i=1}^{n_j} X_{ij}$，$j = 1,\ 2,\ \cdots,\ s$，$T_{\cdot\cdot} = \sum\limits_{j=1}^{s} \sum\limits_{i=1}^{n_j} X_{ij}$，即有

$$S_T = \sum_{j=1}^{s} \sum_{i=1}^{n_j} X_{ij}^2 - n\overline{X}^2 = \sum_{j=1}^{s} \sum_{i=1}^{n_j} X_{ij}^2 - \frac{T_{\cdot\cdot}^2}{n}$$

$$S_A = \sum_{j=1}^{s} n_j \overline{X}_{\cdot j}^2 - n\overline{X}^2 = \sum_{j=1}^{s} \frac{T_{\cdot j}^2}{n_j} - \frac{T_{\cdot\cdot}^2}{n} \tag{5.33}$$

$$S_E = S_T - S_A$$

方差分析运用的是 F 检验法，所以样本(或观察值)需要三个假设条件：①样本相互独立；②样本来自的总体服从正态分布；③样本来自的总体具有方差齐性.

例 5.2.1（续例 5.1.1） 设在 5.1 节的例子中符合模型(5.1)的条件，检验假设（$\alpha = 0.05$）：

$$H_0: \mu_1 = \mu_2 = \mu_3 = \mu_4, \quad H_1: \mu_1,\ \mu_2,\ \mu_3,\ \mu_4 \text{ 不全相等}$$

计算表如表 5.4 所示.

表 5.4　例 5.2.1 的计算表

观察值	建筑行业			
	家装业	建材业	家具业	灯具业
1	66	29	34	77
2	49	45	40	58
3	40	56	31	44
4	34	51	49	51
5	53	68	21	65
6	44	39		
7	57			
样本容量	7	6	5	5
样本均值	49	48	35	59

经计算得

$$\bar{x} = \frac{57 + 66 + \cdots + 77 + 58}{23} = 47.869\ 565$$

$$S_T = (57 - 47.869\ 565)^2 + \cdots + (58 - 47.869\ 565)^2 = 4\ 164.608\ 696$$

$$S_A = \sum_{i=1}^{k} n_i (\bar{x}_{\cdot i} - \bar{x})^2$$

$$= 7 \times (49 - 47.869\ 565)^2 + 6 \times (48 - 47.869\ 565)^2 +$$

$$5 \times (35 - 47.869\ 565)^2 + 5 \times (59 - 47.869\ 565)^2$$

$$= 1\ 456.608\ 696$$

$$S_E = S_T - S_A = 2\ 708$$

S_A，S_E，S_T 的自由度依次为 $n - s = 19$，$s - 1 = 3$，$n - 1 = 22$，得方差分析表如表 5.5 所示.

表 5.5　例 5.2.1 的方差分析表

方差来源	平方和	自由度	均方	F 值
组间	$S_A = 1\ 456.608\ 696$	3	485.536 232	3.406 643
组内	$S_E = 2\ 708$	19	142.526 361	
总和	$S_T = 4\ 164.608\ 696$	22		

因 $F_{0.05}(3, 19) = 3.13 < \dfrac{485.536\ 232}{142.526\ 316} = 3.406\ 643$，故在显著性水平 0.05 下拒绝 H_0，认为"行业"对"投诉次数"有显著影响. 其中，$\bar{x}_4 = 59$ 为最大，表明灯具业的服务质量最差.

5. 未知参数的估计

由定理 5.2.2 还可知，不管 H_0 是否为真，都有 $E[S_E / (n - s)] = \sigma^2$，即

$$\hat{\sigma}^2 = \frac{S_E}{n - s}$$

是 σ^2 的无偏估计量.

又由式(5.18)和式(5.9)可知

$$E(\overline{X}) = \mu, \ E(\overline{X}_{\cdot j}) = \mu_j \quad (j = 1, 2, \cdots, s)$$

故

$$\hat{\mu} = \overline{X}, \ \hat{\mu}_j = \overline{X}_{\cdot j}$$

分别是 μ 和 μ_j 的无偏估计量.

若拒绝 H_0, 则意味着效应 δ_1, δ_2, $\cdots$, δ_s 不全为零. 由于

$$\delta_j = \mu_j - \mu \quad (j = 1, 2, \cdots, s)$$

所以

$$\hat{\delta}_j = \overline{X}_{\cdot j} - \overline{X}$$

是 δ_j 的无偏估计量. 此时还有关系式:

$$\sum_{j=1}^{s} n_j \hat{\delta}_j = \sum_{j=1}^{s} n_j \overline{X}_{\cdot j} - n\overline{X} = 0$$

当拒绝 H_0 时, 常需要作出两总体 $N(\mu_j, \sigma^2)$, $N(\mu_k, \sigma^2)$, $j \neq k$ 的均值差 $\mu_j - \mu_k = \delta_j - \delta_k$ 的区间估计.

由于

$$E(\overline{X}_{\cdot j} - \overline{X}_{\cdot k}) = \mu_j - \mu_k$$

$$D(\overline{X}_{\cdot j} - \overline{X}_{\cdot k}) = \sigma^2 \left(\frac{1}{n_j} + \frac{1}{n_k} \right)$$

由统计量的性质知, $\overline{X}_{\cdot j} - \overline{X}_{\cdot k}$ 与 $\hat{\sigma}^2 = S_E/(n-s)$ 相互独立, 于是

$$\frac{(\overline{X}_{\cdot j} - \overline{X}_{\cdot k}) - (\mu_j - \mu_k)}{\sqrt{S_E \left(\dfrac{1}{n_j} + \dfrac{1}{n_k} \right)}} = \frac{(\overline{X}_{\cdot j} - \overline{X}_{\cdot k}) - (\mu_j - \mu_k)}{\sigma \sqrt{1/n_j + 1/n_k}} \Bigg/ \sqrt{\frac{S_E}{\sigma^2} \Big/ (n-s)} \ \sim t(n-s)$$

据此得均值差 $\mu_j - \mu_k = \delta_j - \delta_k$ 的置信水平为 $1 - \alpha$ 的置信区间为

$$\left(\overline{X}_{\cdot j} - \overline{X}_{\cdot k} \pm t_{\alpha/2}(n-s) \sqrt{S_E \left(\frac{1}{n_j} + \frac{1}{n_k} \right)} \right) \tag{5.34}$$

例 5.2.2 设有三台机器, 用来生产规格相同的铝合金薄板. 取样, 测量薄板的厚度精确至千分之一厘米, 结果(单位: cm)如表5.6所示.

二维码 5.1: 例5.2.2详解

表5.6 铝合金薄板的厚度

机器 I	机器 II	机器 III
0.236	0.257	0.258
0.238	0.253	0.264
0.248	0.255	0.259
0.245	0.254	0.267
0.243	0.261	0.262

(1)考察各台机器所生产的薄板的厚度有无显著差异, 即考察机器这一因素对厚度有无显著影响;

（2）求未知参数 σ^2，μ_j，$\delta_j (j = 1，2，3)$ 的点估计及均值差的置信水平为 0.95 的置信区间.

解 （1）在每一个水平下进行独立试验，结果是一个随机变量.

设总体均值分别为 μ_1，μ_2，μ_3. 取 $\alpha = 0.05$，检验假设：

$$H_0: \mu_1 = \mu_2 = \mu_3，H_1: \mu_1，\mu_2，\mu_3 \text{ 不全相等}$$

由题意知

$$s = 3，n_1 = n_2 = n_3 = 5，n = 15$$

$$S_T = 0.001\ 245\ 33，S_A = 0.001\ 053\ 33，S_E = 0.000\ 192$$

建立具体的方差分析表，如表 5.7 所示.

表 5.7　例 5.2.2 的方差分析表

方差来源	平方和	自由度	均方	F 值
因素 A	0.001 053 33	2	0.000 526 67	32.92
误差	0.000 192	12	0.000 016	
总和	0.001 245 33	14		

$F = 32.92 > F_{0.05}(2，12) = 3.89$. 在显著性水平 0.05 下拒绝 H_0，即各机器生产的薄板厚度有显著差异.

（2）$\hat{\sigma}^2 = S_E/(n - s) = 0.000\ 016$，$\hat{\mu}_1 = \bar{x}_{.1} = 0.242$，$\hat{\mu}_2 = \bar{x}_{.2} = 0.256$

$\hat{\mu}_3 = \bar{x}_{.3} = 0.262$. $\hat{\mu} = \bar{x} = 0.253$，$\hat{\delta}_1 = \bar{x}_{.1} - \bar{x} = -0.011$

$\hat{\delta}_2 = \bar{x}_{.2} - \bar{x} = 0.003$，$\hat{\delta}_3 = \bar{x}_{.3} - \bar{x} = 0.009$，$t_{0.025}(n - s) = t_{0.025}(12) = 2.178\ 8$

$$t_{0.025}(12) \sqrt{S_E \left(\frac{1}{n_j} + \frac{1}{n_k} \right)} = 0.006$$

所以 $\mu_1 - \mu_2$ 的置信水平为 0.95 的置信区间为 $(0.242 - 0.256 \pm 0.006) = (-0.020，-0.008)$；

$\mu_1 - \mu_3$ 的置信水平为 0.95 的置信区间为 $(0.242 - 0.262 \pm 0.006) = (-0.026，-0.014)$；

$\mu_2 - \mu_3$ 的置信水平为 0.95 的置信区间为 $(0.256 - 0.262 \pm 0.006) = (-0.012，0)$.

§5.3　双因素方差分析

单因素方差分析只是考虑一个分类型自变量对数值型因变量的影响，即必须固定在某种特定水平之上，所考察的因素对观测变量的效应也只有在这种情况下才能成立. 而在对实际问题的研究中，有时需要考虑几个因素对试验结果的影响. 例如，分析影响商品房销售量的因素时，需要考虑开发商品牌、销售地区、价格、质量等多个因素的影响. 此时，要分析多个因素的作用，就要用到多因素试验的方差分析，即多因素方差分析. 本节着重讨论双因素方差分析.

在双因素方差分析中，不仅所考察的各个因素单独对观察变量有影响，而且几个因素的不同搭配对观察变量也可能产生影响，这种不同因素的不同水平搭配所产生的影响被称为交互作用. 例如，商品房的"开发商品牌"因素和"销售地区"因素，通常，除了"开发商品牌"

因素和"销售地区"因素对试验数据的单独影响,两个因素的搭配还会对结果产生一种新的影响,这时的双因素方差分析被称为等重复双因素方差分析或有交互作用的双因素方差分析;而如果已知两个因素对试验结果的影响是相互独立的,或者交互作用对试验的指标影响很小,那么可以不考虑交互作用,这时的双因素方差分析被称为无重复双因素方差分析或无交互作用的双因素方差分析.下面,我们将从这两种情况分别加以分析和考虑.

5.3.1 双因素等重复试验(有交互作用)的方差分析

设有两个因素 A、B 作用于试验的指标.因素 A 有 r 个水平 A_1,A_2,$\cdots$,A_r,因素 B 有 s 个水平 B_1,B_2,$\cdots$,B_s.现对因素 A,B 的水平的每对组合 $(A_i, B_j)(i = 1, 2, \cdots, r; j = 1, 2, \cdots, s)$ 都做 $t(t \geqslant 2)$ 次试验(称之为等重复试验),得到表5.8所示的结果.

表 5.8 双因素等重复试验结果表

因素 A	因素 B			
	B_1	B_2	$\cdots$	B_s
A_1	$X_{111}X_{112}, \cdots, X_{11t}$	$X_{121}X_{122}, \cdots, X_{12t}$	$\cdots$	$X_{1s1}X_{1s2}, \cdots, X_{1st}$
A_2	$X_{211}X_{212}, \cdots, X_{21t}$	$X_{221}X_{222}, \cdots, X_{22t}$	$\cdots$	$X_{2s1}X_{2s2}, \cdots, X_{2st}$
$\vdots$	$\vdots$	$\vdots$		$\vdots$
A_r	$X_{r11}X_{r12}, \cdots, X_{r1t}$	$X_{r21}X_{r22}, \cdots, X_{r2t}$	$\cdots$	$X_{rs1}X_{rs2}, \cdots, X_{rst}$

并设 $X_{ijk} \sim N(\mu_{ij}, \sigma^2)$,$i = 1, 2, \cdots, r$;$j = 1, 2, \cdots, s$;$k = 1, 2, \cdots, t$. 各 X_{ijk} 相互独立,μ_{ij},σ^2 均为未知参数.或者写成

$$\begin{cases} X_{ijk} = \mu_{ij} + \varepsilon_{ijk} \\ \varepsilon_{ijk} \sim N(0, \sigma^2), \text{各} \varepsilon_{ijk} \text{相互独立} \\ i = 1, 2, \cdots, r; j = 1, 2, \cdots, s \\ k = 1, 2, \cdots, t \end{cases} \tag{5.35}$$

引入记号:

$$\mu = \frac{1}{rs} \sum_{i=1}^{r} \sum_{j=1}^{s} \mu_{ij}$$

$$\mu_{i\cdot} = \frac{1}{s} \sum_{j=1}^{s} \mu_{ij} \quad (i = 1, 2, \cdots, r)$$

$$\mu_{\cdot j} = \frac{1}{r} \sum_{i=1}^{r} \mu_{ij} \quad (j = 1, 2, \cdots, s)$$

$$\alpha_i = \mu_{i\cdot} - \mu \quad (i = 1, 2, \cdots, r)$$

$$\beta_j = \mu_{\cdot j} - \mu \quad (j = 1, 2, \cdots, s)$$

显然,有

$$\sum_{i=1}^{r} \alpha_i = 0, \quad \sum_{j=1}^{s} \beta_j = 0$$

称 μ 为总体平均,称 α_i 为水平 A_i 的效应,称 β_i 为水平 B_i 的效应,这样可将 μ_{ij} 表示成

$$\mu_{ij} = \mu + \alpha_i + \beta_j + (\mu_{ij} - \mu_{i\cdot} - \mu_{\cdot j} + \mu) \quad (i = 1, 2, \cdots, r; j = 1, 2, \cdots, s) \tag{5.36}$$

记

$$\gamma_{ij} = \mu_{ij} - \mu_{i\cdot} - \mu_{\cdot j} + \mu \quad (i = 1, 2, \cdots, r; \; j = 1, 2, \cdots, s) \tag{5.37}$$

此时,有

$$\mu_{ij} = \mu + \alpha_i + \beta_j + \gamma_{ij} \tag{5.38}$$

其中 γ_{ij} 被称为水平 A_i 和水平 B_j 的**交互效应**,这是由 A_i,B_i 搭配起来联合起作用而引起的. 易见

$$\sum_{i=1}^{r} \gamma_{ij} = 0 \quad (j = 1, 2, \cdots, s)$$

$$\sum_{j=1}^{s} \gamma_{ij} = 0 \quad (i = 1, 2, \cdots, r)$$

则式(5.35)可写成

$$\begin{cases} X_{ijk} = \mu + \alpha_i + \beta_j + \gamma_{ij} + \varepsilon_{ijk} \\ \varepsilon_{ijk} \sim N(0, \sigma^2), \; \text{各} \; \varepsilon_{ijk} \; \text{相互独立} \\ i = 1, 2, \cdots, r; \; j = 1, 2, \cdots, s; \; k = 1, 2, \cdots, t \\ \sum_{i=1}^{r} \alpha_i = 0, \; \sum_{j=1}^{s} \beta_j = 0, \; \sum_{i=1}^{r} \gamma_{ij} = 0, \; \sum_{j=1}^{s} \gamma_{ij} = 0 \end{cases} \tag{5.39}$$

其中 μ,α_i,β_i,γ_{ij} 及 σ^2 都是未知参数.

式(5.39)就是我们所要研究的双因素试验方差分析的数学模型. 对于这一模型,我们要检验以下三个假设:

$$\begin{cases} H_{01}: \alpha_1 = \alpha_2 = \cdots = \alpha_r = 0 \\ H_{11}: \alpha_1, \alpha_2, \cdots, \alpha_r \; \text{不全为零} \end{cases} \tag{5.40}$$

$$\begin{cases} H_{02}: \beta_1 = \beta_2 = \cdots = \beta_s = 0 \\ H_{12}: \beta_1, \beta_2, \cdots, \beta_s \; \text{不全为零} \end{cases} \tag{5.41}$$

$$\begin{cases} H_{03}: \gamma_{11} = \gamma_{12} = \cdots = \gamma_{rs} = 0 \\ H_{13}: \gamma_{11}, \gamma_{12}, \cdots, \gamma_{rs} \; \text{不全为零} \end{cases} \tag{5.42}$$

与单因素情况类似,对这些问题的检验方法也是建立在平方和的分解基础上的,然后研究其统计特性,最后确定其拒绝域.

先引入以下记号:

$$\overline{X} = \frac{1}{rst} \sum_{i=1}^{r} \sum_{j=1}^{s} \sum_{k=1}^{t} X_{ijk},$$

$$\overline{X}_{ij\cdot} = \frac{1}{t} \sum_{k=1}^{t} X_{ijk} \quad (i = 1, \cdots, r; \; j = 1, 2, \cdots, s)$$

$$\overline{X}_{i\cdot\cdot} = \frac{1}{st} \sum_{j=1}^{s} \sum_{k=1}^{t} X_{ijk} \quad (i = 1, 2, \cdots, r)$$

$$\overline{X}_{\cdot j\cdot} = \frac{1}{rt} \sum_{i=1}^{r} \sum_{k=1}^{t} X_{ijk} \quad (j = 1, 2, \cdots, s)$$

再引入总偏差平方和(称之为总变差):

$$S_T = \sum_{i=1}^{r} \sum_{j=1}^{s} \sum_{k=1}^{t} (X_{ijk} - \overline{X})^2$$

可将 S_T 写成

$$S_T = \sum_{i=1}^{r} \sum_{j=1}^{s} \sum_{k=1}^{t} (X_{ijk} - \overline{X})^2$$

$$= \sum_{i=1}^{r} \sum_{j=1}^{s} \sum_{k=1}^{t} [(X_{ijk} - \overline{X}_{ij\cdot}) + (\overline{X}_{i\cdot\cdot} - \overline{X}) + (\overline{X}_{\cdot j\cdot} - \overline{X}) + (\overline{X}_{ij\cdot} - \overline{X}_{i\cdot\cdot} - \overline{X}_{\cdot j\cdot} + \overline{X})]^2$$

$$= \sum_{i=1}^{r} \sum_{j=1}^{s} \sum_{k=1}^{t} (X_{ijk} - \overline{X}_{ij\cdot})^2 + st \sum_{i=1}^{r} (\overline{X}_{i\cdot\cdot} - \overline{X})^2 + rt \sum_{j=1}^{s} (\overline{X}_{\cdot j\cdot} - \overline{X})^2 +$$

$$t \sum_{i=1}^{r} \sum_{j=1}^{s} (\overline{X}_{ij\cdot} - \overline{X}_{i\cdot\cdot} - \overline{X}_{\cdot j\cdot} + \overline{X})^2$$

即得平方和分解式:

$$S_T = S_E + S_A + S_B + S_{A\times B} \tag{5.43}$$

其中

$$S_E = \sum_{i=1}^{r} \sum_{j=1}^{s} \sum_{k=1}^{t} (X_{ijk} - \overline{X}_{ij\cdot})^2 \tag{5.44}$$

$$S_A = st \sum_{i=1}^{r} (\overline{X}_{i\cdot\cdot} - \overline{X})^2 \tag{5.45}$$

$$S_B = rt \sum_{j=1}^{s} (\overline{X}_{\cdot j\cdot} - \overline{X})^2 \tag{5.46}$$

$$S_{A\times B} = t \sum_{i=1}^{r} \sum_{j=1}^{s} (\overline{X}_{ij\cdot} - \overline{X}_{i\cdot\cdot} - \overline{X}_{\cdot j\cdot} + \overline{X})^2 \tag{5.47}$$

各偏差平方和 S_E, S_A, S_B 和 $S_{A\times B}$ 的实际意义如下:

S_E 表示试验的随机波动引起的误差, 被称为**误差平方和**;

S_A、S_B 除了反映了试验的随机波动引起的误差, 还分别反映了因素 A、因素 B 的效应间的差异, 分别被称为因素 A、因素 B 的**偏差平方和或效应平方和**;

$S_{A\times B}$ 除了反映了试验的随机波动引起的误差, 还反映了交互效应的差异所引起的波动, 分别被称为 A、B **交互作用的偏差平方和或交互效应平方和**.

可以证明 S_T, S_E, S_A, S_B, $S_{A\times B}$ 依次服从自由度为 $rst - 1$, $rs(t - 1)$, $r - 1$, $s - 1$, $(r-1)(s-1)$ 的 χ^2 分布, 且有

$$E\left(\frac{S_E}{rs(t-1)}\right) = \sigma^2 \tag{5.48}$$

$$E\left(\frac{S_A}{r-1}\right) = \sigma^2 + + \frac{st \sum_{i=1}^{r} \alpha_i^2}{r-1} \tag{5.49}$$

$$E\left(\frac{S_B}{s-1}\right) = \sigma^2 + \frac{st \sum_{i=1}^{s} \beta_i^2}{s-1}, \tag{5.50}$$

$$E\left(\frac{S_{A\times B}}{(r-1)(s-1)}\right) = \sigma^2 + \frac{t \sum_{i=1}^{r} \sum_{j=1}^{s} \gamma_{ij}^2}{(r-1)(s-1)} \tag{5.51}$$

当 H_{01}: $\alpha_1 = \alpha_2 = \cdots = \alpha_r = 0$ 为真时，可以证明

$$F_A = \frac{S_A/(r-1)}{S_E/(rs(t-1))} \sim F(r-1, \ rs(t-1)) \tag{5.52}$$

取显著性水平为 α，得假设 H_{01} 的拒绝域为

$$F_A = \frac{S_A/(r-1)}{S_E/(rs(t-1))} \geqslant F_\alpha(r-1, \ rs(t-1)) \tag{5.53}$$

类似地，取显著性水平为 α，得假设 H_{02} 的拒绝域为

$$F_B = \frac{S_B/(s-1)}{S_E/(rs(t-1))} \geqslant F_\alpha(s-1, \ rs(t-1)) \tag{5.54}$$

取显著性水平为 α，得假设 H_{03} 的拒绝域为

$$F_{A\times B} = \frac{S_{A\times B}/[(r-1)(s-1)]}{S_E/[rs(t-1)]} \geqslant F_\alpha((r-1)(s-1), \ rs(t-1)) \tag{5.55}$$

得方差分析表如表 5.9 所示.

表 5.9 双因素等重复试验的方差分析表

方差来源	平方和	自由度	均方	F 值
因素 A	S_A	$r-1$	$\overline{S}_A = \dfrac{S_A}{r-1}$	$F_A = \dfrac{\overline{S}_A}{\overline{S}_E}$
因素 B	S_B	$s-1$	$\overline{S}_B = \dfrac{S_B}{s-1}$	$F_B = \dfrac{\overline{S}_B}{\overline{S}_E}$
交互作用	$S_{A\times B}$	$(r-1)(s-1)$	$\overline{S}_{A\times B} = \dfrac{S_{A\times B}}{(r-1)(s-1)}$	$F_{A\times B} = \dfrac{\overline{S}_{A\times B}}{\overline{S}_E}$
误差	S_E	$rs(t-1)$	$\overline{S}_E = \dfrac{S_E}{rs(t-1)}$	
总和	S_T	$rst-1$		

记：

$$T_{\cdots} = \sum_{i=1}^{r} \sum_{j=1}^{s} \sum_{k=1}^{t} X_{ijk}$$

$$T_{ij\cdot} = \sum_{k=1}^{t} X_{ijk} \quad (i=1, 2, \cdots, r; j=1, 2, \cdots, s)$$

$$T_{i\cdot\cdot} = \sum_{j=1}^{s} \sum_{k=1}^{t} X_{ijk} \quad (i=1, 2, \cdots, r)$$

$$T_{\cdot j\cdot} = \sum_{i=1}^{r} \sum_{k=1}^{t} X_{ijk} \quad (j=1, 2, \cdots, s)$$

我们可以按照下式来计算表 5.9 中的各个平方和：

$$\begin{cases} S_T = \sum_{i=1}^{r} \sum_{j=1}^{s} \sum_{k=1}^{t} X_{ijk}^2 - \dfrac{T_{...}^2}{rst} \\[3mm] S_A = \dfrac{1}{st} \sum_{i=1}^{r} T_{i..}^2 - \dfrac{T_{...}^2}{rst} \\[3mm] S_B = \dfrac{1}{rt} \sum_{j=1}^{s} T_{.j.}^2 - \dfrac{T_{...}^2}{rst} \\[3mm] S_{A\times B} = \left(\dfrac{1}{t} \sum_{i=1}^{r} \sum_{j=1}^{s} T_{ij.}^2 - \dfrac{T_{...}^2}{rst} \right) - S_A - S_B \\[3mm] S_E = S_T - S_A - S_B - S_{A\times B} \end{cases} \qquad (5.56)$$

例 5.3.1 一火箭用 4 种燃料、3 种推进器做射程试验. 每种燃料与每种推进器的组合各发射火箭两次,得射程(以海里计)如表 5.10 所示.

表 5.10 火箭的射程

推进器(B)		B_1	B_2	B_3
燃料(A)	A_1	58.2 52.6	56.2 41.2	65.3 60.8
	A_2	49.1 42.8	54.1 50.5	51.6 48.4
	A_3	60.1 58.3	70.9 73.2	39.2 40.7
	A_4	75.8 71.5	58.2 51.0	48.7 41.4

试问:推进器和燃料两因素对射程有无显著影响.

解 假设符合双因素方差分析模型所需的条件,在显著性水平 0.05 下,检验不同燃料(因素 A)、不同推进器(因素 B)下的射程是否有显著差异,交互作用是否显著. 由题设知

$$S_T = (58.2^2 + 52.6^2 + \cdots + 41.4^2) - \frac{1\ 319.8^2}{24} = 2\ 638.298\ 33$$

$$S_A = \frac{1}{6}(334.3^2 + 296.5^2 + 342.4^2 + 346.6^2) - \frac{1\ 319.8^2}{24} = 261.675\ 00$$

$$S_B = \frac{1}{8}(468.4^2 + 455.3^2 + 396.1^2) - \frac{1\ 319.8^2}{24} = 370.980\ 83$$

$$S_{A\times B} = \frac{1}{2}(110.8^2 + 91.9^2 + \cdots + 90.1^2) - \frac{1\ 319.8^2}{24} - S_A - S_B = 1\ 768.692\ 50$$

$$S_E = S_T - S_A - S_B - S_{A\times B} = 236.950\ 00$$

得方差分析表如表 5.11 所示.

表 5.11　例 5.3.1 的方差分析表

方差来源	平方和	自由度	均方	F 值
因素 A（燃料）	261.675 00	3	87.225 0	$F_A = 4.42$
因素 B（推进器）	370.980 83	2	185.490 4	$F_B = 3.39$
交互作用 $A \times B$	1 768.692 50	6	294.782 1	$F_{A \times B} = 14.93$
误差	236.950 00	12	19.745 8	
总和	2 638.298 33	23		

由表 5.11 可得如下结论：

由于 $F_A = 4.42 > F_{0.05}(3，12) = 3.49$，所以在显著性水平 0.05 下应拒绝假设 H_{01}，即认为不同燃料下的射程有显著差异；

由于 $F_B = 9.39 > F_{0.05}(2，12) = 3.89$，所以在显著性水平 0.05 下应拒绝假设 H_{02}，即认为不同推进器下的射程有显著差异.

由于 $F_{A \times B} = 14.93 > F_{0.05}(6，12) = 3.00$，所以在显著性水平 0.05 下应拒绝假设 H_{03}，即认为推进器和燃料的交互作用是显著的.

由于 $F_{A \times B} = 14.93 > F_{0.001}(6，12) = 8.38$，所以在显著性水平 0.001 下应拒绝假设 H_{03}，即认为推进器和燃料的交互作用是高度显著的.

从表 5.10 可以看出，A_4 与 B_1 搭配或 A_3 与 B_2 搭配都使火箭射程较其他水平的搭配要远得多. 在实际情况中我们就选择燃料和推进器的最优搭配方式来实施.

例 5.3.2　某玻璃厂在生产中为了提高某种玻璃的硬度，选了 3 种不同碱金属氧化物浓度，4 种不同制备温度做试验. 在同一碱金属氧化物浓度与同一温度组合下各做两次试验，其玻璃的硬度（HB）数据如表 5.12 所示（数据均已减去 75）. 试检验不同碱金属氧化物浓度，不同制备温度以及它们间的交互作用对玻璃的硬度有无显著影响.（取显著性水平为 0.05）

表 5.12　不同碱金属氧化物浓度、制备温度下玻璃的硬度

浓度	温度				$x_{i..}$	$x_{i..}^2$
	B_1	B_2	B_3	B_4		
A_1	14, 10 (24)	11, 11 (22)	13, 9 (22)	10, 12 (22)	90	8 100
A_2	9, 7 (16)	10, 8 (18)	7, 11 (18)	6, 10 (16)	68	4 624
A_3	5, 11 (16)	13, 14 (27)	12, 13 (25)	14, 10 (24)	92	8 464
$x_{.j.}$	56	67	65	62	250	21 188
$x_{.j.}^2$	3 136	4 489	4 225	3 844	15 694	

解　显然，这里 $r = 3$，$s = 4$，$t = 2$，$n = rst = 24$，则

$$\sum_{i=1}^{3}\sum_{j=1}^{4}\sum_{k=1}^{2}x_{ijk}^2 = 2\ 752,\quad \frac{1}{24}\Big(\sum_{i=1}^{3}\sum_{j=1}^{4}\sum_{k=1}^{2}x_{ijk}\Big)^2 = 2\ 604.\ 166\ 7$$

$$\sum_{i=1}^{3}\sum_{j=1}^{4}x_{ij.}^2 = 5\ 374$$

$$S_T = 2\ 752 - 2\ 604.\ 166\ 7 = 147.\ 833\ 3$$

$$S_A = \frac{1}{8}\times 21\ 188 - 2\ 604.\ 166\ 7 = 44.\ 333\ 3$$

$$S_B = \frac{1}{6}\times 15\ 694 - 2\ 604.\ 166\ 7 = 11.\ 500\ 0$$

$$S_{A\times B} = \frac{1}{2}\times 5\ 374 - 2\ 604.\ 166\ 7 - 44.\ 333\ 3 - 11.\ 500\ 0 = 27.\ 000\ 0$$

$$S_E = S_T - S_A - S_B - S_{A\times B} = 65.\ 000\ 0$$

得方差分析表如表 5.13 所示.

表 5.13　例 5.3.2 的方差分析表

来源	平方和	自由度	均方和	F 值	显著性
因素 A	44. 333 3	2	22. 166 7	4.09	＊＊
因素 B	11. 500 0	3	3. 833 3	<1	
$A\times B$	27. 000 0	6	4. 500 0	<1	
误差	65. 000 0	12	5. 416 7		
总和	147. 833 3	23			

查附录 A 中表 A.5 知

$$F_{0.05}(2,\ 12)=3.89,\quad F_{0.01}(2,\ 12)=6.93$$
$$F_{0.05}(3,\ 12)=3.49,\quad F_{0.01}(3,\ 12)=5.95$$
$$F_{0.05}(6,\ 12)=3.00,\quad F_{0.01}(6,\ 12)=4.81$$

由此知 $F_{0.05}<F_A<F_{0.01}$，而 $F_B<F_{0.05}$，$F_{A\times B}<F_{0.05}$，故碱金属氧化物浓度不同将对玻璃硬度产生显著影响；而温度和交互作用的影响都不显著.

5.3.2　双因素无重复试验（无交互作用）的方差分析

通过上面的讨论，我们考虑了双因素试验中两个因素的交互作用. 为了检验两个因素的交互作用，对两个因素的每一组合至少要做两次试验. 这是因为在模型(5.39)中，若只做一次试验（即 $k=1$），则 $\gamma_{ij}+\varepsilon_{ij}$ 总以结合在一起的形式出现，这样就不能将交互作用与误差分离开来. 而在处理实际问题时，如果我们已知两个因素不存在交互作用，或者已知交互作用对试验的指标影响很小，那么可以不考虑交互作用. 此时，即使 $k=1$，也能对因素 A、因素 B 的效应进行分析. 现设对两个因素的每一组合只做一次试验（所得结果如表 5.14 所示），即本部分要给大家介绍的双因素无重复试验（无交互作用）的方差分析. 从某种意义上来讲，我们可将双因素无重复试验（无交互作用）的方差分析看成是双因素等重复试验（有交互作用）的方差分析的一个特例.

表 5.14　双因素无重复试验结果表

因素 A	因素 B			
	B_1	B_2	$\cdots$	B_s
A_1	X_{11}	X_{12}	$\cdots$	X_{1s}
A_2	X_{21}	X_{22}	$\cdots$	X_{2s}
$\vdots$	$\vdots$	$\vdots$		$\vdots$
A_r	X_{r1}	X_{r2}	$\cdots$	X_{rs}

设

$$X_{ij} \sim N(\mu_{ij}, \sigma^2) \quad (i = 1, 2, \cdots, r, j = 1, 2, \cdots, s, \text{各 } X_{ij} \text{ 相互独立})$$

其中 μ_{ij}, σ^2 均为未知参数. 或者写成

$$\begin{cases} X_{ij} = \mu_{ij} + \varepsilon_{ij} \\ i = 1, 2, \cdots, r; j = 1, 2, \cdots, s \\ \varepsilon_{ij} \sim N(0, \sigma^2), \text{各 } \varepsilon_{ij} \text{ 相互独立} \end{cases} \tag{5.57}$$

仍然沿用前面的记号，注意到此时假设不存在交互作用，则 $\gamma_{ij} = 0$, $i = 1, 2, \cdots, r$; $j = 1, 2, \cdots, s$, 故由式(5.38)知 $\mu_{ij} = \mu + \alpha_i + \beta_j$, 于是式(5.57)可写成

$$\begin{cases} X_{ij} = \mu + \alpha_i + \beta_j + \varepsilon_{ij} \\ \varepsilon_{ij} \sim N(0, \sigma^2), \text{各 } \varepsilon_{ij} \text{ 相互独立} \\ i = 1, 2, \cdots, r; j = 1, 2, \cdots, s \\ \sum_{i=1}^{r} \alpha_i = 0, \sum_{j=1}^{s} \beta_j = 0 \end{cases} \tag{5.58}$$

这就是现在要研究的双因素无重复试验方差分析的数学模型. 对这个模型，我们要检验的假设有以下两个：

$$\begin{cases} H_{01}: \alpha_1 = \alpha_2 = \cdots = \alpha_r = 0 \\ H_{11}: \alpha_1, \alpha_2, \cdots, \alpha_r \text{ 不全为零} \end{cases} \tag{5.59}$$

$$\begin{cases} H_{02}: \beta_1 = \beta_2 = \cdots = \beta_s = 0 \\ H_{12}: \beta_1, \beta_2, \cdots, \beta_s \text{ 不全为零} \end{cases} \tag{5.60}$$

通过与本节第一部分中同样的讨论，可得方差分析表如表 5.15 所示.

表 5.15　双因素无重复试验的方差分析表

方差来源	平方和	自由度	均方	F 值
因素 A	S_A	$r - 1$	$\bar{S}_A = \dfrac{S_A}{r-1}$	$F_A = \dfrac{\bar{S}_A}{\bar{S}_E}$
因素 B	S_B	$s - 1$	$\bar{S}_B = \dfrac{S_B}{s-1}$	$F_B = \dfrac{\bar{S}_B}{\bar{S}_E}$
误差	S_E	$(r-1)(s-1)$	$\bar{S}_E = \dfrac{S_E}{(r-1)(s-1)}$	
总和	S_T	$rs - 1$		

取显著性水平为 α，得假设 H_{01} 的拒绝域为

$$F_A = \frac{\overline{S_A}}{\overline{S_E}} \geqslant F_\alpha(r-1, (r-1)(s-1))$$

取显著性水平为 α，得假设 H_{02} 的拒绝域为

$$F_B = \frac{\overline{S_B}}{\overline{S_E}} \geqslant F_\alpha(s-1, (r-1)(s-1))$$

我们可以按照下式来计算表 5.15 中的各个平方和：

$$\begin{cases} S_T = \sum_{i=1}^r \sum_{j=1}^s X_{ij}^2 - \frac{T_{..}^2}{rs} \\[2mm] S_A = \frac{1}{s}\sum_{i=1}^r T_{i\cdot}^2 - \frac{T_{..}^2}{rs} \\[2mm] S_B = \frac{1}{r}\sum_{j=1}^s T_{\cdot j}^2 - \frac{T_{..}^2}{rs} \\[2mm] S_E = S_T - S_A - S_B \end{cases} \tag{5.61}$$

式中，$T_{..} = \sum_{i=1}^r \sum_{j=1}^s X_{ij}$；$T_{i\cdot} = \sum_{j=1}^s X_{ij}$，$i = 1, 2, \cdots, r$；$T_{\cdot j} = \sum_{i=1}^r X_{ij}$，$j = 1, 2, \cdots, s$.

例 5.3.3 为了考察蒸馏水的 pH 值和硫酸铜溶液浓度对化验血清中白蛋白与球蛋白的影响，对蒸馏水的 pH 值(A) 取了 4 个不同水平，对硫酸铜溶液浓度(B) 取了 3 个不同水平，在不同水平组合 (A_i, B_j) 下各测一次白蛋白与球蛋白之比，其结果列于表 5.16 中，试检验两因素对化验结果有无显著差异.

表 5.16 例 5.3.3 的试验结果计算表

B	A					
	A_1	A_2	A_3	A_4	和	平方和
B_1	3.5	2.6	2.0	1.4	9.5	90.25
B_2	2.3	2.0	1.5	0.8	6.6	43.56
B_3	2.0	1.9	1.2	0.3	5.4	29.16
和	7.8	6.5	4.7	2.5	21.5	162.97
平方和	60.84	30.25	22.09	6.25	131.43	

解 这里 $r = 4$，$s = 3$，$n = rs = 12$，则

$$\sum_{i=1}^4 \sum_{j=1}^3 x_{ij}^2 = 46.29, \quad \frac{1}{12}\left(\sum_{i=1}^4 \sum_{j=1}^3 x_{ij}\right)^2 = 38.52$$

$$S_T = 46.29 - 38.52 = 7.77$$

$$S_A = \frac{1}{3} \times 131.43 - 38.52 = 5.29$$

$$S_B = \frac{1}{4} \times 162.97 - 38.52 = 2.22$$

$$S_E = S_T - S_A - S_B = 0.26$$

得方差分析表如表 5.17 所示.

表 5.17 例 5.3.3 的方差分析表

来源	平方和	自由度	均方和	F 值	显著性
因素 A	5.29	3	1.76	40.9	* *
因素 B	2.22	2	1.11	25.8	* *
误差	0.26	6	0.043		
总和	7.77	11			

查附录 A 中表 A.5 得: $F_{0.05}(3, 6) = 4.76$, $F_{0.05}(2, 6) = 5.14$, $F_{0.01}(3, 6) = 9.78$, $F_{0.01}(2, 6) = 10.9$.

由此可知 $F_A > F_{0.01}(3, 6)$, $F_B > F_{0.01}(2, 6)$. 所以因素 A 及因素 B 的不同水平对化验结果有高度显著影响.

因素 A 与因素 B 有无交互作用, 如果经验与专业知识都不能决定, 当然可以把它作为有交互作用的情形来处理, 最终通过检验假设 H_{03}: 一切 $\gamma_{ij} = 0$ 来判别有无交互作用. 但是, 把无交互作用情形作为有交互作用情形来处理, 试验次数至少增加一倍(因为 $t \geqslant 2$). 下面介绍一种不是很准确, 但可供参考的作图判别法, 具体做法如下.

把 B_1, B_2, $\cdots$, B_s 作为数轴上 s 个点描在横轴上, 对于某一个 B_j 与因素 A 的各个水平 A_1, A_2, $\cdots$, A_r 组合, 共有 r 个试验指标, 以这些试验指标为纵坐标. 由此, 可在坐标平面上描出 r 个点(它们的横坐标都是 B_j). 让 $j = 1$, 2, $\cdots$, s, 因此我们在坐标平面上得到 rs 个点, 然后把这些点中有相同 A_i 的点按顺序连成一条折线(若 B_1, B_2, $\cdots$, B_s 的 $s = 2$, 则只能连成一条直线段), 共得到 r 条折线. 在没有交互作用时, 这 r 条折线对应线段平行或近似平行; 在有交互作用时, 这些折线的差异较大(作图时, A 与 B 的位置可以对调, 即把 A_1, A_2, $\cdots$, A_r 描在横轴上).

对于例 5.3.1 和例 5.3.3 的试验数据(例 5.3.1 的数据 X_{ijk} 只用到 $k = 1$ 的数据), 可以画成图 5.2(A_3、A_4 由读者自己补画上). 从图中看到, 例 5.3.1 的折线差异较大, 因此认为有交互作用存在; 例 5.3.3 的折线形状、位置比较相像, 因此认为交互作用可以忽略. 当然, 读者一定要注意, 这种作图判别的方法并不十分精准, 仅供辅助参考, 具体有无交互作用应在作图基础上通过对数据进一步的处理来加以验证.

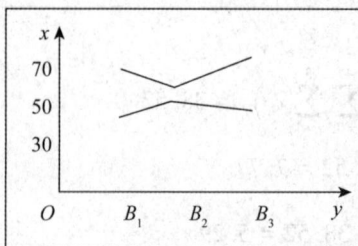

例5.3.1的折线

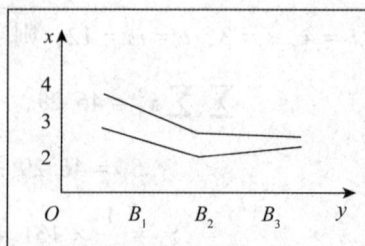

例5.3.3的折线

图 5.2

二维码 5.2：
本章小结

本章小结

在实际中试验的指标往往要受到一种或多种因素的影响．方差分析就是通过对试验数据进行分析，检验方差相同的多个（多于两个）正态总体的均值是否相等，用以判断各因素对试验指标的影响是否显著．与第 4 章中介绍的假设检验方法相比，方差分析可以提高检验的效率，同时由于它是将所有的样本信息结合在一起，所以也增加了分析的可靠性．方差分析按影响试验指标的因素的个数不同分为单因素方差分析、双因素方差分析和多因素方差分析，限于篇幅，本章只介绍了前面两种，对于多因素方差分析，将在第 7 章介绍．

"方差分析"事实上并不是真正分析方差，而是分析用偏差平方和度量的数据的变异．原美国统计协会主席斯内德克（Snedecor）说过："方差分析是从可比组的数据中分解出可追溯到某些指定来源的变异的一种技巧."其中，方差分析法的基本思想：由于观察到的数据总是参差不齐的，我们用总偏差平方和 $S_T = \sum_{j=1}^{s} \sum_{i=1}^{n_j} (X_{ij} - \overline{X})^2$ 来度量数据间总的变异（即离散程度），将它分解为可追溯到来源的部分变异（也用平方和来度量）$S_E = \sum_{j=1}^{s} \sum_{i=1}^{n_j} (X_{ij} - \overline{X}_{\cdot j})^2$ （它是由随机误差引起的）与 $S_A = \sum_{j=1}^{s} \sum_{i=1}^{n_j} (\overline{X}_{\cdot j} - \overline{X})^2$（它是由各水平效应的差异及随机误差引起的）之和．若后者较前者大得多，则有理由认为因素的各个水平对应的试验结果有显著差异，从而拒绝因素各水平对应的正态总体的均值相等这一原假设．

在双因素方差分析中，我们需要分辨清楚所研究因素之间是属于有交互作用的情况，还是属于无交互作用的情况．其中，单因素方差分析表和双因素方差分析表分别记录了单因素和双因素方差分析的全部结果，读者应很好地掌握．

本章知识结构如图 5.3 所示．

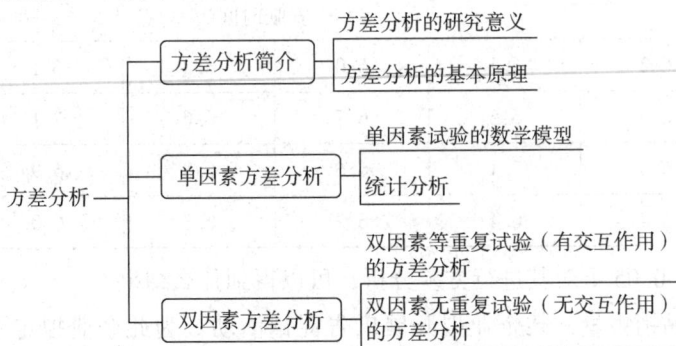

图 5.3

习题五

1. 有某种型号的电池 3 批，它们分别是 A、B、C 3 个工厂所生产的．为评比其质量，各随机抽取 5 只电池为样品，经试验得其寿命（单位：h）如表 5.18 所示．

表 5.18　电池寿命

工厂	寿命				
A	40	48	38	42	45
B	26	34	30	28	32
C	39	40	43	50	50

试在显著性水平 0.05 下，检验电池的平均寿命有无显著差异．若差异是显著的，试求均值差 $\mu_A - \mu_B$，$\mu_A - \mu_C$ 及 $\mu_B - \mu_C$ 的置信水平为 95% 的置信区间，设各工厂所生产的电池的寿命服从同方差的正态分布．

2. 为寻求适应本地区的高产油菜品种，选取了 5 种不同品种进行试验，每一品种种在 4 块试验田上，得到在每一块田上的亩产量(单位：kg)如表 5.19 所示．

表 5.19　亩产量

田块	品种				
	A_1	A_2	A_3	A_4	A_5
1	256	244	250	288	206
2	222	300	277	280	212
3	280	290	230	315	220
4	298	275	322	259	212

试问各不同品种的平均亩产量是否有显著差异．

3. 用 4 种安眠药在兔子身上进行试验，特选 24 只健康的兔子，随机把它们均分为 4 组，每组各服一种安眠药，安眠时间(单位：h)如表 5.20 所示．

表 5.20　安眠药试验数据

安眠药	安眠时间					
A_1	6.2	6.1	6.0	6.3	6.1	5.9
A_2	6.3	6.5	6.7	6.6	7.1	6.4
A_3	6.8	7.1	6.6	6.8	6.9	6.6
A_4	5.4	6.4	6.2	6.3	6.0	5.9

在显著性水平 $\alpha = 0.05$ 下对其进行方差分析，可以得到什么结果？

4. 为扩大产品销售量，某企业拟开展广告促销活动．为此企业拟定了 3 种广告方式，即在当地报纸上刊登广告、在当地电视台播出广告和在当地广播中播出广告，并选择了 3 个人口规模、经济发展水平及该企业产品过去的销售量都大体相当的地区，然后随机地将每种广告方式安排在其中一个地区进行试验，共试验了 5 周，各地区每周的销售量(单位：万件)如表 5.21 所示．试判断各种广告方式的效果是否有显著差异．

表 5.21 各种广告方式的销售量

地区和广告方式	序号				
	1	2	3	4	5
甲地区：报纸广告 A_1	53	52	66	62	60
乙地区：电视广告 A_2	61	46	55	49	58
丙地区：电台广告 A_3	50	40	45	55	40

5. 某粮食加工厂试验三种储藏方法对粮食含水率有无显著影响. 现取一批粮食分成若干份，分别用三种不同的方法储藏，过一段时间后测得的含水率(单位:%)如表 5.22 所示.

表 5.22 含水率

储藏方法	含水率数据				
A_1	7.3	8.3	7.6	8.4	8.3
A_2	5.4	7.4	7.1	6.8	5.3
A_3	7.9	9.5	10.0	9.8	8.4

(1)假定各种方法储藏的粮食的含水率服从正态分布，且方差相等，试在显著性水平 $\alpha = 0.05$ 下检验这三种方法对含水率有无显著影响；

(2)对每种方法的平均含水率给出置信水平为 0.95 的置信区间.

6. 某市场研究机构为了研究品牌与地区对商品销售量的影响，随机选择了洗衣机的 4 个品牌和其销售的 5 个地区，得到某一时段内的销售量(单位：台)数据，如表 5.23 所示. 在显著性水平 $\alpha = 0.05$ 下，试分析品牌与地区对洗衣机的销售量有无显著影响.

表 5.23 试验数据

品牌(因素 A)	地区(因素 B)				
	B_1	B_2	B_3	B_4	B_5
A_1	323	340	347	360	355
A_2	332	336	368	343	361
A_3	308	344	323	358	328
A_4	295	262	281	285	294

7. 从 5 名工人操作的 3 台机器每小时产量中分别抽取一个不同时段的产量(单位：kg)，观察到的产量如表 5.24 所示. 试分析产量是否依赖于机器类型和操作者(工人).

表 5.24 3 台机器的产量数据

机器	工人					
	B_1	B_2	B_3	B_4	B_5	$X_i.$
A_1	53	47	46	50	49	49
A_2	61	55	52	58	54	56
A_3	51	51	49	54	50	51
均值 $X_{.j}$	55	51	49	54	51	$X = 52$

8. 在某种金属材料的生产过程中，对热处理温度(因素 B)与时间(因素 A)各取两个水平，产品强度(单位：MPa)的测定结果(相对值)如表 5.25 所示. 在同一条件下每个试验重复两次. 设各水平搭配下强度的总体服从正态分布且方差相同，各样本相互独立. 问热处理温度、时间以及这两者的交互作用对产品强度是否有显著的影响？(取显著性水平为 0.05)

表 5.25 产品强度

A	B		$T_{i..}$
	B_1	B_2	
A_1	38.0 38.6 (76.6)	47.0 44.8 (91.8)	168.4
A_2	45.0 43.8 (88.8)	42.4 40.8 (83.2)	172
$T_{.j.}$	165.4	175	340.4

9. 一家超市连锁店进行一项研究，确定超市所在的位置和竞争者的数量对销售额是否有显著影响. 月销售额数据(单位：万元)如表 5.26 所示.

表 5.26   月销售额数据

超市位置	竞争者数量			
	0	1	2	>3
位于市内居民小区	41	38	59	47
	30	31	48	40
	45	39	51	39
位于写字楼	25	29	44	47
	31	35	48	40
	22	30	50	53
位于郊区	18	22	29	24
	29	17	28	27
	33	25	26	32

取显著性水平 $\alpha = 0.01$，检验：

(1)竞争者的数量对销售额是否有显著影响？

(2)超市的位置对销售额是否有显著影响？

(3)竞争者的数量和超市的位置对销售额是否有交互影响？

延展阅读

统计宗师——许宝騄

许宝騄(1910—1970)，祖籍浙江杭州，毕生从事数学研究和教学工作. 许先生在我国是最早从事数理统计和概率论研究工作的，并达到了世界先进水平. 他在数理统计和概率论,特别是多元分析、极限分布论、试验设计等方面作出了杰出的贡献;发展了矩阵变换的技巧,推进了矩阵论在数理统计学中的应用;对高斯–马尔可夫模型中方差的最优估计的研究取得了重要成果;在概率论方面取得了突出成果;并与他人合作首次引入了全收敛概念,这是对强大数定律的重要加强.许宝騄被公认为是在数理统计和概率论方面第一个具有国际声望的中国数学家,发表论文 39 篇,有《许宝騄全集》(英文)出版.许先生将毕生的精力献给了祖国和人民,对推动概率论和数理统计等学科在我国的发展起了重要作用.下面,让我们沿着大师的足迹领略一下许先生的精彩人生.

许宝騄先生 1910 年 9 月 1 日生于北京,从小受到良好的文化教育,其父先后聘请有国学功底的老师和通晓外文熟悉西方文化的老师在家教授.许先生在入中学(高中)之前在中国传统文化和西方近代启蒙文化两方面都有坚实的功底.

1925 年,许先生进北京汇文中学读书,1928 年中学毕业后进入燕京大学化学系学习,一年后转入清华大学数学系,专攻数学.1936 年许先生赴英留学,在伦敦大学学院专攻数理统计,师从著名的统计学大师 J. Neyman.4 年间,许先生以他娴熟的数学技巧与英国先进的统计思想相结合,迅速写出一系列重要论文,如给出了 Fisher-Behrens 问题的解法,提出了线性模型方差的最优二次估计,求出了某些重要的行列式的根的概率分布,发现并证明了 F 检验的第一个优良性质等.许先生于 1938 年获得哲学博士学位,1940 年又获科学博士学位.1940 年年底,许先生在抗日战争的烽火中毅然回到祖国,受聘为北京大学教授,在十分艰苦的环境下从事教学和科学研究工作,不断有重要的研究成果问世.

1945 年,应 J. Neyman 和另一位著名统计学家 H. Hotelling(多元统计的奠基人之一)邀请,许先生赴美讲学,先后在加利福尼亚大学、哥伦比亚大学和北卡罗来纳大学讲课并指导学生进行科学研究.许先生的典型中国学者的风度,对学术工作的严格高标准要求,以及解决困难而具体的数学问题的热情和努力,给美国同行们留下了深刻的印象.1947 年年初,在 H. Hotelling 的要求下,许先生和他一起离开哥伦比亚大学,去北卡罗来纳大学创办美国第一个统计系.许先生在该系讲授多元统计分析时,为了推导某些统计量的分布(特别是某些行列式方程的根的概率分布),引进了许多矩阵技巧用于计算矩阵变换的雅可比行列式.这些重要内容由 W. L. Deemer 和 I. Olkin 二人根据当时学生的听课笔记加以整理后在著名杂志《生物测量学》上发表.在此期间,许先生和 H. Robbins 合作提出了概率论中"完全收敛"的概念和定理,论文于 1947 年发表.Robbins 后来成为美国科学院院士,他在评价许先生时说:"他是不可被忘记的,同时又是无人能替代的."1947 年秋,许先生谢绝了 J. Neyman 的挽留,毅然回到了祖国,继续在北京大学任教.1948 年,许先生当选为中央研究院首批院士.当时当选院士的数学家共有五人,另外四人分别是姜立夫、陈省身、华罗庚、苏步青.

许先生虽然自幼体弱,多年患病,但是即使在住医院治疗期间,仍然不忘指导青年学习.1950 年,许先生身体刚好一些就自学俄文并积极帮助北大数学系的老师们学习专业俄文,选用辛钦的"数学分析八讲"(俄文)作读本,教得认真,效果很好.他还亲自校订苏联教材的中译本,如辛钦的《数学分析简明教程》(上、下册,北京大学数学分析与函数论教研室译)及史捷诺夫的《微分方程教程》(上册,卜元震译),这些译本出版对我国高校的数学基础教学有着广泛影响.

1953 年,许先生在新北大组织了学术讨论班,由他报告格涅坚科和柯尔莫哥洛夫合著的《相互独立随机变量之和的极限分布》(俄文),后来又组织学习"次序统计量",讨论班上消化整理该书的主要内容并介绍他自己在极限理论方面取得的科研成果. 许先生对相互独立随机变量早有深刻研究, 独立于格涅坚科(但比格氏稍后)对于行内独立的随机变量阵列, 在加项一致可忽略的条件下, 给出了行和弱收敛于给定的无穷可分分布的充分必要条件. 这一时期, 许先生在特征函数和矩阵方面有多篇论文发表. 1955 年, 许先生当选为中国科学院首批学部委员(后改称院士). 1956 年, 北京大学成立了全国第一个概率统计教研室, 许先生担任教研室主任. 作为全国公认的学科带头人, 许先生素怀报国之志, 全局在胸, 积极推动科学规划的落实.

许先生是一位全方位的教研室主任, 既关心教学, 又关心每位青年教员的成长. 他在同一时期主持不同主题的讨论班. 1963 年, 他为教研室全体青年教员系统讲述点集拓扑, 讲法也很有特点: 概念、定理及证明都用集合的算式来表达, 都算法化了. 他的讲稿至今保存在北大概率统计系. 1964 年, 他同时主持"数理统计""马氏过程""平稳过程"三个讨论班, 许先生听完后用自己的方法对论文的内容进行概括和总结, 点出了文章的精华所在.

许先生一向以学术上的最高标准要求自己, 他十分注重论文的质量. 他曾对他的学生, 即统计学家张尧庭说: "一篇文章的价值不是在它发表时得到了承认, 而是在后来不断被别人引用的时候才得到了证实." "我不希望自己的文章登在有名的杂志上因而出了名; 我希望一本杂志因为刊登了我的文章而出了名." 他是这样说, 更是这样做的. 他把他关于特征函数的重要文章放在当时刚创刊的《数学学报》上发表, 把关于矩阵的两篇重要文章放在刚创刊的《北京大学学报》(自然科学版)上发表.《北京大学学报》创刊后受到广泛关注.

许先生是一位具有献身精神的科学家, 他通常是在身体状况十分恶劣又缺乏精心照顾(许先生终生未婚)的情况下工作的. 但是只要工作起来, 他就表现出超出常人的精力. 1970 年 12 月 18 日, 北京大学一级教授、中科院院士、第四届全国政协委员许宝騄先生病逝于北京大学他的住所, 年仅六十岁. 人们在他床前发现的是一叠刚刚演算过的草稿.

一代宗师许宝騄先生以他杰出的才能与忘我的献身精神, 留下了举世公认的学术成就, 留下了创建我国概率统计学科的业绩, 更留下了随着时间推移而越来越显珍贵的精神财富.

第6章
相关分析与回归分析

　　现实世界中各种现象之间相互联系、相互制约、相互依存，当某些现象发生变化时，另一个现象也随之发生变化，人们常常要研究变量之间的关系，如血药浓度与时间，商品价格与销量，混凝土中水泥含量与抗拉强度等．一般来说，变量之间的关系大致可以分为两种类型：一类是函数关系，它反映了变量之间有着严格的依存关系，例如，圆的面积 S 和半径 r 之间的函数关系式 $S = \pi r^2$，匀速直线运动中位移 s 和时间 t 的函数关系式 $s = v_0 t$ 等；另一类是相关关系，相关关系是指客观现象之间确实存在但数量上又不是严格对应的依存关系，例如，人的身高与体重是两个变量，总的说来，人的体重随身高增长而增加，表明两者之间确实存在着某种关系，但显然不是函数关系．因为身高相同的人，体重有高有低，即同身高的人，其体重是一个随机变量；反之，体重相同的人，其身高一般也不相同，也是一个随机变量．这种非确定性关系被称为相关关系．相关关系和函数关系既有区别，又有联系，二者是辩证统一的关系．有些函数关系往往由于有观察或测量误差以及各种随机因素的干扰等原因，在实际生活中常常通过相关关系表现出来；而在研究相关关系时，对其数量间的变化规律了解得越深刻，其相关关系越有可能转化为函数关系或借助函数关系来表达．

　　在相关关系的统计研究中，变量间数量关系式的研究方法被称为回归分析．

　　从形式上看，回归分析与上一章介绍的方差分析有许多相同之处，但又有本质区别．方差分析只是要求辨明某个因素对因变量是不是有显著性的影响，而回归分析要求进一步确定因变量依赖于自变量的定量结论，要办到这一点需要做较多的试验，而且自变量是数量性的因素居多．由于回归分析与方差分析的要求不相同，所以所用方法也不尽相同．其中，只有一个自变量的回归分析研究，被称为一元回归分析．多于一个自变量的回归分析研究，被称为多元回归分析．若变量间存在线性关系，则称其为线性回归分析；若变量间不存在线性关系，则称其为非线性回归分析．本章将结合实际案例讨论变量间的相关分析及回归分析．

　　案例　在陶粒混凝土强度试验中，考察每立方米混凝土的水泥用量 X 对 28 天后的混凝土抗拉强度 Y 的影响，试验数据如表 6.1 所示.

表 6.1　试验数据

第 i 次观察	1	2	3	4	5	6	7	8	9	10	11	12
水泥用量 X/kg	150	160	170	180	190	200	210	220	230	240	250	260
抗拉强度 Y/MPa	5.58	6.02	6.45	6.34	6.55	7.22	7.27	7.9	7.86	8.10	8.47	8.80

　　问题：（1）如何用图形来反映水泥用量 X 与抗拉强度 Y 之间的相关关系？

　　（2）如何用统计指标衡量水泥用量 X 与抗拉强度 Y 之间的线性相关程度？

（3）如果水泥用量 X 与抗拉强度 Y 有明显的线性趋势，如何建立反映线性趋势的直线方程？

相关分析与回归分析就是研究这种变量之间关系常用的统计方法，统计分析的目的就在于根据统计数据确定变量之间的关系形式及关联程度，并探索其内在的数量规律性.

§6.1 相关分析

6.1.1 散点图

相关关系通过图形和数值两种方式，能够有效地揭示事物之间统计关系的强弱程度. 绘制散点图是相关分析过程中极为常用且非常直观的分析方式. 它将数据以点的形式画在平面直角坐标系上，通过观察散点图能够直观地发现变量之间的统计关系以及它们的强弱程度和数据对的可能走向，通过散点图特征，可以对两个变量 X 和 Y 之间的线性关系进行初步审视.

对两个随机变量 X 和 Y 进行观察，得到一组数据：

$$(x_1, y_1), (x_2, y_2), \cdots, (x_n, y_n)$$

以直角坐标系的横轴代表变量 X，纵轴代表变量 Y，将这些数据作为点的坐标描绘在直角坐标系中，所得的图被称为散点图. 散点图是判断相关关系常用的直观方法，当散点图中的点呈现直线趋势时，表明变量 X 与 Y 之间存在一定的线性关系，称 X 与 Y 线性相关，否则，称 X 与 Y 线性无关.

图 6.1 是几种典型的散点图，图 6.1(a)、图 6.1(b) 中，从总体上看随 X 增大 Y 呈现直线上升趋势，两者均属正线性相关. 图 6.1(d)、图 6.1(e) 中，从总体上看随 X 增大 Y 呈现直线下降趋势，两者均属负线性相关. 图 6.1(c) 中，X 和 Y 的散点分布完全不规则，属不相关. 而图 6.1(f) 中，X 与 Y 之间存在某种对称曲线关系，属曲线相关. 图 6.1(c)、图 6.1(f) 均属线性无关. 注意：本章所说的相关是指线性相关，实际问题中，当 X 与 Y 不相关(线性无关)时，应进一步核实是否存在曲线相关.

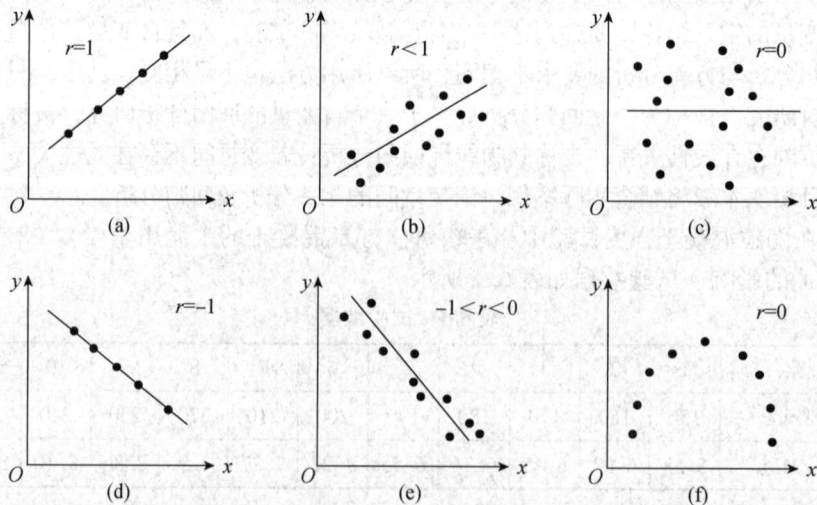

图 6.1

虽然散点图能够直观地展现变量之间的线性相关性，但并不精确，缺乏数量指标，带有很大的主观性．相关系数则能够以数值的形式精确地反映两个变量间线性相关的强弱程度．利用相关系数可以先对两个变量的数据进行相关分析，在肯定了它们的线性关系后，再去建立它们的线性模型．

6.1.2　样本相关系数

在统计学中，皮尔逊积矩相关系数通常用来度量两个变量 X 和 Y 之间的线性相关性，其取值范围在 $[-1，1]$ 之间，该相关系数是由英国统计学家卡尔·皮尔逊在 19 世纪 80 年代提出来的，常被称为皮尔逊相关系数或样本相关系数．

定义 6.1.1　对变量 $(X，Y)$ 进行观察，得到一组样本观察值 $(x_1，y_1)$，$(x_2，y_2)$，$\cdots$，$(x_n，y_n)$，称

$$r = \frac{l_{xy}}{\sqrt{l_{xx}l_{yy}}} \tag{6.1}$$

为样本相关系数，其中

$$l_{xy} = \sum_{i=1}^{n}(x_i - \bar{x})(y_i - \bar{y}) = \sum_{i=1}^{n}x_iy_i - \frac{1}{n}\left(\sum_{i=1}^{n}x_i\right)\left(\sum_{i=1}^{n}y_i\right) = \sum_{i=1}^{n}x_iy_i - n\bar{x}\cdot\bar{y}$$

$$l_{xx} = \sum_{i=1}^{n}(x_i - \bar{x})^2 = \sum_{i=1}^{n}x_i^2 - \frac{1}{n}\left(\sum_{i=1}^{n}x_i\right)^2 = \sum_{i=1}^{n}x_i^2 - n\bar{x}^2$$

$$l_{yy} = \sum_{i=1}^{n}(y_i - \bar{y})^2 = \sum_{i=1}^{n}y_i^2 - \frac{1}{n}\left(\sum_{i=1}^{n}y_i\right)^2 = \sum_{i=1}^{n}y_i^2 - n\bar{y}^2$$

$$\bar{x} = \frac{1}{n}\sum_{i=1}^{n}x_i，\quad \bar{y} = \frac{1}{n}\sum_{i=1}^{n}y_i$$

记 $S_{xy} = \frac{1}{n-1}\sum_{i=1}^{n}(x_i - \bar{x})(y_i - \bar{y})$，$S_x = \sqrt{\frac{1}{n-1}\sum_{i=1}^{n}(x_i - \bar{x})^2}$，$S_y = \sqrt{\frac{1}{n-1}\sum_{i=1}^{n}(y_i - \bar{y})^2}$，称 S_{xy} 为 X 和 Y 的样本协方差，S_x 和 S_y 分别为随机变量 X 和 Y 的样本标准差．于是样本相关系数也可表示为

$$r = \frac{S_{xy}}{S_xS_y} \tag{6.2}$$

样本相关系数 r 是总体相关系数 ρ 的抽样估计值．实际应用中，总体相关系数 ρ 作为理论值，一般是无法获知的．通常可根据样本观察值来计算样本相关系数 r，再用 r 来估计或判断两个变量的线性相关性，即这两个变量之间线性相关的强弱程度．

根据样本相关系数 r 的定义可知，由于 $l_{xy}^2 \leqslant l_{xx}l_{yy}$，所以 r 的取值范围为 $|r| \leqslant 1$，即 $-1 \leqslant r \leqslant 1$.

（1）$|r| = 1$ 时，散点图中所有对应的点在同一条直线上（如图 6.1(a)、6.1(d) 所示），即变量 X 与 Y 实际上是一种线性函数关系，此时称变量 X 与 Y 完全相关．$r = 1$ 时，变量之间为完全正相关；$r = -1$ 时，变量之间为完全负相关．

(2) $0 < |r| < 1$ 时, 表示变量 X 与 Y 之间存在一定的线性相关关系. 当 $r > 0$ 时, 表明随着 X 的增大, Y 有增大的趋势(如图 6.1(b) 所示); 当 $r < 0$ 时, 表示随着 X 的增大, Y 有减小的趋势(如图 6.1(e) 所示). $|r|$ 的值越接近于 1, 表明变量 X 与 Y 之间线性相关程度就越强; 反之, $|r|$ 的值越接近于 0, 表明变量 X 与 Y 之间线性相关程度就越弱.

(3) $r = 0$ 时, 表明变量 X 与 Y 之间不存在线性相关关系, 如图 6.1(c) 所示, 散点的分布是完全不规则的.

注意: $r = 0$ 只表明变量之间无线性相关关系, 而不能说明变量之间是否有非线性关系, 如图 6.1(f) 的变量间有一定的抛物线关系.

6.1.3　样本相关系数的显著性检验

在对随机变量 X 与 Y 进行相关分析时, 只有其总体相关系数 $\rho = 0$ 时, 才能断定这两个变量之间无相关性. 实际应用时, 用样本相关系数 r 来表示这两个变量的线性相关性, 而样本相关系数 r 是根据样本观察值计算的, 受抽样误差的影响, 带有一定的随机性, 样本容量越小其可信度就越差. 因此需要进行相关系数的显著性检验, 即检验假设

$$H_0: \rho = 0$$

是否成立.

进行相关系数的显著性检验时, 只需计算样本相关系数 r 的绝对值 $|r|$, 再查相关系数表得相关系数临界值 $r_{\alpha/2}(n-2)$ 进行比较判断即可. 其具体检验步骤如下:

(1)建立原假设 $H_0: \rho = 0$(X 与 Y 不相关), 备择假设 $H_1: \rho \neq 0$;

(2)计算样本相关系数 r 的值;

(3)对给定的显著性水平 α, 自由度为 $n-2$, 由相关系数检验表得临界值 $r_{\alpha/2}(n-2)$;

(4)统计判断: 若 $|r| \geq r_{\alpha/2}(n-2)$, 则 $p < \alpha$, 拒绝 H_0, 即认为变量 X 与 Y 间的相关性显著; 若 $|r| < r_{\alpha/2}(n-2)$, 则 $p > \alpha$, 接受 H_0, 即认为变量 X 与 Y 间的相关性不显著.

在小样本(一般为 $n < 30$)的情况下, 相关系数的检验也可以采用 t 检验法, 此时, 可以构造统计量: $t = \dfrac{r\sqrt{n-2}}{\sqrt{1-r^2}} \sim t(n-2)$, 查附录 A 中表 A.3 得到检验统计量的临界值 $t_{\alpha/2}(n-2)$, 若 $|t| < t_{\alpha/2}(n-2)$, 则接受 H_0, 即认为变量 X 与 Y 间的相关性不显著; 若 $|t| \geq t_{\alpha/2}(n-2)$, 则拒绝 H_0, 即认为变量 X 与 Y 间的相关性显著.

现在就可以考察并解答本章开头案例的问题(1)(2).

例 6.1.1　对本章开头案例中的试验数据进行相关分析:

(1)画出水泥用量 X 与混凝土抗拉强度 Y 的散点图;

(2)计算相关系数 r;

(3)对 X 与 Y 的线性相关性进行显著性检验($\alpha = 0.05$).

解　(1)以水泥用量 X 为横坐标, 抗拉强度 Y 为纵坐标, 在直角坐标系中画出成对观察值对应的点 $(x_i, y_i)(i = 1, 2, \cdots, 12)$, 即可得到该试验数据对应的散点图. 实际作图时, 可以利用统计软件, 输入数据, 即可得出 X 与 Y 的散点图(如图 6.2 所示).

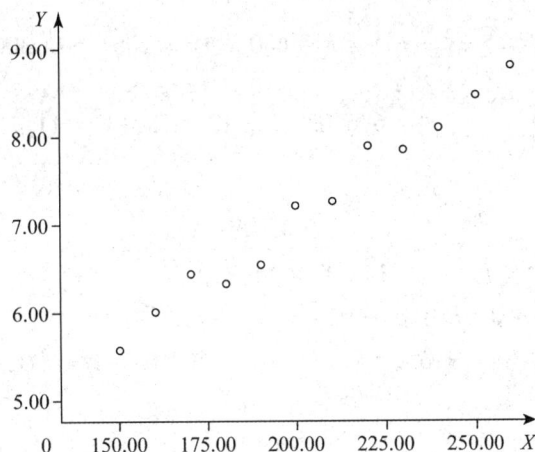

图 6.2

由所得的散点图可直观地看到，抗拉强度 Y 与水泥用量 X 的散点呈较为明显的线性趋势.

（2）为计算相关系数 r，可先列出相关系数计算表，如表 6.2 所示.

表 6.2 相关系数计算表

序号	水泥用量 X/kg	抗拉强度 Y/MPa	X^2	XY	Y^2
1	150	5.58	22 500	837	31.136 4
2	160	6.02	25 600	915.2	32.718 4
3	170	6.45	28 900	1 026.8	36.481 6
4	180	6.34	32 400	1 141.2	40.195 6
5	190	6.55	36 100	1 269.2	44.622 4
6	200	7.22	40 000	1 398	48.860 1
7	210	7.27	44 100	1 526.7	52.852 9
8	220	7.90	48 400	1 669.8	57.608 1
9	230	7.86	52 900	1 807.8	61.779 6
10	240	8.10	57 600	1 944	65.61
11	250	8.47	62 500	2 117.5	71.740 9
12	260	8.80	67 600	2 288	77.44
合计	2 460	86.56	518 600	18 148.4	636.039 2

计算得

$$\bar{x} = \frac{1}{n}\sum_{i=1}^{n} x_i = 205, \quad \bar{y} = \frac{1}{n}\sum_{i=1}^{n} y_i \approx 7.213$$

$$\sum_{i=1}^{n} x_i^2 = 518\ 600, \quad \sum_{i=1}^{n} y_i^2 = 636.039\ 2, \quad \sum_{i=1}^{n} x_i y_i = 18\ 148.4$$

$$l_{xy} = \sum_{i=1}^{n} x_i y_i - n\bar{x} \cdot \bar{y} = 18\ 148.4 - 12 \times 205 \times 7.213 = 404.42$$

$$l_{xx} = \sum_{i=1}^{n} x_i^2 - n\bar{x}^2 = 518\,600 - 12 \times 205^2 = 14\,300$$

$$l_{yy} = \sum_{i=1}^{n} y_i^2 - n\bar{y}^2 = 636.039\,2 - 12 \times 7.213^2 = 11.710\,77$$

再计算 r 的值：

$$r = \frac{l_{xy}}{\sqrt{l_{xx}l_{yy}}} = \frac{404.42}{\sqrt{14\,300 \times 11.710\,77}} = 0.988\,261$$

(3)建立假设 $H_0: \rho = 0$，$H_1: \rho \neq 0$.

由前面计算得：样本相关系数 $r = 0.988\,261$，由于样本容量较小，此时可以采用 t 检验法. 计算统计量的值：

$$t = \frac{r\sqrt{n-2}}{\sqrt{1-r^2}} \approx 20.456$$

对给定的 $\alpha = 0.05$，自由度 $n - 2 = 10$，查附录 A 中表 A.3 得临界值 $t_{0.05/2}(10) = 2.228$.

因为 $|t| = 20.456 > 2.228$，则 $P < 0.05$，故拒绝 H_0，即认为变量 X 与 Y 间的线性相关关系显著.

6.1.4 等级相关分析

针对两列顺序变量数据之间的相关问题，英国统计学家斯皮尔曼(C. E. Spearman)在样本相关系数的基础上，导出了等级相关系数的计算. 斯皮尔曼等级相关系数用来度量定序变量间的线性相关关系，适用于某些不能准确地测量指标值而只能以严重程度、名次先后、反应强度等给出的等级资料，也适用于某些不呈正态分布或难于判断总体分布的数据资料. 在使用斯皮尔曼等级相关系数时，并不直接采用原始数据，而是利用两变量的秩 (U_i, V_i) 代替原始数据 (X_i, Y_i) 进行计算. 等级相关分析法是分析 X，Y 变量之间是否相关的一种非参数检验方法，具有适用范围广、方法简便、易于运用等特点，但其精确度一般不如使用样本相关系数的方法.

设 U_i 和 V_i 分别为 x_i 和 y_i 各自在变量 X，Y 中的秩，如果变量 X，Y 之间存在正相关，那么 X，Y 应当同时增加或减少，这种现象当然会反映在 (x_i, y_i) 相应的秩 (U_i, V_i) 上. 反之，若 (U_i, V_i) 具有同步性，则 (x_i, y_i) 的变化也具有同步性. 因此设每对观察值的秩之差为 $d_i = U_i - R_i$，斯皮尔曼等级相关系数的计算公式为

$$r_s = 1 - \frac{6\sum_{i=1}^{n} d_i^2}{n(n^2-1)} \tag{6.3}$$

6.1.5 斯皮尔曼等级相关系数的显著性检验

等级相关系数 r_s 是总体相关系数 ρ_s 的估计值，由样本资料计算得到，故存在抽样误差问题，亦需进行假设检验以推断总体中变量 X 与 Y 间有无线性相关关系. 其假设检验步骤如下：

(1)建立假设 $H_0: \rho_s = 0$，$H_1: \rho_s \neq 0$；

(2)计算检验统计量：$r_s = 1 - \dfrac{6\sum\limits_{i=1}^{n} d_i^2}{n(n^2-1)}$；

(3)对给定的 α，查斯皮尔曼等级相关系数表，得到临界值 $r_s(n, \alpha)$；

(4)统计判断：若 $|r_s| \geqslant r_s(n, \alpha)$，则 $P < \alpha$，拒绝 H_0，即认为变量 X 与 Y 间的线性相关关系显著；若 $|r_s| < r_s(n, \alpha)$，则 $P > \alpha$，接受 H_0，即认为变量 X 与 Y 间的线性相关不显著.

例 6.1.2 某公司销售部门调查个人潜力与能力之间是否具有相关性，对 10 名职工的初始面试摘要、学科成绩、推荐信等材料进行综合评判，根据他们成功的潜能给出了等级评分. 在他们工作两年后，获得了他们实际的销售记录，得到了第二份等级评分，数据如表 6.3 所示. 请根据等级相关分析法，分析个人潜力与能力之间是否具有线性相关性并进行显著性检验.（$\alpha = 0.05$）

表 6.3 职工的销售潜能与销售成绩的秩相关分析

职工编号	潜能等级 U_i	销售成绩	成绩等级 R_i	$d_i = U_i - R_i$	d_i^2
1	2	400	1	1	1
2	4	360	3	1	1
3	7	300	5	2	4
4	1	295	6	−5	25
5	6	280	7	−1	1
6	3	350	4	−1	1
7	10	200	10	0	0
8	9	260	8	1	1
9	8	220	9	−1	1
10	5	385	2	3	9
$\sum d_i^2$					44

解 （1）基于表格的第 2 列和第 4 列求出每对观察值的秩次之差 d（见表 6.3 第 5 列），计算可得斯皮尔曼等级相关系数为

$$r_s = 1 - \frac{6\sum d_i^2}{n(n^2-1)} = 1 - \frac{6 \times 44}{10 \times (100-1)} = 0.7333$$

这表明潜能与成绩之间有较强的正相关关系，高的潜能趋向于好的成绩.

（2）检验 $H_0: \rho_s = 0$，即个人潜力与实际能力无线性相关关系.

对给定的 $\alpha = 0.05$ 与 $n = 10$，查斯皮尔曼等级相关系数表得到临界值 $r_s(10, 0.05) = 0.648$. 因为 $|r_s| = 0.7333 > 0.648$，则 $P < 0.05$，故拒绝 H_0，即认为个人潜力与实际能力之间的线性相关关系显著.

§6.2 一元线性回归分析

回归分析是处理变量之间相关关系的一种数学方法，对于具有相关关系的变量，虽然不能用精确的函数表达式来描述它们之间的关系，但是大量的观测数据分析表明，它们之间存在着一定的统计规律．上一节的相关分析用相关系数刻画了二者之间线性相关的密切程度，而回归分析则从变量的观测数据出发，去寻找隐藏在数据背后的相关关系，给出它们的表达形式——回归函数．回归分析在工农业生产和科学研究等各个领域中均有广泛应用，能解决预测、控制、生产工艺优化等问题．

设随机变量 Y 与变量 x 有某种相关关系，其中 x 是可以控制或可以精确观察的变量，如年龄、试验时的温度、施加的压力、电压与时间等．也就是说，我们可以随意指定 n 个值 x_1，x_2，…，x_n，因此，我们干脆不把 x 看成随机变量，而是把它当作普通的变量，本章中我们只讨论这种情况．

在研究随机变量 Y（被解释变量）与普通变量 x（解释变量）之间的相关关系时，可用下式表示：

$$Y = f(x) + \varepsilon$$

其中 ε 是随机误差，一般假设 $\varepsilon \sim N(0, \sigma^2)$．本节将主要研究一元线性回归模型的建立及该模型的显著性检验．

6.2.1 回归模型的建立

一元线性回归模型是指只有一个解释变量的线性回归模型，用于揭示被解释变量与另一个解释变量之间的线性关系，又被称为简单线性回归模型，该模型假定因变量 Y 只受一个自变量 x 的影响．进行回归分析首先是回归函数形式的选择，现考察本章开头案例的散点图，如图 6.3 所示．

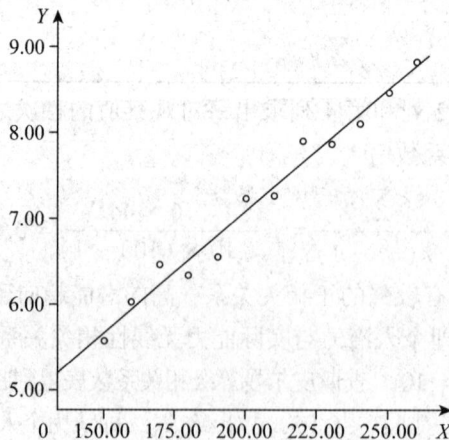

图 6.3

从散点图上能够看出 12 个样本点基本在一条直线的附近，这说明两个变量之间有线性

相关关系，若记 Y 方向上的误差为 ε，则这个相关关系可以表示为

$$Y = a + bx + \varepsilon \tag{6.4}$$

上式是 Y 关于 x 的一元线性回归的数据结构式.

式(6.4)表明，因变量 Y 的变化可由两个部分解释：第一，由自变量 x 的变化引起的 Y 的线性变化部分；第二，由其他随机因素引起的 Y 的变化部分 ε，随机误差 ε 作为随机变量，一般假设 $\varepsilon \sim N(0, \sigma^2)$. 由此可以看出，一元线性回归模型是因变量和自变量间的非一一对应的统计关系的良好诠释，即当 x 给定后 Y 的值并非唯一，但它们之间又通过 a，b 保持着密切的线性相关关系.

对式(6.4)两边求期望，有

$$E(Y) = a + bx \tag{6.5}$$

式(6.5)被称为一元线性回归方程，其中 a，b 是未知参数，它表明 x 和 Y 之间的统计关系是在平均意义下表述的，通常用 $E(Y)$ 作为 Y 的估计，记 Y 的估计为 $\hat{y}$，于是式(6.5)又可写为

$$\hat{y} = a + bx$$

线性回归方程中的回归系数 a，b 是未知的，需要我们从收集到的观察值 $(x_i, y_i)(i = 1, 2, \cdots, n)$ 出发进行估计. 在收集数据时，我们一般要求观察值是相互独立的，即假定 y_1，y_2，$\cdots$，y_n 相互独立. 然后建立一元线性回归的统计模型：

$$\begin{cases} y_i = a + bx_i + \varepsilon_i \\ \varepsilon_i \sim N(0, \sigma^2) \end{cases} \quad (i = 1, 2, \cdots, n)$$

由数据 $(x_i, y_i)(i = 1, 2, \cdots, n)$ 可以获得 a，b 的估计 $\hat{a}$，$\hat{b}$，则称

$$\hat{y} = \hat{a} + \hat{b}x \tag{6.6}$$

为 Y 关于 x 的一元线性回归方程，其中 $\hat{a}$，$\hat{b}$ 被称为回归系数. 给定 $x = x_0$ 后，称 $\hat{y}_0 = \hat{a} + \hat{b}x_0$ 为回归值(在不同场合也称其为拟合值、预测值).

6.2.2 模型的参数估计及统计性质

1. a，b 的最小二乘估计

设有一组样本观察值 (x_1, y_1)，(x_2, y_2)，$\cdots$，(x_n, y_n)，用哪条直线来表示 x 与 Y 之间存在的线性关系最合适呢，即如何确定回归方程 $\hat{y}_0 = \hat{a} + \hat{b}x_0$ 中的回归系数 $\hat{a}$，$\hat{b}$ 呢？对每个 x_i，由式(6.6)可以确定一回归值 $\hat{y}_i = \hat{a} + \hat{b}x_i$，这个回归值 $\hat{y}_i$ 与实际观察值 y_i 之差 $y_i - \hat{y}_i = y_i - \hat{a} - \hat{b}x_i$ 刻画了 y_i 与回归直线 $\hat{y} = \hat{a} + \hat{b}x$ 的偏离度. 一个自然的想法就是对所有 x_i，y_i 与 $\hat{y}_i$ 的偏离越小，则认为直线与所有试验点拟和得越好.

下面构造函数 $Q(a, b) = \sum_{i=1}^{n}(y_i - \hat{y}_i)^2 = \sum_{i=1}^{n}\left[y_i - (a + bx_i)\right]^2$，从几何意义上讲，$Q(a, b)$ 表示各实测点与回归直线上的对应点偏差距离的平方和. Q 越小，实测点与回归直线越近，相关性越强，所以 $\hat{a}$，$\hat{b}$ 应该满足：

$$Q(\hat{a}, \hat{b}) = \min_{a, b} Q(a, b)$$

称这样得到的 $\hat{a}$, $\hat{b}$ 为 a, b 的最小二乘估计(Least Squares Estimate),记为 LSE,这种方法被称为最小二乘法.

$Q(a, b)$ 中只有 a, b 是未知的,即其为 a, b 的二元函数.为使 $Q(a, b)$ 达到最小值,由二元函数求极值的方法,应有

$$\begin{cases} \dfrac{\partial Q}{\partial a} = -2\sum_{i=1}^{n}(y_i - a - bx_i) = 0 \\ \dfrac{\partial Q}{\partial b} = -2\sum_{i=1}^{n}(y_i - a - bx_i)x_i = 0 \end{cases} \tag{6.7}$$

整理得

$$\begin{cases} na + nb\bar{x} = n\bar{y} \\ na\bar{x} + b\sum_{i=1}^{n}x_i^2 = \sum_{i=1}^{n}x_i y_i \end{cases}$$

称上式为正规方程组,解正规方程组得

$$\begin{cases} \hat{a} = \bar{y} - \hat{b}\bar{x} \\ \hat{b} = \dfrac{\sum_{i=1}^{n}x_i y_i - n\bar{x}\cdot\bar{y}}{\sum_{i=1}^{n}x_i^2 - n\bar{x}^2} = \dfrac{l_{xy}}{l_{xx}} \end{cases} \tag{6.8}$$

其中
$$\bar{x} = \frac{1}{n}\sum_{i=1}^{n}x_i, \quad \bar{y} = \frac{1}{n}\sum_{i=1}^{n}y_i$$

$$l_{xy} = \sum_{i=1}^{n}(x_i - \bar{x})(y_i - \bar{y}) = \sum_{i=1}^{n}x_i y_i - n\bar{x}\cdot\bar{y}$$

$$l_{xx} = \sum_{i=1}^{n}(x_i - \bar{x})^2 = \sum_{i=1}^{n}x_i^2 - n\bar{x}^2$$

由此得一元线性回归方程 $\hat{y} = \hat{a} + \hat{b}x$.

例 6.2.1 根据本章开头案例中的试验数据,求混凝土抗拉强度 Y 对水泥用量 X 的线性回归方程.

解 设回归方程为 $\hat{y} = a + bx$,经计算得

二维码 6.1:例 6.2.1~例 6.2.5 详解

$$\bar{x} = 205, \quad \bar{y} \approx 7.213, \quad \sum_{i=1}^{n}x_i y_i = 18\,148.4, \quad \sum_{i=1}^{n}x_i^2 = 518\,600$$

$$l_{xy} = 404.42, \quad l_{xx} = 14\,300, \quad l_{yy} = 11.710\,77$$

则由式(6.8)得

$$\hat{b} = \frac{l_{xy}}{l_{xx}} = \frac{404.42}{14\,300} \approx 0.028\,28$$

$$\hat{a} = \bar{y} - \hat{b}\bar{x} = 1.415\,6$$

故所求线性回归方程为

$$\hat{y} = 1.415\,6 + 0.028\,28x$$

2. a, b 的极大似然估计

由 $\varepsilon_i = y_i - a - bx_i \sim N(0, \sigma^2)(i = 1, 2, \cdots, n)$ 且相互独立, 可得到关于 a, b 的似然函数, 即

$$L(a, b) = \left(\frac{1}{\sqrt{2\pi}\sigma}\right)^n \prod_{i=1}^{n} \exp\left\{-\frac{(y_i - a - bx_i)^2}{2\sigma^2}\right\} = \left(\frac{1}{\sqrt{2\pi}\sigma}\right)^n \exp\left\{-\frac{\sum_{i=1}^{n}(y_i - a - bx_i)^2}{2\sigma^2}\right\}$$

依据极大似然函数原理, a, b 的极大似然估计 $\hat{a}$, $\hat{b}$ 应满足

$$L(\hat{a}, \hat{b}) = \max_{a, b} L(a, b) = \left(\frac{1}{\sqrt{2\pi}\sigma}\right)^n \max_{a, b} \prod_{i=1}^{n} \exp\left\{-\frac{(y_i - a - bx_i)^2}{2\sigma^2}\right\}$$

$$= \left(\frac{1}{\sqrt{2\pi}\sigma}\right)^n \exp\left\{-\frac{\min\limits_{a, b}\sum_{i=1}^{n}(y_i - a - bx_i)^2}{2\sigma^2}\right\}$$

由此可见, 在 $\varepsilon \sim N(0, \sigma^2)$ 的情况下, a, b 的极大似然估计同最小二乘估计是等价的, 二者之间的区别在于极大似然估计需要有模型噪声为标准正态分布这个前提, 而最小二乘估计则无须有这个前提.

3. σ^2 的矩估计

由于 $\sigma^2 = D(\varepsilon) = E(\varepsilon^2) - E^2(\varepsilon) = E(\varepsilon^2)$, 令 $\mathrm{SSE} = \sum_{i=1}^{n}(y_i - \hat{a} - \hat{b}x_i)^2$, 这里 SSE 被称为模型的剩余(残差)平方和(Sum of Squares for Error), 根据矩估计原理有

$$\hat{\sigma}^2 = \frac{1}{n}\sum_{i=1}^{n}\varepsilon_i^2 = \frac{1}{n}\sum_{i=1}^{n}(y_i - \hat{y}_i)^2 = \frac{1}{n}\sum_{i=1}^{n}(y_i - \hat{a} - \hat{b}x_i)^2 = \frac{1}{n}\mathrm{SSE} \qquad (6.9)$$

为了方便计算, 上式整理得

$$
\begin{aligned}
\mathrm{SSE} &= \sum_{i=1}^{n}(y_i - \hat{y}_i)^2 \\
&= \sum_{i=1}^{n}\left[(y_i - \bar{y}) - (\hat{y}_i - \bar{y})\right]^2 \\
&= \sum_{i=1}^{n}\left[(y_i - \bar{y}) - \hat{b}(x_i - \bar{x})\right]^2 \qquad (6.10)\\
&= \sum_{i=1}^{n}\left[(y_i - \bar{y})^2 - 2\hat{b}\sum_{i=1}^{n}(y_i - \bar{y})(x_i - \bar{x}) + \hat{b}^2\sum_{i=1}^{n}(x_i - \bar{x})^2\right] \\
&= l_{yy} - 2\hat{b}l_{xy} + \hat{b}^2 l_{xx} \\
&= l_{yy} - \hat{b}l_{xy}
\end{aligned}
$$

于是

$$\hat{\sigma}^2 = \frac{1}{n}\mathrm{SSE} = \frac{1}{n}(l_{yy} - \hat{b}l_{xy})$$

对于本章开头的案例, 依此公式可以计算出 $\mathrm{SSE} = l_{yy} - \hat{b}l_{xy} \approx 0.273\,8$, 模型噪声方差估计为

$$\hat{\sigma}^2 = \frac{1}{n}(l_{yy} - \hat{b}l_{xy}) \approx 0.022\ 82$$

4. 参数估计量的统计性质

下面直接给出参数及一些统计量的性质,这些性质是回归方程显著性检验和预测控制理论的基础.

(1) $\dfrac{\mathrm{SSE}}{\sigma^2} \sim \chi^2(n-2)$,且 SSE 与 $\hat{b}$ 相互独立.

(2) $\hat{b} \sim N\left(b, \dfrac{\sigma^2}{l_{xx}}\right)$,$\hat{a} \sim N\left(a, \sigma^2\left(\dfrac{1}{n} + \dfrac{\bar{x}^2}{l_{xx}}\right)\right)$

由上述性质(1)可以得到

$$E\left(\frac{\mathrm{SSE}}{\sigma^2}\right) = n-2$$

令

$$\hat{\sigma}^{*2} = \frac{\mathrm{SSE}}{n-2} \tag{6.11}$$

则 $\hat{\sigma}^{*2}$ 是 σ^2 的无偏估计.

对于本章开头的案例,可以计算出模型噪声方差的无偏估计 $\hat{\sigma}^{*2} = \dfrac{\mathrm{SSE}}{n-2} = \dfrac{1}{n-2}(l_{yy} - \hat{b}l_{xy})$ $\approx 0.027\ 38$.

由性质(2)可得

$$\frac{(\hat{b} - b)}{\sigma / \sqrt{l_{xx}}} \sim N(0,\ 1)$$

于是有

$$\frac{(\hat{b} - b)\sqrt{l_{xx}}}{\sqrt{\mathrm{SSE}/(n-2)}} \sim t(n-2) \tag{6.12}$$

由式(6.12)可以对回归系数进行区间估计.

6.2.3 一元线性回归模型的显著性检验

从任意一组样本观察值 (x_1, y_1),(x_2, y_2),$\cdots$,(x_n, y_n) 出发,不管 Y 与 x 之间的线性相关程度如何,总可以由最小二乘估计得到其线性回归方程. 然而,这个回归方程并不一定有意义. 我们研究回归方程的目的是寻找 Y 与 x 之间的统计规律,即要找出 $E(Y)$ 随 x 的变化规律. 在一元线性回归模型中,系数 b 反映了 $E(Y)$ 随 x 的线性变化率,若 $b=0$,即 $E(Y)$ 不随 x 作线性变化,则建立的回归方程就没有意义,当 $b \neq 0$ 时,回归方程才有意义. 因此,在建立线性回归方程后,还要根据观察值检验回归方程是否具有显著性,即应检验假设:

$$H_0:\ b = 0 \tag{6.13}$$

若原假设 H_0 成立,则称回归方程无显著性;若原假设 H_0 不成立,则称回归方程有显著性.

1. 回归方程的显著性检验——F 检验

为了对一元线性回归模型作显著性检验，我们需要寻找一个检验统计量，并且它在假设 (6.13) 为真时分布已知. 针对假设 (6.13) 的统计量有多种，下面我们首先从直观思考出发，给出回归方程的显著性检验——F 检验.

由于 $\hat{y} = \hat{a} + \hat{b}x$ 只反映了 x 对 Y 的影响，所以回归值 $\hat{y}_i = \hat{a} + \hat{b}x_i$ 就是 y_i 中只受 x_i 影响的那一部分，而 $y_i - \hat{y}_i$ 则是除去 x_i 的影响后，受其他各种因素影响的部分，将 $y_i - \hat{y}_i$ 称为残差，而观察值 y_i 可以分解为两部分，即 $y_i = \hat{y}_i + (y_i - \hat{y}_i)$，则

$$y_i - \bar{y} = (\hat{y}_i - \bar{y}) + (y_i - \hat{y}_i)$$

对因变量的观察值 y_1，y_2，$\cdots$，y_n，考察其差异的总离差平方和 (Total Sum of Squares)，记为 SST，它可分解为两部分：

$$
\begin{aligned}
\text{SST} &= \sum_{i=1}^{n} (y_i - \bar{y})^2 \\
&= \sum_{i=1}^{n} (y_i - \hat{y}_i + \hat{y}_i - \bar{y})^2 \\
&= \sum_{i=1}^{n} (y_i - \hat{y}_i)^2 + 2\sum_{i=1}^{n} (y_i - \hat{y}_i)(\hat{y}_i - \bar{y}) + \sum_{i=1}^{n} (\hat{y}_i - \bar{y})^2
\end{aligned}
$$

由于

$$\hat{y}_i = \hat{a} + \hat{b}x_i, \quad \hat{a} = \bar{y} - \hat{b}\bar{x}, \quad \hat{b} = \frac{l_{xy}}{l_{xx}}$$

所以

$$
\begin{aligned}
\sum_{i=1}^{n} (y_i - \hat{y}_i)(\hat{y}_i - \bar{y}) &= \sum_{i=1}^{n} (y_i - \hat{a} - \hat{b}x_i)(\hat{a} + \hat{b}x_i - \bar{y}) \\
&= \sum_{i=1}^{n} \left[(y_i - \bar{y}) - \hat{b}(x_i - \bar{x}) \right] \hat{b}(x_i - \bar{x}) \\
&= \hat{b}\sum_{i=1}^{n} (y_i - \bar{y})(x_i - \bar{x}) - \hat{b}^2 \sum_{i=1}^{n} (x_i - \bar{x})^2 = \hat{b}l_{xy} - \hat{b}^2 l_{xx} = 0
\end{aligned}
$$

记

$$\text{SSR} = \sum_{i=1}^{n} (\hat{y}_i - \bar{y})^2, \quad \text{SSE} = \sum_{i=1}^{n} (y_i - \hat{y}_i)^2$$

称之为回归平方和，则

$$\text{SST} = l_{yy} = \sum_{i=1}^{n} (y_i - \bar{y})^2 = \sum_{i=1}^{n} (y_i - \hat{y}_i)^2 + \sum_{i=1}^{n} (\hat{y}_i - \bar{y})^2 = \text{SSE} + \text{SSR} \quad (6.14)$$

可以证明，在 $b = 0$ 的条件下，有 $\dfrac{\text{SSR}}{\sigma^2} \sim \chi^2(1)$，从而

$$F = \frac{\text{SSR}/1}{\text{SSE}/(n-2)} \sim F(1, n-2) \quad (6.15)$$

则在作一元线性回归方程的显著性检验时，可以选用 $F = \dfrac{\text{SSR}/1}{\text{SSE}/(n-2)}$ 作为检验统计量. F 值

就是 x 的线性影响部分和随机因素的影响部分的相对比值. 若 F 值大, 则表明 x 对 Y 的作用是显著的, 回归方程就是显著的, 这种检验法被称为 F 检验法.

2. 用 F 检验法检验回归方程显著性的主要步骤

(1) 建立原假设 H_0: $b = 0$(回归方程无显著性);

(2) 计算 l_{xx}, l_{xy}, l_{yy}, 再计算 SSR, SSE 的值:

$$\text{SSR} = \hat{b}^2 l_{xx} = \hat{b}l_{xy} = \frac{l_{xy}^2}{l_{xx}}, \ \text{SSE} = \text{SST} - \text{SSR} = l_{yy} - \text{SSR}$$

(3) 计算检验统计量的 F 值:

$$F = \frac{\text{SSR}/1}{\text{SSE}/(n-2)} = \frac{(n-2)\hat{b}l_{xy}}{l_{yy} - \hat{b}l_{xy}};$$

(4) 对给定显著性水平 α, 查附录 A 中表 A.5, 得单侧临界值 $F_{\alpha}(1, n-2)$;

(5) 统计判断: 若 $F \geqslant F_{\alpha}(1, n-2)$, 则 $p < \alpha$, 拒绝 H_0, 认为回归方程有显著性; 若 $F < F_{\alpha}(1, n-2)$, 则 $p > \alpha$, 接受 H_0, 认为回归方程无显著性.

实际计算时, F 检验法结果可以用回归显著性检验的方差分析表来表达, 如表 6.4 所示.

表 6.4　F 检验方差分析表

方差来源	平方和	自由度	均方	F 值	p 值
回归	SSR	1	SSR/1	$F = \dfrac{\text{SSR}/1}{\text{SSE}/(n-2)}$	$p < \alpha$, 显著
残差	SSE	$n-2$	SSE/$(n-2)$		
总变差	SST	$n-1$		临界值 $F_{\alpha}(1, n-2)$	$p > \alpha$, 不显著

例 6.2.2　试用 F 检验法对例 6.2.1 中的线性回归方程作显著性检验. (显著性水平 $\alpha = 0.05$)

解　建立假设 H_0: $b = 0$　H_1: $b \neq 0$. 由例 6.2.1 得

$\hat{b} = 0.028\,28$, $\text{SSR} = \hat{b}l_{xy} = 11.437$, $l_{yy} = 11.710\,77$, $\text{SSE} = l_{yy} - \text{SSR} \approx 0.273\,77$

当 H_0 为真时, $F = \dfrac{\text{SSR}/1}{\text{SSE}/(n-2)} \sim F(1, n-2)$. 代入数据得到统计量的值 $F = 417.755\,7$.

查附录 A 中表 A.5 得 $F_{0.05}(1, 10) = 4.96$, 显然 $F > F_{\alpha}$, 因此拒绝原假设, 认为线性回归方程是显著的.

得到方差分析表如表 6.5 所示.

表 6.5　例 6.2.2 的 F 检验方差分析表

方差来源	平方和	自由度	均方	F 值	p 值
回归	11.437	1	11.437	$F = 417.755\,7$	
残差	0.273\,77	10	0.027\,377	临界值	$p < 0.05$, 显著
总变差	11.710\,77	11		$F_{0.05}(1, 10) = 4.96$	

3. 回归系数的显著性检验——t 检验

回归系数的显著性检验即检验回归方程中自变量系数是否等于 0, 若 $b = 0$, 则意味着

$E(Y)$ 不随 x 作线性变化. 由于在一元线性回归方程中，自变量只有一个，所以针对方程显著性检验的 F 检验和针对回归系数显著性检验的 t 检验是等价的. 因此，我们依然建立假设：

$$H_0: b = 0$$
$$H_1: b \neq 0$$

由式 (6.12) 得

$$\frac{(\hat{b} - b)\sqrt{l_{xx}}}{\sqrt{\text{SSE}/(n-2)}} \sim t(n-2)$$

当 H_0 为真时，$\dfrac{\hat{b}\sqrt{l_{xx}}}{\sqrt{\text{SSE}/(n-2)}} \sim t(n-2)$，由此，对于给定的显著性水平 α，H_0 的拒绝域是

$$W = \left\{ \left| \frac{\hat{b}\sqrt{l_{xx}}}{\sqrt{\text{SSE}/(n-2)}} \right| > t_{\alpha/2}(n-2) \right\} \tag{6.16}$$

若拒绝原假设 $H_0: b = 0$，则认为 Y 与 x 存在线性关系，回归系数是显著的，从而线性回归方程有意义，即回归方程是显著的.

例 6.2.3 用 t 检验法检验例 6.2.1 中线性回归方程的显著性.（显著性水平 $\alpha = 0.05$）

解 建立假设 $H_0: b = 0$　$H_1: b \neq 0$. 由例 6.2.1 得

$\hat{b} = 0.028\,28$，$\text{SSE} \approx 0.273\,77$，$l_{xx} = 14\,300$，在假设 $H_0: b = 0$ 下，有

$$t = \frac{\hat{b}\sqrt{l_{xx}}}{\sqrt{\text{SSE}/(n-2)}} = \frac{0.028\,28 \times \sqrt{14\,300}}{\sqrt{0.273\,77/10}} \approx 20.44$$

查附录 A 中表 A.4 得 $t_{0.05/2}(10) = 2.228\,1$，显然 $|t| > t_{\alpha/2}$，因此拒绝原假设，认为回归系数是显著的，即回归方程亦是显著的.

6.2.4　一元线性回归模型的预测与控制

当回归方程通过显著性检验，表明该回归方程具有显著性时，即可以进一步利用回归方程进行预测和控制. 若我们对指定点 x_0 处的因变量 Y 的观察值 y_0 感兴趣，却未进行观察或暂时无法观察时，就可以利用回归函数对该点处的因变量值进行点预测或区间预测. 控制是预测的反问题，即指定 y 的一个取值区间 (y_1, y_2)，求 x 的值应控制在什么范围内.

1. 预测

当 $x = x_0$ 时，y_0 的点预测值 $\hat{y}_0$ 即 $x = x_0$ 处的回归值：

$$\hat{y}_0 = \hat{a} + \hat{b}x_0$$

由于因变量 Y 与解释变量 x 的关系不确定，所以用回归值 $\hat{y}_0$ 作为 y_0 的预测值虽然具体，但难以体现其估计精度即误差程度. 方差的大小代表误差程度的高低，对回归方程进行方差估计，就是估计 $\hat{y}_0$ 作为 y_0 的预测值的误差程度. 由式 (6.11) 知 σ^2 的无偏估计 $\hat{\sigma}^{*2} = \dfrac{\text{SSE}}{n-2}$，则称

$$\hat{\sigma}^* = \sqrt{\frac{\text{SSE}}{n-2}} \qquad\qquad (6.17)$$

为回归方程的剩余标准差. 因此, $\hat{\sigma}^*$ 的大小反映了用 $\hat{y}_0 = \hat{a} + \hat{b}x_0$ 去预测 y_0 时产生的平均误差. $\hat{\sigma}^*$ 的值越大, 预测值与实际值的偏差就越大, 其估计精度就越低; $\hat{\sigma}^*$ 的值越小, 预测值与实际值的偏差就越小, 其估计精度就越高.

在实际预测中, 应用更多的是配以一定估计精度(置信水平)的预测区间, 称 y_0 的置信水平为 $1 - \alpha$ 的置信区间为预测区间, 即

$$(\hat{y}_0 - \delta(x_0), \ \hat{y}_0 + \delta(x_0))$$

其中
$$\delta(x_0) = t_{\alpha/2}(n-2)\hat{\sigma}^* \sqrt{1 + \frac{1}{n} + \frac{(x_0 - \bar{x})^2}{l_{xx}}} \qquad\qquad (6.18)$$

由式(6.18)可知, 预测区间与 α, n, x_0 有关, α 越小, $t_{\alpha/2}(n-2)$ 就越大, $\delta(x_0)$ 也越大; n 越大, 则 $\delta(x_0)$ 越小. 对于给定样本预测值及置信水平来说, $\delta(x_0)$ 依 x_0 而变, x_0 越靠近 $\bar{x}$, $\delta(x_0)$ 就越小, 预测就越精确; 反之, 当 x_0 远离 $\bar{x}$ 时, $\delta(x_0)$ 就大, 预测效果就差(如图 6.4 所示).

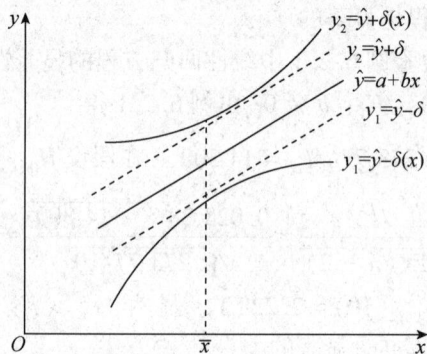

图 6.4

当 x 离 $\bar{x}$ 不远, n 又较大时, 式(6.18)中根号内的值近似等于 1, 此时预测区间可近似地写为

$$(\hat{y} - \delta, \ \hat{y} + \delta) = (\hat{y} - t_{\alpha/2}(n-2)\hat{\sigma}^*, \ \hat{y} + t_{\alpha/2}(n-2)\hat{\sigma}^*)$$

此时, 图 6.4 的曲线 y_1, y_2 变为直线(如图 6.4 中虚线所示)

例 6.2.4 在本章开头案例的陶粒混凝土强度试验中, 如果调整每立方米混凝土中的水泥用量为 $x_0 = 280 \ \text{kg}$, 试给出 28 天后的混凝土抗拉强度 y 的预测值和置信水平为 90% 的预测区间.

解 由例 6.2.1 知 Y 对 x 的线性回归方程为
$$\hat{y} = 1.415\ 6 + 0.028\ 28x$$
则水泥用量 $x_0 = 280 \ \text{kg}$ 时, 其抗拉强度 y_0 的点预测值为
$$\hat{y}_0 = 1.415\ 6 + 0.028\ 28 \times 280 = 9.334$$
又有
$$\hat{\sigma}^* = \sqrt{\frac{\text{SSE}}{n-2}} \approx 0.165\ 47$$

$$\sqrt{1 + \frac{1}{n} + \frac{(x_0 - \bar{x})^2}{l_{xx}}} = \sqrt{1 + \frac{1}{12} + \frac{(280 - 205)^2}{14\ 300}} = 1.215\ 2$$

对 $\alpha = 0.10$ 和自由度 $12 - 2 = 10$，查附录 A 中表 A.3，得临界值 $t_{\alpha/2}(10) = 1.812\ 5$，则

$$\delta(x_0) = t_{\frac{\alpha}{2}}(n-2)\hat{\sigma}^* \sqrt{1 + \frac{1}{n} + \frac{(x_0 - \bar{x})^2}{l_{xx}}} \approx 1.812\ 5 \times 0.165\ 47 \times 1.215\ 2 \approx 0.364\ 46$$

故 y_0 的置信水平为 90% 的预测区间为

$$(\hat{y}_0 - \delta(x_0),\ \hat{y}_0 + \delta(x_0)) = (9.334 - 0.364\ 46,\ 9.334 + 0.364\ 46) = (8.969\ 54,\ 9.698\ 46)$$

这意味着，人们有 90% 的把握相信若每立方米混凝土使用 280 kg 水泥，则 28 天后抗拉强度为 8.97~9.7 MPa.

2. 控制

控制是预测的反问题，即要研究观察值 y 在给定的区间 (y_1, y_2) 内取值时，x 应控制在什么范围内．也就是求 x_1，x_2，当 $x_1 < x < x_2$ 时以 $(1 - \alpha)$ 的置信水平使相应的观察值 y 落入区间 (y_1, y_2) 之内.

为此，解方程组

$$\begin{cases} y_1 = \hat{a} + \hat{b}x_1 - \delta(x_1) \\ y_2 = \hat{a} + \hat{b}x_2 + \delta(x_2) \end{cases} \tag{6.19}$$

可求得控制下限 x_1 和控制上限 x_2，式中 $\delta(x)$ 由式(6.18)给出．但解方程组(6.19)相当复杂，当 n 较大时通常用下面的方程组代替：

$$\begin{cases} y_1 = \hat{a} + \hat{b}x_1 - t_{\alpha/2}\hat{\sigma}^* \\ y_2 = \hat{a} + \hat{b}x_2 - t_{\alpha/2}\hat{\sigma}^* \end{cases} \tag{6.20}$$

当然，要实现控制，必须保证 $y_2 - y_1 > 2t_{\alpha/2}\hat{\sigma}^*$．应当注意的是，当 $\hat{b} < 0$ 时，式(6.19)和式(6.20)中的 x_1 和 x_2 的位置应互换.

例 6.2.5 在例 6.2.1 的方程中，若希望 y 控制在区间 $(7, 9.5)$ 内，问 x 应控制在什么范围之内？（$\alpha = 0.10$）

解 由前面几个例题的计算结果可得 $\hat{\sigma}^* = 0.165\ 47$，$t_{0.1/2}(10) = 1.812\ 5$，$\hat{b} = 0.028\ 28$，$\hat{a} = 1.415\ 6$，解方程组：

$$\begin{cases} 7 = 1.415\ 6 + 0.028\ 28x_1 - 1.812\ 5 \times 0.165\ 47 \\ 9.5 = 1.415\ 6 + 0.028\ 28x_2 + 1.812\ 5 \times 0.165\ 47 \end{cases}$$

可得 $x_1 \approx 208.073$，$x_2 \approx 275.265$，即 x 应控制在区间 $(208.073, 275.265)$ 内.

§6.3 多元线性回归分析

在很多实际应用中，影响因变量 Y 的因素通常不止一个．例如，制备某化学原料时，它的得率高低常受多种因素的影响，某种商品的销量也与很多因素有关．因此，在实际生活

中，研究一个因变量与多个自变量间的关系也是很有必要的，这就是多元回归问题．多元线性回归就是研究一个因变量与多个自变量间线性依存关系的统计方法．

6.3.1　多元线性回归模型的建立

为了寻找 Y 与 x_1，x_2，$\cdots$，$x_m(m > 1)$ 之间的相关关系，必须要收集 n 组独立观察值：$(x_{1k}$，x_{2k}，$\cdots$，x_{mk}，$y_k)(k = 1$，2，$\cdots$，n；$n > m + 1)$．假定 Y 与 x_1，x_2，$\cdots$，x_m 之间有如下关系式：

$$\begin{cases} y_i = b_0 + b_1 x_{1i} + \cdots + b_m x_{mi} + \varepsilon_i \\ \varepsilon_i \sim N(0,\ \sigma^2)，且相互独立 \end{cases} \quad (i = 1,\ 2,\ \cdots,\ n) \tag{6.21}$$

式中，b_0，b_1，$\cdots$，b_m 是未知参数；x_1，x_2，$\cdots$，x_m 是一般变量，其值是可以精确测量或被控制的；Y 是可观察的随机变量，ε 是不可观察的随机误差．式(6.21)便是 m 元线性回归的数学模型．

由式(6.21)可知

$$E(Y) = b_0 + b_1 x_1 + \cdots + b_m x_m \tag{6.22}$$

称式(6.22)为多元线性回归函数．与一元线性回归情形类似，该模型表明 x_1，x_2，$\cdots$，x_m 和 Y 之间的统计关系是在平均意义下表述的，通常用 $E(Y)$ 作为 Y 的估计，记 Y 的估计为 $\hat{y}$，所以式(6.22)又可写为

$$\hat{y} = \hat{b}_0 + \hat{b}_1 x_1 + \cdots + \hat{b}_m x_m \tag{6.23}$$

称式(6.23)为 Y 对 x_1，x_2，$\cdots$，x_m 的多元线性回归方程．其中 $\hat{b}_0$，$\hat{b}_1$，$\hat{b}_2$，$\cdots$，$\hat{b}_m$ 是未知参数 b_0，b_1，$\cdots$，b_m 的经验估计值，可由 $(x_1$，x_2，$\cdots$，x_m，$Y)$ 的样本观察值利用最小二乘法求得．参数 $b_i(i = 1$，2，$\cdots$，$m)$ 反映了当其他变量取值不变时，x_i 每增加一个单位对因变量 Y 的效应的估计值．

6.3.2　多元线性回归模型系数的估计

令 x_{ik} 表示因素 x_i 在第 k 次试验时取的值 $(i = 1$，2，$\cdots$，$m)$，y_k 表示响应变量 Y 在第 k 次试验的结果，则可得 $(x_1$，x_2，$\cdots$，x_m，$Y)$ 的样本观察值为

$$(x_{1k}，x_{2k}，\cdots，x_{mk}，y_k) \quad (k = 1，2，\cdots，n；n > m + 1)$$

和一元线性回归一样，我们用最小二乘法对参数进行估计，即取 $\hat{b}_0$，$\hat{b}_1$，$\hat{b}_2$，$\cdots$，$\hat{b}_m$，使得当 $b_0 = \hat{b}_0$，$b_1 = \hat{b}_1$，$b_2 = \hat{b}_2$，$\cdots$，$b_m = \hat{b}_m$ 时

$$Q = \sum_{i=1}^{n} (y_i - b_0 - b_1 x_{1i} - \cdots - b_m x_{mi})^2$$

达到最小．

根据微分学中多元函数求极值的方法，若要使 Q 达到最小，则应有

$$\frac{\partial Q}{\partial b_0} = -2 \sum_{i=1}^{n} (y_i - b_0 - b_1 x_{1i} - \cdots - b_m x_{mi}) = 0$$

$$\frac{\partial Q}{\partial b_j} = -2 \sum_{i=1}^{n} x_{ji}(y_i - b_0 - b_1 x_{1i} - \cdots - b_m x_{mi}) = 0 \quad (j = 1，2，\cdots，m)$$

整理得

$$\begin{cases} n\hat{b}_0 + (\sum x_{1i})\hat{b}_1 + \cdots + (\sum x_{mi})\hat{b}_m = \sum y_i \\ (\sum x_{1i})\hat{b}_0 + (\sum x_{1i}^2)\hat{b}_1 + \cdots + (\sum x_{1i}x_{mi})\hat{b}_m = \sum x_{1i}y_i \\ \qquad\qquad\qquad\vdots \\ (\sum x_{mi})\hat{b}_0 + (\sum x_{mi}x_{1i})\hat{b}_1 + \cdots + (\sum x_{mi}^2)\hat{b}_m = \sum x_{mi}y_i \end{cases} \tag{6.24}$$

称式(6.24)为正规方程组. 方便起见, 常采用矩阵表达式, 并通过矩阵进行研究.

记

$$Y = \begin{pmatrix} y_1 \\ y_2 \\ \vdots \\ y_n \end{pmatrix}, \quad b = \begin{pmatrix} b_0 \\ b_1 \\ \vdots \\ b_m \end{pmatrix}, \quad X = \begin{pmatrix} 1 & x_{11} & \cdots & x_{m1} \\ 1 & x_{12} & \cdots & x_{m2} \\ \vdots & \vdots & & \vdots \\ 1 & x_{1n} & \cdots & x_{mn} \end{pmatrix}$$

则式(6.24)可以表示为

$$(X^T X)b = X^T Y \tag{6.25}$$

当 $(X^T X)^{-1}$ 存在时, b 的最小二乘估计 $\hat{b}$ 为

$$\hat{b} = (X^T X)^{-1} X^T Y \tag{6.26}$$

以后称 $A = X^T X$ 为正规方程组的系数矩阵, $B = X^T Y$ 为正规方程组的常数矩阵, $C = A^{-1} = (X^T X)^{-1}$ 为相关矩阵.

由以上讨论可知, 只要能够写出线性回归模型的结构矩阵 X, 观察向量 Y, 就能求出 $A = X^T X$, $B = X^T Y$ 及 $C = (X^T X)^{-1}$, 从而代入式(6.26)即可得到 b 的最小二乘估计.

在求解 b 时, 还可采用中心化回归模型, 即令

$$\bar{x}_i = \frac{1}{n}\sum_{k=1}^n x_{ik} \quad (i = 1, 2, \cdots, m),$$

$$\bar{y} = \frac{1}{n}\sum_{k=1}^n y_k, \ l_{ij} = \sum_{k=1}^n (x_{ik} - \bar{x}_i)(x_{jk} - \bar{x}_j) \quad (i, j = 1, 2, \cdots, m)$$

$$l_{iy} = \sum_{k=1}^n (x_{ik} - \bar{x}_i)(y_k - \bar{y}) \quad (i = 1, 2, \cdots, m), \ l_{yy} = \sum_{k=1}^n (y_k - \bar{y})^2$$

则正规方程组可等价于

$$\begin{cases} l_{11}b_1 + l_{12}b_2 + \cdots + l_{1m}b_m = l_{1y} \\ l_{21}b_1 + l_{22}b_2 + \cdots + l_{2m}b_m = l_{2y} \\ \qquad\qquad\vdots \\ l_{m1}b_1 + l_{m2}b_2 + \cdots + l_{mm}b_m = l_{my} \end{cases} \tag{6.27}$$

记

$$L = \begin{pmatrix} l_{11} & l_{12} & \cdots & l_{1m} \\ l_{21} & l_{22} & \cdots & l_{2m} \\ \vdots & \vdots & & \vdots \\ l_{m1} & l_{m2} & \cdots & l_{mm} \end{pmatrix}$$

则式(6.27)可表示为

$$\begin{pmatrix} l_{11} & l_{12} & \cdots & l_{1m} \\ l_{21} & l_{22} & \cdots & l_{2m} \\ \vdots & \vdots & & \vdots \\ l_{m1} & l_{m2} & \cdots & l_{mm} \end{pmatrix} \begin{pmatrix} b_1 \\ b_2 \\ \vdots \\ b_m \end{pmatrix} = \begin{pmatrix} l_{1y} \\ l_{2y} \\ \vdots \\ l_{my} \end{pmatrix}$$

若 L 可逆, 则可以得到

$$\begin{pmatrix} \hat{b}_1 \\ \hat{b}_2 \\ \vdots \\ \hat{b}_m \end{pmatrix} = \begin{pmatrix} l_{11} & l_{12} & \cdots & l_{1m} \\ l_{21} & l_{22} & \cdots & l_{2m} \\ \vdots & \vdots & & \vdots \\ l_{m1} & l_{m2} & \cdots & l_{mm} \end{pmatrix}^{-1} \begin{pmatrix} l_{1y} \\ l_{2y} \\ \vdots \\ l_{my} \end{pmatrix} = L^{-1} \begin{pmatrix} l_{1y} \\ l_{2y} \\ \vdots \\ l_{my} \end{pmatrix} \qquad (6.28)$$

由于

$$b_0 = \bar{y} - b_1 \bar{x}_1 - \cdots - b_m \bar{x}_m \qquad (6.29)$$

将 $\hat{b}_1$, $\hat{b}_2$, $\cdots$, $\hat{b}_m$ 代入式(6.29)即求得 $\hat{b}_0$, 于是得到 m 元线性回归方程:

$$\hat{y} = \hat{b}_0 + \hat{b}_1 x_1 + \hat{b}_2 x_2 + \cdots + \hat{b}_m x_m \qquad (6.30)$$

例 6.3.1 在某钢材新型规范试验中, 研究含碳量 x_1 和回火温度 x_2 对其延伸率 y 的影响, 随机抽取 15 批生产试样结果如表 6.6 所示, 根据生产经验, y 与 x_1, x_2 之间具有二元线性回归关系 $y = b_0 + b_1 x_1 + b_2 x_2 + \varepsilon$, $\varepsilon \sim N(0, \sigma^2)$, 试建立 y 关于 x_1, x_2 的二元线性回归方程.

表 6.6　生产试样结果

序号 i	含碳量 x_{1i}	回火温度 x_{2i}	延伸率 y_i
1	57	535	19.25
2	64	535	17.50
3	69	535	18.25
4	58	460	16.25
5	58	460	17.00
6	58	460	16.75
7	58	490	17.00
8	58	490	19.75
9	58	490	17.25
10	57	460	16.75
11	64	435	14.75
12	69	460	12.00
13	59	490	17.75
14	64	467	15.50
15	69	490	15.50

解 设回归方程为

$$Y = b_0 + b_1 x_1 + b_2 x_2 + \varepsilon, \ \varepsilon \sim N(0, \ \sigma^2)$$

由表格中数据可求得

$$\bar{x}_1 = 61.333, \ \bar{x}_2 = 483.8, \ \bar{y} = 16.75$$

$$l_{11} = \sum_{k=1}^{15} (x_{1k} - \bar{x}_1)^2 = 307.333\,3, \ l_{12} = l_{21} = \sum_{k=1}^{15} (x_{1k} - \bar{x}_1)(x_{2k} - \bar{x}_2) = 262$$

$$l_{22} = \sum_{k=1}^{15} (x_{2k} - \bar{x}_2)^2 = 13\,552.4$$

$$l_{1y} = \sum_{k=1}^{15} (x_{1k} - \bar{x}_1)(y_k - \bar{y}) = -66, \ l_{2y} = \sum_{k=1}^{15} (x_{2k} - \bar{x}_2)(y_k - \bar{y}) = 502.5$$

从而得到

$$\boldsymbol{L} = \begin{pmatrix} 307.333\,3 & 262 \\ 262 & 13\,552.4 \end{pmatrix}$$

求得 $\boldsymbol{L}^{-1} = \begin{pmatrix} 0.003\,308\,32 & -6.4 \times 10^{-5} \\ -6.395\,8 \times 10^{-5} & 7.5 \times 10^{-5} \end{pmatrix}$

所以

$$\begin{pmatrix} \hat{b}_1 \\ \hat{b}_2 \end{pmatrix} = \boldsymbol{L}^{-1} \begin{pmatrix} l_{1y} \\ l_{2y} \end{pmatrix} = \begin{pmatrix} 0.003\,308\,32 & -6.4 \times 10^{-5} \\ -6.395\,8 \times 10^{-5} & 7.5 \times 10^{-5} \end{pmatrix} \begin{pmatrix} -66 \\ 502.5 \end{pmatrix} = \begin{pmatrix} -0.250\,49 \\ 0.041\,921 \end{pmatrix}$$

从而

$$\hat{b}_0 = \bar{y} - \hat{b}_1 \bar{x}_1 - \hat{b}_2 \bar{x}_2 = 11.831\,96$$

则所求得的二元线性回归方程是

$$\hat{y} = 11.831\,96 - 0.250\,49x_1 + 0.041\,921x_2$$

6.3.3 多元线性回归模型的显著性检验

在实际问题中，随机变量 Y 与 x_1, x_2, $\cdots$, $x_m(m > 1)$ 的多元线性回归模型(6.21)往往是一种假定，为了考察这一假定是否符合实际观察结果，还需要进行假设检验.

1. 回归方程的显著性检验——F 检验

在建立多元线性回归方程时，不像一元线性回归那样可以画散点图，所以对回归方程作显著性检验尤为重要. 若 $b_1 = b_2 = \cdots = b_m = 0$，则 $E(Y)$ 不随 x_1, x_2, $\cdots$, x_m 的变化作线性变化，则 Y 与 x_1, x_2, $\cdots$, x_m 之间没有线性相关性，所建立的线性回归方程就不具有显著性. 对回归方程的显著性检验就是要检验假设：

$$H_0: b_1 = b_2 = \cdots = b_m = 0, \ H_1: b_i \text{ 不全为零} \tag{6.31}$$

如果在显著性水平 α 下拒绝 H_0，我们就认为回归效果是显著的.

类似于一元线性回归的检验，可采用平方和分解，用 SST 表示总离差平方和，即

$$SST = \sum_{i=1}^{n}(y_i - \bar{y})^2$$

$$= \sum_{i=1}^{n}(y_i - \hat{y}_i + \hat{y}_i - \bar{y})^2$$

$$= \sum_{i=1}^{n}(y_i - \hat{y}_i)^2 + \sum_{i=1}^{n}(\hat{y}_i - \bar{y})^2$$

$$= SSE + SSR$$

式中，SSE 仍被称为剩余平方和；SSR 仍被称为回归平方和. 可以证明，SSE 与 SSR 相互独立，$\dfrac{SSE}{\sigma^2} \sim \chi^2(n-m-1)$，在 H_0 成立的条件下，$\dfrac{SSR}{\sigma^2} \sim \chi^2(m)$，于是在原假设下，有

$$F = \frac{SSR/m}{SSE/(n-m-1)} \sim F(m, n-m-1) \tag{6.32}$$

当 H_0 成立时，F 值会偏小，即数据总的波动是由随机误差引起的. 因此，若 $F \geqslant F_\alpha(m, n-m-1)$，则 $p < \alpha$，拒绝 H_0，即在显著性水平 α 下认为回归方程是显著的. 若 $F < F_\alpha(m, n-m-1)$，则 $p > \alpha$，接受 H_0，即认为回归方程不显著.

例 6.3.2 对例 6.3.1 所建立的回归模型作方程的显著性检验. ($\alpha = 0.05$)

解 由例 6.3.1 可得所建立的回归方程为 $\hat{y} = 11.831\,96 - 0.250\,49x_1 + 0.041\,921x_2$，下面建立假设：

$$H_0: b_1 = b_2 = 0, \quad H_1: b_1, b_2 \text{ 不全为零}$$

由数据计算得

$$SST = l_{yy} = \sum_{i=1}^{15}(y_i - \bar{y})^2 = 49.375, \quad SSR = \sum_{i=1}^{15}(\hat{y}_i - \bar{y})^2 = \hat{b}_1 l_{1y} + \hat{b}_2 l_{2y} = 37.597\,41$$

$$SSE = SST - SSR = 11.777\,59$$

所以

$$F = \frac{SSR/m}{SSE/(n-m-1)} = \frac{37.597\,41/2}{11.777\,59/12} = 19.153\,71$$

查附录 A 中表 A.5 得 $F_{0.05}(2, 12) = 3.89$. 因为 $F > F_{0.05}(2, 12)$，所以拒绝原假设，即认为回归方程是显著的.

2. 回归系数的显著性检验——t 检验

在一元线性回归模型中，由于自变量只有一个，所以方程的显著性检验和系数的显著性检验是等价的. 而在多元线性回归中，自变量至少有两个，在获得回归方程的显著性后，仅能说明 $b_i(i = 1, 2, \cdots, m)$ 不全为零，但并不排斥某个 $b_i = 0$. 这就意味着变量 x_i 变动时，可能不会引起 $E(Y)$ 的线性变化，这时，就可以将 x_i 这一变量从回归方程中剔除，再重新建立线性回归模型. 因此，在多元线性回归中，通过方程的显著性检验后，还需要逐一对变量 x_i 作显著性检验，即要检验假设：

$$H_{0i}: b_i = 0(i = 1, 2, \cdots, m), \quad H_{1i}: b_i \neq 0 \tag{6.33}$$

这就是回归系数的显著性检验——t 检验.

类似于一元回归系数的性质，可以证明，在多元线性回归模型中，$\hat{b} \sim N(b, \sigma^2 C)$，其

中 $C = A^{-1} = (X^TX)^{-1}$，$\hat{b}_i \sim N(b_i, \sigma^2 c_{i+1, i+1})$，$i = 0, 1, 2, \cdots, m$，$c_{i+1, i+1}$ 为相关矩阵 C

主对角线上的第 $i+1$ 个元素. 所以，在 H_{0i} 成立的条件下，有 $\dfrac{\hat{b}_i}{\sigma\sqrt{c_{i+1, i+1}}} \sim N(0, 1)$，并与

$\dfrac{\text{SSE}}{\sigma^2}$ 相互独立，则有

$$t_i = \frac{\hat{b}_i / \sqrt{c_{i+1, i+1}}}{\sqrt{\text{SSE}/(n-m-1)}} \sim t(n-m-1) \tag{6.34}$$

对于计算出的统计量的值 t_i，若有 $|t_i| > t_{\alpha/2}(n-m-1)$，则拒绝原假设 H_{0i}，即在显著性水平 α 下认为 $b_i \neq 0$. 否则接受原假设，在显著性水平 α 下认为 $b_i = 0$，即 Y 与 x_i 之间不存在线性关系.

例 6.3.3 对例 6.3.1 所建立的回归模型作系数的显著性检验.（$\alpha = 0.05$）

解 在例 6.3.2 方程的显著性检验中，结论是拒绝原假设，认为回归方程是显著的. 下面，我们用 t 检验法来检验两个系数的显著性.

经计算，$\hat{b}_1 = -0.250\,49$，$\hat{b}_2 = 0.041\,921$，$\text{SSE} = 11.777\,59$，

$$C = (X^TX)^{-1} = \begin{pmatrix} 26.276\,52 & -0.171\,97 & -0.032\,37 \\ -0.171\,97 & 0.003\,308 & -6.4 \times 10^{-5} \\ -0.032\,37 & -6.4 \times 10^{-5} & 7.5 \times 10^{-5} \end{pmatrix}$$

即 $c_{22} = 0.003\,308$，$c_{33} = 7.5 \times 10^{-5}$.

建立假设：

$$H_{0i}: b_i = 0 \quad (i = 1, 2)$$

计算统计量的值：

$$t_1 = \frac{\hat{b}_1 / \sqrt{c_{22}}}{\sqrt{\text{SSE}/(n-m-1)}} = -\frac{0.250\,49 / \sqrt{0.003\,308}}{\sqrt{11.777\,59/12}} \approx -4.395\,88$$

$$t_2 = \frac{\hat{b}_2 / \sqrt{c_{33}}}{\sqrt{\text{SSE}/(n-m-1)}} = \frac{0.041\,921 / \sqrt{7.5 \times 10^{-5}}}{\sqrt{11.777\,59/12}} \approx 4.885\,31$$

查附录 A 中表 A.3 得 $t_{0.05/2}(12) = 2.178\,8$，由于 $|t_1| > 2.178\,8$，$|t_2| > 2.178\,8$，所以回归系数 b_1 和 b_2 都不为零，即回归系数是显著的.

在对回归系数作检验时，若对一切 i，$b_i = 0$ 都被拒绝，则 Y 关于 $x_1, x_2, \cdots, x_m$ 的 m 元线性回归方程即所求. 若检验中有若干个 $|t_i| > t_{\alpha/2}$，则由于各分量间的相关性，不能一次性去掉所有不显著的变量，而是每次去掉不显著变量中 $|t_i|$ 值最小的一个，之后重新建立少一个变量的回归方程，再逐一检验，直到方程所有变量均为显著为止. 在实际应用中，有些自变量对 Y 的影响很小，如果将这些自变量剔除，不但能使回归方程较为简洁，便于应用，还能明确哪些因素的改变对 Y 有显著性影响，从而使人们对事物有进一步的认识.

§6.4 logistic 回归模型

作为标准的统计分析工具，多元回归分析在诸多行业和领域的数据分析应用中发挥着极为重要的作用. 尽管如此，在运用多元回归分析方法时仍不应忽略方法应用的前提假设条

件. 违背了某些关键假设, 得到的分析结论很可能是不合理的.

利用多元回归方法分析变量之间关系或进行预测时的一个基本要求: 响应变量是呈正态分布的连续型随机变量. 但在许多问题中, 响应变量为二值定性变量. 例如, 在某一药物试验中, 患者服药后治愈(设其值为1)或无效(设其值为0), 产品研制成功或失败, 企业的生存或倒闭等. 显然, 这时正态线性模型是不合适的, 因为正态误差不可能和一个0–1二值响应变量对应.

下面通过一元线性回归来说明当因变量是取值只为0和1的定性变量时, 用正态线性模型会出现的几个问题. 设回归模型为 $y_j = b_0 + b_1 x_j + \varepsilon_j$, $y_j = 0$, 1.

1) 因变量的取值区间受限制

当因变量是只取0, 1的定性变量时, 均值 $E(y_j)$ 有其特殊意义: 因变量均值总代表给定自变量水平时, 因变量取值为1的概率. 因为通常总设 $E(\varepsilon_j) = 0$, 所以 $E(y_j) = b_0 + b_1 x_j$. 考虑 y_j 为一个普通的伯努利随机变量, 这样就有分布律为

$$P(y_j) = \begin{cases} p_j, & y_j = 1 \\ 1 - p_j, & y_j = 0 \end{cases}$$

则

$$E(y_j) = \sum y_j P(y_j) = 1 \cdot p_j + 0 \cdot (1 - p_j) = p_j = b_0 + b_1 x_j$$

对因变量均值的这种解释也适用于多元线性回归函数. 由上面的分析和概率的性质可知因变量均值要受到 $0 \leqslant E(y) \leqslant p \leqslant 1$ 的限制, 但许多回归函数包括线性回归函数都不能满足这个限制.

2) 误差项不再具有正态性

因为 $\varepsilon_j = y_j - (b_0 + b_1 x_j)$ 只能取两个值: 当 $y_j = 1$ 时, $\varepsilon_j = 1 - b_0 - b_1 x_j$; 当 $y_j = 0$ 时, $\varepsilon_j = -b_0 - b_1 x_j$, 所以一般回归分析中的假设 ε_j 是相互独立的随机误差且均服从 $N(0, \sigma^2)$, 在这里是不适用的.

3) 误差方差不再是正值常数

因为 $\sigma^2(y_j) = E\{[y_j - E(y_j)]^2\} = (1 - p_j)^2 p_j + (0 - p_j)^2 (1 - p_j) = E(y_j)[1 - E(y_j)]$, 又因为 ε_j 的方差与 y_j 的方差是一样的($\varepsilon_j = y_j - p_j$, p_j 是常数), 故

$$\sigma^2(\varepsilon_j) = p_j(1 - p_j) = E(y_j)[1 - E(y_j)] = (b_0 + b_1 x_j)(1 - b_0 - b_1 x_j)$$

由上式可以看出: $\sigma^2(\varepsilon_j)$ 依赖于 x_j. 因此, 误差项方差将随 x 的不同水平而变化, 这样普通的最小二乘法就不具备最优性(方差最小).

由此可见, 当响应变量是0–1二分类变量时, 无法直接采用一般的多元线性回归建立模型, 下面将介绍适用于这种情况的一种重要方法——logistic回归.

6.4.1 logistic回归模型概述

logistic回归模型是一种概率模型, 它是以某一事件发生与否的概率 P 为因变量, 以影响 P 的因素为自变量建立的回归模型, 分析某事件发生的概率与自变量之间的关系, 是一种非线性回归模型.

按照研究设计分类, logistic回归可分为条件logistic回归模型和非条件logistic回归模型, 前者适用于配对或配伍设计资料, 后者适用于成组设计资料. 按照因变量分类, logistic可分为二分类logistic回归模型、多分类无序logistic回归模型和多分类有序logistic回归模型.

本节主要针对常见的二分类 logistic 回归模型进行讲解.

6.4.2 logistic 回归模型建立

logistic 回归主要应用在研究某些现象发生的概率 P, 如股票涨或跌, 公司成功或失败的概率, 以及讨论概率 P 与哪些因素有关. 显然作为概率值, 一定有 $0 \leqslant P \leqslant 1$, 因此很难用线性模型描述概率 P 与自变量的关系, 另外如果 P 接近两个极端值, 此时一般方法难以较好地反映 P 的微小变化. 为此在构建 P 与自变量关系的模型时, 变换一下思路, 不直接研究 P, 而是研究 P 的一个严格单调函数 $G(P)$, 并要求 $G(P)$ 在 P 接近两端值时对其微小变化很敏感. 于是 logit 变换被提出来:

$$\mathrm{logit}(P) = \ln \frac{P}{1-P}$$

经过 logit 变换后, 就可以利用一般线性回归模型建立因变量与自变量之间的模型, 即

$$\ln\left(\frac{P}{1-P}\right) = b_0 + b_1 x_1 + b_2 x_2 + \cdots + b_m x_m \tag{6.35}$$

记 $\boldsymbol{X} = (1, x_1, x_2, \cdots, x_m)^{\mathrm{T}}$, $\boldsymbol{b} = (b_0, b_1, \cdots, b_m)^{\mathrm{T}}$, 则

$$\mathrm{logit}(P) = \ln \frac{P}{1-P} = \boldsymbol{b}^{\mathrm{T}}\boldsymbol{X} \Rightarrow P = \frac{\mathrm{e}^{\boldsymbol{b}^{\mathrm{T}}\boldsymbol{X}}}{1 + \mathrm{e}^{\boldsymbol{b}^{\mathrm{T}}\boldsymbol{X}}} \tag{6.36}$$

显然 $E(Y) = P$, 故上述模型表明 $\ln \frac{E(Y)}{1-E(Y)}$ 是 $x_1, x_2, \cdots, x_m$ 的线性函数. 此时我们称满足上面条件的回归方程, 即式(6.35)或式(6.36)为 logistic 线性回归.

定义 6.4.1 某影响因素控制在某种水平时, 称事件发生与不发生的概率比为优势 (Odds, 也称相对风险), 即

$$\mathrm{Odds} = \frac{P}{1-P} = \exp\{b_0 + b_1 x_1 + b_2 x_2 + \cdots + b_m x_m\} \tag{6.37}$$

某影响因素的两个不同水平的优势的比值被称为优势比(Odds Ratio, OR), 也被称为相对风险比或胜算比, 即

$$\mathrm{OR} = \frac{\mathrm{Odds}_1}{\mathrm{Odds}_2} \tag{6.38}$$

例如, 大公司成功经营的概率为 $\frac{10}{11}$, 小公司成功经营的概率为 $\frac{2}{13}$, 则大公司成功经营的优势(胜算)为 $\mathrm{Odds}_1 = \frac{10/11}{1/11} = 10$, 可以理解为大公司经营成功与失败之比为 $10:1$, 同理, 小公司成功经营的优势(胜算)为 $\mathrm{Odds}_2 = \frac{2/13}{11/13} = \frac{2}{11}$, 它们的优势比为

$$\mathrm{OR} = \frac{10}{2/11} = 55$$

可以解释为大公司的成功胜算为小公司的 55 倍.

从定义中可以看出, OR 表示影响因素对事件发生的影响方向和影响能力大小.

OR>1 表示该因素取值越大, 事件发生的概率越大, 称该因素为危险因素.

OR<1 表示该因素取值越大，事件发生的概率越小，称该因素为保护因素.

OR=1 表示该因素与事件的发生无关.

对式(6.37)两边取自然对数得

$$\ln(\text{Odds}) = b_0 + b_1 x_1 + b_2 x_2 + \cdots + b_m x_m$$

6.4.3 logistic 回归模型系数意义

二分类 logistic 回归模型 $\text{Odds} = \exp\{b_0 + b_1 x_1 + b_2 x_2 + \cdots + b_m x_m\}$，当变量 x_i 增加一个单位时，$\text{Odds}^* = \exp\{b_i + b_0 + b_1 x_1 + b_2 x_2 + \cdots + b_m x_m\}$，于是

$$\frac{\text{Odds}^*}{\text{Odds}} = \exp\{b_i\} \ 或 \ \ln(\text{OR}) = b_i$$

这表明，其他解释变量不变时，x_i 每增加一个单位，所引起的优势是以前的 $\exp\{b_i\}$ 倍.

若 X_i 取不同水平 c_1 和 c_0，则

$$\ln(\text{OR}_i) = \ln\left(\frac{\text{Odds}_u}{\text{Odds}_v}\right) = b_i(c_1 - c_0)$$

6.4.4 logistic 回归模型系数的估计

一般的线性回归模型适合使用最小二乘法，因为 logistic 回归模型中随机扰动项并不满足经典假设，所以需要使用极大似然估计法进行系数的估计. 其基本思想是先建立似然函数与对数似然函数，求使对数似然函数最大时的参数值，其估计值即为极大似然估计值.

由式(6.36)得

$$P(\boldsymbol{X}) = \frac{e^{b^{\mathrm{T}}X}}{1 + e^{b^{\mathrm{T}}X}} = \frac{\exp\{b_0 + b_1 x_1 + b_2 x_2 + \cdots + b_m x_m\}}{1 + \exp\{b_0 + b_1 x_1 + b_2 x_2 + \cdots + b_m x_m\}}$$

假设从总体 Y 中抽取一组样本 Y_1，Y_2，$\cdots$，Y_n，设 $P_i = P\{Y_i = 1 \mid X_i\} = P(X_i)$ 为给定 X_i 条件下得到的结果 $Y_i = 1$ 的条件概率，而在同样条件下得到结果 $Y_i = 0$ 的条件概率为

$$P\{Y_i = 0 \mid X_i\} = 1 - P(X_i)$$

于是得到一个观察值的概率为

$$P(Y_i) = P(X_i)^{Y_i} [1 - P(X_i)]^{1-Y_i}$$

由于各项观察相互独立，所以可以建立样本似然函数：

$$L = \prod_{i=1}^{n} P_i^{Y_i} (1 - P_i)^{1-Y_i}$$

式中，P_i 表示第 i 例观察对象处于 X_i 条件下时事件发生的概率. 事件发生记 $Y_i = 1$，事件未发生记 $Y_i = 0$. 根据极大似然原理，似然函数 L 应取最大值.

对似然函数取对数形式：

$$\ln L = \sum_{i=1}^{n} \left[Y_i \ln P_i + (1 - Y_i) \ln(1 - P_i) \right] \tag{6.39}$$

式(6.39)为对数似然函数，对其取一阶导数求解参数. 对于参数 $b_j (j = 1, 2, \cdots, m)$，令 $\ln L$ 对各参数的一阶偏导数为 0，即 $\frac{\partial(\ln L)}{\partial b_j} = 0 (j = 1, 2, \cdots, m)$，解方程组，得出参数 b_j 的估计值 $\hat{b}_j$，该过程手算求解需要采用牛顿迭代法，通常我们可以借助 SPSS 等统计软件进行模型的建立及求解. 计算出参数估计值后，可以进一步得到自变量 X_j 不同水平 c_1 和 c_0 优

势比的估计值：

$$\widehat{OR}_j = \exp\{\hat{b}_j(c_1 - c_0)\} \tag{6.40}$$

例 6.4.1 某医学小组研究吸烟（X_1）、饮酒（X_2）与食管癌（Y）之间的关系，表 6.7 是一组对照数据资料，试作 logistic 回归分析．表 6.7 中各变量赋值情况如下：

$$X_1 = \begin{cases} 1, & \text{吸烟} \\ 0, & \text{不吸烟} \end{cases}, \quad X_2 = \begin{cases} 1, & \text{饮酒} \\ 0, & \text{不饮酒} \end{cases}, \quad Y = \begin{cases} 1, & \text{病例} \\ 0, & \text{对照} \end{cases}$$

表 6.7 吸烟饮酒与食管癌关系的病例–对照表

吸烟	饮酒	疾病状态	观察例数
0	0	1	63
0	1	1	63
1	0	1	44
1	1	1	265
0	0	0	136
0	1	0	107
1	0	0	57
1	1	0	151

解 设该问题的 logistic 回归模型为 $\text{logit}(P) = b_0 + b_1 x_1 + b_2 x_2$，即

$$P(Y = 1) = \frac{e^{b_0 + b_1 x_1 + b_2 x_2}}{1 + e^{b_0 + b_1 x_1 + b_2 x_2}}, \quad P(Y = 0) = \frac{1}{1 + e^{b_0 + b_1 x_1 + b_2 x_2}}$$

所以该模型的似然函数为

$$L = \left(\frac{e^{b_0}}{1 + e^{b_0}}\right)^{63} \left(\frac{1}{1 + e^{b_0}}\right)^{136} \left(\frac{e^{b_0 + b_2}}{1 + e^{b_0 + b_2}}\right)^{63} \left(\frac{1}{1 + e^{b_0 + b_2}}\right)^{107} \cdot$$

$$\left(\frac{e^{b_0 + b_1}}{1 + e^{b_0 + b_1}}\right)^{44} \left(\frac{1}{1 + e^{b_0 + b_1}}\right)^{57} \left(\frac{e^{b_0 + b_1 + b_2}}{1 + e^{b_0 + b_1 + b_2}}\right)^{265} \left(\frac{1}{1 + e^{b_0 + b_1 + b_2}}\right)^{151}$$

对该似然函数两边取对数，然后对各系数求偏导，利用牛顿迭代法求解方程组，即可得到各系数的估计值 $\hat{b}_0$，$\hat{b}_1$，$\hat{b}_2$，从而得到回归模型．

在具体操作过程中，利用 SPSS 统计软件，更容易解决 logistic 回归分析问题．

本例中，数据如图 6.5 所示．

吸烟X1	饮酒X2	疾病状态Y	频数f
.00	.00	1.00	63.00
.00	1.00	1.00	63.00
1.00	.00	1.00	44.00
1.00	1.00	1.00	265.00
.00	.00	.00	136.00
.00	1.00	.00	107.00
1.00	.00	.00	57.00
1.00	1.00	.00	151.00

图 6.5

利用 SPSS 进行 logistic 回归分析，得分析表如表 6.8 所示.

表 6.8　例 6.4.1 的分析表

		B	S. E	Wals	df	Sig	Exp(B)	Exp(B)的 95%C. I.	
								下限	上限
步骤 1ᵃ	X1	0.886	0.150	34.862	1	0.000	2.424	1.807	3.253
	X2	0.526	0.157	11.207	1	0.001	1.692	1.244	2.303
	常量	−0.910	0.136	44.870	1	0.000	0.403		

a. 在步骤 1 中输入的变量：X1, X2.

表 6.8 中：B 表示 logistic 回归模型中，各因素变量所对应的系数估计值；S.E 表示系数估计的标准误；Wals 是一个卡方值，等于 B 除以它的标准误（S.E）的平方值，用于检验 B 是否等于零；df 表示变量对应的自由度；Sig 表示系数的显著性；Exp(B) 表示 e^B，反映了该因素的优势；Exp(B)的 95%C.I. 表示 e^B 的置信水平为 95% 的置信区间。

由该分析表可以得到 logistic 回归模型为 $\text{logit}(P) = -0.91 + 0.886x_1 + 0.526x_2$.

两个因素的优势比估计值为 $\widehat{OR}_1 = 2.424$，$\widehat{OR}_2 = 1.692$.

由结果可以看出，吸烟和饮酒均为食管癌发病的危险因素，吸烟人群发生食管癌的可能性是不吸烟人群的 2.424 倍，饮酒人群发生食管癌的可能性是不饮酒人群的 1.692 倍.

6.4.5　logistic 回归模型系数的显著性检验

和经典线性回归分析一样，在求得回归系数后，还要对回归系数进行检验，目的是检验总体回归系数是否为零，本节介绍如何用似然比检验来对模型进行显著性检验.

建立原假设 H_0：$b_1 = b_2 = \cdots = b_m = 0$，$H_1$：$b_1$，$b_2$，$\cdots$，$b_m$ 不全为零

似然比检验的基本思想是比较在两种不同假设条件下的对数似然函数值，看其差别. 具体方法是，先拟合不包含待检验因素的 logistic 模型，求对数似然函数值 $\ln L_0$，再拟合包含待检验因素的 logistic 模型，求对数似然函数值 $\ln L_1$，比较两个对数似然函数值的差异. 若两个模型分别包含 l 个自变量和 p 个自变量，当样本容量 n 较大时，在原假设 H_0 成立的前提下，可以构造似然比统计量：

$$G = 2(\ln L_p - \ln L_l) \sim \chi^2(p - l) \tag{6.41}$$

若只对一个回归系数进行检验，则 $p - l = 1$，若 $G = 2(\ln L_p - \ln L_l) > \chi^2_\alpha(p - l)$，则拒绝原假设，即认为回归模型是显著的.

例 6.4.2　检验例 6.4.1 中所建立的 logistic 回归模型系数的显著性. $(\alpha = 0.05)$

解　建立假设：

$$H_0：b_1 = 0，H'_0：b_2 = 0$$

建立只有变量 X_1 的似然函数，求其对数似然函数值：

$$\ln L(X_1) = \left(\frac{e^{b_0}}{1 + e^{b_0}}\right)^{126} \left(\frac{1}{1 + e^{b_0}}\right)^{243} \left(\frac{e^{b_0 + b_1}}{1 + e^{b_0 + b_1}}\right)^{309} \left(\frac{1}{1 + e^{b_0 + b_1}}\right)^{208}$$

利用 SPSS 进行 logistic 回归分析，得分析表如表 6.9 所示.

表 6.9 例 6.4.2 的分析表

		B	S. E	Wals	df	Sig	Exp(B)	Exp(B)的95%C. I.	
								下限	上限
步骤 1[a]	吸烟 X1	1.053	0.142	55.133	1	0.000	2.865	2.170	3.783
	常量	-0.657	0.110	35.792	1	0.000	0.519		

a. 在步骤 1 中输入的变量：吸烟 X1.

通过统计软件求得 $\hat{b}_0 = -0.657$，$\hat{b}_1 = 1.053$，所以

$$\ln L(X_1) = \left(\frac{e^{\hat{b}_0}}{1+e^{\hat{b}_0}}\right)^{126} \left(\frac{1}{1+e^{\hat{b}_0}}\right)^{243} \left(\frac{e^{\hat{b}_0+\hat{b}_1}}{1+e^{\hat{b}_0+\hat{b}_1}}\right)^{309} \left(\frac{1}{1+e^{\hat{b}_0+\hat{b}_1}}\right)^{208} = -585.326$$

同理，有

$$\ln L(X_2) = -597.436, \quad \ln(L(X_1, X_2)) = -579.711$$

$$G_1 = 2[\ln L(X_1, X_2) - \ln L(X_2)] = 35.45 > \chi^2_{0.05}(1) = 3.84$$

$$G_2 = 2[\ln L(X_1, X_2) - \ln L(X_1)] = 11.23 > \chi^2_{0.05}(1) = 3.84$$

所以在显著性水平 $\alpha = 0.05$ 下拒绝 H_0 和 H'_0，即认为回归系数是显著的，说明吸烟和饮酒均和食管癌有显著性关系.

logistic 回归模型是一个概率模型，对于非条件 logistic 回归，在给定的条件下可通过 logistic 回归模型计算某事件发生的概率. 因此也可以利用该模型预测某事件发生的概率.

本章小结

本章主要介绍了变量之间的线性相关分析和线性回归模型的建立，以及模型的显著性检验等问题.

1. 相关分析

相关关系能够有效地揭示事物之间统计关系的强弱程度，进而有针对性地进行模型的建立. 本章主要介绍了研究变量之间线性相关的皮尔逊相关分析，以及针对顺序变量数据的斯皮尔曼等级相关分析.

2. 一元线性回归分析

回归分析是研究自变量为一般变量，因变量为随机变量时两者之间的相关关系的统计分析方法.

若随机变量 Y 和自变量 x 存在线性相关关系，则可以建立一元线性回归模型：

$$Y = a + bx + \varepsilon, \quad \varepsilon \sim N(0, \sigma^2)$$

我们得到了如下结论.

(1) 利用样本值对回归模型中的参数进行估计，得到回归方程 $\hat{y} = \hat{a} + \hat{b}x$，其图形被称为回归直线.

(2) 对回归模型中的误差 ε 的方差 σ^2 进行估计，得到其无偏估计：$\hat{\sigma}^{*2} = \dfrac{\text{SSE}}{n-2}$.

(3)对所建立的模型进行显著性检验，建立线性假设 $H_0: b = 0$, $H_1: b \neq 0$.

①回归方程的显著性检验——F 检验：H_0 的拒绝域为 $F = \dfrac{\text{SSR}/1}{\text{SSE}/(n-2)} \geqslant F_\alpha(1,\ n-2)$.

若拒绝 H_0，则在显著性水平 α 下认为回归方程是显著的；否则，认为回归方程不显著，该模型不适合用线性回归模型，需另行研究.

②回归系数的显著性检验——t 检验：H_0 的拒绝域为 $|t| = \left| \dfrac{\hat{b}\sqrt{l_{xx}}}{\sqrt{\text{SSE}/(n-2)}} \right| > t_{\alpha/2}(n-2)$.

在一元线性回归模型的显著性检验中，F 检验和 t 检验是等价的.

(4)预测与控制. 对具有显著性的回归方程，可以进行点预测和区间预测.

点预测：$\hat{y}_0 = \hat{a} + \hat{b}x_0$.

区间预测：y_0 的置信水平为 $1-\alpha$ 的预测区间为 $(\hat{y}_0 - \delta(x_0),\ \hat{y}_0 + \delta(x_0))$.

控制：研究观察值 y 在给定的区间 $(y_1,\ y_2)$ 内取值时，x 应控制在什么范围内，给定

y_1, y_2 后，通过求解方程组 $\begin{cases} y_1 = \hat{a} + \hat{b}x_1 - \delta(x_1) \\ y_2 = \hat{a} + \hat{b}x_2 + \delta(x_2) \end{cases}$，求出相应的 x_1, x_2，以 x_1, x_2 为端点的

区间即所求.

3. 多元线性回归分析

若随机变量 Y 与多个自变量 x_1, x_2, $\cdots$, $x_m(m > 1)$ 具有线性相关性，则可以建立多元线性回归模型：

$$Y = b_0 + b_1 x_1 + \cdots + b_m x_m + \varepsilon,\ \varepsilon \sim N(0,\ \sigma^2)$$

针对多元线性回归，本章内容总结如下.

(1)回归系数的估计：$\hat{b} = (X^{\mathrm{T}}X)^{-1}X^{\mathrm{T}}Y$，从而可以得到回归方程：

$$\hat{y} = \hat{b}_0 + \hat{b}_1 x_1 + \cdots + \hat{b}_m x_m$$

(2)对所建立的模型进行显著性检验.

①回归方程的显著性检验——F 检验，建立假设 $H_0: b_1 = b_2 = \cdots = b_m = 0$, $H_1: b_1$,

$b_2 \cdots$, b_m 不全为零. H_0 的拒绝域为 $F = \dfrac{\text{SSR}/m}{\text{SSE}/(n-m-1)} \geqslant F_\alpha(m,\ n-m-1)$. 若拒绝 H_0，

则在显著性水平 α 下认为回归方程是显著的；否则，认为回归方程不显著，该模型不适合用线性回归模型，需另行研究.

②回归系数的显著性检验——t 检验，建立假设 $H_{0i}: b_i = 0(i = 1,\ 2,\ \cdots,\ m)$, $H_{1i}: b_i$

$\neq 0$. H_{0i} 的拒绝域为 $|t_i| = \left| \dfrac{\hat{b}_i / \sqrt{c_{i+1,\ i+1}}}{\sqrt{\text{SSE}/(n-m-1)}} \right| > t_{\alpha/2}(n-m-1)$. 若拒绝原假设 H_{0i}，则在

显著性水平 α 下认为 $b_i \neq 0$，y 与 x_i 线性关系显著；否则，接受原假设，认为在显著性水平 α 下 $b_i = 0$ 具有统计学意义，y 与 x_i 不具有线性关系.

4. logistic 回归分析

logistic 回归模型是一种概率模型，它是以某一事件发生与否的概率 P 为因变量，以影

响 P 的因素为自变量建立的回归模型,是一种非线性回归模型.这种背景下,可以建立回归模型: $\ln\left(\dfrac{P}{1-P}\right) = b_0 + b_1 x_1 + b_2 x_2 + \cdots + b_m x_m.$

(1)参数估计.建立似然函数 $\ln L = \sum\limits_{i=1}^{n}\left[Y_i \ln P_i + (1 - Y_i)\ln(1 - P_i)\right]$,解方程组 $\dfrac{\partial(\ln L)}{\partial b_j} = 0 (j = 1, 2, \cdots, m)$,得出参数 b_j 的估计值 $\hat{b}_j$,该求解过程可以应用统计软件解决.

(2)回归模型的显著性检验,建立假设 H_0: $b_1 = b_2 = \cdots = b_m = 0$,$H_1$: b_1,b_2,$\cdots$,b_m 不全为零.若 $G = 2(\ln L_p - \ln L_l) > \chi^2_\alpha(p - l)$,则拒绝原假设,即认为回归模型是显著的.

本章知识结构如图 6.6 所示.

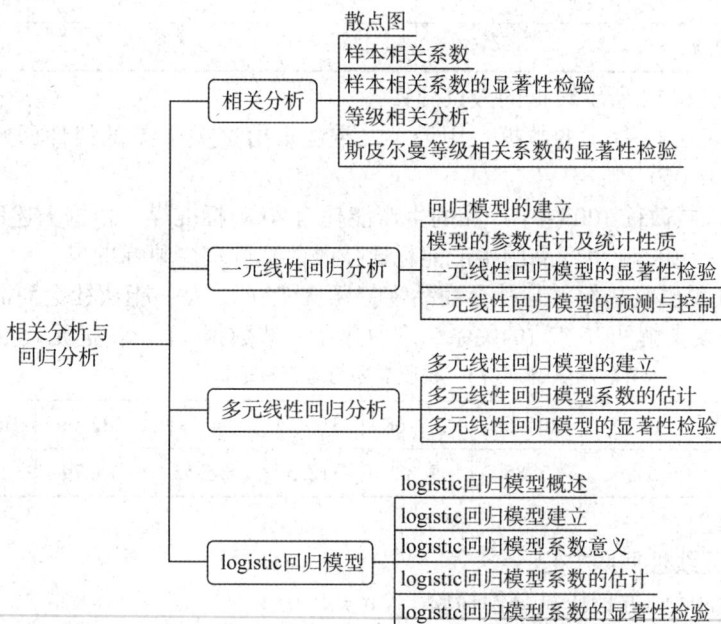

图 6.6

习题六

1. 炼铝厂测得所产铸模用的铝的硬度 X(HB)与抗张强度 Y(单位：Pa)的数据如表 6.10 所示.

表 6.10 硬度与抗张强度的数据

铝的硬度 X	68	53	70	84	60	72	51	83	70	64
抗张强度 Y	288	293	349	343	290	354	283	324	340	286

(1)计算样本相关系数,并作线性相关性检验;($\alpha = 0.1$)

(2)求 Y 对 X 的一元线性回归方程;

(3)在显著性水平 $\alpha = 0.1$ 下检验回归方程系数的显著性.

2. 测量了 9 对父子的身高，所得数据(单位：英寸. 1 英寸 = 2.54 厘米)如表 6.11 所示.

表 6.11　9 对父子的身高

父亲身高 x_i	60	62	64	66	67	68	70	72	74
儿子身高 y_i	63.6	65.2	66	66.9	67.1	67.4	68.3	70.1	70

(1)求儿子身高 Y 关于父亲身高 X 的回归方程；

(2)检验所建立回归方程系数的显著性；($\alpha = 0.05$)

(3)若父亲身高为 80 英寸，预测儿子的身高.

3. 表 6.12 提供了某厂节能降耗技术改造后生产甲产品过程中记录的产量 X(单位：吨)与相应的生产能耗 Y(单位：吨标准煤)的几组对照数据.

表 6.12　对照数据

X	3	4	5	6	7	8	9	10
Y	2.5	2.8	3.8	4.5	5	6	6.2	7.1

(1)请画出表 6.12 所示数据的散点图；

(2)请根据表 6.12 提供的数据，用最小二乘法求出 Y 关于 X 的线性回归方程，并作显著性检验；($\alpha = 0.05$)

(3)已知该厂技改前 100 吨甲产品的生产能耗为 90 吨标准煤，根据上述所求出的线性回归方程，预测生产 100 吨甲产品的生产能耗比技改前降低多少吨标准煤.

4. 已知营业税税收总额 Y 与社会商品零售额 X 有关. 为了能从社会商品零售总额去预测税收总额，需要了解两者之间的关系. 现收集了一些数据(单位：亿元)，如表 6.13 所示.

表 6.13　税收总额与零售额的数据

X	142.08	177.3	204.68	242.68	316.24	341.99	332.69	389.29	453.4
Y	3.93	5.96	7.85	9.82	12.5	15.55	15.79	16.39	18.45

(1)画散点图；

(2)建立一元线性回归方程；

(3)对建立的回归方程作显著性检验；($\alpha = 0.05$)

(4)若已知某年社会商品零售额为 300 亿元，试给出营业税税收总额的置信水平为 0.95 的预测区间.

5. 设 Y 为树干的体积(单位：cm^3)，X_1 为离地面一定高度的树干直径(单位：cm)，X_2 为树干高度(单位：cm)，一共测量了 31 棵树，数据列于表 6.14 中.

表 6.14　树干直径与高度的数据

X_1	X_2	Y	X_1	X_2	Y
8.3	70	10.3	12.9	85	33.8
8.6	65	10.3	13.3	86	27.4
8.8	63	10.2	13.7	71	25.7
10.5	72	10.4	13.8	64	24.9
10.7	81	16.8	14.0	78	34.5
10.8	83	18.8	14.2	80	31.7

X_1	X_2	Y	X_1	X_2	Y
11.0	66	19.7	15.5	74	36.3
11.0	75	15.6	16.0	72	38.3
11.1	80	18.2	16.3	77	42.6
11.2	75	22.6	17.3	81	55.4
11.3	79	19.9	17.5	82	55.7
11.4	76	24.2	17.9	80	58.3
11.4	76	21.0	18.0	80	51.5
11.7	69	21.4	18.0	80	51.0
12.0	75	21.3	20.6	87	77.0
12.9	74	19.1			

(1) 请建立 Y 对 X_1, X_2 的二元线性回归方程;

(2) 对回归方程作显著性检验; ($\alpha = 0.05$)

(3) 若回归方程是显著的, 请对回归方程系数作显著性检验. ($\alpha = 0.05$)

6. 在一次关于公共交通的社会调查中, 调查项目为"是乘坐公共汽车上下班, 还是骑自行车上下班". 因变量 $y = 1$ 表示乘坐公共汽车, $y = 0$ 表示骑自行车. 自变量 x_1 是年龄, 作为连续变量; x_2 是月收入(单位: 元); x_3 是性别, $x_3 = 1$ 表示男性, $x_3 = 0$ 表示女性. 调查对象为工薪族群体, 调查数据如表 6.15 所示, 试结合统计软件建立 logistic 回归模型, 并作显著性检验. ($\alpha = 0.1$)

表 6.15 调查数据

序号	年龄 x_1	月收入 x_2	性别 x_3	交通 y	序号	年龄 x_1	月收入 x_2	性别 x_3	交通 y
1	18	850	0	0	15	20	1 000	1	0
2	21	1 200	0	0	16	25	1 200	1	0
3	23	850	0	1	17	27	1 300	1	0
4	23	950	0	1	18	28	1 500	1	0
5	28	1 200	0	1	19	30	950	1	1
6	31	850	0	1	20	32	1 000	1	0
7	36	1 500	0	1	21	33	1 800	1	0
8	42	1 000	0	1	22	33	1 000	1	0
9	46	950	0	1	23	38	1 200	1	0
10	48	1 200	0	0	24	41	1 500	1	0
11	55	1 800	0	1	25	45	1 800	1	1
12	56	2 100	0	1	26	48	1 000	1	0
13	58	1 800	0	1	27	52	1 500	1	1
14	18	850	1	0	28	56	1 800	1	1

F. 高尔顿与回归分析

F. 高尔顿(Francis Galton，1822—1911)出生于英格兰伯明翰一个显赫的银行家家庭，是英国人类学家、生物统计学家．1856 年，高尔顿被选为英国皇家学会会员，1909 年被授予勋爵称号．

二维码 6.2：回归分析与方差分析的联系与异同

高尔顿是生物统计学派的奠基人，他表哥达尔文的巨著《物种起源》问世以后，触动他用统计方法研究智力遗传进化问题，第一次将概率统计原理等数学方法用于生物科学，明确提出"生物统计学"这一名词．现在统计学上的"相关"和"回归"的概念也是高尔顿第一次使用的．他是怎样产生这些概念的呢？1870 年，高尔顿在研究人类身高的遗传时，发现子女的身高不仅受到父母身高的遗传因素的影响，同时有向同代人平均身高靠拢的趋势，即有"回归"到平均数的趋势，高尔顿将这种趋向于种族稳定的现象称为"回归"，并在论文《身高遗传中的平庸回归》中最早提出"回归"一词．高尔顿揭示了统计方法在生物学研究中是有用的，引进了回归直线、相关系数等概念，开创了回归分析、生物统计学研究的先河．他于 1889 年在《自然遗传》中，应用百分位数法和四分位偏差法代替离差度量．现在的随机过程中有以他的姓氏命名的高尔顿–沃森过程(简称 G–W 过程)．

高尔顿共发表论文 220 余篇，涵盖统计学、遗传学、优生学、地理、天文、物理、人类学、社会学等众多领域，是一位百科全书式的学者．他率先提出了描述性统计的有关概念和计算方法，将统计学方法大量应用于生物学研究中，是生物统计学的主要创立者．

第7章
多元统计分析基础

§7.1 多元分析的基本概念

在研究社会、经济现象和许多实际问题时，经常遇到的是多指标的问题. 例如，研究职工工资的构成情况时，计时工资、基础工资、职务工资、各种奖金、各种津贴等都是需要同时考察的指标；又如，研究股票的运营情况时，要涉及公司的资金周转能力、偿债能力、获利能力及竞争能力等财务指标，这些都是多指标研究的问题. 显然，这些指标之间往往不相互独立，仅研究某个指标或将这些指标割裂开来分别研究，都不能从整体上把握研究的实质. 一般，假设所研究的问题涉及 p 个指标，进行 n 次独立观察，得到 np 个数据，我们的目的就是对观察对象进行分组、分类或分析这 p 个变量之间的相互关联程度，或者找出内在规律等. 下面简要介绍多元分析中涉及的一些基本概念.

7.1.1 随机向量

假定所讨论的是多个变量的总体，所研究的数据是同时观察 p 个指标(即变量)，进行了 n 次观测得到的，我们把这 p 个指标表示为 X_1, X_2, $\cdots$, X_p, 常用向量 $\boldsymbol{X} = (X_1, X_2, \cdots, X_p)^{\mathrm{T}}$ 表示对同一个体观察得到的 p 个变量. 若观察了 n 个个体，则可得到表 7.1 所示的数据，称每个个体的 p 变量为一个样品，而全体 n 个样品形成一个样本.

表 7.1　数据

序号	变量			
	X_1	X_2	$\cdots$	X_p
1	x_{11}	x_{12}	$\cdots$	x_{1p}
2	x_{21}	x_{22}	$\cdots$	x_{2p}
$\vdots$	$\vdots$	$\vdots$		$\vdots$
n	x_{n1}	x_{n2}	$\cdots$	x_{np}

横看表 7.1，知

$$\boldsymbol{X}_{(a)} = (x_{a1}, x_{a2}, \cdots, x_{ap}) \quad (a = 1, 2, \cdots, n)$$

它表示第 a 个样品的观察值. 竖看表 7.1 第 j 列的元素，知

$$\boldsymbol{X}_j = (x_{1j}, x_{2j}, \cdots, x_{nj})^{\mathrm{T}} \quad (j = 1, 2, \cdots, p)$$

它表示第 j 个变量 X_j 的 n 次观察值.

因此, 样本资料矩阵可用矩阵语言表示为

$$X = \begin{pmatrix} x_{11} & x_{12} & \cdots & x_{1p} \\ x_{21} & x_{22} & \cdots & x_{2p} \\ \vdots & \vdots & & \vdots \\ x_{n1} & x_{n2} & \cdots & x_{np} \end{pmatrix} = (X_1, X_2, \cdots, X_p) = \begin{pmatrix} X_{(1)} \\ X_{(2)} \\ \vdots \\ X_{(n)} \end{pmatrix} \tag{7.1}$$

定义 7.1.1 设 X_1, X_2, $\cdots$, X_p 为 p 个随机变量, 由它们组成的向量 $X = (X_1, X_2, \cdots, X_p)$ 被称为随机向量.

7.1.2 分布函数与概率密度

描述随机变量的最基本工具是分布函数. 类似地, 描述随机向量的最基本工具还是分布函数.

定义 7.1.2 设 $X = (X_1, X_2, \cdots, X_p)$ 是一随机变量, 它的多元分布函数是

$$F(\boldsymbol{x}) = F(x_1, x_2, \cdots, x_p) = P\{X_1 \leqslant x_1, X_2 \leqslant x_2, \cdots, X_p \leqslant x_p\} \tag{7.2}$$

式中, $\boldsymbol{x} = (x_1, x_2, \cdots, x_p) \in \mathbf{R}^p$, 并记成 $X \sim F$.

定义 7.1.3 设 $X \sim F = F(x_1, x_2, \cdots, x_p)$, 若存在一个非负的函数 $f(\cdot)$, 使得

$$F(\boldsymbol{x}) = \int_{-\infty}^{x_1} \cdots \int_{-\infty}^{x_p} f(t_1, t_2, \cdots, t_p) \mathrm{d}(t_1) \cdots \mathrm{d}(t_p) \tag{7.3}$$

对一切 $\boldsymbol{x} \in \mathbf{R}^p$ 成立, 则称 X 或 $F(\boldsymbol{x})$ 有概率密度 $f(\cdot)$, 并称 X 为连续型随机向量.

一个 p 维变量的函数 $f(\cdot)$ 能作为 $\mathbf{R}^p$ 中某个随机向量的概率密度, 当且仅当

(1) $f(\boldsymbol{x}) \geqslant 0$, $\forall \boldsymbol{x} \in \mathbf{R}^p$;

(2) $\int_{\mathbf{R}^p} f(\boldsymbol{x}) \mathrm{d}\boldsymbol{x} = 1$.

7.1.3 多元变量的独立性

定义 7.1.4 两个随机变量 X 和 Y 为相互独立的, 若

$$P\{X \leqslant x, Y \leqslant y\} = P\{X \leqslant x\} P\{Y \leqslant y\} \tag{7.4}$$

对一切 x, y 成立. 设 $F(x, y)$ 为 (X, Y) 的分布函数, $G(x)$ 和 $h(y)$ 分别为 X 和 Y 的边缘分布函数, 则由式 (7.4) 知, X 与 Y 相互独立当且仅当

$$F(x, y) = G(x)H(y)$$

若 (X, Y) 有概率密度 $f(x, y)$, 用 $g(x)$ 和 $h(y)$ 分别表示 X 和 Y 的边缘概率密度, 则 X 和 Y 相互独立当且仅当

$$f(x, y) = g(x)h(y)$$

类似地, 若它们的联合分布等于各自边缘分布的乘积, 则称 p 个随机变量 X_1, X_2, $\cdots$, X_p 相互独立. 由 X_1, X_2, $\cdots$, X_p 相互独立可以推知任何 X_i 与 $X_j (i \neq j)$ 相互独立,

但是，若已知任何 X_i 与 $X_j (i \neq j)$ 相互独立，并不能推出 X_1，X_2，$\cdots$，X_p 相互独立.

7.1.4 随机向量的数字特征

1. 随机向量 X 的均值

设 $X = (X_1$，X_2，$\cdots$，$X_p)^T$ 有 p 个分量. 若 $E(X_i) = \mu_i (i = 1$，2，$\cdots$，$p)$ 存在，定义随机向量 X 的均值为

$$E(X) = \begin{pmatrix} E(X_1) \\ E(X_2) \\ \vdots \\ E(X_p) \end{pmatrix} = \begin{pmatrix} \mu_1 \\ \mu_2 \\ \vdots \\ \mu_p \end{pmatrix} = \boldsymbol{\mu} \qquad (7.5)$$

$\boldsymbol{\mu}$ 是一个 p 维向量，称之为均值变量.

当 A，B 为常数矩阵时，由定义可立即推出以下性质：

(1) $E(AX) = AE(X)$；

(2) $E(AXB) = AE(X)B$.

2. 随机向量的协方差矩阵

$$\begin{aligned} \boldsymbol{\Sigma} = \mathrm{Cov}(X, X) &= E\{[X - E(X)][(X - E(X))^T]\} = D(X) \\ &= \begin{pmatrix} D(X_1) & \mathrm{Cov}(X_1, X_2) & \cdots & \mathrm{Cov}(X_1, X_p) \\ \mathrm{Cov}(X_2, X_1) & D(X_2) & \cdots & \mathrm{Cov}(X_2, X_p) \\ \vdots & \vdots & & \vdots \\ \mathrm{Cov}(X_p, X_1) & \mathrm{Cov}(X_p, X_2) & \cdots & D(X_p) \end{pmatrix} \\ &= (\sigma_{ij}) \end{aligned} \qquad (7.6)$$

称它为 p 维随机向量 X 的协方差矩阵，简称为协方差阵.

称 $|\mathrm{Cov}(X, X)|$ 为 X 的广义方差，它是协方差阵的行列式之值.

3. 随机向量和的协方差阵

设 $X = (X_1$，X_2，$\cdots$，$X_n)^T$ 和 $Y = (Y_1$，Y_2，$\cdots$，$Y_p)^T$ 分别为 n 维和 p 维随机向量，它们之间的协方差阵定义为一个 $n \times p$ 矩阵，其元素是 $\mathrm{Cov}(X_i, Y_j)$，即

$$\mathrm{Cov}(X, Y) = (\mathrm{Cov}(X_i, Y_j)) \quad (i = 1, 2, \cdots, n; j = 1, 2, \cdots, p)$$

若 $\mathrm{Cov}(X, Y) = 0$，则称 X 和 Y 是不相关的.

当 A，B 为常数矩阵时，由定义可推出协方差阵有以下性质：

(1) $D(AX) = AD(X)A^T = A\boldsymbol{\Sigma}A^T$；

(2) $\mathrm{Cov}(AX, BY) = A\mathrm{Cov}(X, Y)B^T$；

(3) 设 X 为 n 维随机向量，其期望和协方差阵存在，记 $\boldsymbol{\mu} = E(X)$，$\boldsymbol{\Sigma} = D(X)$，$A$ 为 $n \times n$ 常数矩阵，则 $E(X^T A X) = \mathrm{tr}(A\boldsymbol{\Sigma}) + \boldsymbol{\mu}^T A\boldsymbol{\mu}$ 对于任何随机向量 $X = (X_1$，X_2，$\cdots$，$X_p)^T$ 来说，其协方差阵 $\boldsymbol{\Sigma}$ 都是对称矩阵，同时总是非负定(也称半正定)的.

4. 随机向量的相关矩阵

若随机向量 $X = (X_1$，X_2，$\cdots$，$X_p)^T$ 的协方差阵存在，且每个分量的方差大于零，则 X

的相关矩阵定义为

$$\boldsymbol{R} = (\mathrm{Cov}(X_i, X_j)) = (r_{ij})$$

$$r_{ij} = \frac{\mathrm{Cov}(X_i, X_j)}{\sqrt{D(X_i)}\sqrt{D(X_j)}} \quad (i, j = 1, 2, \cdots, p)$$

r_{ij} 也被称为分量 X_i 与 X_j 之间的(线性)相关系数.

在数据处理时,为了克服指标的量纲不同对统计分析结果的影响,往往在使用某种统计方法之前,将每个指标"标准化",即作如下变换:

$$X_j^* = \frac{X_j - E(X_j)}{\sqrt{D(X_j)}} \quad (j = 1, 2, \cdots, p)$$

$$\boldsymbol{X}^* = (X_1^*, X_2^*, \cdots, X_p^*)$$

于是

$$E(\boldsymbol{X}^*) = 0$$

$$D(\boldsymbol{X}^*) = \boldsymbol{R}$$

即标准化数据的协方差阵正好是原指标的相关矩阵:

$$\boldsymbol{R} = \frac{1}{n-1}\boldsymbol{X}^{*\mathrm{T}}\boldsymbol{X}^*$$

§7.2 多元正态分布的统计推断

多元正态分布是一元正态分布的推广. 迄今为止,多元分析的主要理论都是建立在多元正态总体基础上的,多元正态分布是多元分析的基础. 此外,许多实际问题的分布常是多元正态分布或近似正态分布,或者虽本身不是正态分布,但它的样本均值近似于多元正态分布.

本节将介绍多元正态分布的定义,并简要给出它的基本性质.

7.2.1 多元正态分布的定义

在概率论中已经讲过,一元正态分布的概率密度为

$$f(x) = \frac{1}{\sqrt{2\pi}\,\sigma}\mathrm{e}^{-\frac{(x-\mu)^2}{2\sigma^2}} \quad (\sigma > 0)$$

上式可以改写成

$$f(x) = (2\pi)^{-\frac{1}{2}}\sigma^{-1}\exp\left\{-\frac{1}{2}(x-\mu)^{\mathrm{T}}(\sigma^2)^{-1}(x-\mu)\right\} \tag{7.7}$$

用 $(x-\mu)^{\mathrm{T}}$ 代表 $(x-\mu)$ 的转置. 因为 x, μ 均为一维的数字,转置与否都相同,所以可以这么写.

当一元正态分布的随机变量 X 的概率密度改写成式(7.7)时,我们就可以将其推广,给出多元正态分布的定义.

定义 7.2.1 若 p 元随机向量 $\boldsymbol{X} = (X_1, X_2, \cdots, X_p)^{\mathrm{T}}$ 的概率密度为

$$f(X_1, X_2, \cdots, X_p) = \frac{1}{(2\pi)^{\frac{p}{2}} |\boldsymbol{\Sigma}|^{\frac{1}{2}}} \exp\left\{-\frac{1}{2}(\boldsymbol{x} - \boldsymbol{\mu})^{\mathrm{T}} \boldsymbol{\Sigma}^{-1}(\boldsymbol{x} - \boldsymbol{\mu})\right\} \quad (|\boldsymbol{\Sigma}| > 0)$$

则称 $\boldsymbol{X} = (X_1, X_2, \cdots, X_p)^{\mathrm{T}}$ 遵从 p 元正态分布，也称 $\boldsymbol{X}$ 为 p 元正态变量，记为：$\boldsymbol{X} \sim N_p(\boldsymbol{\mu}, \boldsymbol{\Sigma})$.

$|\boldsymbol{\Sigma}|$ 为协方差阵 $\boldsymbol{\Sigma}$ 的行列式．上式实际上是在 $|\boldsymbol{\Sigma}| \neq 0$ 时定义的．若 $|\boldsymbol{\Sigma}| = 0$，则此时不存在通常意义下的概率密度，但可以在形式上给出一个表达式，使有些问题可以利用这一形式对 $|\boldsymbol{\Sigma}| \neq 0$ 及 $|\boldsymbol{\Sigma}| = 0$ 的情况给出统一的处理．当 $p = 2$ 时，可以得到二元正态分布的概率密度公式.

设 $\boldsymbol{X} = (X_1, X_2)^{\mathrm{T}}$ 遵从二元正态分布，则

$$\boldsymbol{\Sigma} = \begin{pmatrix} \sigma_{11} & \sigma_{12} \\ \sigma_{21} & \sigma_{22} \end{pmatrix} = \begin{pmatrix} \sigma_1^2 & \sigma_1\sigma_2\gamma \\ \sigma_2\sigma_1\gamma & \sigma_2^2 \end{pmatrix} \quad (\gamma \neq \pm 1)$$

式中，σ_1^2，σ_2^2 分别是 X_1，X_2 的方差；γ 是 X_1 与 X_2 的相关系数．此时

$$|\boldsymbol{\Sigma}| = \sigma_1^2 \sigma_2^2 (1 - \gamma^2)$$

$$\boldsymbol{\Sigma}^{-1} = \frac{1}{\sigma_1^2 \sigma_2^2 (1 - \gamma^2)} \begin{pmatrix} \sigma_2^2 & -\sigma_1\sigma_2\gamma \\ -\sigma_2\sigma_1\gamma & \sigma_1^2 \end{pmatrix}$$

故 X_1 与 X_2 的概率密度为

$$f(x_1, x_2) = \frac{1}{2\pi\sigma_1^2\sigma_2^2(1-\gamma^2)^{\frac{1}{2}}} \begin{pmatrix} \sigma_2^2 & \sigma_1\sigma_2\gamma \\ \sigma_2\sigma_1\gamma & \sigma_1^2 \end{pmatrix}$$

$$\exp\left\{-\frac{1}{2(1-\gamma^2)}\left[\frac{(x_1-\mu_1)^2}{\sigma_1^2} - 2\gamma\frac{(x_1-\mu_1)(x_2-\mu_2)}{\sigma_1\sigma_2} + \frac{(x_2-\mu_2)^2}{\sigma_2^2}\right]\right\} \tag{7.8}$$

这与我们学过的概率统计中的结果是一致的.

若 $\gamma = 0$，则 X_1 与 X_2 是相互独立的；若 $\gamma > 0$，则 X_1 与 X_2 趋于正相关；若 $\gamma < 0$，则 X_1 与 X_2 趋于负相关．多元正态分布不止一种定义形式，更广泛地可采用特征函数来定义，也可用一切线性组合均为正态的性质来定义.

7.2.2 多元正态分布的性质

多元正态分布的性质如下.

(1) 若正态随机向量 $\boldsymbol{X} = (X_1, X_2, \cdots, X_p)^{\mathrm{T}}$ 的协方差阵 $\boldsymbol{\Sigma}$ 是对角矩阵，则 $\boldsymbol{X}$ 的各分量是相互独立的随机变量.

(2) 多元正态随机向量 $\boldsymbol{X} = (X_1, X_2, \cdots, X_p)^{\mathrm{T}}$ 中的一部分变量构成的集合的分布（称为 $\boldsymbol{X}$ 的边缘分布）仍然服从正态分布．反之，若一个随机向量的任何边缘分布均服从正态分布，并不能确定它服从多元正态分布．例如，设 $\boldsymbol{X} = (X_1, X_2)^{\mathrm{T}}$ 的概率密度为

$$f(x_1, x_2) = \frac{1}{2\pi} e^{-\frac{1}{2}(x_1^2 + x_2^2)} \left(1 + x_1 x_2 e^{-\frac{1}{2}(x_1^2 + x_2^2)}\right)$$

容易验证，$X_1 \sim N(0, 1)$，$X_2 \sim N(0, 1)$，但 (X_1, X_2) 显然不服从二维正态分布.

（3）多元正态向量 $X = (X_1, X_2, \cdots, X_p)^T$ 的任意线性变换仍然服从多元正态分布．即设 $X \sim N_p(\boldsymbol{\mu}, \boldsymbol{\Sigma})$，而 m 维随机向量 $Z_{m \times 1} = AX + b$，其中 $A = (a_{ij})$ 是 $m \times p$ 常数矩阵，b 是 m 维的常向量，则 m 维随机向量 Z 服从正态分布，且 $Z \sim N_m(A\boldsymbol{\mu} + b, A\boldsymbol{\Sigma}A^T)$．即 Z 服从 m 元正态分布，其均值向量为 $A\boldsymbol{\mu} + b$，协方差阵为 $A\boldsymbol{\Sigma}A^T$．

（4）若 $X \sim N_p(\boldsymbol{\mu}, \boldsymbol{\Sigma})$，则 $d^2 = (X - \boldsymbol{\mu})^T \boldsymbol{\Sigma}^{-1}(X - \boldsymbol{\mu}) \sim \chi^2(p)$．若 d^2 为定值，则随着 X 的变化，其轨迹为一超椭球面，是 X 的概率密度的等值面．若 X 给定，则 d 为 X 到 $\boldsymbol{\mu}$ 的马氏距离．

7.2.3 条件分布和独立性

设 $X \sim N_p(\boldsymbol{\mu}, \boldsymbol{\Sigma})$，$p \geq 2$，将 X，$\boldsymbol{\mu}$ 和 $\boldsymbol{\Sigma}$ 剖分如下：

$$X = \begin{pmatrix} X^{(1)} \\ X^{(2)} \end{pmatrix}, \quad \boldsymbol{\mu} = \begin{pmatrix} \boldsymbol{\mu}^{(1)} \\ \boldsymbol{\mu}^{(2)} \end{pmatrix}, \quad \boldsymbol{\Sigma} = \begin{pmatrix} \boldsymbol{\Sigma}_{(11)} & \boldsymbol{\Sigma}_{(12)} \\ \boldsymbol{\Sigma}_{(21)} & \boldsymbol{\Sigma}_{(22)} \end{pmatrix}$$

其中 $X^{(1)}$，$\boldsymbol{\mu}^{(1)}$ 为 q 行 1 列的列向量，$\boldsymbol{\Sigma}_{(11)}$ 为 $q \times q$ 矩阵，我们希望求给定 $X^{(2)}$ 时 $X^{(1)}$ 的条件分布，即 $(X^{(1)} | X^{(2)})$ 的分布．以下定理指出：正态分布的条件分布仍为正态分布．

定理 7.2.1 设 $X \sim N_p(\boldsymbol{\mu}, \boldsymbol{\Sigma})$，$\boldsymbol{\Sigma} > 0$，则 $(X^{(1)} | X^{(2)}) \sim N_p(\boldsymbol{\mu}_{(1 \cdot 2)}, \boldsymbol{\Sigma}_{(11 \cdot 2)})$．其中

$$\boldsymbol{\mu}_{(1 \cdot 2)} = \boldsymbol{\mu}^{(1)} + \boldsymbol{\Sigma}_{(12)} \boldsymbol{\Sigma}_{(22)}^{-1} (X^{(2)} - \boldsymbol{\mu}^{(2)})$$

$$\boldsymbol{\Sigma}_{(11 \cdot 2)} = \boldsymbol{\Sigma}_{(11)} - \boldsymbol{\Sigma}_{(12)} \boldsymbol{\Sigma}_{(22)}^{-1} \boldsymbol{\Sigma}_{(21)} \tag{7.9}$$

该定理告诉我们，$X^{(1)}$ 的分布与 $(X^{(1)} | X^{(2)})$ 均为正态分布，它们的协方差阵分别为 $\boldsymbol{\Sigma}_{(11)}$ 与 $\boldsymbol{\Sigma}_{(11 \cdot 2)} = \boldsymbol{\Sigma}_{(1)1} - \boldsymbol{\Sigma}_{(12)} \boldsymbol{\Sigma}_{(22)}^{-1} \boldsymbol{\Sigma}_{(21)}$．由于 $\boldsymbol{\Sigma}_{(12)} \boldsymbol{\Sigma}_{(22)}^{-1} \boldsymbol{\Sigma}_{(21)} \geq 0$，故 $\boldsymbol{\Sigma}_{(11)} \geq \boldsymbol{\Sigma}_{(11 \cdot 2)}$，等号成立当且仅当 $\boldsymbol{\Sigma}_{(12)} = 0$．协方差阵是用来描述指标之间关系及散布程度的，$\boldsymbol{\Sigma}_{(11)} - \boldsymbol{\Sigma}_{(11 \cdot 2)} \geq 0$，说明了在已知 $X^{(2)}$ 的条件下，$X^{(1)}$ 散布的程度比在不知道 $X^{(2)}$ 的情况下减小了，只有当 $\boldsymbol{\Sigma}_{(12)} = 0$ 时，两者相同．还可以证明，$\boldsymbol{\Sigma}_{(12)} = 0$ 等价于 $X^{(1)}$ 和 $X^{(2)}$ 相互独立，这时，即使给出 $X^{(2)}$，对 $X^{(1)}$ 的分布也是没有影响的．

定理 7.2.2 设 $X \sim N_p(\boldsymbol{\mu}, \boldsymbol{\Sigma})$，$\boldsymbol{\Sigma} > 0$，将 X，$\boldsymbol{\mu}$ 和 $\boldsymbol{\Sigma}$ 剖分如下：

$$X = \begin{pmatrix} X^{(1)} \\ X^{(2)} \\ X^{(3)} \end{pmatrix} \quad \boldsymbol{\mu} = \begin{pmatrix} \boldsymbol{\mu}^{(1)} \\ \boldsymbol{\mu}^{(2)} \\ \boldsymbol{\mu}^{(3)} \end{pmatrix} \quad \boldsymbol{\Sigma} = \begin{pmatrix} \boldsymbol{\Sigma}_{(11)} & \boldsymbol{\Sigma}_{(12)} & \boldsymbol{\Sigma}_{(13)} \\ \boldsymbol{\Sigma}_{(21)} & \boldsymbol{\Sigma}_{(22)} & \boldsymbol{\Sigma}_{(23)} \\ \boldsymbol{\Sigma}_{(31)} & \boldsymbol{\Sigma}_{(32)} & \boldsymbol{\Sigma}_{(33)} \end{pmatrix}$$

则 $X^{(1)}$ 有如下的条件均值和条件协方差的递推公式：

$$E(X^{(1)} | X^{(2)}, X^{(3)}) = \boldsymbol{\mu}_{(1 \cdot 3)} + \boldsymbol{\Sigma}_{(12 \cdot 3)} \boldsymbol{\Sigma}_{(22 \cdot 3)}^{-1} (X^{(2)} - \boldsymbol{\mu}_{(2 \cdot 3)})$$

$$D(X^{(1)} | X^{(2)}, X^{(3)}) = \boldsymbol{\mu}_{(11 \cdot 3)} - \boldsymbol{\Sigma}_{(12 \cdot 3)} \boldsymbol{\Sigma}_{(22 \cdot 3)}^{-1} \boldsymbol{\Sigma}_{(21 \cdot 3)}$$

其中

$$\boldsymbol{\Sigma}_{(ij \cdot k)} = \boldsymbol{\Sigma}_{(ij)} - \boldsymbol{\Sigma}_{(ik)} \boldsymbol{\Sigma}_{(kk)}^{-1} \boldsymbol{\Sigma}_{(kj)}, \quad i, j, k = 1, 2, 3; \quad \boldsymbol{\mu}_{(1 \cdot 3)} = E(X^{(i)} | X^{(3)}), \quad i = 1, 2$$

在定理 7.2.2 中，我们给出了对 X，$\boldsymbol{\mu}$ 和 $\boldsymbol{\Sigma}$ 剖分时条件协方差阵 $\boldsymbol{\Sigma}_{(11 \cdot 2)}$ 的表达式及其与非条件协方差阵的关系．令 σ_{ij} 表示 $\boldsymbol{\Sigma}_{(11 \cdot 2)}$ 的元素，则可以定义偏相关系数的概念如下．

定义 7.2.2 当 $X^{(2)}$ 给定时，X_i 与 X_j 的偏相关系数为

$$r_{ij} = \frac{\sigma_{ij}}{(\sigma_{ii}, \sigma_{jj})^{\frac{1}{2}}}$$

定理 7.2.3 设 $X \sim N_P(\boldsymbol{\mu}, \boldsymbol{\Sigma})$，将 X，$\boldsymbol{\mu}$ 和 $\boldsymbol{\Sigma}$ 按同样方式剖分为

$$X = \begin{pmatrix} X^{(1)} \\ \vdots \\ X^{(k)} \end{pmatrix}, \quad \boldsymbol{\mu} = \begin{pmatrix} \boldsymbol{\mu}^{(1)} \\ \vdots \\ \boldsymbol{\mu}^{(k)} \end{pmatrix}, \quad \boldsymbol{\Sigma} = \begin{pmatrix} \boldsymbol{\Sigma}_{(11)} & \cdots & \boldsymbol{\Sigma}_{(1k)} \\ \vdots & & \vdots \\ \boldsymbol{\Sigma}_{(k1)} & \cdots & \boldsymbol{\Sigma}_{(kk)} \end{pmatrix}$$

其中 $X^{(j)}$，$\boldsymbol{\mu}^{(j)}$ 为 S_j 行 1 列的列向量，$\boldsymbol{\Sigma}_{(jj)}$ 为 $S_j \times S_j$ 矩阵（$j = 1, 2, \cdots, k$），则 $X^{(1)}$，$X^{(2)}$，$\cdots$，$X^{(k)}$ 相互独立当且仅当 $\boldsymbol{\Sigma}_{(ij)} = 0$，对一切 $i \neq j$.

因为 $\boldsymbol{\Sigma}_{(12)} = \mathrm{cov}(X^{(1)}, X^{(2)})$，该定理同时指出对多元正态分布而言，"$X^{(1)}$ 和 $X^{(2)}$ 不相关"等价于"$X^{(1)}$ 和 $X^{(2)}$ 相互独立".

7.2.4 均值向量和协方差阵的参数估计

上节已经给出了多元正态分布的定义和有关的性质，在实际问题中，通常可以假定被研究的对象是多元正态分布，但分布中的参数 $\boldsymbol{\mu}$ 和 $\boldsymbol{\Sigma}$ 是未知的，一般的做法是通过样本来估计.

注： 下面提到的威沙特（Wishart）分布（$W_m(kn-1, \boldsymbol{\Sigma})$ 分布）、霍特林（Hotelling）分布（T^2 分布）和威尔克斯（Wilks）分布（Λ 分布）分别是一元统计量里面 χ^2 分布、T 分布和 F 分布在多元正态分布情况下的推广.

在一般情况下，如果样本资料阵为

$$X = \begin{pmatrix} x_{11} & x_{12} & \cdots & x_{1p} \\ x_{21} & x_{22} & \cdots & x_{2p} \\ \vdots & \vdots & & \vdots \\ x_{n1} & x_{n1} & \cdots & x_{np} \end{pmatrix} = (X_1, X_2, \cdots, X_p) = \begin{pmatrix} X^{(1)\mathrm{T}} \\ X^{(2)\mathrm{T}} \\ \vdots \\ X^{(n)\mathrm{T}} \end{pmatrix}$$

设样品 $X^{(1)}$，$X^{(2)}$，$\cdots$，$X^{(n)}$ 相互独立，同时服从 p 元正态分布 $N_p(\boldsymbol{\mu}, \boldsymbol{\Sigma})$，而且 $n > p$，$\boldsymbol{\Sigma} > 0$，则总体参数均值 $\boldsymbol{\mu}$ 的估计量是

$$\hat{\boldsymbol{\mu}} = \overline{X} = \frac{1}{n}\sum_{i=1}^n X^{(i)} = \frac{1}{n}\begin{pmatrix} \sum_{i=1}^n X_{i1} \\ \sum_{i=1}^n X_{i2} \\ \vdots \\ \sum_{i=1}^n X_{ip} \end{pmatrix} = \begin{pmatrix} \overline{X}_1 \\ \overline{X}_2 \\ \vdots \\ \overline{X}_p \end{pmatrix}$$

即均值向量 $\boldsymbol{\mu}$ 的估计量，就是样本均值向量. 这可由极大似然法推导出来. 很显然，当样本资料选取的是 p 个指标的数据时，$\hat{\boldsymbol{\mu}} = \overline{X}$ 也是 p 维向量.

总体参数协方差阵 $\boldsymbol{\Sigma}$ 的极大似然估计是

$$\hat{\boldsymbol{\Sigma}}_p = \frac{1}{n}\boldsymbol{L} = \frac{1}{n}\sum_{i=1}^{n}(\boldsymbol{X}^{(i)} - \overline{\boldsymbol{X}})(\boldsymbol{X}^{(i)} - \overline{\boldsymbol{X}})^{\mathrm{T}}$$

$$= \frac{1}{n}\begin{pmatrix} \sum_{i=1}^{n}(X_{i1}-\overline{X}_1)^2 & \cdots & \sum_{i=1}^{n}(X_{i1}-\overline{X}_1)(X_{ip}-\overline{X}_p) \\ & \sum_{i=1}^{n}(X_{i2}-\overline{X}_2)^2 & \cdots & \sum_{i=1}^{n}(X_{i2}-\overline{X}_2)(X_{ip}-\overline{X}_p) \\ & & & \vdots \\ & & & \sum_{i=1}^{n}(X_{ip}-\overline{X}_p)^2 \end{pmatrix}$$

其中 $\boldsymbol{L}$ 是离差矩阵, 它是每个样品(向量)与样本均值(向量)的离差积形成的 n 个 $p \times p$ 对称矩阵的和. 同一元相似, $\hat{\boldsymbol{\Sigma}}_p$ 不是 $\boldsymbol{\Sigma}$ 的无偏估计. 为了得到无偏估计, 我们常用样本协方差阵 $\hat{\boldsymbol{\Sigma}}_p = \frac{1}{n-1}\boldsymbol{L}$ 作为总体协方差阵的估计.

可以证明, $\overline{\boldsymbol{X}}$ 是 $\boldsymbol{\mu}$ 的无偏估计, 是极小极大估计, 是强相合估计, $\overline{\boldsymbol{X}}$ 还是 $\boldsymbol{\mu}$ 的充分统计量; $\hat{\boldsymbol{\Sigma}}$ 是 $\boldsymbol{\Sigma}$ 的强相合估计, 但用 $\hat{\boldsymbol{\Sigma}}$ 估计 $\boldsymbol{\Sigma}$ 是有偏的, $\frac{1}{n-1}\boldsymbol{L}$ 才是 $\boldsymbol{\Sigma}$ 的无偏估计. 在实际应用中, 当 n 不是很大时, 人们常用 $\frac{1}{n-1}\boldsymbol{L}$ 来估计 $\boldsymbol{\Sigma}$, 但当 n 比较大时, 用 $\hat{\boldsymbol{\Sigma}}_p$ 或 $\frac{1}{n-1}\boldsymbol{L}$ 差别不大.

关于多元正态分布参数的区间估计, 由于高维数据的特征不易处理, 这里以二元正态分布为例进行说明.

设 x_1, x_2 服从二元正态分布, x_1 的均值为 μ_1, 方差为 σ_1^2, x_2 的均值为 μ_2, 方差为 σ_2^2, x_1 与 x_2 的相关系数为 ρ, 则 x_1 和 x_2 的置信水平为 $100(1-\alpha)\%$ 的取值范围为

$$\frac{1}{1-\rho^2}\left\{\left(\frac{x_1-\mu_1}{\sigma_1}\right)^2 - 2\rho\left(\frac{x_1-\mu_1}{\sigma_1}\right)\left(\frac{x_2-\mu_2}{\sigma_2}\right) + \left(\frac{x_2-\mu_2}{\sigma_2}\right)^2\right\} = \chi_\alpha^2(2)$$

该范围是一个椭圆, 它是两变量的联合参考值范围. 设 $z_i = \frac{x_i-\mu_i}{\sigma_i}$, $i=1$, 2, 则 x_1, x_2 的置信水平为 $100(1-\alpha)\%$ 的取值范围转化为

$$z_1^2 - 2\rho z_1 z_2 + z_2^2 = (1-\rho^2)\chi_\alpha^2(2)$$

当 $\rho > 0$ 时, 该椭圆的长轴在过原点的 $45°$ 线上, 长轴长 $2\sqrt{(1+\rho)\chi_\alpha^2(2)}$, 短轴长 $2\sqrt{(1-\rho)\chi_\alpha^2(2)}$; 当 $\rho < 0$ 时, 该椭圆的长轴在过原点的 $135°$ 线上, 长轴长 $2\sqrt{(1-\rho)\chi_\alpha^2(2)}$, 短轴长 $2\sqrt{(1+\rho)\chi_\alpha^2(2)}$.

7.2.5 总体均值向量的检验

设 X_1, X_2, $\cdots$, X_n 是来自 p 元正态分布总体 $\boldsymbol{X} \sim N_p(\boldsymbol{\mu}, \boldsymbol{\Sigma})$ 中容量为 n 的随机样本, $\boldsymbol{\Sigma} > 0$, $n > p$, 进行单个总体均值向量的检验, 就等价于对于给定的常数向量 $\boldsymbol{\mu}_0$, 要检验如下的假设:

$$H_0: \boldsymbol{\mu} = \boldsymbol{\mu}_0, \quad H_1: \boldsymbol{\mu} \neq \boldsymbol{\mu}_0$$

若 $p = 1$，上述问题就是一元总体均值的假设检验问题. 此时，协方差阵 $\boldsymbol{\Sigma}$ 就退化为方差 σ^2，由统计学原理可知，此时检验统计量依据总体方差是否可知的情况有两种选择. 若总体方差 σ^2 已知，此时采用标准正态分布，Z 检验统计量为

$$Z = \frac{\bar{x} - \mu_0}{\frac{\sigma}{\sqrt{n}}} \sim N(0, 1)$$

若总体方差未知，此时采用 t 分布，t 检验统计量为

$$t = \frac{\bar{x} - \mu_0}{\frac{\sigma}{\sqrt{n}}} \sim t(n - 1)$$

当原假设为真时，上述检验统计量服从相应的分布：$Z \sim N(0, 1)$，$t \sim t(n-1)$，在给定的显著性水平之下，由相应分布可确定相应的原假设的拒绝域.

当 $p > 1$ 时，为便于与多元情形进行对比，可将上述统计量转化为如下形式：

$$Z = \sqrt{n}\,\sigma^{-1}(\bar{x} - \mu_0)$$
$$t = \sqrt{n}\,s^{-1}(\bar{x} - \mu_0)$$

将上面两式平方，可得到两个平方形式的一元统计量，分别为

$$Z^2 = n(\bar{x} - \mu_0)(\sigma^2)^{-1}(\bar{x} - \mu_0)$$
$$t^2 = n(\bar{x} - \mu_0)(s^2)^{-1}(\bar{x} - \mu_0)$$

由统计学原理可知，上述两个统计量分别服从卡方分布和 F 分布. 现将此两平方统计量推广到多元情形，可得与上述两个一元平方统计量相应的多元平方统计量为

$$Z^2 = n(\bar{\boldsymbol{X}} - \boldsymbol{\mu}_0)^{\mathrm{T}} \boldsymbol{\Sigma}^{-1}(\bar{\boldsymbol{X}} - \boldsymbol{\mu}_0)$$
$$T^2 = n(\bar{\boldsymbol{X}} - \boldsymbol{\mu}_0)^{\mathrm{T}} \boldsymbol{S}^{-1}(\bar{\boldsymbol{X}} - \boldsymbol{\mu}_0)$$

从而可用这两个多元平方统计量的分布来确定原假设的拒绝域.

若总体协方差阵 $\boldsymbol{\Sigma}$ 已知，则 $(\bar{x} - \boldsymbol{\mu}_0) \sim N_p(0, \frac{1}{n}\boldsymbol{\Sigma})$，于是有 $\boldsymbol{Z} = \left(\frac{1}{n}\boldsymbol{\Sigma}\right)^{-\frac{1}{2}}(\bar{x} - \boldsymbol{\mu}_0) \sim$

$N_p(0, \boldsymbol{I}_p)$，$\boldsymbol{I}_p$ 代表 p 维单位矩阵，由卡方分布的定义可知，$\boldsymbol{Z}^2 = \boldsymbol{Z}^{\mathrm{T}}\boldsymbol{Z} \sim \chi^2(p)$.

在给定的显著性水平之下，可得原假设 H_0 拒绝域为 $\{ \boldsymbol{Z}^2 > \chi^2(p) \}$.

若总体协方差阵 $\boldsymbol{\Sigma}$ 未知，则上述 T^2 统计量就是霍特林统计量，当原假设 H_0 为真时，它服从霍特林分布，于是有

$$T^2 = n(\bar{\boldsymbol{X}} - \boldsymbol{\mu}_0)^{\mathrm{T}} \boldsymbol{S}^{-1}(\bar{\boldsymbol{X}} - \boldsymbol{\mu}_0) \sim T^2(p, n-1)$$

在给定的显著性水平 α 之下，可得原假设 H_0 的拒绝域为 $T^2 > T_\alpha^2(p, n-1)$. 由霍特林分布与 F 分布的关系可知，当原假设 H_0 为真时，有

$$F = \frac{n - p}{(n-1)p} T^2 \sim F(p, n-p)$$

故对原假设的检验，亦可由 F 分布进行. 利用此 F 分布，可得原假设的拒绝域为

$$\left\{ \frac{n-p}{(n-1)p} T^2 > F_\alpha(p, n-p) \right\}$$

例 7.2.1 在企业市场结构研究中，起关键作用的指标有市场份额 X_1，企业规模（资产净值总额的自然对数）X_2，资产收益率 X_3，总收益增长率 X_4. 为了研究市场结构的变动，夏菲尔德抽取了美国 231 个大型企业，调查了这些企业 1960—1969 年的资料. 所得到的企业市场结构指标的均值向量和协方差阵数据为

$$\bar{x} = \begin{pmatrix} 20.92 \\ 8.06 \\ 11.78 \\ 1.09 \end{pmatrix}, \quad S = \begin{pmatrix} 0.260 & 0.080 & 1.639 & 0.156 \\ 0.080 & 1.513 & -0.222 & -0.019 \\ 1.639 & -0.222 & 26.626 & 2.233 \\ 0.156 & -0.019 & 2.233 & 1.346 \end{pmatrix}$$

试问企业市场结构是否发生了变化？

解 这是一个均值向量的假设检验问题，检验的原假设和备择假设分别为

$$H_0: \boldsymbol{\mu} = \boldsymbol{\mu}_0, \quad H_1: \boldsymbol{\mu} \neq \boldsymbol{\mu}_0$$

首先，计算出样本协方差阵的逆矩阵和样本均值向量与假设均值向量的离差向量分别为

$$S^{-1} = \begin{pmatrix} 6.536 & -0.405 & -0.397 & -0.105 \\ -0.405 & 0.687 & 0.030 & 0.007 \\ -0.397 & 0.030 & 0.068 & -0.066 \\ -0.105 & 0.007 & -0.066 & 0.865 \end{pmatrix}$$

$$\bar{x} - \boldsymbol{\mu}_0 = \begin{pmatrix} 20.92 - 20 \\ 8.06 - 7.5 \\ 11.78 - 10 \\ 1.09 - 2 \end{pmatrix}$$

其次，计算霍特林统计量的值. 该统计量的值为

$$T^2 = n (\bar{x} - \boldsymbol{\mu}_0)^{\mathrm{T}} S^{-1} (\bar{x} - \boldsymbol{\mu}_0) = 231 \times 5.40 = 1\,247.4$$

最后，计算拒绝域. 取显著性水平 $\alpha = 0.05$，查 T^2 分布表，得临界值 $T^2_{0.05}(4\ 230) = 9.817$. 因此在显著性水平 $\alpha = 0.05$ 时，拒绝原假设，即认为市场结构已发生了显著的变化. 若用 F 统计量，则有

$$F = \frac{n-p}{(n-1)p} T^2 = \frac{231-4}{230 \times 4} \times 1\,247.4 = 307.78$$

在显著性水平 $\alpha = 0.05$ 下，查附录 A 中表 A.5，得临界值 $F_{0.05}(4\ 227) = 2.37$，从而也拒绝原假设.

利用霍特林统计量 T^2，也可给出均值向量的置信区域. 回顾一元统计中，利用 t 统计量可得到均值 μ 的置信区间，其做法是利用 t 分布，可给出：

$$P \left\{ \frac{\bar{x} - \mu}{s/\sqrt{n}} \leq t_{\alpha/2}(n-1) \right\} = 1 - \alpha$$

从而在给定显著性水平下，得均值的置信区间为

$$\bar{x} - t_{\alpha/2}(n-1)s/\sqrt{n} \leq \bar{x} + t_{\alpha/2}(n-1)s/\sqrt{n}$$

类似地，在多元的情况下，由霍特林分布可得

$$P \left\{ n (\bar{x} - \boldsymbol{\mu})^{\mathrm{T}} S^{-1} (\bar{x} - \boldsymbol{\mu}) \right\} \leq T^2_{\alpha}(p, n-1) = 1 - \alpha$$

从而在给定的显著性水平 α 之下，可求出 $\boldsymbol{\mu}$ 的置信区间为

$$n\left(\overline{\boldsymbol{x}}-\boldsymbol{\mu}\right)^{\mathrm{T}}\boldsymbol{S}^{-1}\left(\overline{\boldsymbol{x}}-\boldsymbol{\mu}\right)\leqslant T_{\alpha}^{2}(p,\ n-1)$$

因为 $\boldsymbol{S}^{-1}>0$，所以上式给出的置信区间是以样本均值点为中心的超椭球，通常称之为总体均值向量 $\boldsymbol{\mu}$ 的置信椭球.

例 7.2.2 对 20 名健康女性的汗水进行测量和化验，数据列在表 7.2 中. 其中，X_1 为排汗量，X_2 为汗水中钠的含量，X_3 为汗水中钾的含量，为了探索新的诊断技术，需要检验假设 $H_0：\boldsymbol{\mu}^{\mathrm{T}}=(4,50,10)$，$H_1：\boldsymbol{\mu}^{\mathrm{T}}\neq(4,50,10)$，取显著性水平 $\alpha=0.10$.

表 7.2 健康女性汗水的测量和化验数据

试验者	X_1	X_2	X_3
1	3.7	48.5	9.3
2	5.7	65.1	8.0
3	3.8	47.2	10.9
4	3.2	53.2	12.0
5	3.1	55.5	9.7
6	4.6	36.1	7.9
7	2.4	24.8	14.0
8	7.2	33.1	7.6
9	6.7	47.4	8.5
10	5.4	54.1	11.3
11	3.9	36.9	12.7
12	4.5	53.8	12.3
13	3.5	27.3	9.8
14	4.5	40.2	3.4
15	1.5	13.5	10.1
16	8.5	56.4	7.1
17	4.5	71.6	8.2
18	6.5	52.3	10.9
19	4.1	44.1	11.2
20	5.5	40.9	9.4

解 由数据可以算得

$$\overline{\boldsymbol{x}}=\begin{pmatrix}4.640\\45.400\\9.965\end{pmatrix},\ \boldsymbol{S}=\begin{pmatrix}2.879 & 10.002 & -1.810\\10.002 & 199.798 & -5.627\\-1.810 & -5.627 & 3.628\end{pmatrix}$$

$$\boldsymbol{S}^{-1}=\begin{pmatrix}0.586 & -0.022 & 0.258\\-0.022 & 0.006 & -0.002\\0.058 & -0.002 & 0.402\end{pmatrix}$$

于是，$T^2=9.74$，而临界值为

$$\frac{(n-1)p}{(n-p)}F_{0.1}(p,\ n-p) = \frac{19 \times 3}{17}F_{0.1}(3,\ 17) = 8.18$$

可见 $T^2 = 9.74 > 8$，于是，我们以显著性水平 0.10 拒绝原假设 H_0.

7.2.6　两个总体均值向量的假设检验

俗话说：有比较才有鉴别．对两个总体均值向量进行比较，是我们在社会经济生活中经常碰到的问题．例如，对两个商品市场，可用产品、类别、结构等多个指标刻画其基本结构．我们想比较两个商品市场的基本结构是否一致，就是两个总体均值向量的假设检验问题．

设有两个 p 维正态总体 $N_p(\boldsymbol{\mu}_1,\ \boldsymbol{\Sigma}_1)$ 和 $N_p(\boldsymbol{\mu}_2,\ \boldsymbol{\Sigma}_2)$，现从两总体中分别抽取一个样本，它们分别为 $(\boldsymbol{x}_{(1)},\ \boldsymbol{x}_{(2)},\ \cdots,\ \boldsymbol{x}_{(n)})$ 和 $(\boldsymbol{y}_{(1)},\ \boldsymbol{y}_{(2)},\ \cdots,\ \boldsymbol{y}_{(n)})$．两个样本的均值向量可分别记为

$$\bar{\boldsymbol{x}} = \frac{1}{n}\sum_{i=1}^{n}\boldsymbol{x}_{(i)}$$

$$\bar{\boldsymbol{y}} = \frac{1}{m}\sum_{i=1}^{m}\boldsymbol{y}_{(i)}$$

要进行两总体均值向量的检验，此时可构造假设 $H_0: \boldsymbol{\mu}_1 = \boldsymbol{\mu}_2$，$H_1: \boldsymbol{\mu}_1 \neq \boldsymbol{\mu}_2$

由于要考虑不同的情形，需采用不同的检验统计量和检验方法，所以下面我们分不同的情形进行讨论．

1. 协方差阵相等的情形

若两正态总体的协方差阵相等且已知，即 $\boldsymbol{\Sigma}_1 = \boldsymbol{\Sigma}_2 = \boldsymbol{\Sigma}$，则当原假设成立时，两个 p 维正态总体实质上为同一个正态总体，即两个样本均来自同一个总体．由多元正态分布的性质可知，两样本均值向量之差服从多元正态分布，即

$$\bar{\boldsymbol{x}} - \bar{\boldsymbol{y}} \sim N_p\left(0,\ \left(\frac{1}{n} + \frac{1}{m}\right)\boldsymbol{\Sigma}\right) = N_p\left(0,\ \frac{n+m}{nm}\boldsymbol{\Sigma}\right)$$

对上述向量进行标准化变换，则有

$$\sqrt{\frac{nm}{n+m}}\boldsymbol{\Sigma}^{-\frac{1}{2}}(\bar{\boldsymbol{x}} - \bar{\boldsymbol{y}}) \sim N_p(0,\ \boldsymbol{I}_p)$$

计算上述检验统计量的各分量的平方和，可得如下服从卡方分布的统计量：

$$U^2 = \frac{nm}{n+m}(\bar{\boldsymbol{x}} - \bar{\boldsymbol{y}})\boldsymbol{\Sigma}^{-1}(\bar{\boldsymbol{x}} - \bar{\boldsymbol{y}}) \sim \chi^2(p)$$

于是给定显著性水平，可得到原假设 H_0 的拒绝域为 $\{U^2 > \chi_\alpha^2(p)\}$.

若两正态总体的协方差阵未知但相等，即 $\boldsymbol{\Sigma}_1 = \boldsymbol{\Sigma}_2$，则当原假设 $\boldsymbol{\mu}_1 = \boldsymbol{\mu}_2$ 成立时，可将两样本的协方差阵 $\boldsymbol{S}_1$ 和 $\boldsymbol{S}_2$ 或叉积矩阵 $\boldsymbol{A}_1$ 和 $\boldsymbol{A}_2$ 合并，用此合并的协方差阵或叉积矩阵估计这一共同的协方差阵，即

$$\hat{\boldsymbol{\Sigma}} = S = \frac{(n-1)S_1 + (m-1)S_2}{n+m-2} = \frac{\boldsymbol{A}_1 + \boldsymbol{A}_2}{n+m-2}$$

用上述统计量 S 替代 U^2 统计量总的总体协方差阵 $\boldsymbol{\Sigma}$，可得统计量

$$T^2 = \frac{nm}{n+m}(\bar{\boldsymbol{x}} - \bar{\boldsymbol{y}})^{\mathrm{T}} \boldsymbol{S}^{-1}(\bar{\boldsymbol{x}} - \bar{\boldsymbol{y}}) \sim T^2(p, n+m-2)$$

在原假设 $\boldsymbol{\mu}_1 = \boldsymbol{\mu}_2$ 成立时，有 $\bar{\boldsymbol{x}} - \bar{\boldsymbol{y}} \sim N_p\left(0, \frac{nm}{n+m}\boldsymbol{\Sigma}\right)$，$\boldsymbol{A}_1 \sim W_p(n-1, \boldsymbol{\Sigma})$，$\boldsymbol{A}_2 \sim W_p(m-1, \boldsymbol{\Sigma})$，且 $\boldsymbol{A}_1$ 与 $\boldsymbol{A}_2$ 相互独立，由威沙特分布的定义可知，$\boldsymbol{A}_1 + \boldsymbol{A}_2 \sim W_p(n+m-2, \boldsymbol{\Sigma})$. 由于 $\bar{\boldsymbol{x}}$ 与 $\boldsymbol{A}_1$ 相互独立，$\bar{\boldsymbol{y}}$ 与 $\boldsymbol{A}_2$ 相互独立，所以 $\bar{\boldsymbol{x}} - \bar{\boldsymbol{y}}$ 与 $\boldsymbol{A}_1 + \boldsymbol{A}_2$ 相互独立. 由霍特林分布的定义可知，上述统计量服从霍特林分布.

于是给定显著性水平 α，可得到原假设 H_0 的拒绝域为 $\{T^2 > T_\alpha^2(p, n+m-2)\}$.

由霍特林 T^2 分布与 F 分布的关系可知，上述统计量可转化为如下 F 统计量进行检验：

$$F = \frac{n+m-p-1}{(n+m-2)p}T^2 \sim F(p, n+m-p-1) \tag{7.10}$$

在给定的显著性水平 α 之下，可得到原假设 H_0 的拒绝域为

$$\{F > F_\alpha(p, n+m-p-1)\}$$

例 7.2.3 为了研究日、美两国在华投资企业对中国经营环境的评价是否存在差异，现从两国在华投资企业中各抽出 10 家，让其对中国的政治、经济、法律、文化等环境进行打分，如表 7.3 所示.

表 7.3 中国的政治、经济、法律、文化等环境的打分

序号	政治环境	经济环境	法律环境	文化环境
1	65	35	25	60
2	75	50	20	55
3	60	45	35	65
4	75	40	40	70
5	70	30	30	50
6	55	40	35	65
7	60	45	30	60
8	65	40	25	60
9	60	50	30	70
10	55	55	35	75
11	55	55	40	65
12	50	60	45	70
13	45	45	35	75
14	50	50	50	70
15	55	50	30	75
16	60	40	45	60
17	65	55	45	75
18	50	60	35	80

序号	政治环境	经济环境	法律环境	文化环境
19	40	45	30	65
20	45	50	45	70

注：1~10 号为美国在华投资企业的代号，11~20 号为日本在华投资企业的代号．（数据来源：国务院发展研究中心 APEC 在华投资企业情况调查）．

解　设两组样本来自整个总体，分别记为

$$X_{(\alpha)} \sim N_4(\pmb{\mu}_1, \pmb{\Sigma}), \quad \alpha = 1, 2, \cdots, 10$$

$$Y_{(\alpha)} \sim N_4(\pmb{\mu}_2, \pmb{\Sigma}), \quad \alpha = 1, 2, \cdots, 10$$

且两组样本相互独立，协方差阵 $\pmb{\Sigma} > 0$．检验假设：

$$H_0: \pmb{\mu}_1 = \pmb{\mu}_2, \quad H_2: \pmb{\mu}_1 \neq \pmb{\mu}_2$$

检验统计量为

$$F = \frac{(n + m - 2) - p + 1}{(n + m - 2)p} T^2 \sim F(p, n + m - p - 1)$$

经计算得

$$\overline{X} = (64, 43, 30.5, 63)^T$$

$$\overline{Y} = (50.5, 51, 40, 70.5)^T$$

$$S_1 = \sum_{\alpha=1}^{10} (X_{(\alpha)} - \overline{X})(X_{(\alpha)} - \overline{X})^T = \begin{pmatrix} 410 & -170 & -80 & 8 \\ -170 & 510 & 3 & 422 \\ -80 & 3 & 332.5 & 84 \\ 8 & 422 & 84 & 510 \end{pmatrix}$$

$$S_2 = \sum_{\alpha=1}^{10} (Y_{(\alpha)} - \overline{Y})(Y_{(\alpha)} - \overline{Y})^T = \begin{pmatrix} 512.5 & 60 & 165 & -5 \\ 60 & 390 & 140 & 139 \\ 165 & 140 & 475 & -52.5 \\ -5 & 139 & -52.5 & 252.5 \end{pmatrix}$$

$$S = S_1 + S_2 = \begin{pmatrix} 922.5 & -110 & 85 & 3 \\ -110 & 900 & 143 & 561 \\ 85 & 143 & 807.5 & 31.5 \\ 3 & 561 & 31.5 & 762.5 \end{pmatrix}$$

$$S^{-1} = \begin{pmatrix} 0.001\,1 & 0.000\,3 & -0.000\,2 & -0.000\,2 \\ 0.000\,3 & 0.002\,2 & -0.000\,4 & -0.001\,6 \\ -0.000\,2 & -0.000\,4 & 0.001\,3 & 0.000\,2 \\ -0.000\,2 & -0.001\,6 & 0.000\,2 & 0.002\,5 \end{pmatrix}$$

代入统计量得 $F = 7.691\,3$．查附录 A 中表 A.5 得 $F_{0.01}(4, 15) = 4.89$．

因为 $F > F_{0.01}(4, 15)$，故拒绝 H_0，即认为日、美两国在华投资企业对中国经营环境评价存在显著差异．

2. 协方差阵不等的情形

两正态总体均值与标准差均未知时的均值差的统计推断问题，被称为贝伦斯-费希尔

问题.

设有两个 p 维正态总体 $N_p(\boldsymbol{\mu}_1, \boldsymbol{\Sigma}_1)$ 和 $N_p(\boldsymbol{\mu}_2, \boldsymbol{\Sigma}_2)$，现从两总体中分别抽取一个容量为 n 和 m 的样本，它们分别为 $\boldsymbol{X}_{(i)} = (x_{i1}, x_{i2}, \cdots, x_{ip})^{\mathrm{T}}$，$i = 1, 2, \cdots, n$；$\boldsymbol{Y}_{(i)} = (y_{i1}, y_{i2}, \cdots, y_{ip})^{\mathrm{T}}$，$i = 1, 2, \cdots, m$. 两个样本的均值向量可分别记为

$$\bar{\boldsymbol{x}} = \frac{1}{n} \sum_{i=1}^{n} \boldsymbol{x}_{(i)}$$

$$\bar{\boldsymbol{y}} = \frac{1}{m} \sum_{i=1}^{m} \boldsymbol{y}_{(i)}$$

下面分两种情况进行讨论.

（1）当 $n = m$ 时，令 $\boldsymbol{Z}_{(i)} = \boldsymbol{X}_{(i)} - \boldsymbol{Y}_{(i)}$，则有 $\boldsymbol{Z}_{(i)} \sim N_p(\boldsymbol{\mu}_1 - \boldsymbol{\mu}_2, \boldsymbol{\Sigma}_1 + \boldsymbol{\Sigma}_2)$. 记 $\boldsymbol{\mu}_1 - \boldsymbol{\mu}_2 = \boldsymbol{\nu}$，则检验假设为

$$H_0: \boldsymbol{\nu} = \boldsymbol{0}, \quad H_1: \boldsymbol{\nu} \neq \boldsymbol{0}$$

在原假设为真时，适用的检验统计量为

$$T^2 = n(n-1)\bar{\boldsymbol{Z}}^{\mathrm{T}} \boldsymbol{S}^{-1} \bar{\boldsymbol{Z}} \sim T^2(p, n-1)$$

其中

$$\bar{\boldsymbol{Z}} = \frac{1}{n} \sum_{i=1}^{n} \boldsymbol{Z}_{(i)} = \bar{\boldsymbol{X}} - \bar{\boldsymbol{Y}}$$

$$\boldsymbol{S} = \sum_{i=1}^{n} (\boldsymbol{Z}_{(i)} - \bar{\boldsymbol{Z}})(\boldsymbol{Z}_{(i)} - \bar{\boldsymbol{Z}})^{\mathrm{T}}$$

可以用霍特林统计量进行检验. 在给定的显著性水平 α 之下，可得到原假设 H_0 的拒绝域为 $\{T^2 > T_\alpha^2(p, n-1)\}$.

若采用 F 分布进行检验，可将霍特林统计量转化为 F 统计量，此时有

$$F = \frac{n-p}{(n-1)p} T^2 \sim F(p, n-p) \tag{7.11}$$

在给定的显著性水平 α 之下，可得到原假设 H_0 的拒绝域为 $\{F > F_\alpha(p, n-p)\}$.

（2）当 $n \neq m$ 时，不妨假设为 $n < m$. 关于此问题的解法有多种，这里介绍 Scheffe 解法. 需要指出的是，北京大学许宝騄先生于 1938 年发表了数理统计学的第一篇论文，到现在，"许方法"仍被公认为解决贝伦斯–费希尔问题最实用的方法.

若两总体的协方差阵 $\boldsymbol{\Sigma}_1$ 和 $\boldsymbol{\Sigma}_2$ 相差不大，则可将原来两样本各观察向量对应合并，并构造成 n 个新观察向量：

$$\boldsymbol{z}_{(i)} = \boldsymbol{x}_{(i)} - \bar{\boldsymbol{y}} - \sqrt{\frac{n}{m}} \boldsymbol{y}_{(i)}, \quad i = 1, 2, \cdots, n$$

这样，我们定义了一个新的指标向量 $\boldsymbol{z}$，上述 n 个新观察向量就是指标向量 $\boldsymbol{z}$ 的样本观察值. 在此向量中，由于

$$-1 - \sqrt{\frac{n}{m}} + \frac{n}{\sqrt{nm}} = -1$$

所以每一样本观察向量的数学期望都必然等于两总体均值向量之差，从而有

$$E(\boldsymbol{z}_{(i)}) = \boldsymbol{\mu}_1 - \boldsymbol{\mu}_2$$

其中两个观察向量之间的协方差阵为

$$\mathrm{Cov}(z_{(i)}, z_{(j)}) = \begin{cases} \Sigma_1 + \dfrac{n}{m}\Sigma_2, & i = j \\ 0, & i \neq j \end{cases}$$

从上式可以看出，当 $i \neq j$ 时，$\mathrm{Cov}(z_{(i)}, z_{(j)}) = 0$，两个观察向量之间是相互独立的，表明 $z_{(i)}$ 为独立同分布的正态变量，其分布为

$$z_{(i)} \sim N_p\left(\mu_1 - \mu_2, \ \Sigma_1 + \frac{n}{m}\Sigma_2\right)$$

可将 $z_{(1)}, z_{(2)}, \cdots, z_{(n)}$ 看作来自上述正态分布的一个随机样本，记样本均值向量和样本协方差阵分别为

$$\bar{z} = \frac{1}{n}\sum_{i=1}^n z_{(i)} = \bar{x} - \bar{y}$$

$$S = \frac{1}{n-1}\sum_{i=1}^n (z_{(i)} - \bar{z})(z_{(i)} - \bar{z})^{\mathrm{T}}$$

由此可构造出一个新的霍特林统计量：

$$T^2 = n\bar{z}^{\mathrm{T}}S^{-1}\bar{z}$$

当原假设为真时，此统计量服从 $T^2(p, n-1)$ 分布.

在给定的显著性水平 α 之下，可得到原假设 H_0 的拒绝域为 $\{T^2 > T_\alpha^2(p, n-1)\}$. 若采用 F 分布进行检验，可将霍特林统计量转化为 F 统计量，此时有

$$F = \frac{n-p}{(n-1)p}T^2 \sim F(p, n-p)$$

在给定的显著性水平 α 之下，可得到原假设 H_0 的拒绝域为 $\{F > F_\alpha^2(p, n-p)\}$.

若两总体的协方差阵 Σ_1 和 Σ_2 相差较大，则有一个近似的方法可以采用. 记两样本的协方差阵为 S_1 和 S_2，并将两个协方差阵加权平均得到一个共同的协方差阵为

$$S = \frac{1}{n}S_1 + \frac{1}{m}S_2$$

由此可构造一个类似的 T^2 统计量：

$$T^2 = n(\bar{x} - \bar{y})^{\mathrm{T}}S^{-1}(\bar{x} - \bar{y})$$

上述统计量的极限分布为卡方分布，即有

$$\lim T^2 \sim \sigma\chi^2(p)$$

其中

$$\sigma = 1 + \frac{1}{2}\left(\frac{a}{2} + \frac{b\chi^2(p)}{p(p+2)}\right)$$

$$a = \frac{1}{n}\left[\mathrm{tr}\, S^{-1}\left(\frac{S_1}{n}\right)\right]^2 + \frac{1}{m}\left[\mathrm{tr}\, S^{-1}\left(\frac{S_2}{m}\right)\right]^2$$

$$b = a + \frac{2}{n}\mathrm{tr}\left[S^{-1}\left(\frac{S_1}{n}\right)S^{-1}\left(\frac{S_1}{n}\right)\right] + \frac{2}{m}\mathrm{tr}\left[S^{-1}\left(\frac{S_2}{m}\right)S^{-1}\left(\frac{S_2}{m}\right)\right] \tag{7.12}$$

例 7.2.4　在对 1958—1967 年美国制造业中垄断作用的经验检验中，阿瑟(Asch)和赛尼卡(Seneca)调查了由 45 个消费资料生产企业和 56 个生产资料生产企业组成的样本，被调查指标有 5 个：①利润率——税后净利润对该时期股票持有者的股票数量之比率的平均值，②产业集中度——四个大企业货运量的比率，③风险——关于趋势线的声誉利润率的标

准差，④企业规模——平均总资产的对数，⑤销售增长率——该时期销售收入的平均增长率．消费资料生产企业样本观察矩阵记为 $\boldsymbol{X}$，生产资料生产企业样本观察矩阵记为 $\boldsymbol{Y}$，由这两个样本观察矩阵计算得到两样本各自的均值向量和叉积矩阵分别为

$$\bar{\boldsymbol{x}}^{\mathrm{T}} = (115.828,\ 57.933,\ 23.664,\ 5.586,\ 0.078)$$

$$\bar{\boldsymbol{y}}^{\mathrm{T}} = (95.533,\ 61.732,\ 27.154,\ 5.540,\ 0.070)$$

$$\boldsymbol{A}_1 = \begin{pmatrix} 1\,694.310 & 2\,952.721 & 1\,977.249 & -584.067 & 24.815 \\ 2\,953.721 & 12\,204.726 & 4\,575.176 & 239.037 & -11.156 \\ 1\,977.249 & 4\,575.176 & 21\,876.18 & -480.041 & 3.514 \\ -584.067 & 239.037 & -480.041 & 69.256 & -0.791 \\ 24.815 & -11.156 & 3.514 & -0.791 & 0.088 \end{pmatrix}$$

$$\boldsymbol{A}_2 = \begin{pmatrix} 80\,074.285 & 10\,368.309 & 2\,355.126 & 227.307 & 43.657 \\ 10\,368.309 & 14\,916.958 & 5\,654.126 & 331.117 & 0.050 \\ 2\,355.886 & 5\,654.126 & 27\,725.247 & 417.979 & 1.352 \\ 227.307 & 331.117 & 417.979 & 100.882 & -0.285 \\ 43.657 & 0.050 & 1.352 & -0.285 & 0.165 \end{pmatrix}$$

试分析两类企业的相关指标向量均值是否相同．

解 由于两类企业相关指标的样本协方差阵差异较大，所以由所给出的两样本均值向量和叉积矩阵，可计算得到 T^2 统计量的值为

$$T^2 = (\bar{\boldsymbol{x}} - \bar{\boldsymbol{y}})^{\mathrm{T}} \left[\frac{\boldsymbol{A}_1}{n(n-1)} + \frac{\boldsymbol{A}_2}{m(m-1)} \right] (\bar{\boldsymbol{x}} - \bar{\boldsymbol{y}}) = 8.173\,12$$

在显著性水平 $\alpha = 0.05$ 下，查附录 A 中表 A.4 得 $\chi^2_\alpha(p) = \chi^2_{0.05}(5) = 11.07$，并且可计算得

$$a = (2.678\,56)^2/45 + (2.320\,44)^2/56 = 0.255\,59$$

$$b = 0.255\,59 + (2/45)(1.574\,445) + (2/56)(1.215\,318) = 0.368\,89$$

$$\sigma = 1 + \frac{1}{2} \left[\frac{0.255\,59}{2} + \frac{0.368\,89 \times 11.07}{5 \times (5 + 7)} \right] = 1.122\,235$$

由此，可计算出检验的临界值为

$$\sigma \chi^2_\alpha(p) = 1.122\,235 \times 11.07 = 12.423\,8$$

因为 $T^2 = 8.173\,12 < 12.423\,8$，所以原假设 $H_0: \boldsymbol{\mu}_1 - \boldsymbol{\mu}_2 = \boldsymbol{0}$ 不能被拒绝，表明在所考察的 5 个指标组成的向量上，消费资料生产企业和生产资料生产企业的均值没有显著差别．

7.2.7 多元方差分析

1. 多元方差分析统计假设

所谓多元方差分析，是在考虑多个响应变量时，分析因素对多个响应变量的整体的影响，发现不同总体的最大组间差异．多元方差分析是一元方差分析（ANOVA）的推广形式，通过检测变量之间的协方差来检验平均差异的统计显著性．

在多元方差分析中，观察的如果不是一个指标（性状，即响应变量），而是 m 个指标，记为向量形式 $\boldsymbol{X} = (X_1,\ X_2,\ \cdots,\ X_m)^{\mathrm{T}}\ (m < n)$，那么因素 A 第 i 水平 A_i 下的第 j 次重复观察值可以表示为

$$\boldsymbol{X}_{ij} = (x_{ij1},\ x_{ij2},\ \cdots,\ x_{ijm})^{\mathrm{T}},\ i = 1,\ 2,\ \cdots,\ k;\ j = 1,\ 2,\ \cdots,\ n$$

全试验共有 $k \times n \times m$ 个观察数据，并假设 X_{ij} 满足线性模型为

$$\begin{cases} X_{ij} = \boldsymbol{\mu}_i + \boldsymbol{\varepsilon}_{ij} \\ \boldsymbol{\varepsilon}_{ij} \sim N(0, \boldsymbol{\Sigma}) \end{cases} \tag{7.13}$$

其中 $i = 1, 2, \cdots, k$；$j = 1, 2, \cdots, n$；$\boldsymbol{\mu}_i$ 和 $\boldsymbol{\varepsilon}_{ij}$ 为 m 维向量，且 $\boldsymbol{\varepsilon}_{ij}$ 相互独立. 构建统计假设为

$$H_0: \boldsymbol{\mu}_1 = \boldsymbol{\mu}_2 = \cdots = \boldsymbol{\mu}_k$$

或者线性模型为

$$\begin{cases} X_{ij} = \overline{X} + \boldsymbol{\alpha}_i + \boldsymbol{\varepsilon}_{ij} \\ \boldsymbol{\varepsilon}_{ij} \sim N(0, \boldsymbol{\Sigma}) \end{cases} \tag{7.14}$$

其中，$i = 1, 2, \cdots, k$；$j = 1, 2, \cdots, n$；$\boldsymbol{\alpha}_i = (\alpha_{i1}, \alpha_{i2}, \cdots, \alpha_{in})^{\mathrm{T}}$ 为水平 A_i 对观测变量的效应，且随机误差 $\boldsymbol{\varepsilon}_{ij}$ 相互独立. 统计假设为

$$H_0: \boldsymbol{\alpha}_1 = \boldsymbol{\alpha}_2 = \cdots = \boldsymbol{\alpha}_k = \boldsymbol{0}$$

2. 构建检验统计量

为了构造 H_0 的检验统计量，采用类似于一元方差分析的基本思想，把反映全试验变异的总离差矩阵 $\boldsymbol{W}$，按变异来源分解成组间离差矩阵 $\boldsymbol{H}$ 与组内离差矩阵 $\boldsymbol{E}$ 之和，即

$$\boldsymbol{W} = \sum_{i=1}^{k} \sum_{j=1}^{n} (\boldsymbol{X}_{ij} - \overline{\boldsymbol{X}})(\boldsymbol{X}_{ij} - \overline{\boldsymbol{X}})^{\mathrm{T}} \tag{7.15}$$

$$\boldsymbol{H} = n \sum_{i=1}^{k} (\overline{\boldsymbol{X}}_{i\cdot} - \overline{\boldsymbol{X}})(\overline{\boldsymbol{X}}_{i\cdot} - \overline{\boldsymbol{X}})^{\mathrm{T}} \tag{7.16}$$

$$\boldsymbol{E} = \sum_{i=1}^{k} \sum_{j=1}^{n} (\boldsymbol{X}_{ij} - \overline{\boldsymbol{X}}_{i\cdot})(\boldsymbol{X}_{ij} - \overline{\boldsymbol{X}}_{i\cdot})^{\mathrm{T}} \tag{7.17}$$

并有

$$\boldsymbol{W} = \boldsymbol{H} + \boldsymbol{E} \tag{7.18}$$

当假设 H_0 为真时，有：

（1）总离差矩阵 $\boldsymbol{W}$ 服从于自由度为 $df_W = kn - 1$ 的 $W_m(kn - 1, \boldsymbol{\Sigma})$ 分布；

（2）组内离差矩阵 $\boldsymbol{E}$ 服从于自由度为 $df_E = kn - k$ 的 $W_m(kn - k, \boldsymbol{\Sigma})$ 分布；

（3）组间离差矩阵 $\boldsymbol{H}$ 服从于自由度为 $df_H = k - 1$ 的 $W_m(k - 1, \boldsymbol{\Sigma})$ 分布，且与 $\boldsymbol{E}$ 相互独立.

按照威尔克斯统计量 Λ 的定义，有

$$\Lambda = \frac{|\boldsymbol{E}|}{|\boldsymbol{W}|} = \frac{|\boldsymbol{E}|}{|\boldsymbol{H} + \boldsymbol{E}|} \sim \Lambda(m, kn - 1, k - 1) \tag{7.19}$$

在多元方差分析中，如果 $\Lambda < \Lambda(m, kn - 1, k - 1)$，那么仅仅知道各 $\boldsymbol{\mu}_i$ 不全相等，不能排除其中部分总体均值向量相等的情形. 因此，有必要检验两两水平的差异，即检验假设

$$H_{0ih}: \boldsymbol{\mu}_i = \boldsymbol{\mu}_h (i, h = 1, 2, \cdots, k; i \neq h)$$

为此将 k 个样本均值向量 $\overline{\boldsymbol{X}}_{1\cdot}, \overline{\boldsymbol{X}}_{2\cdot}, \cdots, \overline{\boldsymbol{X}}_{k\cdot}$ 两两配对，分别计算它们的 T^2 值.

构建霍特林统计量 T^2，即

$$T_{ij}^2 = (2n - 2) \frac{n \times n}{n + n} (\overline{\boldsymbol{X}}_{i\cdot} - \overline{\boldsymbol{X}}_{h\cdot})^{\mathrm{T}} \boldsymbol{E}_{ih}^{-1} (\overline{\boldsymbol{X}}_{i\cdot} - \overline{\boldsymbol{X}}_{h\cdot}) \tag{7.20}$$

$$= n(n - 1)(\overline{\boldsymbol{X}}_{i\cdot} - \overline{\boldsymbol{X}}_{h\cdot})^{\mathrm{T}} \boldsymbol{E}_{ih}^{-1} (\overline{\boldsymbol{X}}_{i\cdot} - \overline{\boldsymbol{X}}_{h\cdot}) \sim T^2(m, 2n - 2)$$

其中，E_{ih} 为第 i 水平和第 j 水平的组内离差矩阵．或者用 F 检验法进行检验，构造 F 统计量为

$$F = \frac{2n - m - 1}{(2n - 2)m} T^2 \sim F(m, 2n - m - 1) \qquad (7.21)$$

本章小结

多元统计分析是从经典统计学中发展起来的，是一种综合分析方法，它能够在多个对象和多个指标互相关联的情况下分析它们的统计规律，是数理统计学中的一个重要的分支学科．当总体的分布是多维(多元)概率分布时，多元统计分析是处理该总体的数理统计理论和方法．本章主要内容包括多元正态分布及其抽样分布、多元正态总体的均值向量和协方差阵的参数估计和假设检验、多元方差分析等．

本章知识结构如图 7.1 所示．

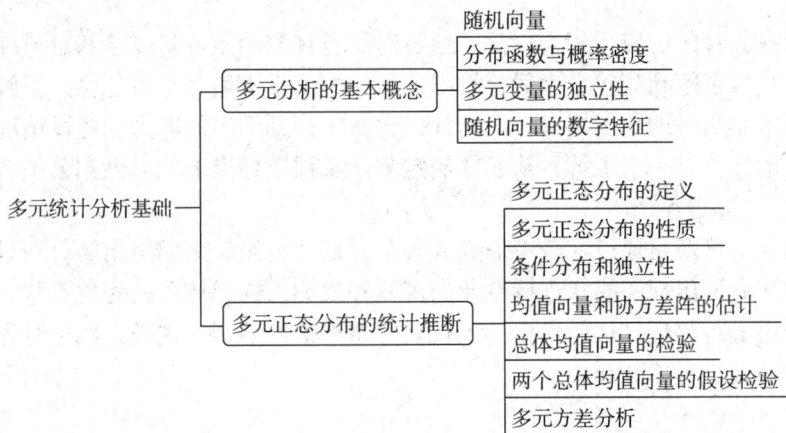

图 7.1

习题七

1. 设 $\boldsymbol{X} = (X_1, X_2)^{\mathrm{T}}$，其分布律如表 7.4 所示．

表 7.4 分布律

X_2	X_1	
	0	1
-1	0.24	0.06
0	0.16	0.14
1	0.4	0

求 $E(\boldsymbol{X})$，$\mathrm{Cov}(\boldsymbol{X}, \boldsymbol{X})$.

2. 设 $\boldsymbol{X} = (X_1, X_2)^{\mathrm{T}}$，$E(\boldsymbol{X}) = \begin{pmatrix} \mu_1 \\ \mu_2 \end{pmatrix}$，$\mathrm{Cov}(\boldsymbol{X}, \boldsymbol{X}) = \begin{pmatrix} \sigma_{11} & \sigma_{12} \\ \sigma_{21} & \sigma_{22} \end{pmatrix}$，$\boldsymbol{Y} = (Y_1, Y_2)^{\mathrm{T}}$，求线性组合 $\boldsymbol{Y} = \begin{pmatrix} 1 & -1 \\ 1 & 1 \end{pmatrix} \boldsymbol{X}$ 的均值向量和协方差阵．

延展阅读

1928年发表的《关于多元正态总体样本协方差阵的精确分布》，是学术界公认的多元分析的开端，在这个基础上，Fisher（费希尔）、霍特林、Roy（罗伊）等人进行了有力的补充，从而使多元统计分析理论得到了完善，并快速发展，在许多领域中也有了实际应用．在当时的社会环境中，统计方法应用于实际中计算量大的问题迟迟得不到解决，使得统计方法的发展大受影响，甚至在很长一段时间内完全得不到发展．得益于计算机技术的发展，多元统计分析在20世纪中期被广泛应用于地质、医学、社会学、气象等学科．后来在前人的基础上，广大学者通过实践完善了多元统计的理论并产生了很多新的理论和方法，使得多元统计的应用范围更广．在20世纪80年代初期，多元统计才在我国受到各个领域的关注，近年来，我国广大学者在多元统计分析领域成绩显著，有些方面达到了国际领先水平．下面我们来列举一些多元统计分析应用的领域．

1）教育学

多元统计在教育学的应用相当广泛．通过对所有在校学生各科成绩和总成绩的数据进行统计和分析，可以了解到哪些学生适合学习文科，哪些学生适合学习理科；了解一些学生偏科的情况；对来年高考的总体情况作出估计，大概了解到学生的能力和考试情况；对优秀学生占所有学生的比重有一个了解，从而在制定奖学金评定标准上能够做到公平合理．

2）医学

医生对病人的诊断是通过综合考虑病人各个方面的检测结果而得出的．通过组织各类疾病专家对各种疾病所出现的症状进行专业的观测和检测，构成体系的病理资料，并通过多元统计对这些资料进行整理，从而得出一个资料库型的诊断准则．这样，医生对患者就可以快速、准确、方便地进行诊断和治疗了．

3）气象学

全国各地的气象站记录的主要指标是降雨量、气温、气压、湿度、风速、风向，相同地点不同时间的这些指标的对比可以对这个地方的天气作出预报，方便人民的出行；不同地点之间相互指标的对比可以建立指标之间的关系，从而根据一个地点的天气状况来预测另外一个地点的天气状况．

4）环境科学

多元统计在环境科学中的应用主要在于环境保护和污染监测．环境的保护是这个时代人类最重要的课题之一．在各大化工企业，温室气体的排放需要得到有效的监测和控制，因此环境部门会在各厂区设立监测点．对于监测点的污染气体和污水的定点资料，经过多元统计分析后，可以了解各企业的污染状况，并进行分类．这对环境部门的监测、管理和对环境的保护都有着重要作用．

5）经济学

在经济领域，经常要构造计量经济模型来解决实际问题．例如，对未来财政收入，根据已有相关数据建立回归预测模型进行预测；在商业领域，利用主成分分析从复杂的数据中构造出简单实用的商业指数．

此外，多元统计分析还在考古学、农业、社会科学、文学等领域发挥着重要作用，在此就不一一详述了．

第8章 | 实用多元统计分析

§8.1 主成分分析

在社会经济领域问题的研究中，往往会涉及众多有关的变量．但是，变量太多不但会增加计算的复杂性，而且会给合理地分析问题和解释问题带来困难．一般说来，虽然每个变量都提供了一定的信息，但其重要性有所不同，而在很多情况下，变量间有一定的相关性，从而使得这些变量所提供的信息在一定程度上有所重叠．因而人们希望对这些变量加以"改造"，用为数极少的互不相关的新变量来反映原变量所提供的绝大部分的信息，使分析简化，通过对新变量的分析达到解决问题的目的．例如，一个人的身材需要用很多项指标才能完整地描述，如身高、臂长、腿长、肩宽、胸围、腰围、臀围等，但人们购买衣服时一般只用长度和肥瘦两个指标就够了，这里长度和肥瘦就是由描述人体形状的多项指标组合而成的两个综合指标．再如，企业经济效益的评价也涉及很多指标，如百元固定资产原值实现产值、百元固定资产原值实现利税、百元资金实现利税、百元工业总产值实现利税、百元销售收入实现利税、每吨标准煤实现工业产值、每千瓦时电力实现工业产值、全员劳动生产率和百元流动资金实现产值等，可通过主成分分析找出几个综合指标，以进行评价．主成分分析就是将多个指标转化为少数几个综合指标的一种常用的多元统计分析方法．表 8.1 所示为主成分分析表．

表 8.1　主成分分析表

	F_1	F_2	F_3	I	ΔI	t
F_1	1					
F_2	0	1				
F_3	0	0	1			
I	0.995	0.041	0.057	1		
ΔI	0.056	0.948	0.124	0.102	1	
t	0.369	0.282	0.836	0.414	0.112	t

8.1.1　主成分的含义及其思想

主成分分析也被称为主分量分析，是由霍特林于 1933 年首先提出来的．主成分分析是利用降维的思想，在保留原始变量尽可能多的信息的情况下，把多个指标转化为几个综合指标的多元统计方法．通常把转化生成的综合指标称为主成分，而每个主成分都是原始变量的线性组合，但各个主成分之间没有相关性，这就使得主成分比原始变量具有某些更优越的反映问题实质的性能，使得我们在研究复杂的经济问题时能够容易抓住主要矛盾．人们对某一事物进行实证研究的过程中，为了更加全面准确地反映事物的特征及其发展规律，往往要考虑与其有关系的多个指标，这些指标在多元统计分析中也被称为变量．因为研究某一问题涉及的多个变量之间具有一定的相关性，所以必然存在着起支配作用的共同因素．

主成分分析就是设法将这些具有一定线性相关性的多个指标，重新组合成一组新的相互无关的综合指标来代替原来指标．通常，数学上的处理就是将原来的几个指标进行线性组合，作为新的综合指标，但是这种线性组合，若不加限制，则可以有很多个．我们主要遵循这样的原则去选择：将选取的第一个线性组合指标记为 Y_1，Y_1 应该尽可能多地反映原来指标的信息，我们可以用 Y_1 的方差 $D(Y_1)$ 来表达 Y_1 包含的信息，$D(Y_1)$ 越大，表示 Y_1 包含的信息越多．因此，在所有的线性组合中所选取的 Y_1 应该是方差最大的，故称其为第一主成分．如果第一主成分不足以代替原来的几个指标的信息，再考虑选取 Y_2，即选取第二个线性组合，为了有效地反映原来信息，Y_1 已有的信息不需要出现在 Y_2 中，即要求 Y_1，Y_2 的协方差 $\mathrm{Cov}(Y_1, Y_2) = 0$，称 Y_2 为第二主成分，以此类推，可以选出第三主成分、第四主成分．这些主成分之间不仅互不相关，而且它们的方差依次递减．

通过上述方法，在保留原始变量主要信息的前提下起到降维与简化问题的作用，使得在研究复杂问题时更容易抓住其主要矛盾，揭示事物内部变量之间的规律性，同时使问题得到简化，提高分析效率．

8.1.2　主成分模型及其几何意义

1．主成分模型

假设我们所讨论的实际问题中，有 n 个样品，对每个样品观察 p 个指标(变量)，分别用 X_1，X_2，$\cdots$，X_p 表示，得到原始数据的数据资料矩阵：

$$X = \begin{pmatrix} x_{11} & x_{12} & \cdots & x_{1p} \\ x_{21} & x_{22} & \cdots & x_{2p} \\ \vdots & \vdots & & \vdots \\ x_{n1} & x_{n2} & \cdots & x_{np} \end{pmatrix}$$

主成分分析就是要把这 p 个指标的问题，转变为讨论 p 个指标的线性组合的问题，而这些新的指标 F_1，F_2，$\cdots$，$F_k(k \leqslant p)$，按照保留主要信息量的原则充分反映原指标的信息，并且相互独立．这种由讨论多个指标降为少数几个综合指标的过程在数学上就叫作降维．主成分分析通常的做法是，对 X 作正交变换，寻求原指标的线性组合 F_i：

$$F_1 = u_{11}X_1 + u_{21}X_2 + \cdots + u_{p1}X_p$$
$$F_2 = u_{12}X_1 + u_{22}X_2 + \cdots + u_{p2}X_p$$
$$\vdots$$
$$F_p = u_{1p}X_1 + u_{2p}X_2 + \cdots + u_{pp}X_p$$

其满足以下条件：

每个主成分的系数平方和为 1，即 $u_{1i}^2 + u_{2i}^2 + \cdots + u_{pi}^2 = 1$；

主成分之间相互独立，即无重叠的信息，$\text{Cov}(F_i, F_j) = 0$，$i \neq j$，$i, j = 1, 2, \cdots, p$. 主成分的方差依次递减，重要性依次递减，即 $D(F_1) \geqslant D(F_2) \geqslant \cdots \geqslant D(F_p)$.

基于以上条件确定的综合变量 $F_1, F_2, \cdots, F_p$ 分别被称为原始变量的第一个主成分，……，第 p 个主成分. 其中，各综合变量在总方差中所占的比重依次递减，在实际研究工作中，通常是挑选前几个方差大的主成分，达到简化问题的目的.

2. 主成分的几何意义

为了方便，我们在二维空间中讨论主成分的几何意义，设有 n 个样品，每个样品有两个观察变量 x_1 和 x_2，在由变量 x_1 和 x_2 所确定的二维平面中，n 个样本点所散布的情况如椭圆状. 这 n 个样本点无论是沿着 x_1 轴方向还是 x_2 轴方向都具有较大的离散性，其离散的程度可以分别用观察变量 x_1 的方差和 x_2 的方差定量地表示. 显然，如果只考虑 x_1 和 x_2 中的任何一个，那么包含在原始数据中的经济信息将会有较大损失.

如果我们将 x_1 轴和 x_2 轴先平移，再同时按逆时针方向旋转 θ 角度，那么得到新坐标轴 F_1 和 F_2. F_1 和 F_2 是两个新变量. 根据旋转变换的公式：

$$\begin{cases} F_1 = x_1\cos\theta + x_2\sin\theta \\ F_2 = -x_1\sin\theta + x_2\cos\theta \end{cases}, \quad \text{即} \begin{pmatrix} F_1 \\ F_2 \end{pmatrix} = \begin{pmatrix} \cos\theta\sin\theta \\ -\sin\theta\cos\theta \end{pmatrix} \begin{pmatrix} X_1 \\ X_2 \end{pmatrix} = UX$$

且有 $U^TU = I$，即 U 是正交矩阵. 旋转变换的目的是使得 n 个样品点在 F_1 轴方向上的离散程度最大，即 F_1 的方差最大. 变量 F_1 代表了原始数据的绝大部分信息，在研究某经济问题时，即使不考虑变量 F_2 也无损大局. 经过上述旋转变换，原始数据的大部分信息集中到 F_1 轴上，对数据中包含的信息起到了降维和浓缩的作用.

F_1，F_2 除了可以对包含在 X_1，X_2 中的信息起到浓缩作用，还具有不相关的性质，这就使得在研究复杂的问题时避免了信息重叠所带来的虚假性. 二维平面上的 n 个点的方差大部分都归结在 F_1 轴上，而 F_2 轴上的方差很小. F_1 和 F_2 被称为原始变量 x_1 和 x_2 的综合变量. F_1 简化了系统结构，抓住了主要矛盾.

3. 主成分的推导及性质

在主成分的推导过程中，要用到如下线性代数中的定理.

定理 8.1.1 若 A 是 p 阶实对称矩阵，则一定可以找到正交矩阵 U，使得

$$U^{-1}AU = \begin{pmatrix} \lambda_1 & 0 & \cdots & 0 \\ 0 & \lambda_2 & \cdots & 0 \\ \vdots & \vdots & & \vdots \\ 0 & 0 & \cdots & \lambda_p \end{pmatrix}$$

其中 $\lambda_i (i = 1, 2, \cdots, p)$ 是 A 的特征根.

定理 8.1.2 若定理 8.1.1 中矩阵 A 的特征根所对应的单位特征向量为 $u_1, u_2, \cdots, u_p$，令

$$U = (u_1, \cdots, u_p) = \begin{pmatrix} u_{11} & u_{12} & \cdots & u_{1p} \\ u_{21} & u_{22} & \cdots & u_{2p} \\ \vdots & \vdots & & \vdots \\ u_{p1} & u_{p2} & \cdots & u_{pp} \end{pmatrix}$$

则实对称矩阵 A 属于不同特征根所对应的特征向量是正交的，即有 $U^{\mathrm{T}}U = UU^{\mathrm{T}} = I$.

8.1.3 总体主成分的推导

1. 第一主成分

设 X_1，X_2，$\cdots$，X_p 为某实际问题所涉及的 p 个随机变量. 记 $\boldsymbol{X} = (X_1, X_2, \cdots, X_p)^{\mathrm{T}}$，其均值向量与协方差阵分别记为

$$\boldsymbol{\mu} = E(\boldsymbol{X})$$

$$\boldsymbol{\Sigma}_x = \begin{pmatrix} \sigma_1^2 & \sigma_{12} & \cdots & \sigma_{1p} \\ \sigma_{21} & \sigma_2^2 & \cdots & \sigma_{2p} \\ \vdots & \vdots & & \vdots \\ \sigma_{p1} & \sigma_{p2} & \cdots & \sigma_p^2 \end{pmatrix}$$

它是一个 p 阶非负定矩阵.

由于 $\boldsymbol{\Sigma}_x$ 为非负定的对称矩阵，所以利用线性代数的知识可知，必存在正交矩阵 U，使得

$$U^{\mathrm{T}}\boldsymbol{\Sigma}_x U = \begin{pmatrix} \lambda_1 & & 0 \\ & \ddots & \\ 0 & & \lambda_p \end{pmatrix}$$

其中 λ_1，λ_2，$\cdots$，λ_p 为 $\boldsymbol{\Sigma}_x$ 的特征根，不妨假设 $\lambda_1 \geqslant \lambda_2 \geqslant \cdots \geqslant \lambda_p$. 而 U 恰好是由特征根相对应的特征向量所组成的正交矩阵：

$$U = (\boldsymbol{u}_1, \cdots, \boldsymbol{u}_p) = \begin{pmatrix} u_{11} & u_{12} & \cdots & u_{1p} \\ u_{21} & u_{22} & \cdots & u_{2p} \\ \vdots & \vdots & & \vdots \\ u_{p1} & u_{p2} & \cdots & u_{pp} \end{pmatrix}$$

下面我们来看，由 U 的第一列元素所构成的原始变量的线性组合是否有最大的方差. 设有 p 维正交向量 $\boldsymbol{a}_1 = (a_{11}, a_{21}, \cdots, a_{p1})^{\mathrm{T}}$，$F_1 = a_{11}X_1 + \cdots + a_{p1}X_p = \boldsymbol{a}_1^{\mathrm{T}}\boldsymbol{X}$，

$$D(F_1) = \boldsymbol{a}_1^{\mathrm{T}}\boldsymbol{\Sigma}\boldsymbol{a}_1 = \boldsymbol{a}_1^{\mathrm{T}}U \begin{pmatrix} \lambda_1 & & & \\ & \lambda_2 & & \\ & & \ddots & \\ & & & \lambda_p \end{pmatrix} U^{\mathrm{T}}\boldsymbol{a}_1$$

$$= \boldsymbol{a}_1^{\mathrm{T}}(\boldsymbol{u}_1, \boldsymbol{u}_2, \cdots, \boldsymbol{u}_p) \begin{pmatrix} \boldsymbol{u}_1^{\mathrm{T}} \\ \boldsymbol{u}_2^{\mathrm{T}} \\ \vdots \\ \boldsymbol{u}_p^{\mathrm{T}} \end{pmatrix} \boldsymbol{a}_1^{\mathrm{T}} \tag{8.1}$$

$$= \sum_{i=1}^{p} \lambda_i \boldsymbol{a}_1^{\mathrm{T}}\boldsymbol{u}_i\boldsymbol{u}_i^{\mathrm{T}}\boldsymbol{a}_1 = \sum_{i=1}^{p} \lambda_i (\boldsymbol{a}_1^{\mathrm{T}}\boldsymbol{u}_i)^2 \leqslant \lambda_1 \sum_{i=1}^{p} (\boldsymbol{a}_1^{\mathrm{T}}\boldsymbol{u}_i)^2$$

$$= \lambda_1 \sum_{i=1}^{p} \boldsymbol{a}_1^{\mathrm{T}}\boldsymbol{u}_i\boldsymbol{u}_i^{\mathrm{T}}\boldsymbol{a}_1 = \lambda_1 \boldsymbol{a}_1^{\mathrm{T}}UU^{\mathrm{T}}\boldsymbol{a}_1 = \lambda_1 \boldsymbol{a}_1^{\mathrm{T}}\boldsymbol{a}_1 = \lambda_1$$

由此可看出，当且仅当 $\boldsymbol{a}_1 = \boldsymbol{u}_1$ 时，即 $F_1 = u_{11}X_1 + \cdots + u_{p1}X_p$ 时，F_1 有最大的方差 λ_1，因为 $D(F_1) = D(\boldsymbol{u}_1^{\mathrm{T}}\boldsymbol{X}) = \boldsymbol{u}_1^{\mathrm{T}}\boldsymbol{\Sigma}_x\boldsymbol{u}_1 = \lambda_1$. 第一主成分的信息反映了原始变量的大部分信息，但若第一主成分的信息不够，则需要寻找第二主成分.

在约束条件 $\mathrm{Cov}(F_1, F_2) = 0$ 下，寻找第二主成分 $F_2 = u_{12}X_1 + \cdots + u_{p2}X_p$.

因为 $\mathrm{Cov}(F_1, F_2) = \mathrm{Cov}(\boldsymbol{u}_1^{\mathrm{T}}\boldsymbol{X}, \boldsymbol{u}_2^{\mathrm{T}}\boldsymbol{X}) = \boldsymbol{u}_2^{\mathrm{T}}\boldsymbol{\Sigma}\boldsymbol{u}_1 = \lambda_1\boldsymbol{u}_2^{\mathrm{T}}\boldsymbol{u}_1 = 0$，所以 $\boldsymbol{u}_2^{\mathrm{T}}\boldsymbol{u}_1 = 0$，则对 p 维向量 $\boldsymbol{u}_2$，有

$$D(F_2) = \boldsymbol{u}_2^{\mathrm{T}}\boldsymbol{\Sigma}\boldsymbol{u}_2 = \sum_{i=1}^{p}\lambda_i\boldsymbol{u}_2^{\mathrm{T}}\boldsymbol{u}_i\boldsymbol{u}_i^{\mathrm{T}}\boldsymbol{u}_2 = \sum_{i=1}^{p}\lambda_i(\boldsymbol{u}_2^{\mathrm{T}}\boldsymbol{u}_i)^2 \leqslant \lambda_2\sum_{i=1}^{p}(\boldsymbol{u}_2^{\mathrm{T}}\boldsymbol{u}_i)^2$$

$$= \lambda_2\sum_{i=1}^{p}\boldsymbol{u}_2^{\mathrm{T}}\boldsymbol{u}_i\boldsymbol{u}_i^{\mathrm{T}}\boldsymbol{u}_2 = \lambda_2\boldsymbol{u}_2^{\mathrm{T}}UU^{\mathrm{T}}\boldsymbol{u}_2 = \lambda_2\boldsymbol{u}_2^{\mathrm{T}}\boldsymbol{u}_2 = \lambda_2$$

所以，若取线性变换：

$$F_2 = u_{12}X_1 + u_{22}X_2\cdots + u_{p2}X_p$$

则 F_2 的方差次大.

以此类推，$D(F_i) = D(\boldsymbol{u}_i^{\mathrm{T}}\boldsymbol{X}, \boldsymbol{u}_j^{\mathrm{T}}\boldsymbol{X}) = \boldsymbol{u}_i^{\mathrm{T}}\boldsymbol{\Sigma}_x\boldsymbol{u}_i = \lambda_i$，而且有

$$\mathrm{Cov}(\boldsymbol{u}_i^{\mathrm{T}}\boldsymbol{X}, \boldsymbol{u}_j^{\mathrm{T}}\boldsymbol{X}) = \boldsymbol{u}_i^{\mathrm{T}}\boldsymbol{\Sigma}_x\boldsymbol{u}_j = \boldsymbol{u}_i^{\mathrm{T}}(\sum_{\alpha=1}^{p}\lambda_\alpha\boldsymbol{u}_\alpha\boldsymbol{u}_\alpha^{\mathrm{T}})\boldsymbol{u}_j = \sum_{\alpha=1}^{p}\lambda_\alpha(\boldsymbol{u}_i^{\mathrm{T}}\boldsymbol{u}_\alpha)(\boldsymbol{u}_\alpha^{\mathrm{T}}\boldsymbol{u}_j) = 0, \quad i \neq j$$

上述式子表明，$\boldsymbol{X} = (X_1, X_2, \cdots, X_p)^{\mathrm{T}}$ 的主成分就是以 $\boldsymbol{\Sigma}_x$ 的特征向量为系数的线性组合，它们互不相关，其方差是 $\boldsymbol{\Sigma}_x$ 的特征根.

由于 $\boldsymbol{\Sigma}_x$ 的特征根 $\lambda_1 \geqslant \lambda_2 \geqslant \cdots \geqslant \lambda_p > 0$，所以有 $D(F_1) \geqslant D(F_2) \geqslant \cdots \geqslant D[F(p)] > 0$.

2. 主成分的性质

主成分实际上是各原始变量经过标准化变换后的线性组合. 作为原始变量的综合指标，各主成分所包含的信息互不重叠，全部主成分反映了原始变量的全部信息. 一般说来，主成分具有如下性质.

(1) 主成分的均值为 $E(\boldsymbol{U}^{\mathrm{T}}\boldsymbol{X}) = \boldsymbol{U}^{\mathrm{T}}\boldsymbol{\mu}$. 若数据经过标准化处理，则主成分的均值为零.

(2) 主成分的方差为所有特征值之和，即主成分分析是把 p 个原始变量 $X_1, X_2, \cdots, X_p$ 的总方差分解成为 p 个互不相关的随机变量的方差之和. 协方差阵 $\boldsymbol{\Sigma}$ 的对角线上的元素之和等于特征根之和：

$$\sum_{i=1}^{p}D(F_i) = \lambda_1 + \lambda_2 + \cdots + \lambda_p = \sigma_1^2 + \sigma_2^2 + \cdots + \sigma_p^2$$

(3) 精度分析. 在解决实际问题时，一般不是取 p 个主成分，而是根据累计贡献率的大小取前 k 个. 所谓第 i 个主成分的贡献率是指第 i 个主成分方差在全部方差中所占比重 $\dfrac{\lambda_i}{\sum_{i=1}^{p}\lambda_i}$，表示此主成分对原来 p 个指标信息的反映能力和综合能力大小.

累计贡献率：前 k 个主成分共有多大的综合能力，用这 k 个主成分的方差和在全部方差中所占比重 $\sum_{i=1}^{k}\lambda_i / \sum_{i=1}^{p}\lambda_i$ 来描述.

进行主成分分析的目的之一是希望用尽可能少的主成分 $F_1, F_2, \cdots, F_k(k \leqslant p)$ 代替原

来的 p 个指标. 到底应该选择多少个主成分? 在实际工作中, 主成分个数的多少以能够反映原来变量85%以上的信息量为依据, 即当累计贡献率 $\geqslant 85\%$ 时, 主成分的个数就足够了. 最常见的情况是主成分为 2~3 个.

虽然主成分的贡献率这一指标给出了选取主成分的这一准则, 但是累计贡献率只是表达了前 k 个主成分提取了 X 的多少信息, 并没有表达某个变量被提取了多少信息, 因此仅仅使用累计贡献率这一准则, 并不能保证每个变量都被提取了足够的信息. 因此, 有时还需要另一个辅助的准则——原始变量被主成分的提取率.

(4) 第 j 个主成分与变量 X_j 的相关系数. 由于

$$F_j = u_{1j}X_1 + u_{2j}X_2 + \cdots + u_{pj}X_p$$

$$\mathrm{Cov}(X_i,\ F_j) = \mathrm{Cov}(u_{i1}F_1 + u_{i2}F_2 + \cdots + u_{ip}F_p,\ F_j) = u_{ij}\lambda_i$$

所以 X_i 与 F_j 的相关系数为

$$\rho(X_i,\ F_j) = \frac{u_{ij}\lambda_i}{\sigma_i\sqrt{\lambda_i}} = \frac{u_{ij}\sqrt{\lambda_i}}{\sigma_i}$$

可见, 第 j 个主成分与变量 X_i 相关的密切程度取决于对应线性组合系数的大小.

(5) 原始变量被主成分的提取率. 前面我们讨论了主成分的贡献率和累计贡献率, 其度量了 $F_1,\ F_2,\ \cdots,\ F_m$ 分别含有原始变量 $X_1,\ X_2,\ \cdots,\ X_p$ 各有多少信息被提取? 我们讨论 F_1 与 $X_1,\ X_2,\ \cdots,\ X_p$ 的关系时, 可以讨论 F_1 分别与 $X_1,\ X_2,\ \cdots,\ X_p$ 的相关系数, 但是由于相关系数有正有负, 所以只有考虑相关系数的平方. 因为

$$D(X_1) = D(u_{i1}F_1 + u_{i2}F_2 + \cdots + u_{ip}F_p) \tag{8.2}$$

所以 $u_{i1}^2\lambda_1 + u_{i2}^2\lambda_2 + \cdots + u_{ip}^2\lambda_p = \sigma_i^2$. $u_{ij}^2\lambda_j$ 是 F_j 能说明的第 i 个原始变量的方差, $u_{ij}^2\lambda_j/\sigma_i^2$ 是 F_1 提取的第 i 个原始变量信息的比重.

若我们仅仅提出了 m 个主成分, 则第 i 个原始变量信息的被提取率为

$$\Omega_i = \sum_{j=1}^{m}\lambda_j u_{ij}^2/\sigma_i^2 = \sum_{j=1}^{m}\rho_{ij}^2$$

若一个主成分仅仅对某一个原始变量有作用, 则称其为特殊成分. 若一个主成分对所有的原始变量都起作用, 则称其为公共成分.

3. 样本主成分的计算

前面讨论的是总体主成分, 但在实际问题中, Σ (或 ρ) 一般是未知的, 需要通过样本来估计. 设 $\boldsymbol{x}_i = (x_{i1},\ x_{i2},\ \cdots,\ x_{ip})^\mathrm{T}$, $i = 1,\ 2,\ \cdots,\ n$ 为取自 $\boldsymbol{X} = (X_1,\ X_2,\ \cdots,\ X_p)^\mathrm{T}$ 的一个容量为 n 的简单随机样本, 则样本协方差阵及样本相关系数矩阵分别为

$$\boldsymbol{S} = (s_{ij})_{p \times p} = \frac{1}{n-1}\sum_{k=1}^{n}(\boldsymbol{x}_k - \bar{\boldsymbol{x}})(\boldsymbol{x}_k - \bar{\boldsymbol{x}})^\mathrm{T}$$

$$\boldsymbol{R} = (r_{ij})_{p \times p} = \left(\frac{(s_{ij})_{p \times p}}{\sqrt{s_{ii}s_{ij}}}\right)$$

其中, $\bar{\boldsymbol{x}} = (\bar{x}_1,\ \bar{x}_2,\ \cdots,\ \bar{x}_p)^\mathrm{T}$, $\bar{x}_i = \frac{1}{n}\sum_{j=1}^{n}x_{ij}$

$$s_{ij} = \sqrt{\frac{1}{n-1}\sum_{k=1}^{n}(x_{ki} - \bar{x}_i)^2},\ i,\ j = 1,\ 2,\ \cdots,\ p.$$

分别以 S 和 R 作为 Σ 和 ρ 的估计,然后按总体主成分分析的方法作样本主成分分析.

在实际问题中,不同的变量往往有不同的量纲,这样会使各变量取值的分散程度差异较大,这时总体方差主要受方差较大的变量的控制.为了消除量纲不同带来的影响,必须基于相关系数矩阵进行主成分分析.

8.1.4　主成分分析的应用

根据主成分分析的定义及性质,已大体上能看出主成分分析的一些应用.概括起来说,主成分分析主要有以下几方面的应用.

(1)主成分分析能降低所研究的数据空间的维数,即用 m 维的 Y 空间代替 p 维的 X 空间 $(m < p)$,而低维的 Y 空间代替高维的 X 空间所损失的信息很少.即使只有一个主成分 Y_1(即 $m = 1$)时,这个 Y_1 仍是使用全部 X 变量(p 个)得到的.例如,要计算 Y_1 的均值也得使用全部 X 的均值.在所选的前 m 个主成分中,如果某个 X_1 的系数全部近似于零,就可以把这个 X_1 删除,这也是一种删除多余变量的方法.

(2)多维数据的一种图形表示方法.我们知道当维数大于 3 时便不能画出几何图形,多元统计研究问题大都多于 3 个变量.要把研究的问题用图形表示出来是不可能的.然而,经过主成分分析后,我们可以选取前两个主成分或其中某两个主成分,根据主成分的得分,画出 n 个样品在二维平面上的分布状况,由图形可直观地看出各样品在主成分中的地位.

(3)用主成分分析筛选回归变量.回归变量的选择有着重要的实际意义,用主成分分析筛选变量,可以用较少的计算量从由原始变量构成的子集合中选择最佳变量,获得选择最佳变量子集合的效果.

例 8.1.1　对世界上各主要国家的综合竞争力进行分析,可以明确我国所处的位置及优劣势.本例通过主成分分析法研究了 2004 年世界上各个主要国家的综合竞争力的综合排名,并给出分析.

二维码 8.1:
例 8.1.1 视频讲解

20 个主要国家 2004 年度的数据如表 8.2 所示,共选取了 9 个主要指标: X_1,国内生产总值(单位:美元);X_2,人均国民生产收入(单位:美元);X_3,最终消费支出占国民经济比重(单位:%);X_4,居民消费价格指数(2000 年 = 100);X_5,全员劳动生产率(单位:美元/人);X_6,人均医疗支出(单位:美元);X_7,公共教育经费支出占国内生产总值比重(单位:%);X_8,军事支出占国内生产总值的比重(单位:%);X_9,平均寿命预期(单位:岁).

表 8.2　特征值(方差)及主成分贡献表

国家	X_1	X_2	X_3	X_4	X_5	X_6	X_7	X_8	X_9
中国	15 909.00	1 230.00	55.40	104.00	1 912.64	63.00	2.10	2.30	70.00
印度尼西亚	1 686.28	1 360.00	78.50	141.00	4 545.96	26.00	1.30	1.20	66.90
以色列	1 108.73	16 567.50	90.70	100.00	47 779.28	1 496.00	7.30	8.70	78.80
日本	42 954.44	34 725.00	74.40	98.00	68 019.26	2 476.00	3.60	1.00	81.70
韩国	5 364.85	10 920.00	68.10	115.00	27 323.77	577.00	4.30	2.40	74.20
马来西亚	1 154.00	3 557.50	57.70	106.00	10 687.35	149.00	7.90	2.30	73.00
新加坡	889.91	21 712.50	53.30	101.00	45 096.16	898.00	3.10	5.20	74.30

国家	X_1	X_2	X_3	X_4	X_5	X_6	X_7	X_8	X_9
加拿大	7 499.65	22 670.00	81.84	110.00	54 979.32	2 222.00	5.20	1.20	79.30
美国	102 978.40	35 615.00	84.20	110.00	79 856.02	5 274.00	5.70	4.10	77.40
法国	14 558.30	23 445.00	78.16	108.00	72 588.14	2 348.00	5.70	2.60	79.30
德国	20 287.93	242 345.00	77.90	106.00	66 104.42	2 631.00	4.60	1.50	78.30
西班牙	6 600.51	15 232.50	75.90	110.00	50 899.91	1 192.00	4.40	1.20	79.60
英国	15 572.05	26 147.50	86.70	110.00	63 833.77	2 031.00	4.70	2.40	77.60
澳大利亚	4 225.52	20 377.50	77.85	113.00	55 848.35	1 995.00	4.90	1.80	79.80
新西兰	609.23	14 030.00	77.48	110.00	41 902.05	1 255.00	6.70	1.00	79.10
意大利	12 049.16	20 077.50	79.91	111.00	66 658.22	1 737.00	5.00	1.90	79.80
荷兰	4 211.50	24 755.00	73.25	111.00	64 392.53	2 298.00	5.00	1.60	78.50
巴西	4 697.89	2 670.00	78.50	119.00	6 254.65	206.00	4.30	1.50	68.70
阿根廷	1 446.00	5 732.50	74.10	148.00	15 626.19	238.00	4.60	1.10	74.50
俄罗斯	5 530.00	3 280.00	68.80	130.00	6 545.00	150.00	3.10	4.30	65.70

主成分负荷矩阵如表 8.3 所示，由表 8.3 可知，第一个主成分 F_1，主要由 X_2(人均国民生产收入)、X_5(全民劳动生产率)、X_6(人均医疗支出)和 X_9(平均寿命预期)决定，这几个指标从平均量成分方面反映了一个国家的综合竞争力.

表 8.3 主成分负荷矩阵

指标	主成分			
	1	2	3	4
X_1	0.609	0.420	−0.495	0.245
X_2	0.944	0.131	−0.126	−0.118
X_3	0.530	0.233	0.528	0.531
X_4	−0.597	0.541	0.333	0.358
X_5	0.957	0.06437	0.05619	−0.117
X_6	0.933	0.243	−0.141	0.119
X_7	0.476	−0.575	0.421	0.151
X_8	0.132	−0.614	0.385	0.618
X_9	0.853	−0.134	0.315	−0.302

第二个主成分 F_2 主要由 X_1(国内生产总值)、X_4(居民消费价格指数)决定，其中 X_1 是从总量这个侧面来反映国家的总体竞争能力.

第三个主成分 F_3 主要由 X_3(最终消费支出占国民经济比重)、X_7(公共教育经费支出占国内生产总值比重决定)构成，与第一个主成分类似，是从平均量成分反映国家综合竞争力.

第四个主成分 F_4 主要由 X_8(军事支出占国内生产总值的比重)决定.

例 8.1.2 农村饮用水水质评价的主成分分析.

良好的饮用水是人类生存的基本条件之一,关系到国民的身体健康.农村饮用水安全是反映农村社会经济发展和居民生活质量的重要标志.目前常用的农村饮用水水质评价方法通常有两种:一种是检测若干个水样后,计算单项指标超标率(或合格率),这种方法能得出主要污染物,但不能对水质进行综合评价;另一种是根据《农村实施〈生活饮用水卫生标准〉准则》中的一、二、三级水质标准对水样进行分级,水样中一旦有一个指标超过某一级,水质标准就降为下一级.水质是由多个因素构成的复杂系统,此方法不能反映多指标的综合作用,所以结论具有一定的片面性.对涉及多因素的水质评价主要是分析影响水质的各因素之间的相互作用,从而得出反映各因素特征信息的综合评价结果.对饮用水水质的评价通常要检测十几项指标,是典型的多维问题,因此考虑运用主成分分析进行简化降维处理.

目前农村自来水分为完全处理、部分处理、未处理三种形式.完全处理自来水指原水经过混凝沉淀、过滤和消毒处理后通过管网送往住户.部分处理自来水指原水经过混凝沉淀、过滤、消毒中的一步或两步处理后通过管网送往住户.未处理自来水指原水不经过任何处理,直接通过管网送往住户.本例选取了饮用水水质常规检测的 13 项指标,包括:X_1,pH值;X_2,色度;X_3,混浊度;X_4,总硬度(单位:mg/L);X_5,铁(单位:mg/L);X_6,锰(单位:mg/L);X_7,氯化物(单位:mg/L);X_8,硫酸盐(单位:mg/L);X_9,化学耗氧量(单位:mg/L);X_{10},氟化物(单位:mg/L);X_{11},砷(单位:mg/L);X_{12},硝酸盐(单位:mg/L);X_{13},细菌总数(单位:个/mL).原始数据来源于中国农村饮用水水质检测网络 2004 年的数据,如表 8.4 所示.

表 8.4 农村饮用水水质原始数据表

指标	完全处理(丰)	完全处理(枯)	部分处理(丰)	部分处理(枯)	未处理(丰)	未处理(枯)
X_1	7.32	7.27	7.42	7.38	7.41	7.36
X_2	3.69	5.28	4.83	4.32	4.62	4.55
X_3	1.77	2.64	2.88	2.65	1.92	1.66
X_4	125.86	128.73	183.27	154	191.51	65.09
X_5	0.1	0.13	0.15	0.12	0.18	0.14
X_6	0.05	0.04	0.05	0.04	0.1	0.09
X_7	31.88	21.7	39.35	29.77	64.15	65.09
X_8	33.93	27.6	49.96	41.24	71.69	71.22
X_9	2.31	1.66	1.54	1.32	1.23	1.45
X_{10}	0.21	0.11	0.27	0.3	0.69	0.7
X_{11}	0.007	0.007	0.008	0.009	0.009	0.01
X_{12}	2.62	2.61	4.29	2.84	3.52	3.18
X_{13}	21	33	54	29	30	24

主成分的特征值、贡献率和累计贡献率如表 8.5 所示.由表 8.5 可见,前 5 个主成分的累计贡献率为 100%,表明它们所携带的信息概括了 13 个原始指标的全部信息.但根据主成

分个数选取标准(累计贡献率大于 85%),前 3 个主成分的累计贡献率为 89.21%,因此选取这 3 个主成分对水质进行综合评价就可以了.用这 3 个主成分进行评价仅损失了原始信息的 10.79%,但评价指标却由原来的 13 个降为 3 个,指标数量大为减少.

表 8.5　主成分的特征值、贡献率和累计贡献率

主成分	初始特征值			提取的载荷平方和		
	总计	贡献率/%	累计贡献率/%	总计	贡献率/%	累计贡献率/%
1	6.448	49.597	49.597	6.448	49.597	49.597
2	3.826	29.431	79.029	3.826	29.431	79.029
3	1.324	10.181	89.210	1.324	10.181	89.216
4	0.784	6.031	95.240			
5	0.619	4.760	100.000			
6	5.111×10^{-16}	3.931×10^{-15}	100.000			
7	2.356×10^{-16}	1.812×10^{-15}	100.000			
8	1.075×10^{-16}	8.269×10^{-16}	100.000			
9	2.12×10^{-18}	1.634×10^{-17}	100.000			
10	1.35×10^{-16}	1.041×10^{-15}	100.000			
11	1.79×10^{-16}	1.377×10^{-15}	100.000			
12	1.97×10^{-15}	1.514×10^{-14}	100.000			

主成分的特征向量如表 8.6 所示.由表 8.6 可知,第一主成分与原始指标 X_5(铁)、X_6(锰)、X_7(氯化物)、X_8(硫酸盐)、X_{10}(氟化物)、X_{11}(砷)关系最密切,主要反映了饮用水中无机矿物质的含量.第二主成分与原始指标 X_3(混浊度)、X_4(总硬度)、X_{12}(硝酸盐)、X_{13}(细菌总数)关系最密切,主要反映了饮用水的感官性状和微生物污染状况.第三主成分与原始指标 X_2(色度)关系密切.

表 8.6　主成分的特征向量

指标	主成分		
	1	2	3
X_1	0.731	0.402	0.483
X_2	0.115	0.507	0.755
X_3	0.358	0.885	0.151
X_4	0.112	0.733	0.409
X_5	0.824	0.404	0.157
X_6	0.892	0.342	0.025
X_7	0.944	0.283	0.038
X_8	0.985	0.146	0.032
X_9	0.699	0.395	0.417

指标	主成分		
	1	2	3
X_{10}	0.941	0.334	0.044
X_{11}	0.83	0.197	0.163
X_{12}	0.594	0.651	0.303
X_{13}	0.077	0.936	0.087

§8.2 判别分析

判别分析是根据所研究的个体的观测指标来推断该个体所属类型的一种统计方法，在自然科学和社会科学的研究中经常会碰到这种统计问题．例如，在地质找矿中，我们要根据某异常点的地质结构、化探和物探的各项指标来判断该异常点属于哪一种矿化类型；医生要根据某人的各项化验指标的结果来判断该人有什么病症；根据某地区的土地生产率、劳动生产率、人均收入、费用水平、农村工业比重等指标，来确定该地区属于哪一种经济类型地区；等等．该方法起源于 1921 年皮尔逊的种族相似系数法，1936 年费希尔提出线性判别函数，并形成把一个样本归类到两个总体之一的判别法．

判别问题用统计的语言来表达，就是已有 q 个总体 X_1，X_2，$\cdots$，X_q，它们的分布函数分别为 $F_1(x)$，$F_2(x)$，$\cdots$，$F_q(x)$，每个 $F_i(x)$ 都是 p 维函数．对于给定的样本 X，要判断它来自哪一个总体，当然，应该要求判别准则在某种意义下是最优的，如错判的概率最小或错判的损失最小等．本章仅介绍最基本的几种判别方法，即距离判别、弗希尔判别和贝叶斯判别．

8.2.1 距离判别

1. 两总体的情况

设有两个具有相同协方差阵 $\boldsymbol{\Sigma}(\boldsymbol{\Sigma} > 0)$ 的总体 X_1，X_2，均值向量分别为 $\boldsymbol{\mu}_1$，$\boldsymbol{\mu}_2$，对于一个新给定的样本 x，要判断它来自哪一个总体(或者说要判断它属于哪一个总体)．一个最直观的想法是分别计算 x 与两个总体的距离(这里用点 x 到 $\boldsymbol{\mu}_i$ 的距离表示点 x 到总体 X_i 的距离)$d(x, \boldsymbol{\mu}_i)(i = 1, 2)$．然后根据下列规则进行判别：

$$\begin{cases} x \in X_1, \text{当} d(x, \boldsymbol{\mu}_1) \leqslant d(x, \boldsymbol{\mu}_2) \text{时} \\ x \in X_2, \text{当} d(x, \boldsymbol{\mu}_2) > d(x, \boldsymbol{\mu}_2) \text{时} \end{cases}$$

当 $d(x, \boldsymbol{\mu}_1) = d(x, \boldsymbol{\mu}_2)$ 时，x 可归属于 X_1，X_2 的任何一个，为了方便叙述，不妨将它归属于 X_1．在这里我们采用定义的马氏距离．为了简化，计算两个马氏距离平方之差：

$$\begin{aligned} d^2(x, \boldsymbol{\mu}_1) - d^2(x, \boldsymbol{\mu}_2) &= (x - \boldsymbol{\mu}_1)^\mathrm{T} \boldsymbol{\Sigma}^{-1}(x - \boldsymbol{\mu}_1) - (x - \boldsymbol{\mu}_2)^\mathrm{T} \boldsymbol{\Sigma}^{-1}(x - \boldsymbol{\mu}_2) \\ &= -2\{[-(\boldsymbol{\mu}_1 + \boldsymbol{\mu}_2)/2]^\mathrm{T} \boldsymbol{\Sigma}^{-1}(\boldsymbol{\mu}_1 - \boldsymbol{\mu}_2)\} \end{aligned} \quad (8.3)$$

其中

$$W(x) = (x - \bar{\boldsymbol{\mu}})^\mathrm{T} \boldsymbol{\Sigma}^{-1}(\boldsymbol{\mu}_1 - \boldsymbol{\mu}_2)$$

$$\overline{\boldsymbol{\mu}} = \frac{1}{2}(\boldsymbol{\mu}_1 + \boldsymbol{\mu}_2)$$

于是在马氏距离之下规则变为 $W(\boldsymbol{x})$ 是 $\boldsymbol{x}$ 的一个线性函数，一般将 $W(\boldsymbol{x})$ 称为线性判别函数，显然 p 维平面 $W(\boldsymbol{x}) = 0$ 把 p 维空间分成两部分，即得到 p 维空间的一个划分：

$$R_1 = \{\boldsymbol{x}: W(\boldsymbol{x}) \geqslant 0\}$$
$$R_2 = \{\boldsymbol{x}: W(\boldsymbol{x}) < 0\}$$

当样本 $\boldsymbol{x} \in R_1$ 时，则判断 $\boldsymbol{x} \in \boldsymbol{X}_1$；当样本 $\boldsymbol{x} \in R_2$ 时，则判断 $\boldsymbol{x} \in \boldsymbol{X}_2$.

对于上述判别规则作几点说明，它对于我们理解判断分析很重要.

(1)按最小距离规则判别是会产生误判的，为了说明问题，不妨设 $p = 1$ 且 $X_1 \sim N(\mu_1,$ $\delta^2)$，$X_2 \sim N(\mu_2, \delta^2)$，$\mu_1 > \mu_2$. 当 x 事实上取自 X_1，但它的观察值却落在 $\overline{\mu} = \frac{1}{2}(\mu_1 + \mu_2)$ 的右边，按上述的规则应把 x 判断为 X_2，此时发生误判. 另外，判别限(或称阈值)的选取是很重要的，如果不以 $\overline{\mu}$ 为判别限，而以另一点 ξ 为判别限，这时将 X_1 误判为 X_2 的概率减小了，但 X_2 误判为 X_1 的概率却增大了. 对于正态总体，我们可以直接验证最小距离判别的判别限 $\overline{\mu}$ 保证了这两个误判概率相同.

(2)当两个总体 X_1，X_2 十分接近时，则无论用什么办法，误判概率都很大，这时判别是没有意义的，因此在判别之前应对两总体的均值是否有显著差异进行检验.

(3)由于落在 $\overline{\mu}$ 附近的点误判概率比较大，有时可划出一个待判区域，例如，取 $(c,$ $d) = \left(\overline{\mu} - \frac{1}{5}|\mu_1 - \mu_2|, \overline{\mu} + \frac{1}{5}|\mu_1 - \mu_2|\right)$ 作为待判区域.

(4)以上判别函数及规则并没有涉及具体的分部类型，只要 2 阶矩存在就可以了. 如果两总体的均值向量及公共协方差阵未知，Wald 和 Anderson 提出用相应的估计来代替. 设 $\boldsymbol{x}_i(i = 1, 2, \cdots, n_1)$，$\boldsymbol{y}_i(i = 1, 2, \cdots, n_2)$ 分别是来自 $\boldsymbol{X}_1$ 和 $\boldsymbol{X}_2$ 的样本，令

$$\overline{\boldsymbol{x}} = \frac{1}{n_1}\sum_{i=1}^{n_1} \boldsymbol{x}_i$$

$$\overline{\boldsymbol{y}} = \frac{1}{n_2}\sum_{i=1}^{n_2} \boldsymbol{y}_i$$

$$\boldsymbol{A}_1 = \sum_{i=1}^{n_1} (\boldsymbol{x}_i - \overline{\boldsymbol{x}})(\boldsymbol{x}_i - \overline{\boldsymbol{x}})^{\mathrm{T}}$$

$$\boldsymbol{A}_2 = \sum_{i=1}^{n_2} (\boldsymbol{y}_i - \overline{\boldsymbol{y}})(\boldsymbol{y}_i - \overline{\boldsymbol{y}})^{\mathrm{T}}$$

$$\boldsymbol{\Sigma} = \frac{1}{n_1 + n_2 - 2}(\boldsymbol{A}_1 + \boldsymbol{A}_2)$$

那么判别函数可取为 $W(\boldsymbol{x}) = \left[\boldsymbol{x} - \frac{1}{2}(\overline{\boldsymbol{x}} + \overline{\boldsymbol{y}})\right]^{\mathrm{T}} \boldsymbol{\Sigma}^{-1}(\overline{\boldsymbol{x}} - \overline{\boldsymbol{y}})$，又称 Anderson 判别函数(统计量).

2. 多总体的情况

设有 q 个总体 $\boldsymbol{X}_1$，$\boldsymbol{X}_2$，$\cdots$，$\boldsymbol{X}_q$，它们具有相同的正定协方差阵和不同的均值向量 $\boldsymbol{\mu}_i(i = 1, 2, \cdots, q)$. 那么判别函数可取为(这里仍采用马氏距离)

$$W_{ij}(\boldsymbol{x}) = \left[\boldsymbol{x} - \frac{1}{2}(\boldsymbol{\mu}_i + \boldsymbol{\mu}_j)\right]^{\mathrm{T}} \boldsymbol{\Sigma}^{-1}(\boldsymbol{\mu}_i - \boldsymbol{\mu}_j) \quad (i = 1, 2, \cdots, q) \tag{8.4}$$

当 $\boldsymbol{\mu}_i$ 和 $\boldsymbol{\Sigma}$ 都是未知时，可用它们相应的估计代替.

8.2.2 费希尔判别

费希尔判别的基本思想是投影，即将表面上不易分类的数据通过投影到某个方向上，使得投影类与类之间得以分离的一种判别方法.

仅考虑两总体的情况，设两个 p 维总体为 $\boldsymbol{X}_1$，$\boldsymbol{X}_2$，且都有 2 阶矩存在. 费希尔判别思想是变换多元观察 $\boldsymbol{x}$ 到一元观察 y，使得由总体 $\boldsymbol{X}_1$，$\boldsymbol{X}_2$ 产生的 y 尽可能地分离开来. 例如 $(\boldsymbol{X}_1, \boldsymbol{X}_2)$ 为二维总体，要用原变量 x_1，x_2 的取值范围来把 $\boldsymbol{X}_1$，$\boldsymbol{X}_2$ 分离开来是困难的. 费希尔提出把 y 取为 $\boldsymbol{x} = (x_1, x_2)^{\mathrm{T}}$ 的线性组合，即 $y = c_1 x_1 + c_2 x_2$，它是三维空间中的一个平面 π，只要适当地选取 c_1 与 c_2 使得 $\boldsymbol{X}_1$ 上的点与 $\boldsymbol{X}_2$ 上的点投影在 π 平面上尽可能地分离开来，即在 y 轴上尽可能分离开来，$\boldsymbol{X}_1$ 的 p 个点与 $\boldsymbol{X}_2$ 的 p 个点在 y 轴上已完全分离开了.

设在 p 维的情况下，$\boldsymbol{x}$ 的线性组合为 $y = \boldsymbol{l}^{\mathrm{T}}\boldsymbol{x}$，其中 $\boldsymbol{l}$ 为 p 维实向量. 设 $\boldsymbol{x}_1$，$\boldsymbol{x}_2$ 的均值向量分别为 $\boldsymbol{\mu}_1$，$\boldsymbol{\mu}_2$（均为 p 维），且有公共的协方差阵 $\boldsymbol{\Sigma}(\boldsymbol{\Sigma} > 0)$，那么线性组合 $y = \boldsymbol{l}^{\mathrm{T}}\boldsymbol{x}$ 的均值向量为

$$\mu_{y1} = E(y \mid \boldsymbol{x} \in \boldsymbol{X}_1) = \boldsymbol{l}^{\mathrm{T}}\boldsymbol{\mu}_1$$
$$\mu_{y2} = E(y \mid \boldsymbol{x} \in \boldsymbol{X}_2) = \boldsymbol{l}^{\mathrm{T}}\boldsymbol{\mu}_2$$

其方差为

$$\delta_y^2 = D(y) = \boldsymbol{l}^{\mathrm{T}}\boldsymbol{\Sigma}\boldsymbol{l}$$

考虑如下比值：

$$\frac{(\mu_{y1} - \mu_{y2})^2}{\delta_y^2} = \frac{\left[\boldsymbol{l}^{\mathrm{T}}(\boldsymbol{\mu}_1 - \boldsymbol{\mu}_2)\right]^2}{\boldsymbol{l}^{\mathrm{T}}\boldsymbol{\Sigma}\boldsymbol{l}} = \frac{(\boldsymbol{l}^{\mathrm{T}}\boldsymbol{\delta})^2}{\boldsymbol{l}^{\mathrm{T}}\boldsymbol{\Sigma}\boldsymbol{l}}$$

其中 $\boldsymbol{\delta} = \boldsymbol{\mu}_1 - \boldsymbol{\mu}_2$ 为两总体均值向量差，根据费希尔的思想，我们要选择 $\boldsymbol{l}$ 使得上式达到最大.

定理 8.2.1 $\boldsymbol{x}$ 为 p 维随机向量，设 $y = \boldsymbol{l}^{\mathrm{T}}\boldsymbol{x}$，当选取 $\boldsymbol{l} = c\boldsymbol{\Sigma}^{-1}\boldsymbol{\delta}$，$c \neq 0$ 为常数时，达到最大.

特别地，当 $c = 1$ 时，称线性函数

$$y = \boldsymbol{l}^{\mathrm{T}}\boldsymbol{x} = (\boldsymbol{\mu}_1 - \boldsymbol{\mu}_2)^{\mathrm{T}}\boldsymbol{\Sigma}^{-1}\boldsymbol{x}$$

为费希尔线性判别函数. 令

$$K = \frac{1}{2}(\mu_{y1} + \mu_{y2}) = \frac{1}{2}(\boldsymbol{l}^{\mathrm{T}}\boldsymbol{\mu}_1 + \boldsymbol{l}^{\mathrm{T}}\boldsymbol{\mu}_2) = \frac{1}{2}(\boldsymbol{\mu}_1 + \boldsymbol{\mu}_2)^{\mathrm{T}}\boldsymbol{\Sigma}^{-1}(\boldsymbol{\mu}_1 + \boldsymbol{\mu}_2)$$

定理 8.2.2 利用上面的记号，取 $\boldsymbol{l}^{\mathrm{T}} = (\boldsymbol{\mu}_1 - \boldsymbol{\mu}_2)^{\mathrm{T}}\boldsymbol{\Sigma}^{-1}$，则有

$$\mu_{y1} - K > 0, \ \mu_{y2} - K < 0$$

证明略.

从定理 8.2.1 我们得到如下的费希尔判别规则：

$$\begin{aligned} W(\boldsymbol{x}) &= (\boldsymbol{\mu}_1 - \boldsymbol{\mu}_2)^{\mathrm{T}}\boldsymbol{\Sigma}^{-1} - K \\ &= (\boldsymbol{\mu}_1 - \boldsymbol{\mu}_2)^{\mathrm{T}}\boldsymbol{\Sigma}^{-1} - \frac{1}{2}(\boldsymbol{\mu}_1 + \boldsymbol{\mu}_2)^{\mathrm{T}}\boldsymbol{\Sigma}^{-1}(\boldsymbol{\mu}_1 + \boldsymbol{\mu}_2) \\ &= \left[\boldsymbol{x} - \frac{1}{2}(\boldsymbol{\mu}_1 + \boldsymbol{\mu}_2)\right]^{\mathrm{T}}\boldsymbol{\Sigma}^{-1}(\boldsymbol{\mu}_1 - \boldsymbol{\mu}_2) \end{aligned} \tag{8.5}$$

此外，当总体的参数未知时，我们仍然同前几节一样用样本来对 $\boldsymbol{\mu}_1$，$\boldsymbol{\mu}_2$ 及 $\boldsymbol{\Sigma}$ 进行估计，注意到这里的费希尔判别与最小距离判别一样不需要知道总体的分部类型，但两总体的均值向量必须有显著的差异才行，否则判别无意义.

8.2.3 贝叶斯判别

贝叶斯判别和贝叶斯估计的思想方法是一样的，即假定对研究的对象已经有一定的认识，这种认识常用先验概率来描述，当我们取得一个样本后，就可以用样本来修正已有的先验概率分布，得出后验概率分布，再通过后验概率分布进行各种统计推断.

关于误判概率的概念，在本节第一部分距离判别中已讲过. 设有两个总体 $\boldsymbol{X}_1$ 和 $\boldsymbol{X}_2$，根据某一个判别规则，将实际上为 $\boldsymbol{X}_1$ 的个体误判为 $\boldsymbol{X}_2$，或者将实际上为 $\boldsymbol{X}_2$ 的个体误判为 $\boldsymbol{X}_1$ 的概率就是误判概率，一个好的判别规则应该使误判概率最小. 除此之外，还有一个误判损失问题，或者说误判产生的花费问题，若把为 $\boldsymbol{X}_1$ 的个体误判为 $\boldsymbol{X}_2$ 的损失比把为 $\boldsymbol{X}_2$ 的个体误判为 $\boldsymbol{X}_1$ 严重得多，则人们在作前一种判断时就要特别谨慎. 例如，在药品检验中把有毒的样品判为无毒的后果比把无毒样品判为有毒严重得多，因此一个好的判别规则还必须使误判损失最小.

为了说明问题，我们仍以两个总体的情况来讨论. 设所考虑的两个总体 $\boldsymbol{X}_1$ 与 $\boldsymbol{X}_2$ 分别具有概率密度 $f_1(\boldsymbol{x})$ 与 $f_2(\boldsymbol{x})$，其中 $\boldsymbol{x}$ 为 p 维向量. 记 Ω 为 $\boldsymbol{x}$ 的所有可能观察值的全体，R_1 为根据我们的规则要判为 $\boldsymbol{X}_1$ 的那些 $\boldsymbol{x}$ 的全体，而 $R_2 = \Omega - R_2$ 是要判为 $\boldsymbol{X}_2$ 的那些 $\boldsymbol{x}$ 的全体. 显然，R_1 与 R_2 互斥完备. 某样本实际是来自 $\boldsymbol{X}_1$，但被判为 $\boldsymbol{X}_2$ 的概率为

$$P(2 \mid 1) = P(\boldsymbol{x} \in R_2 \mid \boldsymbol{X}_1) = \int_{R_2} \cdots \int f_1(\boldsymbol{x}) \, \mathrm{d}\boldsymbol{x}$$

某样本实际是来自 $\boldsymbol{X}_2$，但被判为 $\boldsymbol{X}_1$ 的概率为

$$P(1 \mid 2) = P(\boldsymbol{x} \in R_2 \mid \boldsymbol{X}_2) = \int_{R_1} \cdots \int f_2(\boldsymbol{x}) \, \mathrm{d}\boldsymbol{x}$$

类似地，来自 $\boldsymbol{X}_1$ 但被判为 $\boldsymbol{X}_1$ 的概率，来自 $\boldsymbol{X}_2$ 但被判为 $\boldsymbol{X}_2$ 的概率分别为

$$P(1 \mid 1) = P(\boldsymbol{x} \in R_1 \mid \boldsymbol{X}_1) = \int_{R_1} \cdots \int f_1(\boldsymbol{x}) \, \mathrm{d}\boldsymbol{x}$$

$$P(2 \mid 2) = P(\boldsymbol{x} \in R_2 \mid \boldsymbol{X}_2) = \int_{R_2} \cdots \int f_2(\boldsymbol{x}) \, \mathrm{d}\boldsymbol{x}$$

又设 p_1，p_2 分别表示总体 $\boldsymbol{X}_1$ 和 $\boldsymbol{X}_2$ 的先验概率，且 $p_1 + p_2 = 1$，于是

$P($ 正确地判为 $\boldsymbol{X}_1) = P($ 来自 $\boldsymbol{X}_1$，被判为 $\boldsymbol{X}_1) = P(\boldsymbol{x} \in R_1 \mid \boldsymbol{X}_1) P(\boldsymbol{X}_1) = P(1 \mid 1) p_1$

$\quad P($ 误判为 $\boldsymbol{X}_1) = P($ 来自 $\boldsymbol{X}_2$，被判为 $\boldsymbol{X}_1) = P(\boldsymbol{x} \in R_1 \mid \boldsymbol{X}_2) P(\boldsymbol{X}_2) = P(1 \mid 2) p_2$

类似地，有

$$P(\text{正常地判为 } \boldsymbol{X}_2) = P(2 \mid 2) p_2$$

$$P(\text{误判为 } \boldsymbol{X}_2) = P(2 \mid 1) p_1$$

设 $L(1 \mid 2)$ 表示来自 $\boldsymbol{X}_2$ 误判为 $\boldsymbol{X}_1$ 引起的损失，$L(2 \mid 1)$ 表示来自 $\boldsymbol{X}_1$ 误判为 $\boldsymbol{X}_2$ 引起的损失，并规定 $L(1 \mid 1) = L(2 \mid 2) = 0$.

将上述的误判概率与误判损失结合起来，定义平均误判损失(Expected Cost of Misclassification，ECM）如下：

$$ECM(R_1, R_2) = L(2 \mid 1)P(2 \mid 1)p_1 + L(1 \mid 2)P(1 \mid 2)p_2$$

一个合理的判别规则应使 ECM 达到极小.

8.2.4　两总体的贝叶斯判别

由上面叙述知道，我们要选择样本空间 Ω 的一个划分：R_1 和 $R_2 = \Omega - R_1$，使得平均损失达到极小.

定理8.2.3　极小化平均损失的区域 R_1 和 R_2 为

$$R_1 = \left\{ \boldsymbol{x}: \frac{f_1(\boldsymbol{x})}{f_2(\boldsymbol{x})} \geqslant \frac{L(1 \mid 2)}{L(2 \mid 1)} \frac{p_2}{p_1} \right\}$$

$$R_2 = \left\{ \boldsymbol{x}: \frac{f_1(\boldsymbol{x})}{f_2(\boldsymbol{x})} < \frac{L(1 \mid 2)}{L(2 \mid 1)} \frac{p_2}{p_1} \right\}$$

当 $\dfrac{f_1(\boldsymbol{x})}{f_2(\boldsymbol{x})} = \dfrac{L(1 \mid 2)p_2}{L(2 \mid 1)p_1}$，即 $\boldsymbol{x}$ 为边界点时，它可归入 R_1，R_2 中任何一个，为了方便就将它归入 R_1.

证明略.

由上述定理，我们得到两总体的贝叶斯判别准则，应用此准则时仅仅需要计算：

准则（1）：新样本点 $\boldsymbol{x}_0 = (x_{01}, x_{02}, \cdots, x_{0p})^{\mathrm{T}}$ 的概率密度比 $f_1(\boldsymbol{x}_0)/f_2(\boldsymbol{x}_0)$；

准则（2）：损失比 $L(1 \mid 2)/L(2 \mid 1)$；

准则（3）：先验概率比 p_2/p_1.

损失和先验概率以比值的形式出现是很重要的，因为确定两种损失的比值（或两总体的先验概率的比值）往往比确定损失本身（或先验概率本身）来得容易. 下面列举三种特殊情况.

（1）$p_2/p_1 = 1$ 时：

$$\begin{cases} \boldsymbol{x} \in \boldsymbol{X}_1, & \text{当 } \boldsymbol{x} \text{ 使得 } \dfrac{f_1(\boldsymbol{x})}{f_2(\boldsymbol{x})} \geqslant \dfrac{L(1 \mid 2)}{L(2 \mid 1)} \text{ 时} \\[3mm] \boldsymbol{x} \in \boldsymbol{X}_2, & \text{当 } \boldsymbol{x} \text{ 使得 } \dfrac{f_1(\boldsymbol{x})}{f_2(\boldsymbol{x})} < \dfrac{L(1 \mid 2)}{L(2 \mid 1)} \text{ 时} \end{cases}$$

（2）$L(1 \mid 2)/L(2 \mid 1) = 1$ 时：

$$\begin{cases} \boldsymbol{x} \in \boldsymbol{X}_1, & \text{当 } \boldsymbol{x} \text{ 使得 } \dfrac{f_1(\boldsymbol{x})}{f_2(\boldsymbol{x})} \geqslant \dfrac{p_2}{p_1} \text{ 时} \\[3mm] \boldsymbol{x} \in \boldsymbol{X}_2, & \text{当 } \boldsymbol{x} \text{ 使得 } \dfrac{f_1(\boldsymbol{x})}{f_2(\boldsymbol{x})} < \dfrac{p_2}{p_1} \text{ 时} \end{cases}$$

（3）$p_1/p_2 = L(1 \mid 2)/L(2 \mid 1) = 1$ 时：

$$\begin{cases} \boldsymbol{x} \in \boldsymbol{X}_1, & \text{当 } \boldsymbol{x} \text{ 使得 } \dfrac{f_1(\boldsymbol{x})}{f_2(\boldsymbol{x})} \geqslant 1 \text{ 时} \\[3mm] \boldsymbol{x} \in \boldsymbol{X}_2, & \text{当 } \boldsymbol{x} \text{ 使得 } \dfrac{f_1(\boldsymbol{x})}{f_2(\boldsymbol{x})} \geqslant 1 \text{ 时} \end{cases}$$

对于具体问题，如果先验概率和其比值难以确定，就利用准则（1）；同样地，如果误判损失和其比值都难以确定，就利用准则(2)；如果上述两者都难以确定，就利用准则(3)，最后这种情况是一种无可奈何的办法，当然判别也变得很简单：若 $f_1(x) \geqslant f_2(x)$，则判 $x \in X_1$，否则判 $x \in X_2$.

我们将上述的两总体贝叶斯判别应用于正态总体 $X_i \sim N_p(\boldsymbol{\mu}_i, \boldsymbol{\Sigma}_i)(i = 1, 2)$.

$\boldsymbol{\Sigma}_1 = \boldsymbol{\Sigma}_2 = \boldsymbol{\Sigma}$, $(\boldsymbol{\Sigma} > 0)$，此时 X_i 的密度为

$$f_i(\boldsymbol{x}) = (2\pi)^{-p/2} |\boldsymbol{\Sigma}|^{-1/2} \exp\left\{ -\frac{1}{2} (\boldsymbol{x} - \boldsymbol{\mu}_i)^{\mathrm{T}} \boldsymbol{\Sigma}^{-1} (\boldsymbol{x} - \boldsymbol{\mu}_i) \right\}$$

如果总体的 $\boldsymbol{\mu}_1$，$\boldsymbol{\mu}_2$ 及 $\boldsymbol{\Sigma}$ 未知，那么用总体的样本算出 $\bar{\boldsymbol{x}}_1$，$\bar{\boldsymbol{x}}_2$ 和

$$\boldsymbol{\Sigma} = \frac{1}{n_1 + n_2 - 2}(\boldsymbol{A}_1 + \boldsymbol{A}_2)$$

来代替 $\boldsymbol{\mu}_1$，$\boldsymbol{\mu}_2$ 和 $\boldsymbol{\Sigma}$.

这里应该指出，总体参数用其估计来代替，所得到的规则，仅仅只是最优(在平均误判损失达到极小的意义下)规则的一个估计，这时对于一个具体问题来讲，我们并没有把握说所得到的规则能够使平均误判损失达到最小，但当样本的容量充分大时，估计 $\bar{\boldsymbol{x}}_1$，$\bar{\boldsymbol{x}}_2$，$\boldsymbol{S}$ 分别和 $\boldsymbol{\mu}_1$，$\boldsymbol{\mu}_2$，$\boldsymbol{\Sigma}$ 很接近，因此我们有理由认为"样本"判别规则的性质会很好.

例 8.2.1 表 8.7 所示是某气象站预报有无春旱的实际资料，x_1 与 x_2 都是综合预报因素(气象含义略)，有春旱的是 6 个年份的资料，无春旱的是 8 个年份的资料，它们的先验概率分别用 6/14 和 8/14 来估计，并设误判损失相等，试建立 Anderson 线性判别函数.

表 8.7 某气象站有无春旱的实际资料

	序号	1	2	3	4	5	6	7	8
春旱	x_{11}	24.8	24.1	26.6	23.5	25.5	27.4		
	x_{12}	-2.0	-2.4	-3.0	-1.9	-2.1	-3.1		
	$W(x_{11}, x_{12})$	3.016 5	2.879 5	10.93	0.032	4.811	12.097		
无春旱	x_{21}	22.1	21.6	22.0	22.8	22.7	21.5	22.1	21.4
	x_{22}	-0.7	-1.4	-0.8	-1.6	-1.5	-1.0	-1.2	-1.3
	$W(x_{21}, x_{22})$	6.935 9	-5.660	-5.141	-2.699	-4.389	-7.195	-5.278	-6.409

将表中的数据计算得

$$\bar{\boldsymbol{x}}_1 = (25.316\ 7, \ -2.416\ 7)^{\mathrm{T}}, \ \bar{\boldsymbol{x}}_2 = (22.025\ 0, \ -1.187\ 5)^{\mathrm{T}}$$

$$\bar{\boldsymbol{x}}_1 - \bar{\boldsymbol{x}}_2 = (3.291\ 7, \ -1.229\ 2)^{\mathrm{T}}, \ \frac{1}{2}(\bar{\boldsymbol{x}}_1 + \bar{\boldsymbol{x}}_2) = (23.670\ 8, \ -1.802\ 1)^{\mathrm{T}}$$

$$\boldsymbol{A}_1 = \begin{pmatrix} 11.068\ 3 & -3.288\ 2 \\ -3.288\ 3 & 1.348\ 3 \end{pmatrix}, \ \boldsymbol{A}_2 = \begin{pmatrix} 0.865 & 0.049\ 4 \\ 0.049\ 4 & 0.748\ 8 \end{pmatrix}$$

$$\boldsymbol{\Sigma} = \frac{1}{6 + 8 - 2}(\boldsymbol{A}_1 + \boldsymbol{A}_2) = \begin{pmatrix} 0.994\ 4 & -0.267\ 0 \\ -0.267\ 0 & 0.174\ 8 \end{pmatrix}$$

$$\boldsymbol{\Sigma}^{-1} = \begin{pmatrix} 1.704\ 8 & 2.604\ 0 \\ 2.604\ 0 & 9.698\ 2 \end{pmatrix}$$

$$\beta = \ln \frac{p_1}{p_2} = \ln \frac{8}{6} = 0.288$$

将上述计算结果代入 Anderson 线性判别函数得 $2.401\ 9x_1 - 3.349\ 4x_2 - 63.103\ 9$.

为计算和验证方便, 取判别函数为 $W(\boldsymbol{x}) = W(\boldsymbol{x}_1, \boldsymbol{x}_2) = 2.410\ 9x_1 - 3.349\ 4x_2 - 63.103\ 9$, 判别限为 0.288, 将表中数据代入 $W(\boldsymbol{x})$, 计算的结果添在表中 $W(\boldsymbol{x}_1, \boldsymbol{x}_2)$ 相应的栏目中, 错判的只有一个, 即春旱中的第 4 号, 与历史资料的拟合率达 93%.

§8.3 聚类分析

将认识对象进行分类是人类认识世界的一种重要方法. 比如, 有关世界的时间进程的研究, 就形成了历史学; 有关世界空间地域的研究, 就形成了地理学. 又如, 在生物学中, 为了研究生物的演变, 需要对生物进行分类, 生物学家根据各种生物的特征, 将它们归属于不同的界、门、纲、目、科、属、种之中. 事实上, 分门别类地对事物进行研究, 要远比在一个混杂多变的集合中更清晰、明了和细致, 这是因为同一类事物会具有更多的近似特性. 在企业的经营管理中, 为了确定其目标市场, 首先要进行市场细分. 因为无论一个企业多么庞大和成功, 它也无法满足整个市场的各种需求. 而市场细分, 可以帮助企业找到适合自己特色, 并使企业具有竞争力的分市场, 将其作为自己的重点开发目标.

通常, 人们可以凭经验和专业知识来实现分类. 而聚类分析作为一种定量方法, 将从数据分析的角度, 给出一个更准确、细致的分类工具.

8.3.1 相似性度量

1. 样本的相似性度量

要用数量化的方法对事物进行分类, 就必须用数量化的方法描述事物之间的相似程度. 一个事物常常需要用多个变量来刻画. 若对于一群有待分类的样本点需用 p 个变量描述, 则每个样本点可以看成是 $\mathbf{R}^p$ 空间中的一个点. 因此, 很自然地想到可以用距离来度量样本点间的相似程度.

记 Ω 是样本点集, 距离 $d(\cdot, \cdot)$ 是 $\Omega \times \Omega \to \mathbf{R}_+$ 的一个函数, 满足条件:

(1) $d(x, y) \geqslant 0$, $x, y \in \Omega$;

(2) $d(x, y) = 0$ 当且仅当 $x = y$;

(3) $d(x, y) = d(y, x)$, $x, y \in \Omega$;

(4) $d(x, y) \leqslant d(x, z) + d(z, y)$, $x, y, z \in \Omega$.

这一距离的定义是我们所熟知的, 它满足正定性、对称性和三角不等式. 在聚类分析中, 对于定量变量, 最常用的是闵可夫斯基(Minkowski)距离 $d_q(x, y) = \left(\sum\limits_{k=1}^{p} |x_k - y_k|^q \right)^{1/q}$, $q > 0$, 当 $q = 1, 2$ 或 $q \to +\infty$ 时, 则分别得到

(1)绝对值距离:

$$d_1(x, y) = \sum_{k=1}^{p} |x_k - y_k|$$

(2)欧式(Euclid)距离:

$$d_2(x, y) = \left[\sum_{k=1}^{p} (x_k - y_k)^2 \right]^{1/2}$$

(3)切比雪夫(Chebyshev)距离:

$$d_\infty(x, y) = \max_{1 \leqslant k \leqslant p} |x_k - y_k|$$

在闵可夫斯基距离中,最常用的是欧式距离.它的主要优点是当坐标轴进行正交旋转时保持不变.因此,若对原坐标系进行平移和旋转变换,则变换后样本点间的相似情况(即相互之间的距离)和变换前完全相同.

值得注意的是,在采用闵可夫斯基距离时,一定要采用相同量纲的变量.如果变量的量纲不同,测量值变异范围相差悬殊时,建议首先进行数据的标准化处理,然后计算距离.在采用闵可夫斯基距离时,还应尽可能地避免变量的多重相关性.多重相关性所造成的信息重叠,会片面强调某些变量的重要性.

(4)马氏距离:

$$d^2(x, y) = (x - y)^{\mathrm{T}} \Sigma^{-1} (x - y)$$

其中 x, y 为来自 p 维总体 Z 的样本观察值,Σ 为 Z 的协方差阵,实际中 Σ 往往是不知道的,常常需要用样本协方差来估计,判断分析部分.马氏距离对一切线性变换是不变的,故不受量纲的影响.

此外,还可采用样本相关系数、夹角余弦和其他关联性度量作为相似性度量.近年来随着数据挖掘研究的深入,这方面的新方法层出不穷,感兴趣的读者可以参考相关书籍.

2. 类与类间的相似性度量

如果有两个样本类 G_1 和 G_2,我们可以用下面的一系列方法度量它们间的距离.

(1)最短距离法:

$$D(G_1, G_2) = \min_{\substack{x_i \in G_1 \\ x_j \in G_2}} \{d(x_i, x_j)\}$$

它的直观意义为两个类中最近两点间的距离.

(2)最长距离法:

$$D(G_1, G_2) = \max_{\substack{x_i \in G_1 \\ x_j \in G_2}} \{d(x_i, x_j)\}$$

它的直观意义为两个类中最远两点间的距离.

(3)重心法:

$$D(G_1, G_2) = d(\bar{x}, \bar{y})$$

其中 $\bar{x}, \bar{y}$ 可分别为 G_1, G_2 的重心.

(4)类平均法:

$$D(G_1, G_2) = \frac{1}{n_1 n_2} \sum_{x_i \in G_1} \sum_{x_j \in G_2} d(x_i, x_j)$$

它等于 G_1, G_2 中两两样本点距离的平均,其中 n_1, n_2 分别为 G_1, G_2 中的样本点个数.

(5)离差平方和法,记

$$D_1 = \sum_{x_i \in G_1} (x_i - \bar{x}_1)^{\mathrm{T}} (x_i - \bar{x}_1), \quad D_2 = \sum_{x_j \in G_2} (x_j - \bar{x}_2)^{\mathrm{T}} (x_j - \bar{x}_2) \tag{8.6}$$

$$D_{1+2} = \sum_{x_k \in G_1 \cup G_2} (x_k - \bar{x})^{\mathrm{T}} (x_k - \bar{x}) \tag{8.7}$$

其中 $\bar{x}_1 = \dfrac{1}{n_1}\sum\limits_{x_i \in G_1} x_i$，$\bar{x}_2 = \dfrac{1}{n_2}\sum\limits_{x_j \in G_2} x_j$，$\bar{x} = \dfrac{1}{n_3}\sum\limits_{x_k \in G_1 \cup G_2} x_k.$

n_3 为 $G_1 \cup G_2$ 中的样本点个数，则定义

$$D(G_1,\ G_2) = D_{1+2} - D_1 - D_2$$

事实上，若 G_1，G_2 内部点与点距离很小，则它们能很好地各自聚为一类，并且这两类又能够充分分离（即 D_{1+2} 很大），这时必然有 $D = D_{1+2} - D_1 - D_2$ 很大．因此，按定义可以认为，两类 G_1，G_2 之间的距离很大．离差平方和法最初是由 Ward(华德)在 1936 年提出的，后经 Orloci(洛里)等人在 1976 年发展，故又被称为 Ward 方法.

3. 系统聚类法的功能与特点

系统聚类法是聚类分析方法中最常用的一种方法．它的优点在于可以指出由粗到细的多种分类情况，典型的系统聚类结果可由一个聚类图展示出来.

例如，在平面空间中有 7 个点 w_1，w_2，$\cdots$，$w_7.$ 记 $\Omega = \{w_1, w_2, \cdots, w_7\}$，聚类结果如下：

当距离为 f_5 时，分为一类：$G_1 = \{w_1, w_2, w_3, w_4, w_5, w_6, w_7\}$；

距离为 f_4 时，分为两类：$G_1 = \{w_1, w_2, w_3\}$，$G_2 = \{w_4, w_5, w_6, w_7\}$；

距离为 f_3 时，分为三类：$G_1 = \{w_1, w_2, w_3\}$，$G_2 = \{w_4, w_5, w_6\}$，$G_3 = \{w_7\}$；

距离为 f_2 时，分为四类：$G_1 = \{w_1, w_2, w_3\}$，$G_2 = \{w_4, w_5\}$，$G_3 = \{w_6\}$，$G_4 = \{w_7\}$；

距离为 f_1 时，分为六类：$G_1 = \{w_4, w_5\}$，$G_2 = \{w_1\}$，$G_3 = \{w_2\}$，$G_4 = \{w_3\}$，$G_5 = \{w_6\}$，$G_6 = \{w_7\}$；

距离小于 f_1 时，分为七类，每一个点自成一类.

怎样才能生成这样的聚类图呢？步骤如下：

(1)设 $\Omega = \{w_1, w_2, \cdots, w_7\}$；

(2)计算 n 个样本两两之间的距离 $\{d_{ij}\}$，记为矩阵 $\boldsymbol{D} = (d_{ij})_{n \times n}$；

(3)首先构造 n 个类，每一个类中只包含一个样本，每一类的平台高度均为零；

(4)合并距离最近的两类为新类，并且以这两类间的距离作为聚类图中的平台高度；

(5)计算新类与当前各类的距离，若类的个数已经等于 1，转入步骤(6)，否则，回到步骤(4)；

(6)画聚类图；

(7)决定类的个数和类.

显而易见，这种系统归类过程与计算类与类之间的距离有关，采用不同的距离定义，有可能得出不同的聚类结果.

4. 最短距离法与最长距离法

如果使用最短距离法来测量类与类之间的距离，即称其为系统聚类法中的最短距离法(又称最近邻法)，由 Florek(弗洛雷克)等人于 1951 年和 Sneath(斯尼斯)于 1957 年引入．下面举例说明最短距离法的计算步骤.

设有 5 个销售员 w_1，w_2，w_3，w_4，w_5，他们的销售业绩由 v_1，v_2 描述，如表 8.8 所示.

表 8.8 销售员业绩表

销售员	v_1(销售量)/百件	v_2(回收款项)/万元
w_1	1	0
w_2	1	1
w_3	3	2
w_4	4	3
w_5	2	5

如果使用绝对值距离来测量点与点之间的距离,使用最短距离法来测量类与类之间的距离,即 $d(w_i, w_j) = \sum_{k=1}^{p} |w_{ik} - w_{jk}|$,$D(G_p, G_q) = \min\limits_{\substack{w_i \in G_p \\ w_j \in G_q}} \{d(w_i, w_j)\}$. 由距离公式可以算出距离矩阵. 具体步骤如下.

(1)所有的元素自成一类 $H = \{w_1, w_2, \cdots, w_5\}$. 如果以 P 表示 Ω 的所有可能的类集合,则 $H \subset P$,每一个类的平台高度为零,即 $f(w_i) = 0(i = 1, 2, \cdots, 5)$. 显然,这时 $D(G_P, G_q) = d(w_p, w_q)$.

从距离矩阵汇总可以看出,w_1 和 w_2 的销售成绩最为近似,把他们聚为一个新类 h_6,新类的平台高度等于这两类间的距离,即 $f(h_6) = 1$.

(2)此时的分类情况是 $H_1 = \{w_3, w_4, w_5, h_6\}$. 计算新类 h_6 与 w_3, w_4, w_5 的距离. 例如,$D(w_3, h_6) = \min\{d(w_3, w_1), d(w_3, w_2)\} = \min\{4, 3\} = 3$,即 w_3 与 h_6 的距离等于 w_3 与 h_6 中各元素距离的最小者.

选择距离最近的两类合并. 在此步中,w_3 和 w_4 被选中,$h_7 = \{w_3, w_4\}$. 新类的平台高度 $f(h_7) = 2$.

(3)此时分类情况为 $H_2 = \{w_5, h_6, h_7\}$. 计算新类 h_7 和 w_5, h_6 的距离:
$$D(w_5, h_7) = \min\{d(w_5, w_3), d(w_5, w_4)\} = \min\{4, 4\} = 4$$
$$D(h_6, h_7) = \min\{d(h_6, w_3), d(h_6, w_4)\} = \min\{3, 5\} = 3$$
选择距离最近的两类合并 $h_8 = h_6 \cup h_7$,新类的平台高度 $f(h_8) = 3$.

(4)$H_3 = \{w_5, h_8\}$. 计算新类 h_8 与 w_5 的距离:
$$D(w_5, h_8) = \min\{d(w_5, h_6), d(w_5, h_7)\} = \min\{5, 4\} = 4$$
将 h_8 与 w_5 聚为一类 $h_9 = h_8 \cup \{w_5\}$,h_9 的平台高度为 $f(h_9) = 4$.

有了聚类图,就可以按要求进行分类. 可以看出,在这 5 个推销员中 w_5 的工作成绩最佳,w_3,w_4 的工作成绩良好,而 w_1,w_2 的工作成绩较差.

完全类似于以上步骤,但以最长距离法来计算类间距离,就成为系统聚类法中的最长距离法.

8.3.2 变量聚类法

在实际工作中,变量聚类法的应用也是十分重要的. 在系统分析或评估过程中,为避免遗漏某些重要因素,往往在一开始选取指标时,尽可能地多考虑所有的相关因素. 而这样做的结果,则是变量过多,变量间的相关度高,给系统分析与建模带来很大的不便. 因此,人们常常希望能研究变量间的相似关系,按照变量间的相似关系把它们聚合成若干类,进而找出影响系统的主要因素.

在对变量进行聚类分析时, 首先要确定变量的相似性度量, 常用的变量相似性度量有两种. 相关系数: 记变量 $\boldsymbol{x}_j = (x_{1j}, x_{2j}, \cdots, x_{nj})^{\mathrm{T}} \in \mathbf{R}^n (j = 1, 2, \cdots, p)$, 则可以用两变量 $\boldsymbol{x}_j$ 与 $\boldsymbol{x}_k$ 的样本相关系数作为它们的相似性度量:

$$r_{jk} = \frac{\sum\limits_{i=1}^{n} (x_{ij} - \overline{x}_j)(x_{ik} - \overline{x}_k)}{\left[\sum\limits_{i=1}^{n} (x_{ij} - \overline{x}_j)^2 \sum\limits_{i=1}^{n} (x_{ik} - \overline{x}_k)^2 \right]^{1/2}}$$

在对变量进行聚类分析时, 利用相关系数矩阵是最多的.

夹角余弦: 也可以直接利用两变量 $\boldsymbol{x}_j$ 与 $\boldsymbol{x}_k$ 的夹角余弦 x_{jk} 来定义它们的相似性度量, 有

$$r_{jk} = \frac{\sum\limits_{i=1}^{n} x_{ij} x_{ik}}{\left(\sum\limits_{i=1}^{n} x_{ij}^2 \sum\limits_{i=1}^{n} x_{ik}^2 \right)^{1/2}}.$$

各种定义的相似性度量均应有以下两个性质:

(1) $|r_{jk}| \leqslant 1$, 对于一切 j, k;

(2) $r_{jk} = r_{kj}$, 对于一切 j, k.

$|r_{jk}|$ 越接近 1, $\boldsymbol{x}_j$ 与 $\boldsymbol{x}_k$ 越相关或越相似; $|r_{jk}|$ 越接近零, $\boldsymbol{x}_j$ 与 $\boldsymbol{x}_k$ 的相似性越弱.

在服装标准制定中, 对某地成年女子的各部位尺寸进行了统计, 通过 14 个部位的测量资料, 获得各因素之间的相关系数表, 如表 8.9 所示.

表 8.9　成年女子各部位相关系数表

	x_1	x_2	x_3	x_4	x_5	x_6	x_7	x_8	x_9	x_{10}	x_{11}	x_{12}	x_{13}	x_{14}
x_1	1													
x_2	0.366	1												
x_3	0.242	0.233	1											
x_4	0.280	0.194	0.590	1										
x_5	0.360	0.324	0.476	0.435	1									
x_6	0.282	0.262	0.483	0.470	0.452	1								
x_7	0.245	0.265	0.540	0.478	0.535	0.663	1							
x_8	0.448	0.345	0.452	0.404	0.431	0322	0.266	1						
x_9	0.486	0.367	0.365	0.357	0.429	0.283	0.287	0.820	1					
x_{10}	0.648	0.662	0.216	0.032	0.429	0.283	0.263	0.527	0.547	1				
x_{11}	0.689	0.671	0.243	0.313	0.430	0.302	0.294	0.520	0.558	0.957	1			
x_{12}	0.486	0.636	0.174	0.243	0.375	0.296	0.255	0.403	0.417	0.857	0.852	1		
x_{13}	0.133	0.153	0.732	0.477	0.339	0.392	0.446	0.266	0.241	0.054	0.099	0.055	1	
x_{14}	0.376	0.252	0.676	0.581	0.441	0.447	0.440	0.424	0.372	0.363	0.376	0.321	0.627	1

注: x_1—上体长, x_2—手臂长, x_3—胸围, x_4—颈围, x_5—总肩围, x_6—总胸围, x_7—后背宽, x_8—前腰节长, x_9—后腰节长, x_{10}—总体长, x_{11}—身高, x_{12}—下体长, x_{13}—腰围, x_{14}—臀围.

本章小结

本章介绍了多元统计分析的应用，具体包括：主成分分析、判别分析和聚类分析等．这些都是我们在实际生活、生产中最为常用的非机理分析方法，具有较强的实用性，它们也是数据挖掘、人工智能、大数据等专业课程的理论基础，大家不但要知道其中的原理，还要学会运用软件将其实现．

本章知识结构如图 8.1 所示．

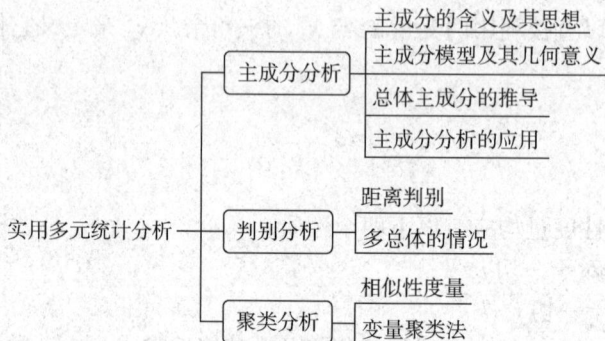

图 8.1

习题八

1. 为了更深入了解我国人口的文化程度状况，现利用 1990 年全国人口普查数据对全国 30 个省、直辖市、自治区进行聚类分析．分析选用了三个指标：①大学以上文化程度的人口的比例（DXBZ）；②初中文化程度的人口的比例（CZBZ）；③文盲和半文盲人口的比例（WMBZ），分别用来反映较高、中等、较低文化程度人口状况，原始数据如表 8.10 所示．

表 8.10 1990 年全国人口普查表数据

地区	序号	DXBZ	CZBZ	WMBZ	地区	序号	DXBZ	CZBZ	WMBZ
北京	1	9.3	30.55	8.7	河南	16	0.85	26.55	16.15
天津	2	4.67	29.38	8.92	河北	17	1.57	23.16	15.79
河北	3	0.96	24.69	15.21	湖南	18	1.14	22.57	12.1
山西	4	1.38	29.24	11.3	广东	19	1.34	23.04	10.45
内蒙古	5	1.48	25.47	15.39	广西	20	0.79	19.14	10.61
辽宁	6	2.6	32.32	8.81	河南	21	1.24	22.53	13.97
吉林	7	2.15	26.31	10.49	四川	22	0.96	21.65	16.24
黑龙江	8	2.14	28.46	10.87	贵州	23	0.78	14.65	24.27
上海	9	6.53	31.59	11.04	云南	24	0.81	13.85	25.44
江苏	10	1.47	26.43	17.23	西藏	25	0.57	3.85	44.43

续表

地区	序号	DXBZ	CZBZ	WMBZ	地区	序号	DXBZ	CZBZ	WMBZ
浙江	11	1.17	23.74	17.46	陕西	26	1.67	24.36	17.62
安徽	12	0.88	19.97	24.43	甘肃	27	1.1	16.85	27.93
福建	13	1.23	16.87	15.63	青海	28	1.49	17.76	27.7
江西	14	0.99	18.84	16.22	宁夏	29	1.61	20.27	22.06
山东	15	0.98	25.18	16.87	新疆	30	1.85	20.66	12.75

2. 服装定型分类问题：对 128 个成年男子的身材进行测量，每人各测得 16 项指标：身高（X_1）、坐高（X_2）、胸围（X_3）、头高（X_4）、裤长（X_5）、下档（X_6）、手长（X_7）、领围（X_8）、前胸（X_9）、后背（X_{10}）、肩厚（X_{11}）、肩宽（X_{12}）、袖长（X_{13}）、肋围（X_{14}）、腰围（X_{15}）和腿肚（X_{16}）. 16 项指标的相关矩阵如表 8.11 所示. 试从相关矩阵出发进行主成分分析，并对 16 项指标进行分类.

表 8.11 16 项身体指标数据的相关矩阵

	X_1	X_2	X_3	X_4	X_5	X_6	X_7	X_8	X_9	X_{10}	X_{11}	X_{12}	X_{13}	X_{14}	X_{15}	X_{16}
X_1	1	0.79	0.36	0.96	0.89	0.79	0.76	0.26	0.21	0.26	0.07	0.52	0.77	0.25	0.51	0.21
X_2		1	0.31	0.74	0.58	0.58	0.55	0.19	0.07	0.16	0.21	0.41	0.47	0.17	0.35	0.16
X_3			1	0.38	0.31	0.30	0.35	0.58	0.28	0.33	0.38	0.35	0.41	0.64	0.58	0.51
X_4				1	0.9	0.78	0.75	0.25	0.20	0.22	0.08	0.53	0.79	0.27	0.57	0.26
X_5					1	0.79	0.74	0.25	0.18	0.23	0.02	0.48	0.79	0.27	0.51	0.23
X_6						1	0.73	0.18	0.18	0.23	0.00	0.38	0.69	0.14	0.26	0.00
X_7							1	0.24	0.29	0.25	0.10	0.44	0.67	0.16	0.38	0.12
X_8								1	0.04	0.49	0.44	0.30	0.32	0.51	0.51	0.38
X_9									1	0.34	0.16	0.05	0.23	0.21	0.15	0.18
X_{10}										1	0.23	0.50	0.31	0.15	0.29	0.14
X_{11}											1	0.24	0.10	0.31	0.28	0.31
X_{12}												1	0.62	0.17	0.41	0.18
X_{13}													1	0.26	0.50	0.24
X_{14}														1	0.63	0.50
X_{15}															1	0.65
X_{16}																1

数据挖掘简介

需要强调的是，数据挖掘技术从一开始就是面向应用的．数据挖掘所能解决的典型商业问题包括：数据库营销、客户群体划分、背景分析、交叉销售等市场分析，以及客户流失性分析、客户信用记分、欺诈发现等．实际的数据挖掘应考虑以下三个方面的问题：一是用数据挖掘解决什么样的商业问题；二是为进行数据挖掘所做的数据准备；三是数据挖掘的各种分析算法．

数据挖掘的分析算法主要来自以下两个方面：统计分析和人工智能(机器学习、模式识别等)．数据挖掘研究人员和数据挖掘软件供应商，在这一方面所做的主要工作是优化现有的一些算法，以适应大数据量．另外需要强调的是，任何一种数据挖掘的算法，不管是统计分析方法、神经网络、各种树分析方法，还是遗传算法，没有一种算法是万能的．不同的商业问题，需要用不同的方法去解决．即使对于同一个商业问题，也可能有多种算法，此时需要评估对于这一特定问题和特定数据哪一种算法表现好．

做数据挖掘研究的人，往往把主要的精力用于改进现有算法和研究新算法上．人们都知道数据准备是必不可少的一步，但很少有人真正花时间和精力去研究．其实数据挖掘最后成功与失败，是否有经济效益，数据准备起到了至关重要的作用．数据准备包含两个方面：一方面是从多种数据源于综合数据挖掘所需要的数据，保证数据的综合性、易用性、数据的质量和数据的实效性，这有可能要用到数据仓库的思想和技术；另一方面是如何从现有数据中衍生出所需要的指标，这主要取决于数据挖掘者的分析经验和工具的方便性．下面通过简单的例子对数据挖掘的应用加以说明，要在这里介绍详细的实例是不现实的，因为这方面的工作都很庞大．

下面举例说明竞技运动中的数据挖掘．

NBA 的教练利用 IBM 公司提供的数据挖掘工具临场决定替换队员．想象你是 NBA 的教练，你靠什么带领你的球队取得胜利呢？当然，最容易想到的是全场紧逼、交叉扯动和快速抢断等具体的战术和技术．但是今天，NBA 的教练有了新式武器：数据挖掘．大约 20 个 NBA 球队使用了 IBM 公司开发的数据挖掘应用软件 Advanced Scout 系统来优化他们的战术组合．例如，魔术队就因为使用 Advanced Scout 研究了魔术队队员不同的布阵安排，在与迈阿密热队的比赛中找到了胜利的机会．

系统显示分析魔术队先发阵容中的两个后卫 Hardaway 和 Shaw 在前两场中被评为负 17 分，这意味着他俩在场上，本队输掉的分数比得到的分数多 17 分．然而，当 Hardaway 与替补后卫 Armstrong 组合时，魔术队的得分为正 14 分．

在下一场中，魔术队增加了 Armstrong 的上场时间．此招果然见效：Armstrong 得到了 21 分，Hardaway 得了 42 分，魔术队以 88 比 79 获胜．魔术队在第四场让 Armstrong 进入先发阵容，再一次打败了迈阿密热队．在第五场比赛中，这个靠数据挖掘支持的阵容没能拖住迈阿密热队，但 Advanced Scout 毕竟帮助了魔术队赢得打满 5 场，直到最后才决出胜负的机会．

Advanced Scout 就是一个数据挖掘工具，教练可以用便携式计算机在家里或在路上挖掘存储在 NBA 中心的服务器上的数据．每一场比赛的事件都被统计分类，按得分、助攻、失误等．时间标记让教练非常容易地通过搜索 NBA 比赛的录像来理解统计发现的含义．例如，教练通过 Advanced Scout 发现本队的球员在与对方一个球星对抗时有犯规记录，他可以在对方球星与这个球员头碰头的瞬间分解双方接触的动作，进而设计合理的防守策略．

习题答案

习题一

1. 0. 2.

2. (1)0. 388；(2)0. 059.

3. 0. 8(提示：需证明 A，B 相互独立).

4. $F_3(x)$ 是分布函数.

5. (1)

X	1	2	3
P	3/8	9/16	1/16

(2) $F(x) = \begin{cases} 0, & x < 1 \\ \dfrac{3}{8}, & 1 \leqslant x < 2 \\ \dfrac{15}{16}, & 2 \leqslant x < 3 \\ 1, & x \geqslant 3 \end{cases}$; (3) $\dfrac{9}{16}$；

(4)

$Y = X^2 + 1$	2	5	10
P	3/8	9/16	1/16

(5) $\dfrac{27}{16}$.

6. (1)3；(2) $\dfrac{7}{64}$；(3) $F(x) = \begin{cases} 0, & x < 0 \\ x^3, & 0 \leqslant x < 1. \\ 1, & x \geqslant 1 \end{cases}$

7. (1)0. 923 6；(2)57. 575.

8. $f_Y(y) = \dfrac{3(1-y)^2}{\pi[1 + (1-y)^6]}$ $(-\infty < y < +\infty)$.

9.

X	2	3	4
P	1/3	1/3	1/3

Y	2	3	4
P	11/18	5/18	1/9

10. $Z = X + Y$ 的概率密度为 $f_Z(z) = \begin{cases} 1 - e^{-z}, & 0 \leq z \leq 1 \\ e^{-z}(e - 1), & z > 1 \\ 0, & \text{其他} \end{cases}$.

11. (1) $(n - 1)\left(\dfrac{1}{8}\right)^2 \left(\dfrac{7}{8}\right)^{n-2}$ $(n = 2, 3, \cdots)$; (2) 16.

12. 略.

13. (1) $\dfrac{1}{3}$; (2) $\dfrac{1}{3}$, $\dfrac{7}{18}$.

14. (1) 1; (2) $F(x, y) = \begin{cases} (1 - e^{-x})(1 - e^{-y}), & x > 0, y > 0 \\ 0, & \text{其他} \end{cases}$;

(3) $f_X(x) = \begin{cases} e^{-x}, & x > 0 \\ 0, & \text{其他} \end{cases}$, $f_Y(y) = \begin{cases} e^{-y}, & y > 0 \\ 0, & \text{其他} \end{cases}$;

(4) $1 + e^{-2} - 2e^{-1}$; (5) 1, 1.

15. $\rho_{XY} = 0$.

16. 略.

17. $\mu(\sigma^2 + \mu^2)$.

18. $\sigma^2 + \mu^2$, 0.

19. 用切比雪夫不等式估算此概率不小于 0.768 5, 用中心极限定理计算此概率近似等于 0.962 5.

20. (1) 0.543 6; (2) 0.981 6.

21. 至少应该抽取 147 个.

习题二

1. (1) $P\{X_1 = x_1, X_2 = x_2, \cdots, X_n = x_n\} = p^{\sum\limits_{i=1}^{n} x_i}(1 - p)^{n - \sum\limits_{i=1}^{n} x_i}$;

(2) $C_n^k p^k (1 - p)^{n-k}$, $k = 0, 1, 2, \cdots, n$.

2. (1) $X_1, X_2, \cdots, X_{10}$ 的联合概率密度为 $\dfrac{1}{(2\pi\sigma^2)^5} e^{-\sum\limits_{i=1}^{10}(x_i - \mu)^2/(2\sigma^2)}$;

(2) $f_{\bar{X}}(x) = \dfrac{\sqrt{5}}{\sqrt{\pi}\sigma} e^{-5(x-\mu)^2/\sigma^2}$.

3. $c = \dfrac{1}{3}$, $n = 2$.

4. 35.

5. $\sqrt{\dfrac{3}{2}}$.

6. 略.

7. $E(Z) = \mu$.

8. (1) 0.99; (2) $\dfrac{2\sigma^4}{15}$.

9. (1) $P\{\max\{X_1,\ X_2,\ \cdots,\ X_5\} > 15\} = 0.292\ 3$;

(2) $P\{\min\{X_1,\ X_2,\ \cdots,\ X_5\} < 10\} = 0.578\ 5$.

10. (1) $E(\overline{X}) = 0,\ D(\overline{X}) = 1/100,\ E(S^2) = \dfrac{1}{2},\ E(B_2) = 0.49$;

(2) $P\{|\overline{X}| > 0.02\} = 0.841\ 4$.

11. (1) $P\{-0.21 < \overline{X} < 0.06\} = 0.722\ 1$;

(2) $P\left\{\dfrac{1}{10}\sum\limits_{i=1}^{10}(X_i - \overline{X})^2 \leqslant 0.171\ 2\right\} = 0.975$.

12. $0.040\ 1$.

13. (1) 40; (2) 1 537.

14. (1) $\dfrac{nB_2}{\sigma^2} \sim \chi^2(n-1)$;　(2) $\dfrac{\overline{X} - \mu}{\sqrt{B_2}/\sqrt{n-1}} \sim t(n-1)$;　(3) $\dfrac{\sum\limits_{i=1}^{n}(X_i - \mu)^2}{\sigma^2} \sim \chi^2(n)$;

(4) $\left(\dfrac{n}{5} - 1\right)\sum\limits_{i=1}^{5}(X_i - \mu)^2 \bigg/ \sum\limits_{i=6}^{n}(X_i - \mu)^2 \sim F(5,\ n-5)$.

15. 略.

习题三

1. $\hat{\mu} = 74.002$; $\hat{\sigma}^2 = 0.000\ 006$.

2. $\hat{p} = \overline{x}$.

3. $\hat{\theta} = \dfrac{5}{6}$.

4. $\hat{\mu} = 1\ 511$; $\hat{\sigma}^2 = 6\ 652$.

5. $\hat{\theta} = (1 - \overline{X})^2$, $\hat{\theta} = \dfrac{n^2}{\left(\sum\limits_{i=1}^{n}\ln X_i\right)^2}$.

6. $\hat{\theta} = \max\{X_1,\ X_2,\ \cdots,\ X_n\}$.

7. $\hat{\lambda} = \dfrac{1}{\overline{x}}$.

8. $\hat{U} = e^{\hat{\lambda}}$, 其中 $\hat{\lambda} = \dfrac{n}{\sum\limits_{i=1}^{n} x_i^{\alpha}}$.

9. $\hat{\theta} = \dfrac{s(t_0)}{m}$.

10. 略.

11. 略.

12. 略.

13. 略.

14. 略.

15. (2.121，2.129).

16. (9.869，10.131).

17. (1.932，3.468).

18. (0.022 4，0.096 2).

19. (-4.15，0.11).

20. (0.258，2.133).

习题四

1.（1）可以认为总体均值等于 100；（2）可以认为总体均值等于 100.

2. 可以认为该批木材小头直径的均值不小于 12.00.

3. 认为这批电子元件不合格.

4. 可以认为 $\sigma^2 = 12^2$.

5. 可以接受 H_0.

6. 可以认为两台机床生产的滚珠的直径服从相同的正态分布.

7. 拒绝 H_0.

8.（1）可以认为两种淬火温度下振动板硬度的方差无显著差异；

（2）可以认为淬火温度对振动板的硬度有显著影响.

9. $F = 0.32 < 0.34$，故拒绝原假设，认为两厂生产的电阻的电阻值的方差不同.

10. 拒绝 H_0，即认为 A 比 B 耐穿.

11. 谷物产量无显著差异.

12. 拒绝 H_0，认为各鱼类数量之比较 10 年前有显著改变.

13. 可以认为这些数字服从等概率分布.

14. 服从泊松分布.

15. 接受 H_0，即认为样本来自泊松分布总体.

16. 地下水位变化与发生地震无关.

17. 零件是正品还是次品与由哪位工人生产的无关.

18. 该高校的未婚小姐与已婚女士该门课考试成绩无显著差异.

19. 两位工人加工的零件直径服从相同的分布.

20. 由两种材料的灯丝制成的灯泡的寿命有显著差异.（由所给数据可知甲材料的灯丝所做灯泡的寿命比乙种材料做的长）.

习题五

1. 电池的平均寿命有显著差异；(6.75，18.45)，(-7.65，4.05)，(6.75，18.45).

2. 不同品种的平均亩产量有显著差异.

3. 各种不同安眠药对兔子的睡眠有显著差异.

4. 各种广告方式的效果有显著差异.

5. (1)三种方法对含水率有显著影响；(2)(7.173, 8.787)，(5.593, 7.207)，(8.313, 9.927).

6. 品牌对洗衣机的销售量有显著影响；地区对洗衣机的销售量无显著影响.

7. 机器类型和操作者(工人)对产量均有显著影响.

8. 时间对强度的影响不显著，而温度的影响显著，且交互作用的影响显著.

9. (1)竞争者的数量对销售额有显著影响；(2)超市的位置对销售额有显著影响；(3)竞争者的数量和超市的位置对销售额的交互影响不显著.

习题六

1. (1)0.697，显著；

(2)$\hat{y} = 188.9877 + 1.866849x$；

(3)显著.

2. (1)$\hat{y} = 36.58909 + 0.456548x$；

(2)显著；

(3)73.1 英寸.

3. (1)略；

(2)$\hat{y} = 0.380952 + 0.670238x$，显著；

(3)降低 23 吨标准煤.

4. (1)略；

(2)$\hat{y} = -2.25822 + 0.048672x$；

(3)线性回归方程是显著的；

(4)(9.689482, 14.99722).

5. (1)$\hat{y} = -54.5041 + 4.842369x_1 + 0.263126x_2$；

(2)回归方程是显著的；

(3)回归系数 b_1 显著，b_2 不显著.

6. $\hat{P} = \dfrac{\exp\{-2.629 + 0.102x_1 - 2.224x_3\}}{1 + \exp\{-2.629 + 0.102x_1 - 2.224x_3\}}$，且年龄越高乘车的比例也越高；女性乘公共汽车的比例高于男性.

习题七

1. $E(X) = \begin{pmatrix} 0.1 \\ 0.2 \end{pmatrix}$，$\mathrm{Cov}(X, X) = \begin{pmatrix} 0.69 & -0.08 \\ -0.08 & 0.16 \end{pmatrix}$.

2. $E(Y) = \begin{pmatrix} 1 & -1 \\ 1 & 1 \end{pmatrix}\begin{pmatrix} \boldsymbol{\mu}_1 \\ \boldsymbol{\mu}_2 \end{pmatrix} = \begin{pmatrix} \boldsymbol{\mu}_1 - \boldsymbol{\mu}_2 \\ \boldsymbol{\mu}_1 + \boldsymbol{\mu}_2 \end{pmatrix}$.

$\mathrm{Cov}(Y, Y) = \begin{pmatrix} \delta_{11} + \delta_{22} - 2\delta_{12} & \delta_{11} - \delta_{22} \\ \delta_{11} - \delta_{22} & \delta_{11} + \delta_{22} + 2\delta_{12} \end{pmatrix}$.

习题八

1. Rescaled Distance Cluster Combine

```
CASE          0         5        10        15        20        25
Label   Num   +---------+---------+---------+---------+---------+
浙江     11   -+
陕西     26   -+
山东     15   -+
河北      3   -+
内蒙古    5   -+
江苏     10   -+
河南     16   -+
河北     17   -+
四川     22   -+---+
河南     21   -+   |
福建     13   -+   |
江西     14   -+   |
湖南     18   -+   |
广东     19   -+   |
新疆     30   -+  +---+
广西     20   -+  |   |
山西      4   -+  |   |
黑龙江    8   -+  |   |
吉林      7   -+  |   |
天津      2   -+  |  +-----------------------------------+
上海      9   -+---+ |                                   |
辽宁      6   -+    |                                    |
北京      1   -+    |                                    |
安徽     12   -+    |                                    |
宁夏     29   -+-------+                                 |
甘肃     27   -+                                         |
青海     28   -+                                         |
贵州     23   -+                                         |
云南     24   -+                                         |
西藏     25   ------------------------------------------+
```

2. 当 $n = 16$ 时，相关阵的最大特征值为 8.254 3，由此 3 个特征值

$$\lambda_1 = 7.036\ 5 \quad \lambda_2 = 2.614\ 0 \quad \lambda_3 = 1.632\ 1$$

对应的 3 个特征向量可以计算因素负荷向量：

$\boldsymbol{a}_1 = (0.341\ 7,\ 0.264\ 9,\ 0.234\ 1,\ 0.344\ 2,\ 0.326\ 1,\ 0.285\ 9,\ 0.295\ 2,\ 0.189\ 2,$

0.084 7，0.154 2，0.098 3，0.242 5，0.317 1，0.180 1，0.266 3，0.158 3)

$a_2 = (0.200\ 4,\ -0.143\ 2,\ 0.328\ 6,\ -0.181\ 1,\ -0.199\ 6,\ 0.269\ 8,\ -0.192\ 1,$ 0.370 2，$-0.067\ 4$，0.174 2，0.347 8，0.017 6，$-0.111\ 9$，0.371 3，0.271 2，0.362 8)

$a_3 = (0.005\ 2,\ -0.056\ 5,\ 0.139\ 9,\ 0.032\ 2,\ 0.032\ 9,\ -0.029\ 5,\ 0.019\ 6,\ -0.150\ 2,$ 0.625 5，$-0.527\ 5$，$-0.202\ 1$，0.314 7，$-0.018\ 8$，0.252 4，0.135 4，0.243 4)

16 个指标可分为以下三类.

第一类为长的指标：身长、坐高、头高、裤长、下裆、手长、袖长；

第二类为围的指标：胸围、领围、肩厚、肋围、腰围、腿肚；

第三类为体形特征指标：前胸、后背、肩宽.

附 录

§附录 A 常用的数学用表

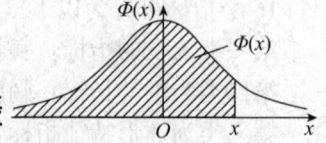

$$\Phi(x) = \int_{-\infty}^{x} \frac{1}{\sqrt{2\pi}} e^{-t^2/2} dt$$

表 A.1 标准正态分布表

x	0.00	0.01	0.02	0.03	0.04	0.05	0.06	0.07	0.08	0.09
0.0	0.500 0	0.504 0	0.508 0	0.512 0	0.516 0	0.519 9	0.523 9	0.527 9	0.531 9	0.535 9
0.1	0.539 8	0.543 8	0.547 8	0.551 7	0.555 7	0.559 6	0.563 6	0.567 5	0.571 4	0.575 3
0.2	0.579 3	0.583 2	0.587 1	0.591 0	0.594 8	0.598 7	0.602 6	0.606 4	0.610 3	0.614 1
0.3	0.617 9	0.621 7	0.625 5	0.629 3	0.633 1	0.636 8	0.640 6	0.644 3	0.648 0	0.651 7
0.4	0.655 4	0.659 1	0.662 8	0.666 4	0.670 0	0.673 6	0.677 2	0.680 8	0.684 4	0.687 9
0.5	0.691 5	0.695 0	0.698 5	0.701 9	0.705 4	0.708 8	0.712 3	0.715 7	0.719 0	0.722 4
0.6	0.725 7	0.729 1	0.732 4	0.735 7	0.738 9	0.742 2	0.745 4	0.748 6	0.751 7	0.754 9
0.7	0.758 0	0.761 1	0.764 2	0.767 3	0.770 3	0.773 4	0.776 4	0.779 4	0.782 3	0.785 2
0.8	0.788 1	0.791 0	0.793 9	0.796 7	0.799 5	0.802 3	0.805 1	0.807 8	0.810 6	0.813 3
0.9	0.815 9	0.818 6	0.821 2	0.823 8	0.826 4	0.828 9	0.831 5	0.834 0	0.836 5	0.838 9
1.0	0.841 3	0.843 8	0.846 1	0.848 5	0.850 8	0.853 1	0.855 4	0.857 7	0.859 9	0.862 1
1.1	0.864 3	0.866 5	0.868 6	0.870 8	0.872 9	0.874 9	0.877 0	0.879 0	0.881 0	0.883 0
1.2	0.884 9	0.886 9	0.888 8	0.890 7	0.892 5	0.894 4	0.896 2	0.898 0	0.899 7	0.901 5
1.3	0.903 2	0.904 9	0.906 6	0.908 2	0.909 9	0.911 5	0.913 1	0.914 7	0.916 2	0.917 7
1.4	0.919 2	0.920 7	0.922 2	0.923 6	0.925 1	0.926 5	0.927 8	0.929 2	0.930 6	0.931 9
1.5	0.933 2	0.934 5	0.935 7	0.937 0	0.938 2	0.939 4	0.940 6	0.941 8	0.943 0	0.944 1
1.6	0.945 2	0.946 3	0.947 4	0.948 4	0.949 5	0.950 5	0.951 5	0.952 5	0.953 5	0.954 5
1.7	0.955 4	0.956 4	0.957 3	0.958 2	0.959 1	0.959 9	0.960 8	0.961 6	0.962 5	0.963 3
1.8	0.964 1	0.964 8	0.965 6	0.966 4	0.967 1	0.967 8	0.968 6	0.969 3	0.970 0	0.970 6
1.9	0.971 3	0.971 9	0.972 6	0.973 2	0.973 8	0.974 4	0.975 0	0.975 6	0.976 2	0.976 7
2.0	0.977 2	0.977 8	0.978 3	0.978 8	0.979 3	0.979 8	0.980 3	0.980 8	0.981 2	0.981 7
2.1	0.982 1	0.982 6	0.983 0	0.983 4	0.983 8	0.984 2	0.984 6	0.985 0	0.985 4	0.985 7
2.2	0.986 1	0.986 4	0.986 8	0.987 1	0.987 4	0.987 8	0.988 1	0.988 4	0.988 7	0.989 0
2.3	0.989 3	0.989 6	0.989 8	0.990 1	0.990 4	0.990 6	0.990 9	0.991 1	0.991 3	0.991 6

x	0.00	0.01	0.02	0.03	0.04	0.05	0.06	0.07	0.08	0.09
2.4	0.991 8	0.992 0	0.992 2	0.992 5	0.992 7	0.992 9	0.993 1	0.993 2	0.993 4	0.993 6
2.5	0.993 8	0.994 0	0.994 1	0.994 3	0.994 5	0.994 6	0.994 8	0.994 9	0.995 1	0.995 2
2.6	0.995 3	0.995 5	0.995 6	0.995 7	0.995 9	0.996 0	0.996 1	0.996 2	0.996 3	0.996 4
2.7	0.996 5	0.996 6	0.996 7	0.996 8	0.996 9	0.997 0	0.997 1	0.997 2	0.997 3	0.997 4
2.8	0.997 4	0.997 5	0.997 6	0.997 7	0.997 7	0.997 8	0.997 9	0.997 9	0.998 0	0.998 1
2.9	0.998 1	0.998 2	0.998 2	0.998 3	0.998 4	0.998 4	0.998 5	0.998 5	0.998 6	0.998 6
3.0	0.998 7	0.998 7	0.998 7	0.998 8	0.998 8	0.998 9	0.998 9	0.998 9	0.999 0	0.999 0
3.1	0.999 0	0.999 1	0.999 1	0.999 1	0.999 2	0.999 2	0.999 2	0.999 2	0.999 3	0.999 3
3.2	0.999 3	0.999 3	0.999 4	0.999 4	0.999 4	0.999 4	0.999 4	0.999 5	0.999 5	0.999 5
3.3	0.999 5	0.999 5	0.999 5	0.999 6	0.999 6	0.999 6	0.999 6	0.999 6	0.999 6	0.999 7
3.4	0.999 7	0.999 7	0.999 7	0.999 7	0.999 7	0.999 7	0.999 7	0.999 7	0.999 7	0.999 8

表 A.2　泊松分布表　　$P\{X \leqslant x\} = \sum\limits_{k=0}^{x} \dfrac{\lambda^k e^{-\lambda}}{k!}$

x	λ								
	0.1	0.2	0.3	0.4	0.5	0.6	0.7	0.8	0.9
0	0.904 8	0.818 7	0.740 8	0.673 0	0.606 5	0.548 8	0.496 6	0.449 3	0.406 6
1	0.995 3	0.982 5	0.963 1	0.938 4	0.909 8	0.878 1	0.844 2	0.808 8	0.772 5
2	0.999 8	0.998 9	0.996 4	0.992 1	0.985 6	0.976 9	0.965 9	0.952 6	0.937 1
3	1.000 0	0.999 9	0.999 7	0.999 2	0.998 2	0.996 6	0.994 2	0.990 9	0.986 5
4		1.000 0	1.000 0	0.999 9	0.999 8	0.999 6	0.999 2	0.998 6	0.997 7
5				1.000 0	1.000 0	1.000 0	0.999 9	0.999 8	0.999 7
6							1.000 0	1.000 0	1.000 0

x	λ								
	1.0	1.5	2.0	2.5	3.0	3.5	4.0	4.5	5.0
0	0.367 9	0.223 1	0.135 3	0.082 1	0.049 8	0.030 2	0.018 3	0.011 1	0.006 7
1	0.735 8	0.557 81	0.406 0	0.287 3	0.199 1	0.135 9	0.091 6	0.061 1	0.040 4
2	0.919 7	0.808 8	0.676 7	0.543 8	0.423 2	0.320 8	0.238 1	0.173 6	0.124 7
3	0.981 0	0.934 4	0.857 1	0.757 6	0.647 2	0.536 6	0.433 5	0.342 3	0.265 0
4	0.996 3	0.981 4	0.947 3	0.891 2	0.815 3	0.725 4	0.628 8	0.532 1	0.440 5
5	0.999 4	0.995 5	0.983 4	0.958 0	0.916 1	0.857 6	0.785 1	0.702 9	0.616 0
6	0.999 9	0.999 1	0.995 5	0.985 8	0.966 5	0.934 7	0.889 3	0.831 1	0.762 2
7	1.000 0	0.999 8	0.998 9	0.995 8	0.988 1	0.973 3	0.948 9	0.913 4	0.866 6

x	λ								
	1.0	1.5	2.0	2.5	3.0	3.5	4.0	4.5	5.0
8		1.000 0	0.999 8	0.998 9	0.996 2	0.990 1	0.978 6	0.959 7	0.931 9
9			1.000 0	0.999 7	0.998 9	0.996 7	0.991 9	0.982 9	0.968 2
10				0.999 9	0.999 7	0.999 0	0.997 2	0.993 3	0.986 3
11					1.000 0	0.999 9	0.999 7	0.999 1	0.997 6	0.994 5
12						1.000 0	0.999 9	0.999 7	0.999 2	0.998 0

x	λ								
	5.5	6.0	6.5	7.0	7.5	8.0	8.5	9.0	9.5
0	0.004 1	0.002 5	0.001 5	0.000 9	0.000 6	0.000 3	0.000 2	0.000 1	0.000 1
1	0.026 6	0.017 4	0.011 3	0.007 3	0.004 7	0.003 0	0.001 9	0.001 2	0.000 8
2	0.088 4	0.062 0	0.043 0	0.029 6	0.020 3	0.013 8	0.009 3	0.006 2	0.004 2
3	0.201 7	0.151 2	0.111 8	0.081 8	0.059 1	0.042 4	0.030 1	0.021 2	0.014 9
4	0.357 5	0.285 1	0.223 7	0.173 0	0.132 1	0.099 6	0.074 4	0.055 0	0.040 3
5	0.528 9	0.445 7	0.369 0	0.300 7	0.241 4	0.191 2	0.149 6	0.115 7	0.088 5
6	0.686 0	0.606 3	0.526 5	0.449 7	0.378 2	0.313 4	0.256 2	0.206 8	0.164 9
7	0.809 5	0.744 0	0.672 8	0.598 7	0.524 6	0.453 0	0.385 6	0.323 9	0.268 7
8	0.894 4	0.847 2	0.791 6	0.729 1	0.662 0	0.592 5	0.523 1	0.455 7	0.391 8
9	0.946 2	0.916 1	0.877 4	0.830 5	0.776 4	0.716 6	0.653 0	0.587 4	0.521 8
10	0.974 7	0.957 4	0.933 2	0.901 5	0.862 2	0.815 9	0.763 4	0.706 0	0.645 3
11	0.989 0	0.979 9	0.966 1	0.946 6	0.920 8	0.888 1	0.848 7	0.803 0	0.752 0
12	0.995 5	0.991 2	0.984 0	0.973 0	0.957 3	0.936 2	0.909 1	0.875 8	0.836 4
13	0.998 3	0.996 4	0.992 9	0.987 2	0.978 4	0.965 8	0.948 6	0.926 1	0.898 1
14	0.999 4	0.998 6	0.997 0	0.994 3	0.989 7	0.982 7	0.972 6	0.958 5	0.940 0
15	0.999 8	0.999 5	0.998 8	0.997 6	0.995 4	0.991 8	0.986 2	0.978 0	0.966 5
16	0.999 9	0.999 8	0.999 6	0.999 0	0.998 0	0.996 3	0.993 4	0.988 9	0.982 3
17	1.000 0	0.999 9	0.999 8	0.999 6	0.999 2	0.998 4	0.997 0	0.994 7	0.991 1
18		1.000 0	0.999 9	0.999 9	0.999 7	0.999 4	0.998 7	0.997 6	0.995 7
19			1.000 0	1.000 0	0.999 9	0.999 7	0.999 5	0.998 9	0.998 0
20					1.000 0	0.999 9	0.999 8	0.999 6	0.999 1

x	λ								
	10.0	11.0	12.0	13.0	14.0	15.0	16.0	17.0	18.0
0	0.000 0	0.000 0	0.000 0						

x	λ								
	10.0	11.0	12.0	13.0	14.0	15.0	16.0	17.0	18.0
1	0.000 5	0.000 2	0.000 1	0.000 0	0.000 0				
2	0.002 8	0.001 2	0.000 5	0.000 2	0.000 1	0.000 0	0.000 0		
3	0.010 3	0.004 9	0.002 3	0.001 0	0.000 5	0.000 2	0.000 1	0.000 0	0.000 0
4	0.029 3	0.015 1	0.007 6	0.003 7	0.001 8	0.000 9	0.000 4	0.000 2	0.000 1
5	0.067 1	0.037 5	0.020 3	0.010 7	0.005 5	0.002 8	0.001 4	0.000 7	0.000 3
6	0.130 1	0.078 6	0.045 8	0.025 9	0.014 2	0.007 6	0.004 0	0.002 1	0.001 0
7	0.220 2	0.143 2	0.089 5	0.054 0	0.031 6	0.018 0	0.010 0	0.005 4	0.002 9
8	0.332 8	0.232 0	0.155 0	0.099 8	0.062 1	0.037 4	0.022 0	0.012 6	0.007 1
9	0.457 9	0.340 5	0.242 4	0.165 8	0.109 4	0.069 9	0.043 3	0.026 1	0.015 4
10	0.583 0	0.459 9	0.347 2	0.251 7	0.175 7	0.118 5	0.077 4	0.049 1	0.030 4
11	0.696 8	0.579 3	0.461 6	0.353 2	0.260 0	0.184 8	0.127 0	0.084 7	0.054 9
12	0.791 6	0.688 7	0.576 0	0.463 1	0.358 5	0.267 6	0.193 1	0.135 0	0.091 7
13	0.864 5	0.781 3	0.681 5	0.573 0	0.464 4	0.363 2	0.274 5	0.200 9	0.142 6
14	0.916 5	0.854 0	0.772 0	0.675 1	0.570 4	0.465 7	0.367 5	0.280 8	0.208 1
15	0.951 3	0.907 4	0.844 4	0.763 6	0.669 4	0.568 1	0.466 7	0.371 5	0.286 7
16	0.973 0	0.944 1	0.898 7	0.835 5	0.755 9	0.664 1	0.566 0	0.467 7	0.375 0
17	0.985 7	0.967 8	0.937 0	0.890 5	0.827 2	0.748 9	0.659 3	0.564 0	0.468 6
18	0.992 8	0.982 3	0.962 6	0.930 2	0.882 6	0.819 5	0.742 3	0.655 0	0.562 2
19	0.996 5	0.990 7	0.978 7	0.957 3	0.923 5	0.875 2	0.812 2	0.736 3	0.650 9
20	0.998 4	0.995 3	0.988 4	0.975 0	0.952 1	0.917 0	0.868 2	0.805 5	0.730 7
21	0.999 3	0.997 7	0.993 9	0.985 9	0.971 2	0.946 9	0.910 8	0.861 5	0.799 1
22	0.999 7	0.999 0	0.997 0	0.992 4	0.983 3	0.967 3	0.941 8	0.904 7	0.855 1
23	0.999 9	0.999 5	0.998 5	0.996 0	0.990 7	0.980 5	0.963 3	0.936 7	0.898 9
24	1.000 0	0.999 8	0.999 3	0.998 0	0.995 0	0.988 8	0.977 7	0.959 4	0.931 7
25		0.999 9	0.999 7	0.999 0	0.997 4	0.993 8	0.986 9	0.974 8	0.955 4
26		1.000 0	0.999 9	0.999 5	0.998 7	0.996 7	0.992 5	0.984 8	0.971 8
27			0.999 9	0.999 8	0.999 4	0.998 3	0.995 9	0.991 2	0.982 7
28			1.000 0	0.999 9	0.999 7	0.999 1	0.997 8	0.995 0	0.989 7
29				1.000 0	0.999 9	0.999 6	0.998 9	0.997 3	0.994 1
30					0.999 9	0.999 8	0.999 4	0.998 6	0.996 7
31					1.000 0	0.999 9	0.999 7	0.999 3	0.998 2

续表

x	λ								
	10.0	11.0	12.0	13.0	14.0	15.0	16.0	17.0	18.0
32						1.000 0	0.999 9	0.999 6	0.999 0
33							0.999 9	0.999 8	0.999 5
34							1.000 0	0.999 9	0.999 8
35								1.000 0	0.999 9
36									0.999 9
37									1.000 0

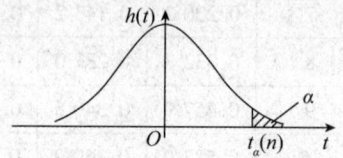

表 A.3 t 分布表

$$P\{t(n) > t_\alpha(n)\} = \alpha$$

n	α						
	0.2	0.15	0.1	0.05	0.025	0.01	0.005
1	1.376	1.963	3.078	6.314	12.71	31.82	63.66
2	1.061	1.386	1.886	2.920	4.303	6.965	9.925
3	0.978	1.250	1.638	2.353	3.182	4.541	5.841
4	0.941	1.190	1.533	2.132	2.776	3.747	4.604
5	0.920	1.156	1.476	2.015	2.571	3.365	4.032
6	0.906	1.134	1.440	1.943	2.447	3.143	3.707
7	0.896	1.119	1.415	1.895	2.365	2.998	3.499
8	0.889	1.108	1.397	1.860	2.306	2.896	3.355
9	0.883	1.100	1.383	1.833	2.262	2.821	3.250
10	0.879	1.093	1.372	1.812	2.228	2.764	3.169
11	0.876	1.088	1.363	1.796	2.201	2.718	3.106
12	0.873	1.083	1.356	1.782	2.179	2.681	3.055
13	0.870	1.079	1.350	1.771	2.160	2.650	3.012
14	0.868	1.076	1.345	1.761	2.145	2.624	2.977
15	0.866	1.074	1.341	1.753	2.131	2.602	2.947
16	0.865	1.071	1.337	1.746	2.120	2.583	2.921
17	0.863	1.069	1.333	1.740	2.110	2.567	2.898
18	0.862	1.067	1.330	1.734	2.101	2.552	2.878

n	α						
	0.2	0.15	0.1	0.05	0.025	0.01	0.005
19	0.861	1.066	1.328	1.729	2.093	2.539	2.861
20	0.860	1.064	1.325	1.725	2.086	2.528	2.845
21	0.859	1.063	1.323	1.721	2.080	2.518	2.831
22	0.858	1.061	1.321	1.717	2.074	2.508	2.819
23	0.858	1.060	1.319	1.714	2.069	2.500	2.807
24	0.857	1.059	1.318	1.711	2.064	2.492	2.797
25	0.856	1.058	1.316	1.708	2.060	2.485	2.787
26	0.856	1.058	1.315	1.706	2.056	2.479	2.779
27	0.855	1.057	1.314	1.703	2.052	2.473	2.771
28	0.855	1.056	1.313	1.701	2.048	2.467	2.763
29	0.854	1.055	1.311	1.699	2.045	2.462	2.756
30	0.854	1.055	1.310	1.697	2.042	2.457	2.750
31	0.853 5	1.054 1	1.309 5	1.695 5	2.039 5	2.452 8	2.744 0
32	0.853 1	1.053 6	1.308 6	1.693 9	2.036 9	2.448 7	2.738 5
33	0.852 7	1.053 1	1.307 7	1.692 4	2.034 5	2.444 8	2.733 3
34	0.852 4	1.052 6	1.307 0	1.690 9	2.032 2	2.441 1	2.728 4
35	0.852 1	1.052 1	1.306 2	1.689 6	2.030 1	2.437 7	2.723 8
36	0.851 8	1.051 6	1.305 5	1.688 3	2.028 1	2.434 5	2.719 5
37	0.851 5	1.051 2	1.304 9	1.687 1	2.026 2	2.431 4	2.715 4
38	0.851 2	1.050 8	1.304 2	1.686 0	2.024 4	2.428 6	2.711 6
39	0.851 0	1.050 4	1.303 6	1.684 9	2.022 7	2.425 8	2.707 9
40	0.850 7	1.050 1	1.303 1	1.683 9	2.021 1	2.423 3	2.704 5
41	0.850 5	1.049 8	1.302 5	1.682 9	2.019 5	2.420 8	2.701 2
42	0.850 3	1.049 4	1.302 0	1.682 0	2.018 1	2.418 5	2.698 1
43	0.850 1	1.049 1	1.301 6	1.681 1	2.016 7	2.416 3	2.695 1
44	0.849 9	1.048 8	1.301 1	1.680 2	2.015 4	2.414 1	2.692 3
45	0.849 7	1.048 5	1.300 6	1.679 4	2.014 1	2.412 1	2.689 6

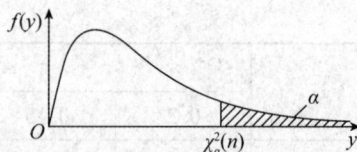

表 A.4 χ^2 分布表 $P\{\chi^2(n) > \chi^2_\alpha(n)\} = \alpha$

n	α									
	0.995	0.99	0.975	0.95	0.9	0.1	0.05	0.025	0.01	0.005
1	0.00	0.00	0.00	0.00	0.02	2.71	3.84	5.02	6.63	7.88
2	0.01	0.02	0.02	0.10	0.21	4.61	5.99	7.38	9.21	10.60
3	0.07	0.11	0.22	0.35	0.58	6.25	7.81	9.35	11.34	12.84
4	0.21	0.3	0.48	0.71	1.06	7.78	9.49	11.14	13.28	14.86
5	0.41	0.55	0.83	1.15	1.61	9.24	11.07	12.83	15.09	16.75
6	0.68	0.87	1.24	1.64	2.20	10.64	12.59	14.45	16.81	18.55
7	0.99	1.24	1.69	2.17	2.83	12.02	14.07	16.01	18.48	20.28
8	1.34	1.65	2.18	2.73	3.49	13.36	15.51	17.53	20.09	21.96
9	1.73	2.09	2.70	3.33	4.17	14.68	16.92	19.02	21.67	23.59
10	2.16	2.56	3.25	3.94	4.87	15.99	18.31	20.48	23.21	25.19
11	2.60	3.05	3.82	4.57	5.58	17.28	19.68	21.92	24.72	26.76
12	3.07	3.57	4.40	5.23	6.30	18.55	21.03	23.34	26.22	28.30
13	3.57	4.11	5.01	5.89	7.04	19.81	22.36	24.74	27.69	29.82
14	4.07	4.66	5.63	6.57	7.79	21.06	23.68	26.12	29.14	31.32
15	4.60	5.23	6.27	7.26	8.55	22.31	24.10	27.49	30.58	32.80
16	5.14	5.81	6.91	7.96	9.31	23.54	26.30	28.85	32.00	34.27
17	5.70	6.41	7.56	8.67	10.09	24.77	27.59	30.19	33.41	35.72
18	6.26	7.01	8.23	9.39	10.86	25.99	28.87	31.53	34.81	37.16
19	6.84	7.63	8.91	10.12	11.65	27.20	30.14	32.85	36.19	38.58
20	7.43	8.26	9.59	10.85	12.44	28.41	31.41	34.17	37.57	40.00
21	8.03	8.90	10.28	11.59	13.24	29.62	32.67	35.48	38.93	41.40
22	8.64	9.54	10.98	12.34	14.04	30.81	33.92	36.78	40.29	42.80
23	9.26	10.20	11.69	13.09	14.85	32.01	35.17	38.08	41.64	44.18
24	9.89	10.86	12.40	13.85	15.66	33.20	36.42	39.36	42.98	45.56
25	10.52	11.52	13.12	14.61	16.47	34.38	37.65	40.65	44.31	46.93
26	11.16	12.20	13.84	15.38	17.29	35.56	38.89	41.92	45.64	48.29
27	11.81	12.88	14.57	16.15	18.11	36.74	40.11	43.19	46.96	49.64

n	α									
	0.995	0.99	0.975	0.95	0.9	0.1	0.05	0.025	0.01	0.005
28	12.46	13.56	15.31	16.93	18.94	37.92	41.34	44.46	48.28	50.99
29	13.12	14.26	16.05	17.71	19.77	39.09	42.56	45.72	49.59	52.34
30	13.79	14.95	16.79	18.49	20.6	40.26	43.77	46.98	50.89	53.67
31	14.46	15.66	17.54	19.28	21.43	41.42	44.99	48.23	52.19	55.00
32	15.13	16.36	18.29	20.07	22.27	42.59	46.19	49.48	53.49	56.33
33	15.81	17.07	19.05	20.87	23.11	43.75	47.40	50.72	54.77	57.65
34	16.50	17.79	19.81	21.66	23.95	44.90	48.60	51.97	56.06	58.96
35	17.19	18.51	20.57	22.47	24.80	46.06	49.80	53.20	57.34	60.27
36	17.89	19.23	21.34	23.27	25.64	47.21	51.00	54.44	58.62	61.58
37	18.58	19.96	22.11	24.08	26.49	48.36	52.19	55.67	59.89	62.88
38	19.29	20.69	22.88	24.88	27.34	49.51	53.38	56.90	61.16	64.18
39	19.99	21.43	23.65	25.70	28.20	50.66	54.57	58.12	62.43	65.47
40	20.71	22.16	24.43	26.51	29.05	51.81	55.76	59.34	63.69	66.77

表 A.5　F 分布表

$$P\{F(n_1, n_2) > F_\alpha(n_1, n_2)\} = \alpha$$

$$\alpha = 0.10$$

n_2 \ n_1	1	2	3	4	5	6	7	8	9	10	12	15	20	24	30	40	60	120	∞
1	39.86	49.50	53.59	55.33	57.24	58.20	58.91	59.44	59.86	60.19	60.71	61.22	61.74	62.06	62.26	62.53	62.79	63.06	63.33
2	8.53	9.00	9.16	9.24	9.29	9.33	9.35	9.37	9.38	9.39	9.41	9.42	9.44	9.45	9.46	9.47	9.47	9.48	9.49
3	5.54	5.46	5.39	5.34	5.31	5.28	5.27	5.25	5.24	5.23	5.22	5.20	5.18	5.18	5.17	5.16	5.15	5.14	5.13
4	4.54	4.32	4.19	4.11	4.05	4.01	3.98	3.95	3.94	3.92	3.90	3.87	3.84	3.83	3.82	3.80	3.79	3.78	3.76
5	4.06	3.78	3.62	3.52	3.45	3.40	3.37	3.34	3.32	3.30	3.27	3.24	3.21	3.19	3.17	3.16	3.14	3.12	3.10
6	3.78	3.46	3.29	3.18	3.11	3.05	3.01	2.98	2.96	2.94	2.90	2.87	2.84	2.82	2.80	2.78	2.76	2.74	2.72
7	3.59	3.26	3.07	2.96	2.88	2.83	2.78	2.75	2.72	2.70	2.67	2.63	2.59	2.58	2.56	2.54	2.51	2.49	2.47
8	3.46	3.11	2.92	2.81	2.73	2.67	2.62	2.59	2.56	2.54	2.50	2.46	2.42	2.40	2.38	2.36	2.34	2.32	2.29
9	3.36	3.01	2.81	2.69	2.61	2.55	2.51	2.47	2.44	2.42	2.38	2.34	2.30	2.28	2.25	2.23	2.21	2.18	2.16
10	3.29	2.92	2.73	2.61	2.52	2.46	2.41	2.38	2.35	2.32	2.28	2.24	2.20	2.18	2.16	2.13	2.11	2.08	2.06
11	3.23	2.86	2.66	2.54	2.45	2.39	2.34	2.30	2.27	2.25	2.21	2.17	2.12	2.10	2.08	2.05	2.03	2.00	1.97
12	3.18	2.81	2.61	2.48	2.39	2.33	2.28	2.24	2.21	2.19	2.15	2.10	2.06	2.04	2.01	1.99	1.96	1.93	1.90
13	3.14	2.76	2.56	2.43	2.35	2.28	2.23	2.20	2.16	2.14	2.10	2.05	2.01	1.98	1.96	1.93	1.90	1.88	1.85
14	3.10	2.73	2.52	2.39	2.31	2.24	2.19	2.15	2.12	2.10	2.05	2.01	1.96	1.94	1.91	1.89	1.86	1.83	1.80
15	3.07	2.70	2.49	2.36	2.27	2.21	2.16	2.12	2.09	2.06	2.02	1.97	1.92	1.90	1.87	1.85	1.82	1.79	1.76
16	3.05	2.67	2.46	2.33	2.24	2.18	2.13	2.09	2.06	2.03	1.99	1.94	1.89	1.87	1.84	1.81	1.78	1.75	1.72
17	3.03	2.64	2.44	2.31	2.22	2.15	2.10	2.06	2.03	2.00	1.96	1.91	1.86	1.84	1.81	1.78	1.75	1.72	1.69

续表

n_2 \ n_1	1	2	3	4	5	6	7	8	9	10	12	15	20	24	30	40	60	120	∞
18	3.01	2.62	2.42	2.29	2.20	2.13	2.08	2.04	2.00	1.98	1.93	1.89	1.84	1.81	1.78	1.75	1.72	1.69	1.66
19	2.99	2.61	2.40	2.27	2.18	2.11	2.06	2.02	1.98	1.96	1.91	1.86	1.81	1.79	1.76	1.73	1.70	1.67	1.63
20	2.97	2.50	2.38	2.25	2.16	2.09	2.04	2.00	1.96	1.94	1.89	1.84	1.79	1.77	1.74	1.71	1.68	1.64	1.61
21	2.96	9.57	2.36	2.23	2.14	2.08	2.02	1.98	1.95	1.92	1.87	1.83	1.78	1.75	1.72	1.69	1.66	1.62	1.59
22	2.95	2.56	2.35	2.22	2.13	2.06	2.01	1.97	1.93	1.90	1.86	1.81	1.76	1.73	1.70	1.67	1.64	1.60	1.57
23	2.94	2.55	2.34	2.21	2.11	2.05	1.99	1.95	1.92	1.89	1.84	1.80	1.74	1.72	1.69	1.66	1.62	1.59	1.55
24	2.93	2.54	2.33	2.19	2.10	2.04	1.98	1.94	1.91	1.88	1.83	1.78	1.73	1.70	1.67	1.64	1.61	1.57	1.53
25	2.92	2.53	2.32	2.18	2.09	2.02	1.97	1.93	1.89	1.87	1.82	1.77	1.72	1.69	1.66	1.63	1.59	1.56	1.52
26	2.91	2.52	2.31	2.17	2.08	2.01	1.96	1.92	1.88	1.86	1.81	1.76	1.71	1.68	1.65	1.61	1.58	1.54	1.50
27	2.90	2.51	2.30	2.17	2.07	2.00	1.95	1.91	1.87	1.85	1.80	1.75	1.70	1.67	1.64	1.60	1.57	1.53	1.49
28	2.89	2.50	2.29	2.16	2.60	2.00	1.94	1.90	1.87	1.84	1.79	1.74	1.69	1.66	1.63	1.59	1.56	1.52	1.48
29	2.89	2.50	2.28	2.15	2.06	1.99	1.93	1.89	1.86	1.83	1.78	1.73	1.68	1.65	1.62	1.58	1.55	1.51	1.47
30	2.88	2.49	2.22	2.14	2.05	1.98	1.93	1.88	1.85	1.82	1.77	1.72	1.67	1.64	1.61	1.57	1.54	1.50	1.46
40	2.84	2.41	2.23	2.00	2.00	1.93	1.87	1.83	1.79	1.76	1.71	1.66	1.61	1.57	1.54	1.51	1.47	1.42	1.38
60	2.79	2.39	2.18	2.04	1.95	1.87	1.82	1.77	1.74	1.71	1.66	1.60	1.54	1.51	1.48	1.44	1.40	1.35	1.29
120	2.75	2.35	2.13	1.99	1.90	1.82	1.77	1.72	1.68	1.65	1.60	1.55	1.48	1.45	1.41	1.37	1.32	1.26	1.19
∞	2.71	2.30	2.08	1.94	1.85	1.77	1.72	1.67	1.63	1.60	1.55	1.49	1.42	1.38	1.34	1.30	1.24	1.17	1.00

$\alpha = 0.05$

n_2 \ n_1	1	2	3	4	5	6	7	8	9	10	12	15	20	24	30	40	60	120	∞
1	161.4	199.5	215.7	224.6	230.2	234.0	236.8	238.9	240.5	241.9	243.9	245.9	248.0	249.1	250.1	251.1	252.2	253.3	254.3
2	18.51	19.00	19.16	19.25	19.30	19.33	19.35	19.37	19.38	19.40	19.41	19.43	19.45	19.45	19.46	19.47	19.48	19.49	19.50
3	10.13	9.55	9.28	9.12	9.01	8.94	8.89	8.85	8.81	8.79	8.74	8.70	8.66	8.64	8.62	8.59	8.57	8.55	8.53
4	7.71	6.94	6.59	6.39	6.26	6.16	6.09	6.04	6.00	5.96	5.91	5.86	5.80	5.77	5.75	5.72	5.69	5.66	5.63
5	6.61	5.79	5.41	5.19	5.05	4.95	4.88	4.82	4.77	4.74	4.68	4.62	4.56	4.53	4.50	4.46	4.43	4.40	4.36
6	5.99	5.14	4.76	4.53	4.39	4.28	4.21	4.15	4.10	4.06	4.00	3.94	3.87	3.84	3.81	3.77	3.74	3.70	3.67
7	5.59	4.74	4.35	4.12	3.97	3.87	3.79	3.73	3.68	3.64	3.57	3.51	3.44	3.41	3.38	3.34	3.30	3.27	3.23
8	5.32	4.46	4.07	3.84	3.69	3.58	3.50	3.44	3.39	3.35	3.28	3.22	3.15	3.12	3.08	3.04	3.01	2.97	2.93
9	5.12	4.26	3.86	3.63	3.48	3.37	3.29	3.23	3.18	3.14	3.07	3.01	2.94	2.90	2.86	2.83	2.79	2.75	2.71
10	4.96	4.10	3.71	3.48	3.33	3.22	3.14	3.07	3.02	2.98	2.91	2.85	2.77	2.74	2.70	2.66	2.62	2.58	2.54
11	4.84	3.98	3.59	3.36	3.20	3.09	3.01	2.95	2.90	2.85	2.79	2.72	2.65	2.61	2.57	2.53	2.49	2.45	2.40
12	4.75	3.89	3.49	3.26	3.11	3.00	2.91	2.85	2.80	2.75	2.69	2.62	2.54	2.51	2.47	2.43	2.38	2.34	2.30
13	4.67	3.81	3.41	3.18	3.03	2.92	2.83	2.77	2.71	2.67	2.60	2.53	2.46	2.42	2.38	2.34	2.30	2.25	2.21
14	4.60	3.74	3.34	3.11	2.96	2.85	2.76	2.70	2.65	2.60	2.53	2.46	2.39	2.35	2.31	2.27	2.22	2.18	2.13
15	4.54	3.68	3.29	3.06	2.90	2.79	2.71	2.64	2.59	2.54	2.48	2.40	2.33	2.29	2.25	2.20	2.16	2.11	2.07
16	4.49	3.63	3.24	3.01	2.85	2.74	2.66	2.59	2.54	2.49	2.42	2.35	2.28	2.24	2.19	2.15	2.11	2.06	2.01
17	4.45	3.59	3.20	2.96	2.81	2.70	2.61	2.55	2.49	2.45	2.38	2.31	2.23	2.19	2.15	2.10	2.06	2.01	1.96
18	4.41	3.55	3.16	2.93	2.77	2.66	2.58	2.51	2.46	2.41	2.34	2.27	2.19	2.15	2.11	2.06	2.02	1.97	1.92
19	4.38	3.52	3.13	2.90	2.74	2.63	2.54	2.48	2.42	2.38	2.31	2.23	2.16	2.11	2.07	2.03	1.98	1.93	1.88
20	4.35	3.49	3.10	2.87	2.71	2.60	2.51	2.45	2.39	2.35	2.28	2.20	2.12	2.08	2.04	1.99	1.95	1.90	1.84

续表

n_2	1	2	3	4	5	6	7	8	9	10	12	15	20	24	30	40	60	120	∞
21	4.32	3.47	3.07	2.84	2.68	2.57	2.49	2.42	2.37	2.32	2.25	2.18	2.10	2.05	2.01	1.96	1.92	1.87	1.81
22	4.30	3.44	3.05	2.82	2.66	2.55	2.46	2.40	2.34	2.30	2.23	2.15	2.07	2.03	1.98	1.94	1.89	1.84	1.78
23	4.28	3.42	3.03	2.80	2.64	2.53	2.44	2.37	2.32	2.27	2.20	2.13	2.05	2.01	1.96	1.91	1.86	1.81	1.76
24	4.26	3.40	3.01	2.78	2.62	2.51	2.42	2.36	2.30	2.25	2.18	2.11	2.03	1.98	1.94	1.89	1.84	1.79	1.73
25	4.24	3.39	2.99	2.76	2.60	2.49	2.40	2.34	2.28	2.24	2.16	2.09	2.01	1.96	1.92	1.87	1.82	1.77	1.71
26	4.23	3.37	2.98	2.74	2.59	2.47	2.39	2.32	2.27	2.22	2.15	1.07	1.99	1.95	1.90	1.85	1.80	1.75	1.69
27	4.21	3.35	2.96	2.73	2.57	2.46	2.37	2.31	2.25	2.20	2.13	1.06	1.97	1.93	1.88	1.84	1.79	1.73	1.67
28	4.20	3.34	2.95	2.71	2.56	2.45	2.36	2.29	2.24	2.19	2.12	1.04	1.96	1.91	1.87	1.82	1.77	1.71	1.65
29	4.18	3.33	2.93	2.70	2.55	2.43	2.35	2.28	2.22	2.18	2.10	1.03	1.94	1.90	1.85	1.81	1.75	1.70	1.64
30	4.17	3.32	2.92	2.69	2.53	2.42	2.33	2.27	2.21	2.16	2.09	2.01	1.93	1.89	1.84	1.79	1.74	1.68	1.62
40	4.08	3.23	2.84	2.61	2.45	2.34	2.25	2.18	2.12	2.08	2.00	1.92	1.84	1.79	1.74	1.69	1.64	1.58	1.51
60	4.00	3.15	2.76	2.53	2.37	2.25	2.17	2.10	2.04	1.99	1.92	1.84	1.75	1.70	1.65	1.59	1.53	1.47	1.39
120	3.92	3.07	2.68	2.45	2.29	2.17	2.09	2.02	1.96	1.91	1.83	1.75	1.66	1.61	1.55	1.50	1.43	1.35	1.25
∞	3.84	3.00	2.60	2.37	2.21	2.10	2.01	1.94	1.88	1.83	1.75	1.67	1.57	1.52	1.46	1.39	1.32	1.22	1.00

$\alpha = 0.025$

n_2	1	2	3	4	5	6	7	8	9	10	12	15	20	24	30	40	60	120	∞
1	647.8	799.5	864.2	899.6	921.8	937.1	948.2	956.7	963.3	968.6	976.7	984.9	993.1	997.2	1001	1006	1010	1014	1018
2	38.51	39.00	39.17	39.25	139.30	39.33	39.36	39.37	39.39	39.40	39.41	39.43	39.45	39.46	39.46	39.47	39.48	39.49	39.50
3	17.44	16.04	15.44	15.10	14.88	14.73	14.62	14.54	14.47	14.42	14.34	14.25	14.17	14.12	14.08	14.04	13.99	13.95	13.90

续表

n_1

n_2	1	2	3	4	5	6	7	8	9	10	12	15	20	24	30	40	60	120	∞
4	12.22	10.65	9.98	9.60	9.36	9.20	9.07	8.98	8.90	8.84	8.75	8.66	8.56	8.51	8.46	8.41	8.36	8.31	8.26
5	10.01	8.43	7.76	7.39	7.15	6.98	6.85	6.76	6.68	6.62	6.52	6.43	6.33	6.28	6.23	6.18	6.12	6.07	6.02
6	8.81	7.26	6.60	6.23	5.99	5.82	5.70	5.60	5.52	5.46	5.37	5.27	5.17	5.12	5.07	5.01	4.96	4.90	4.85
7	8.07	6.54	5.89	5.52	5.29	5.12	4.99	4.90	4.82	4.76	4.67	4.57	4.47	4.42	4.36	4.31	4.25	4.20	4.14
8	7.57	6.06	5.42	5.05	4.82	4.65	4.53	4.43	4.36	4.30	4.20	4.10	4.00	3.95	3.89	3.84	3.78	3.73	3.67
9	7.21	5.71	5.08	4.72	4.48	4.32	4.20	4.10	4.03	3.96	3.87	3.77	3.67	3.61	3.56	3.51	3.45	3.39	3.33
10	6.94	5.46	4.83	4.47	4.24	4.07	3.95	3.85	3.78	3.72	3.62	3.52	3.42	3.37	3.31	3.26	3.20	3.14	3.08
11	6.72	5.26	4.63	4.28	4.04	3.88	3.76	3.66	3.59	3.53	3.43	3.33	3.23	3.17	3.12	3.06	3.00	2.94	2.88
12	6.55	5.10	4.47	4.12	3.89	3.73	3.61	3.51	3.44	3.37	3.28	3.18	3.07	3.02	2.96	2.91	2.85	2.79	2.72
13	6.41	4.97	4.35	4.00	3.77	3.60	3.48	3.39	3.31	3.25	3.15	3.05	2.95	2.89	2.84	2.78	2.72	2.66	2.60
14	6.30	4.86	4.24	3.89	3.66	3.50	3.38	3.29	3.21	3.15	3.05	2.95	2.84	2.79	2.73	2.67	2.61	2.55	2.49
15	6.20	4.77	4.15	3.80	3.58	3.41	3.29	3.20	3.12	3.06	2.96	2.86	2.76	2.70	2.64	2.59	2.52	2.46	2.40
16	6.12	4.69	4.08	3.73	3.50	3.34	3.22	3.12	3.05	2.99	2.89	2.79	2.68	2.63	2.57	2.51	2.45	2.38	2.32
17	6.04	4.62	4.01	3.66	3.44	3.28	3.16	3.06	2.98	2.92	2.82	2.72	2.62	2.56	2.50	2.44	2.38	2.32	2.25
18	5.98	4.56	3.95	3.61	3.38	3.22	3.10	3.01	2.93	2.87	2.77	2.67	2.56	2.50	2.44	2.38	2.32	2.26	2.19
19	5.92	4.51	3.90	3.56	3.33	3.17	3.05	2.96	2.88	2.82	2.72	2.62	2.51	2.45	2.39	2.35	2.27	2.20	2.13
20	5.87	4.46	3.86	3.51	3.29	3.13	3.01	2.91	2.84	2.77	2.68	2.57	2.46	2.41	2.35	2.29	2.22	2.16	2.09
21	5.83	4.42	3.82	3.48	3.25	3.09	2.97	2.87	2.80	2.73	2.64	2.53	2.42	2.37	2.31	2.25	2.18	2.11	2.04
22	5.79	4.38	3.78	3.44	3.22	3.05	2.93	2.84	2.76	2.70	2.60	2.50	2.39	2.33	2.27	2.21	2.14	2.08	2.00
23	5.75	4.35	3.75	3.41	3.18	3.02	2.90	2.81	2.73	2.67	2.57	2.47	2.36	2.30	2.24	2.18	2.11	2.04	1.97

续表

n_1

n_2	1	2	3	4	5	6	7	8	9	10	12	15	20	24	30	40	60	120	∞
24	5.72	4.32	3.72	3.38	3.15	2.99	2.87	2.78	2.70	2.64	2.54	2.44	2.33	2.27	2.21	2.15	2.08	2.01	1.94
25	5.69	4.29	3.69	3.35	3.13	2.97	2.85	2.75	2.68	2.61	2.51	2.41	2.30	2.24	2.18	2.12	2.05	1.98	1.91
26	5.66	4.27	3.67	3.33	3.10	2.94	2.82	2.73	2.65	2.59	2.49	2.39	2.28	2.22	2.16	2.09	2.03	1.95	1.88
27	5.63	4.24	3.65	3.31	3.08	2.92	2.80	2.71	2.63	2.57	2.47	2.36	2.25	2.19	2.13	2.07	2.00	1.93	1.85
28	5.61	4.22	3.63	3.29	3.06	2.90	2.78	2.69	2.61	2.55	2.45	2.34	2.23	2.17	2.11	2.05	1.98	1.91	1.83
29	5.59	4.20	3.61	3.27	3.04	2.88	2.76	2.67	2.59	2.53	2.43	2.32	2.21	2.15	2.09	2.03	1.96	1.89	1.81
30	5.57	4.18	3.59	3.25	3.03	2.87	2.75	2.65	2.57	2.51	2.41	2.31	2.20	2.14	2.07	2.01	1.94	1.87	1.79
40	5.42	4.05	3.46	3.13	2.90	2.74	2.62	2.53	2.45	2.39	2.29	2.18	2.07	2.01	1.94	1.88	1.80	1.72	1.64
60	5.29	3.93	3.34	3.01	2.79	2.63	2.51	2.41	2.33	2.27	2.17	2.06	1.94	1.88	1.82	1.74	1.67	1.58	1.48
120	5.15	3.80	3.23	2.89	2.67	2.52	2.39	2.30	2.22	2.16	2.05	1.94	1.82	1.76	1.69	1.61	1.53	1.43	1.31
∞	5.02	3.69	3.12	2.79	2.57	2.41	2.29	2.19	2.11	2.05	1.94	1.83	1.71	1.64	1.57	1.48	1.39	1.27	1.00

$\alpha = 0.01$

n_1

n_2	1	2	3	4	5	6	7	8	9	10	12	15	20	24	30	40	60	120	∞
1	4 052	5 000	5 403	5 625	5 764	5 859	5 928	5 982	6 062	6 056	6 106	6 157	6 209	6 235	6 261	6 287	6 313	6 339	6 366
2	98.50	99.00	99.17	99.25	99.30	99.33	99.36	99.37	99.39	99.40	99.42	99.43	99.45	99.46	99.47	99.47	99.48	99.49	99.50
3	34.12	30.82	29.46	28.71	28.24	27.91	27.67	27.49	27.35	27.23	27.05	26.87	26.69	26.60	26.50	26.41	26.32	26.22	26.13
4	21.20	18.00	16.69	15.98	15.52	15.21	14.98	14.80	14.66	14.55	14.37	14.20	14.02	13.93	13.84	13.75	13.65	13.56	13.46
5	16.26	13.27	12.06	11.39	10.97	10.67	10.46	10.29	10.16	10.05	9.89	9.72	9.55	9.47	9.38	9.29	9.20	9.11	9.02
6	13.75	10.92	9.78	9.15	8.75	8.47	8.26	8.10	7.98	7.87	7.72	7.56	7.40	7.31	7.23	7.14	7.06	6.97	6.88

续表

n_2	1	2	3	4	5	6	7	8	9	10	12	15	20	24	30	40	60	120	∞
7	12.25	9.55	8.45	7.85	7.46	7.19	6.99	6.84	6.72	6.62	6.47	6.31	6.16	6.07	5.99	5.91	5.82	5.74	5.65
8	11.26	8.65	7.59	7.01	6.63	6.37	6.18	6.03	5.91	5.81	5.67	5.52	5.36	5.28	5.20	5.12	5.03	4.95	4.86
9	10.56	8.02	6.99	6.42	6.06	5.80	5.61	5.47	5.35	5.26	5.11	4.96	4.81	4.73	4.65	4.57	4.48	4.40	4.31
10	10.04	7.56	6.55	5.99	5.64	5.39	5.20	5.06	4.94	4.85	4.71	4.56	4.41	4.33	4.25	4.17	4.08	4.00	3.91
11	9.65	7.21	6.22	5.67	5.32	5.07	4.89	4.74	4.63	4.54	4.40	4.25	4.10	4.02	3.95	3.86	3.78	3.69	3.60
12	9.33	6.93	5.95	5.41	5.06	4.82	4.64	4.50	4.39	4.30	4.16	4.01	3.86	3.78	3.70	3.62	3.54	3.45	3.36
13	9.07	6.70	5.74	5.21	4.86	4.62	4.44	4.30	4.19	4.10	3.96	3.82	3.66	3.59	3.51	3.43	3.34	3.25	3.17
14	8.86	6.51	5.56	5.04	4.69	4.46	4.28	4.14	4.03	3.94	3.80	3.66	3.51	3.43	3.35	3.27	3.18	3.09	3.00
15	8.68	6.36	5.42	4.89	4.56	4.32	4.14	4.00	3.89	3.80	3.67	3.52	3.37	3.29	3.21	3.13	3.05	2.96	2.87
16	8.53	6.23	5.29	4.77	4.44	4.20	4.03	3.89	3.78	3.69	3.55	3.41	3.26	3.18	3.10	3.02	2.93	2.84	2.75
17	8.40	6.11	5.18	4.67	4.34	4.10	3.93	3.79	3.68	3.59	3.46	3.31	3.16	3.08	3.00	2.92	2.83	2.75	2.65
18	8.29	6.01	5.09	4.58	4.25	4.01	3.84	3.71	3.60	3.51	3.37	3.23	3.08	3.00	2.92	2.84	2.75	2.66	2.57
19	8.18	5.93	5.01	4.50	4.17	3.94	3.77	3.63	3.52	3.43	3.30	3.15	3.00	2.92	2.84	2.76	2.67	2.58	2.49
20	8.10	5.85	4.94	4.43	4.10	3.87	3.70	3.56	3.46	3.37	3.23	3.09	2.94	2.86	2.78	2.69	2.61	2.52	2.42
21	8.02	5.78	4.87	4.37	4.04	3.81	3.64	3.51	3.40	3.31	3.17	3.03	2.88	2.80	2.72	2.64	2.55	2.46	2.36
22	7.95	5.72	4.82	4.31	3.99	3.76	3.59	3.45	3.35	3.26	3.12	2.98	2.83	2.75	2.67	2.58	2.50	2.40	2.31
23	7.88	5.66	4.76	4.26	3.94	3.71	3.54	3.41	3.30	3.21	3.07	2.93	2.78	2.70	2.62	2.54	2.45	2.35	2.26
24	7.82	5.61	4.72	4.22	3.90	3.67	3.50	3.36	3.26	3.17	3.03	2.89	2.74	2.66	2.58	2.49	2.40	2.31	2.21
25	7.77	5.57	4.68	4.18	3.85	3.63	3.46	3.32	3.22	3.13	2.99	2.85	2.70	2.62	2.54	2.45	2.36	2.27	2.17
26	7.72	5.53	4.64	4.14	3.82	3.59	3.42	3.29	3.18	3.09	2.96	2.81	2.66	2.58	2.50	2.42	2.33	2.23	2.13

n_1

续表

n_2	1	2	3	4	5	6	7	8	9	10	12	15	20	24	30	40	60	120	∞
																			n_1
27	7.68	5.49	4.60	4.11	3.78	3.56	3.39	3.26	3.15	3.06	2.93	2.78	2.63	2.55	2.47	2.38	2.29	2.20	2.10
28	7.64	5.45	4.57	4.07	3.75	3.53	3.36	3.23	3.12	3.03	2.90	2.75	2.60	2.52	2.44	2.35	2.26	2.17	2.06
29	7.60	5.42	4.54	4.04	3.73	3.50	3.33	3.20	3.09	3.00	2.87	2.73	2.57	2.49	2.41	2.33	2.23	2.14	2.03
30	7.56	5.39	4.51	4.02	3.70	3.47	3.30	3.17	3.07	2.98	2.84	2.70	2.55	2.47	2.39	2.30	2.21	2.11	2.01
40	7.31	5.18	4.31	3.83	3.51	3.29	3.12	2.99	2.89	2.80	2.66	2.52	2.37	2.29	2.20	2.11	2.02	1.92	1.80
60	7.08	4.98	4.13	3.65	3.34	3.12	2.95	2.82	2.72	2.63	2.50	2.35	2.20	2.12	2.03	1.94	1.84	1.73	1.60
120	6.85	4.79	3.95	3.48	3.17	2.96	2.79	2.66	2.56	2.47	2.34	2.19	2.03	1.95	1.86	1.76	1.66	1.53	1.38
∞	6.63	4.61	3.78	3.32	3.02	2.80	2.64	2.51	2.41	2.32	2.18	2.04	1.88	1.79	1.70	1.59	1.47	1.32	1.00

$\alpha = 0.005$

n_2	1	2	3	4	5	6	7	8	9	10	12	15	20	24	30	40	60	120	∞
																			n_1
1	16 211	20 000	21 615	22 500	23 056	2 437	23 715	23 925	24 091	24 224	24 426	24 630	24 836	24 940	25 044	25 148	25 253	25 359	25 465
2	198.5	199.0	199.2	199.2	199.3	199.3	199.4	199.4	199.4	199.4	199.4	199.4	199.4	199.5	199.5	199.5	199.5	199.5	199.5
3	55.55	49.80	47.47	46.19	45.39	44.84	44.43	44.13	43.88	43.69	43.39	43.08	42.78	42.62	42.47	42.31	42.15	41.99	41.83
4	31.33	26.28	24.26	23.15	22.46	21.97	21.62	21.35	21.14	20.97	20.70	20.44	20.17	20.03	19.89	19.75	19.61	19.47	19.32
5	22.78	18.31	16.53	15.56	24.94	14.51	14.20	13.96	13.77	13.62	13.38	13.15	12.90	12.78	12.66	12.53	12.40	12.72	12.14
6	18.63	14.54	12.92	12.03	21.46	11.07	10.79	10.57	10.39	10.25	10.03	9.81	9.59	9.47	9.36	9.24	9.42	9.00	8.88
7	16.24	12.40	10.88	10.05	9.52	9.16	8.89	8.68	8.51	8.38	8.18	7.97	7.75	7.65	7.53	7.42	7.31	7.19	7.08
8	14.69	11.04	9.60	8.81	8.30	7.95	7.69	7.50	7.34	7.21	7.01	6.81	6.61	6.50	6.40	6.29	6.18	6.06	5.95
9	13.61	10.11	8.72	7.96	7.47	7.13	6.88	6.69	6.54	6.42	6.23	6.03	5.83	5.73	5.62	5.52	5.41	5.30	5.19

续表

n_2	1	2	3	4	5	6	7	8	9	10	12	15	20	24	30	40	60	120	∞
										n_1									
10	12.83	9.43	8.08	7.34	6.87	6.54	6.30	6.12	5.97	5.85	5.66	5.47	5.27	5.17	5.07	4.97	4.86	4.75	4.64
11	12.23	8.91	7.60	6.88	6.42	6.10	5.86	5.68	5.54	5.42	5.24	5.05	4.86	4.76	4.65	4.55	4.44	4.34	4.23
12	11.75	8.51	7.23	6.52	6.07	5.76	5.52	5.35	5.20	5.09	4.91	4.72	4.53	4.43	4.33	4.23	4.12	4.01	3.90
13	11.37	8.19	6.93	6.23	5.79	5.48	5.25	5.08	4.94	4.82	4.64	4.46	4.27	4.17	4.07	3.97	3.87	3.76	3.65
14	11.06	7.92	6.68	6.00	5.56	5.26	5.03	4.86	4.72	4.60	4.43	4.25	4.06	3.96	3.86	3.76	3.66	3.55	3.44
15	10.80	7.70	6.48	5.80	5.37	5.07	4.85	4.67	4.54	4.42	4.25	4.07	3.88	3.79	3.69	3.58	3.48	3.37	3.26
16	10.58	7.51	6.30	5.64	5.21	4.91	4.69	4.52	4.38	4.27	4.10	3.92	3.73	3.64	3.54	3.44	3.23	3.22	3.11
17	10.38	7.35	6.16	5.50	5.07	4.78	4.56	4.39	4.25	4.14	3.97	3.79	3.61	3.51	3.41	3.31	3.21	3.10	2.98
18	10.22	7.21	6.03	5.37	4.96	4.66	4.44	4.28	4.14	4.03	3.86	3.68	3.50	3.40	3.30	3.20	3.10	2.99	2.87
19	10.07	7.09	5.92	5.27	4.85	4.56	4.34	4.18	4.04	3.93	3.76	3.59	3.40	3.31	3.21	3.11	3.00	2.89	2.78
20	9.94	6.99	5.82	5.17	4.76	4.47	4.26	4.09	3.96	3.85	3.68	3.50	3.32	3.22	3.12	3.02	2.92	2.81	2.69
21	9.83	6.89	5.73	5.09	4.68	4.39	4.18	4.01	3.88	3.77	3.60	3.43	3.24	3.15	3.05	2.95	2.84	2.73	2.61
22	9.73	6.81	5.65	5.02	4.61	4.32	4.11	3.94	3.81	3.70	3.54	3.36	3.18	3.08	2.98	2.88	2.77	2.66	2.55
23	9.63	6.73	5.58	4.95	4.54	4.26	4.05	3.88	3.75	3.64	3.47	3.30	3.12	3.02	2.92	2.82	2.71	2.60	2.48
24	9.55	6.66	5.52	4.89	4.49	4.20	3.99	3.83	3.69	3.59	3.42	3.25	3.06	2.97	2.87	2.77	2.66	2.55	2.43
25	9.48	6.60	5.46	4.84	4.43	4.15	3.94	3.78	3.64	3.54	3.37	3.20	3.01	2.92	2.82	2.72	2.61	2.50	2.38
26	9.41	6.54	5.41	4.79	4.38	4.10	3.89	3.73	3.60	3.49	3.33	3.15	2.97	2.87	2.77	2.67	2.56	2.45	2.33
27	9.34	6.49	5.36	4.74	4.34	4.06	3.85	3.69	3.56	3.45	3.28	3.11	2.93	2.83	2.73	2.63	2.52	2.41	2.29
28	9.28	6.44	5.32	4.70	4.30	4.02	3.81	3.65	3.52	3.41	3.25	3.07	2.89	2.79	2.69	2.59	2.48	2.37	2.25
29	9.23	6.40	5.28	4.66	4.26	3.98	3.77	3.61	3.48	3.38	3.21	3.04	2.86	2.76	2.66	2.56	2.45	2.33	2.21

续表

n_2	n_1																		
	1	2	3	4	5	6	7	8	9	10	12	15	20	24	30	40	60	120	∞
30	9.18	6.35	5.24	4.62	4.23	3.95	3.74	3.58	3.45	3.34	3.18	3.01	2.82	2.73	2.63	2.52	2.42	2.30	2.18
40	8.83	6.07	4.98	4.37	3.99	3.71	3.51	3.35	3.22	3.12	2.95	2.78	2.60	2.50	2.40	2.30	2.18	2.06	1.93
60	8.49	5.79	4.73	4.14	3.76	3.49	3.29	3.13	3.01	2.90	2.74	2.57	2.39	2.29	2.19	2.08	1.96	1.83	1.69
120	8.18	5.54	4.50	3.92	3.55	3.28	3.09	2.93	2.81	2.75	2.54	2.37	2.19	2.09	1.98	1.87	1.75	1.61	1.43
∞	7.88	5.30	4.28	3.72	3.35	3.09	2.90	2.74	2.62	2.52	2.36	2.19	2.00	1.90	1.79	1.67	1.53	1.36	1.00

表 A.6　秩和临界值表

	(2, 4)			(4, 4)			(6, 7)	
3	11	0.067	11	25	0.029	28	56	0.026
	(2, 5)		12	24	0.057	30	54	0.051
3	13	0.047		(4, 5)			(6, 8)	
	(2, 6)		12	28	0.032	29	61	0.021
3	15	0.036	13	27	0.056	32	58	0.054
4	14	0.071		(4, 6)			(6, 9)	
	(2, 7)		12	32	0.019	31	65	0.025
3	17	0.028	14	30	0.057	33	63	0.044
4	16	0.056		(4, 7)			(6, 10)	
	(2, 8)		13	35	0.021	33	69	0.028
3	19	0.022	15	33	0.055	35	67	0.047
4	18	0.044		(4, 8)			(7, 7)	
	(2, 9)		14	38	0.024	37	68	0.027
3	21	0.018	16	36	0.055	39	66	0.049
4	20	0.036		(4, 9)			(7, 8)	
	(2, 10)		15	41	0.025	39	73	0.027
4	22	0.030	17	39	0.053	41	71	0.047
5	21	0.061		(4, 10)			(7, 9)	
	(3, 3)		16	44	0.026	41	78	0.027
6	15	0.050	18	42	0.053	43	76	0.045
	(3, 4)			(5, 5)			(7, 10)	
6	18	0.028	18	37	0.028	43	83	0.028
7	17	0.057	19	36	0.048	46	80	0.054
	(3, 5)			(5, 6)			(8, 8)	
6	21	0.018	19	41	0.026	49	87	0.025
7	20	0.036	20	40	0.041	52	84	0.052
	(3, 6)			(5, 7)			(8, 9)	
7	23	0.024	20	45	0.024	51	93	0.023

8	22	0.048	22	43	0.053	54	90	0.046
	(3, 7)			(5, 8)			(8, 10)	
8	25	0.033	21	49	0.023	54	98	0.027
9	24	0.058	23	47	0.047	57	95	0.051
	(3, 8)			(5, 9)			(9, 9)	
8	28	0.024	22	53	0.021	63	108	0.025
9	27	0.042	25	50	0.056	66	105	0.047
	(3, 9)			(5, 10)			(9, 10)	
9	30	0.032	24	56	0.028	66	114	0.027
10	29	0.050	26	54	0.050	69	111	0.047
	(3, 10)			(6, 6)			(10, 10)	
9	33	0.024	26	52	0.021	79	131	0.026
11	31	0.056	28	50	0.047	83	127	0.053

注：括号内数字表示样本容量 (n_1, n_2).

§附录 B　Python 在数理统计中的应用

B.1　Python 简介及本附录主要内容介绍

Python 由荷兰数学和计算机科学研究学会的 Guido von Rossum 于 1990 年代初设计.1982 年，Guido 在阿姆斯特丹大学毕业，获得数学和计算机硕士学位.

1989 年，为了打发圣诞节假期，Guido 开始写 Python 语言的编译/解释器.2000 年 10 月，Python 语言正式发布.2008 年 12 月，Python 3.0 正式发布，3.x 系列版本代码无法向下兼容 Python 2.0 系列的既有语法，因此，所有用 2.0 版本编写的库函数都必须修改后才能被 Python 3.0 系列解释器运行.从 2008 年开始，用 Python 编写的几万个函数库开始了版本更迭的过程，至今，大部分程序员都在用 3.0 系列的语法和解释器.

Python 语言自问世以来，一直以它简洁、高级、丰富的库、嵌入性、可扩展性、面向对象、免费和开源的特点受到了广大程序设计者的欢迎，目前，其是排在前三位的主流计算机编程语言，并且还有上升的趋势.

Python 是一种解释型脚本语言，可以应用于 Web 和 Internet 开发、科学计算和统计、人工智能、桌面界面开发、软件开发、后端开发、图形处理、数学处理、文本处理、数据库编程、多媒体应用等很多领域.

此外，本附录主要介绍 Python 语言在数理统计中的应用，包括统计函数库的介绍、Python 统计描述、随机变量的概率计算和数字特征以及用 Python 作简单的回归分析等.

B.2　Python 统计函数库介绍

数理统计是研究和揭示随机现象统计规律性的一门数学学科.随机变量的概率计算和随机变量的数字特征是其中的重要内容之一.Python 的编译功能强大，可以实现随机变量的概率计算及随机变量数字特征的计算.常用第三方 SciPy 库、NumPy 库来实现概率论和数理统计的计算.SciPy 库中的 stats 模块和 stats 模型包是 Python 常用的数据分析工具，这个模块被重写并成为现在独立的状态模型包.SciPy 库中的 stats 模块包含一些比较基本的工具，如 t 检验、正态性检验、卡方检验等，statsmodels 提供了更为系统的统计模型，包括线性模型、时序分近，还包含数据集、作图工具等.

Python 统计相关函数库的调用代码：

```
from scipy import stats          #调用 stats 模块
import numpy as np               #调用 NumPy 库
import matplotlib.pyplot as plt  #调用 matplotlib 库中的 pyplot 子库
```

B.3　Python 统计描述

统计描述是通过图表或数学方法，对数据资料进行整理、分析，并对数据的分布状态、数字特征和随机变量之间关系进行估计和描述的方法，包括统计图的绘制，随机变量的概率计算，均值、标准差、偏度、峰度的计算，以及随机数字特征的计算，等等.这些都可以用 Python 实现，下面主要介绍如何用 Python 实现随机变量的统计描述.

B.3.1　随机变量概率分布图的绘制

例 B.3.1　服从泊松分布的随机变量的分布律为 $P\{X=k\}=\dfrac{\lambda^k e^{-\lambda}}{k!}(k=0,1,2,\cdots)$，

$\lambda>0$，取 $\lambda=2$，$n=10$，绘制概率分布图.

解　在 IDLE 开发环境中输入如下代码：

```
import numpy as np                       #导入 numpy 记作 np
from scipy import stats                  #导入 stats
import matplotlib. pyplot as plt         #导入 matplotlib. pyplot 记作 plt
plt. rcParams['font. family' ]='SimHei'  #设置中文字体显示为黑体
plt. rcParams['font. size' ]=10          #设置中文字体显示字号大小
mu=2
k=10
X=np. arange(0,k+1,1)                     #arange 生成一个等差数组
pList=stats. poisson. pmf(X,mu)          #求对应分布的概率
plt. plot(X,pList,linestyle='None' ,marker='o' )   #绘图
plt. vlines(X,0,pList)                    #绘制竖直线 vline(x坐标值,y坐标最小值,y坐标最大值)
plt. xlabel('随机变量的取值' )            #x 轴标签
plt. ylabel('概率值' )                    #y 轴标签
plt. title('泊松分布:平均值 mu=%i' %mu)   #标题
plt. show()                               #显示绘制图形
```

代码生成的图形如图 B.1 所示

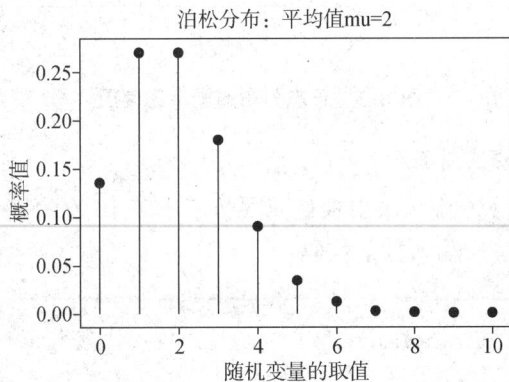

图 B.1　泊松分布概率分布图

例 B.3.2　服从正态分布的随机变量的概率密度为 $f(x)=\dfrac{1}{\sqrt{2\pi}\sigma}e^{-\frac{(x-\mu)^2}{2\sigma^2}}(-\infty<x<+\infty)$，取 $\mu=0$，$\sigma=1$，绘制正态分布概率密度图.

解　在 IDLE 开发环境中输入如下代码：

```
import numpy as np                       #导入 numpy 记作 np
from scipy import stats                  #导入 stats
import matplotlib. pyplot as plt         #导入 matplotlib. pyplot 记作 plt
```

```
plt. rcParams['font. family' ]='SimHei'        #设置中文字体显示为黑体
mu=0                                           #平均值
sigma=1                                        #标准差
X=np. arange(-5,5,0. 1)                         #arange 生成一个等差数组
pList=stats. norm. pdf(X,mu,sigma)              #求对应分布的概率
#参数含义为:pdf(发生 X 次事件,均值为 mu,标准差为 sigma)
plt. plot(X,pList,linestyle='-' )               #绘图
plt. xlabel('随机变量:x' )                        #x 轴标签
plt. ylabel('概率值:y' )                          #y 轴标签
plt. title('正态分布: $ \\mu $ =%0. 1f, $ \\sigma^2 $ =%0. 1f' %(mu,sigma))   #标题
plt. show()                                     #显示图形
```

代码生成的图形如图 B. 2 所示

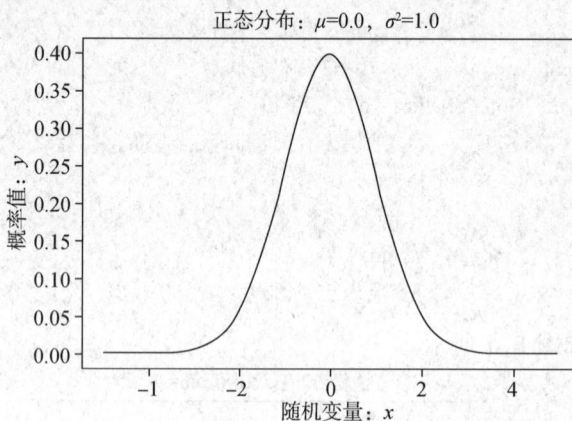

图 B.2　正态分布的概率密度图

B. 3. 2　随机变量的概率计算

例 B. 3. 3　抛掷硬币 100 次，求出现正面次数不小于 10 次的概率.

解　在 IDLE 开发环境中输入如下代码：

```
import math                                     #调用 math
def binomial_distribution_morethan(p,n,x):      #创建二项分布
    count=0                                     #定义变量初始值
    for i in range(x,n,1):                      #for 循环,让 i 在 range(x,n,1)中遍历取值
        c=math. factorial(n)/math. factorial(n- i)/math. factorial(i)   #计算组合数 c
        count+=c*(p**i)*((1- p)**(n- i))          #计算概率并求和
        return count                            #返回值
print(binomial_distribution_morethan(0. 5,100,10)) #打印
```

代码运行的结果为：1. 0000000000000002.

注：结果之所以超过了 1，是因为在每次求概率的时候都四舍五入了，加起来就超过 1 了. 说明该事件几乎是一个必然事件.

例 B. 3. 4　设随机变量 X 服从参数为 $\lambda = 2$ 的泊松分布，求 $P\{X = 4\}$ 及 $P\{X < 6\}$.

解 在 IDLE 开发环境中输入如下代码：

```
import math                                      #调用 math
def possion_distribution(p,n):                    #创建泊松分布函数
    pdf=p**n*math. exp(-p)/math. factorial(n)     #定义函数
    return count                                  #返回值
print(possion_distribution(2,4))                  #打印
def possion_distribution(p,x):                     #定义函数
    count1=0                                       #定义变量初始值
    for i in range(0,6,1):                         #for 循环,让 i 在 range(0,6,1)中遍历取值
        pdf=p**x*math. exp(-p)/math. factorial(x)  #计算概率 pdf
        count1+=pdf                                #概率求和
        return count1                              #返回值
print(possion_distribution(2,6))                  #打印
```

代码运行的结果为：0.0902235221577418, 0.07217881772619344.

例 B.3.5 设随机变量 X 的概率密度为

$$f(x) = \begin{cases} 2(1-x), & 0 < x < 1 \\ 0, & \text{其他} \end{cases}$$

求概率 $P\left\{\dfrac{1}{4} < X < 1\right\}$.

解 在 IDLE 开发环境中输入如下代码：

```
from sympy import*                                #导入计算积分的模块包
x=symbols('x' )                                   #定义一个符号变量
f=2*(1-x)                                         #定义一个函数
print(integrate(f,(x,1/4,1)))                     #计算概率值并打印
```

代码运行的结果为：0.562500000000000.

例 B.3.6 已知随机变量 X 服从标准正态分布，即 $X \sim N(1, 9)$，求 $P\{1 < X < 4\}$，$P\{-1 < X < 1\}$.

解 在 IDLE 开发环境中输入如下代码：

```
import sympy as sp                                #导入 sympy 记作 sp
x=sp. symbols('x' )                               #定义变量 x
mu=1                                              #输入参数 mu 的值
sigma=3                                           #输入参数 sigma 的值
f=(1/(sp. sqrt(2*sp. pi)*sigma))*sp. exp((- (x- mu)**2)/2*sigma**2)   #输入函数
p1=sp. integrate(f,(x,1,4))                       #计算概率
p2=sp. integrate(f,(x,-1,1))                      #计算概率
print('P{1<X<4}计算结果为:%s' % float(p1))        #打印
print('P{-1<X<1}计算结果为:%s' % float(p2))       #打印
```

代码运行的结果为：P{1<X<4}计算结果为：0.05555555555555555，P{-1<X<1}计算

结果为：0.055555555445934705.

Python 除了可以计算一维随机变量的概率分布，也可以计算二维随机变量的概率分布，如下面例题所示.

例 B.3.7 设二维随机变量 (X, Y) 的概率密度为

$$f(x, y) = \begin{cases} \dfrac{1}{8}(6 - x - y), & 0 < x < 2, \, 2 < y < 4, \\ 0, & \text{其他} \end{cases}$$

求：(1) $P\{0 < X \leqslant 1, \, 0 < Y \leqslant 1\}$；(2) $P\{Y \leqslant X\}$.

解 (1) 在 IDLE 开发环境中输入如下代码：

```
import sympy as sp                           #引入需要的包
x,y=sp. symbols('x y' )                       #定义变量
f=1/8*(6-x-y)                                 #创建函数表达式
I=sp. integrate(f,(y,0,1),(x,0,1))           #第二重积分的区间参数要以函数的形式传入
print(' 概率 P{0<X<=1,0<Y<=1}=%s' % I)       #打印
```

代码运行的结果为：概率 $P\{0<X<=1, \, 0<Y<=1\} = 0.625000000000000$.

(2) 在 IDLE 开发环境中输入如下代码：

```
import sympy as sp                           #导入 sympy 记作 sp
x,y=sp. symbols('x y' )                       #定义变量
f=1/8*(6-x-y)                                 #创建函数表达式
I=sp. integrate(f,(y,2,4- x),(x,0,2))        #计算积分
print('概率 P{Y<=X}=%s' % I)                 #打印
```

代码运行的结果为：概率 $P\{Y<=X\} = 0.666666666666667$.

B.3.3 均值、标准差、偏度、峰度的计算

随机生成一组数据，要计算均值、标准差、偏度、峰度，可在 IDLE 开发环境中输入如下代码：

```
import numpy as np                           #导入 numpy 记作 np
from scipy import stats                      #从 scipy 中调用 stats
x=np. random. randn(10000)                   #随机生成数
mu=np. mean(x,axis=0)                        #计算均值
sigma=np. std(x,axis=0)                      #计算标准差
skew=stats. skew(x)                          #计算偏度
kurtosis=stats. kurtosis(x)                  #计算峰度
print('均值',mu)                             #打印均值
print('标准差',sigma)                        #打印标准差
print('偏度',skew)                           #打印偏度
print('峰度',kurtosis)                       #打印峰度
```

B.3.4 随机数字特征的计算

随机变量的数字特征是由随机变量的分布确定的，能描述随机变量在某一个方面的特征

的常数．常见的数字特征有数学期望、方差、协方差、相关系数、矩、协方差矩阵等．下面介绍如何用 Python 计算随机变量的数字特征．

例 B.3.8 设离散型随机变量 X 的分布律如表 B.1 所示．

表 B.1 X 的分布律

X	-2	-1	0	2	5
p_k	0.1	0.3	0	0.2	0.4

求 $E(X)$，$D(X)$．

解　在 IDLE 开发环境中输入如下代码：

```
import numpy as np                    #导入 numpy 记作 np
a=np.array([-2,-1,0,2,5])            #用数组给出变量 X 的取值
b=np.array([0.1,0.3,0,0.2,0.4])      #用数组给出变量 X 的取值的概率
expect=np.matmul(a,b)                #计算期望值
print('期望 E(X)=',expect)           #打印
expect2=np.matmul(a**2,b)            #计算期望值
var=expect2-expect**2                #计算方差
print('方差 D(X)=',var)              #打印
```

代码运行的结果为：期望 E(X)=1.9，方差 D(X)=7.890000000000001．

例 B.3.9 设随机变量 (X, Y) 的概率密度为

$$f(x, y) = \begin{cases} 12y^2, & 0 \leq y \leq x \leq 1 \\ 0, & 其他 \end{cases}$$

求 $E(X)$，$E(Y)$，$D(X)$，$D(Y)$，$E(XY)$．

解　在 IDLE 开发环境中输入如下代码：

```
import sympy as sp                       #导入 sympy 记作 sp
x,y=sp.symbols('x y')                    #定义变量 x,y
f=12*y**2                                #创建表达式
fx=x*f                                   #创建表达式
fy=y*f                                   #创建表达式
fx2=x**2*f                               #创建表达式
fy2=y**2*f                               #创建表达式
fxy=x*y*f                                #创建表达式
Ex=sp.integrate(fx,(y,0,x),(x,0,1))      #计算 X 的期望
Ey=sp.integrate(fy,(y,0,x),(x,0,1))      #计算 Y 的期望
Ex2=sp.integrate(fx2,(y,0,x),(x,0,1))    #计算 X 的平方的期望
Ey2=sp.integrate(fy2,(y,0,x),(x,0,1))    #计算 Y 的平方的期望
Dx=Ex2-(Ex)**2                           #计算 X 的方差
Dy=Ey2-(Ey)**2                           #计算 Y 的方差
Exy=sp.integrate(fxy,(y,0,x),(x,0,1))    #计算 XY 的期望
print('期望 E(X)=%s' % Ex)               #打印
print('期望 E(Y)=%s' % Ey)               #打印
```

```
print('方差 D(X)=%s' % Dx)          #打印
print('方差 D(Y)=%s' % Dy)          #打印
print('期望 E(XY)=%s' % Exy)        #打印
```

代码运行的结果为：期望 E(X)= 4/5，期望 E(Y)= 3/5，方差 D(X)= 2/75，方差 D(Y)= 1/25，期望 E(XY)= 1/2.

B.3.5 简单统计量的计算

统计中常用的简单统计量有算术平均值、众数、中位数、标准差、方差、极差、变异系数等，下面通过 Python 的 scipy 库进行计算.

例 B.3.10 体检中抽取某年级的 50 名学生的身高(单位：cm)和体重(单位：kg)数据如表 B.2 所示.

表 B.2　学生身高体重数据表

身高	体重	身高	体重	身高	体重	身高	体重	身高	体重
172	75	178	60	169	55	177	66	169	64
171	62	173	73	168	67	170	58	165	52
166	62	163	47	168	55	173	67	164	59
166	65	165	66	175	67	172	59	173	74
155	57	170	60	176	64	170	62	172	69
173	58	163	50	168	50	172	59	169	52
166	55	172	57	161	49	177	58	173	57
170	63	182	63	169	63	176	68	173	61
167	53	171	59	171	61	175	68	166	70
173	60	177	64	178	64	184	70	163	57

计算这组数据的均值、中位数、众数、极差、方差、标准差和变异系数.

解　在 IDLE 开发环境中输入如下代码：

```
import numpy as np                              #导入 numpy 记作 np
from numpy import reshape,c_                    #由 numpy 导入 reshape,c_
import pandas as pd                             #导入 Pandas 记作 pd
df=pd. read_excel('E:/data/students. xlsx',header=None   #读入数据,students. xlsx 在参考文献里给出
a=df. values                                    #把值赋给 a
h=a[:,::2]                                       #身高数据赋给 h
w=a[:,1::2]                                      #体重数据赋给 w
df2=pd. DataFrame(c_[h,w],columns=['身高','体重'])   #由身高和体重数据组成 DataFrame 赋值给 df2
print(df2. describe())                           #打印所有的数据信息
print('偏度为',df2. skew())                       #打印数据的偏度
print('峰度为',df2. kurt())                       #打印数据的峰度
print('分位数为',df2. quantile(0. 9))             #打印数据的分位数
```

代码运行的结果为：

	身高	体重	
count	50.000000	50.000000	#数据计数
mean	170.580000	61.080000	#样本均值
std	5.410081	6.521049	#样本标准差
min	155.000000	47.000000	#样本最小值
25%	167.250000	57.000000	#1/4 分位数
50%	171.000000	61.000000	#中位数
75%	173.000000	65.750000	#3/4 分位数
max	184.000000	75.000000	#最大值

偏度为   身高   −0.131061

                体重   −0.015494

dtype：float64

峰度为   身高   0.751881

体重   −0.305226

dtype：float64

分位数为   身高   177.0

                 体重   69.1

B.4 回归分析

统计学是研究如何搜集资料、整理资料和进行量化分析、推断的一门科学，在科学计算、工业和金融等领域有着重要应用，回归分析是统计学的重要方法，其主要内容包括确定连续值变量之间的相关关系，建立回归模型，检验变量之间的相关程度，应用回归模型对变量进行预测等，有很多重要的应用，作回归分析要应用 Python 中 LinearRegression 算法.

身高预测参照表

例 根据犯罪嫌疑人的足长和步幅预测犯罪嫌疑人的身高，是公安刑侦非常重要的技术手段，扫描二维码查看足长、步幅和身高的数据，试根据这组数据应用回归分析建立模型并预测犯罪嫌疑人的身高.

解 在 IDLE 开发环境中输入如下代码：

```
import numpy as np
import pandas as pd
import tensorflow as tf
pd.set_option('display.max_rows',500)
pd.set_option('display.max_columns',100)
pd.set_option('display.width',1000)
import warnings
warnings.filterwarnings('ignore')
```

```
df=pd. read_excel("身高预测参照表.xlsx")          #读取数据
print(df. head())
df. columns=['足长','步幅','身高']
#获取拆分后的数据 x_data,y_data(其中 x_data 为数据集,y_data 为标签)
def get_data(data):
    x_data=data. drop(columns=['身高'],axis=1)
    y_data=data['身高']
    return x_data,y_data
x_data,y_data=get_data(df)
from sklearn. linear_model import LinearRegression
#训练模型
lr=LinearRegression()
lr. fit(x_data,y_data)
y_pred=lr. predict(x_data)
print("权重:",lr. coef_)
print("截距:",lr. intercept_)
print("得分:",lr. score(x_data,y_data))
import matplotlib. pyplot as plt
from mpl_toolkits. mplot3d import Axes3D        #用 Axes3D 库画 3D 模型图
x1_data=x_data. drop(columns=['步幅'],axis=1)
x2_data=x_data. drop(columns=['足长'],axis=1)
plt. rcParams['font. sans-serif']=' SimHei'      #设置字体
fig=plt. figure(figsize=(8,6))                  #设置画布大小
ax3d=Axes3D(fig)
ax3d. scatter(x1_data,x2_data,y_data,color='b',marker='*',label='actual')   #绘制实际
ax3d. scatter(x1_data,x2_data,y_pred,color='r',label='predict')
ax3d. set_xlabel('足长',color='r',fontsize=16)    #设置 x 轴标签
ax3d. set_ylabel('步幅',color='r',fontsize=16)    #设置 y 轴标签
ax3d. set_zlabel('身高',color='r',fontsize=16)    #设置 z 轴标签
plt. suptitle("身高与足长步幅关系模型",fontsize=20)  #设置标题
plt. legend(loc='upper left')
plt. show()
```

代码运行的结果为:

```
   足长   步幅      身高
0  21.0   60   157. 266284
1  21.0   61   157. 873103
2  21.0   62   158. 389684
3  21.0   63   157. 980905
4  21.0   64   159. 769893
```

权重: [3.17219931 0.3273639]

截距: 70.61114331698437

得分: 0.9830735216391343

代码生成的图形如图 B.3 所示.

身高与足长步幅关系模型

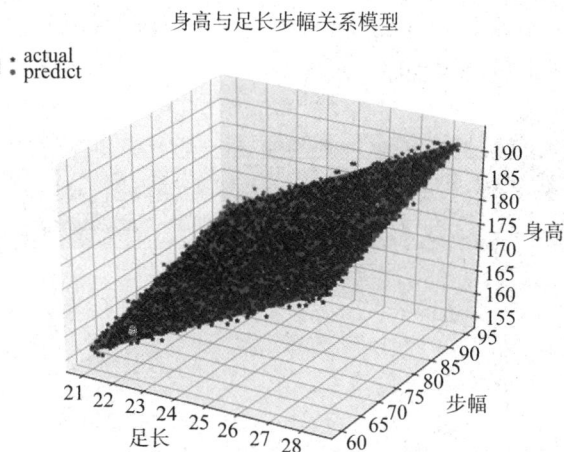

图 B.3　身高与足长步幅关系图

根据结果，我们不难发现，这个模型的得分还是比较高的，大约有 98.307 分.

§附录 C　SPSS 在概率论与数理统计中的应用

C.1　SPSS 简介

SPSS 是世界上最早的统计分析软件，由美国斯坦福大学的三位研究生 Norman H. Nie、C. Hadlai(Tex) Hull 和 Dale H. Bent 于 1968 年研究开发成功，他们同时成立了 SPSS 公司，并于 1975 年成立法人组织、在芝加哥组建了 SPSS 总部. 2009 年 7 月 28 日，IBM 公司宣布用 12 亿美元现金收购统计分析软件提供商 SPSS 公司. 如今 SPSS 的最新版本为 25，而且更名为 IBM SPSS Statistics. 迄今为止，SPSS 公司已有 50 余年的成长历史.

SPSS for Windows 是一个组合式软件包，它集数据录入、整理、分析功能于一身. 用户可以根据实际需要和计算机的功能选择模块，以降低对系统硬盘容量的要求，有利于该软件的推广应用. SPSS 的基本功能包括数据管理、统计分析、图表分析、输出管理等. 由于其操作简单，SPSS 已经在我国的社会科学、自然科学的各个领域发挥了巨大作用. 该软件还可以应用于经济学、数学、统计学、物流管理、生物学、心理学、地理学、医疗卫生、体育、农业、林业、商业等各个领域.

C.2　SPSS 功能简介

1. SPSS 的运行模式

SPSS 有以下三种运行模式.

（1）批处理模式：把已经编好的程序（语句函数）存为一个文件，在 SPSS 的 Production Facility 程序中打开运行.

（2）完全窗口菜单运行模式：通过选择窗口菜单和对话框完成各种操作. 用户无须学会编程，简单易用，本书中各个统计功能的实现都采用了这种运行模式.

（3）程序运行模式：在命令（Syntax）窗口中直接运行编写好的程序，如图 C.1 所示，或者在脚本（Script）窗口中运行脚本程序.

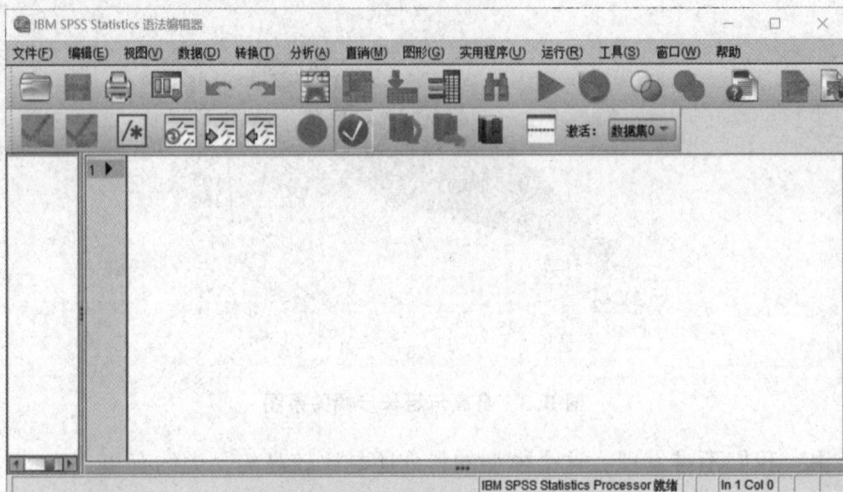

图 C.1　命令（Syntax）窗口

2. SPSS 的启动与退出

SPSS 安装完毕，系统会自动在 Windows 中创建快捷方式，单击 Windows 的"开始"按钮，单击"程序"→SPSS for Windows→IBM SPSS Statistics 21，即可启动 SPSS.

选择数据编辑窗口的 File 菜单中的 Exit 命令，或者单击标题栏上的"关闭"按钮退出 SPSS.

3. SPSS 主要窗口介绍

SPSS 软件运行过程中会出现多个界面，各个界面用处不同. 其中，主要的界面有三个：数据编辑窗口、结果输出窗口和语句窗口.

1）数据编辑窗口

启动 SPSS 后看到的第一个窗口便是数据编辑窗口，如图 C.2 所示. 在数据编辑窗口中可以进行数据的录入、编辑以及变量属性的定义和编辑，它是 SPSS 的基本界面，主要由以下几部分构成：标题栏、菜单栏、工具栏、编辑栏、变量名栏.

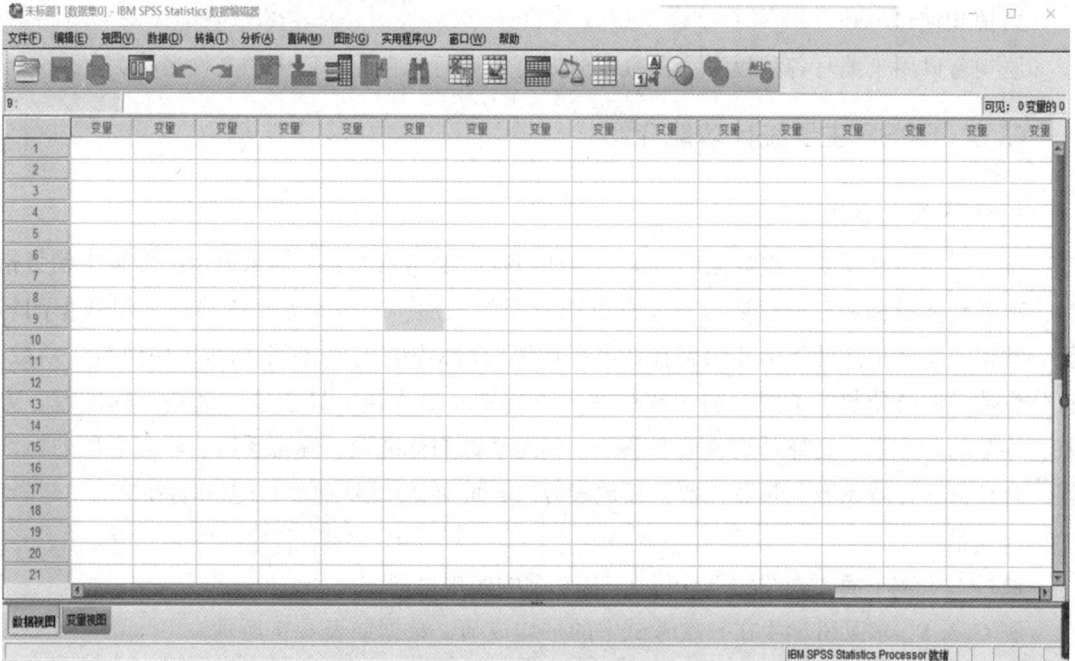

图 C.2　数据编辑窗口

2) 结果输出窗口

在 SPSS 中大多数统计分析结果都将以表和图的形式在结果输出窗口中显示．窗口右边部分显示统计分析结果，左边是导航窗口，用来显示输出结果的记录，可以通过单击记录来展开右边窗口中的统计分析结果．当用户对数据进行某项统计分析时，结果输出窗口将被自动调出．输出的结果文件也可以被保存到指定位置．用户也可以通过双击保存的结果文件，来打开该窗口．标准的结果输出窗口如图 C.3 所示．

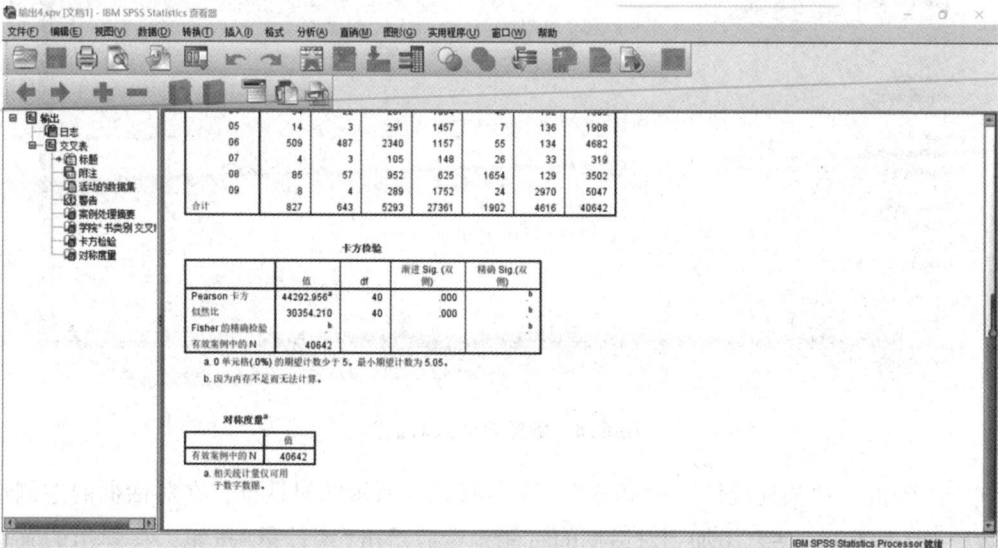

图 C.3　结果输出窗口

3)语句窗口

语句窗口用来编写各种程序，在命令窗口直接运行，在此窗口中的文件名称为 * . sps.

C. 3 SPSS 主要统计功能介绍

1. SPSS 统计描述

统计描述用来反映一组数据的特征，这些特征主要用三大类指标来表示，即集中趋势指标、离散趋势指标和形态测量指标. 也可用不同的图形、表格等方式来描述一组数据的特征. 常用的统计描述性指标及图表有算术平均值(简称均值)、几何平均数、中位数、众数、百分位数、四分位数、条图、圆图或饼图、直方图、最大值、最小值、极差、标准差、方差、均数的标准误、变异系数、偏态系数、偏态系数的标准误、峰态系数、峰态系数的标准误、合计值、样本例数、频数计数、频数表等. 下面主要介绍均值、方差和标准差.

1)均值

通过一个例子简要介绍一下均值在 SPSS 中的实现过程.

例 C. 3. 1　求某班学生在一次考试中的平均成绩，数据如表 C. 1 所示.

表 **C. 1**　某班的成绩

成绩														
99	98	88	77	89	87	90	79	89	66	23	55	69	94	85

解　打开 SPSS，如图 C. 4 所示，单击"文件"→"新建"→"数据"，打开需要的数据集.

图 **C. 4**　数据集读入对话框

单击"分析"→"描述统计"→"频率"，弹出图 C. 5 所示的对话框，在对话框的左侧选择"分数"，单击箭头，使之添加到对话框的右侧，然后单击"统计量"按钮，在弹出的菜单里勾选"均值"复选按钮，再单击"继续"按钮，返回上一个界面，单击"确定"按钮，SPSS 开始计算.

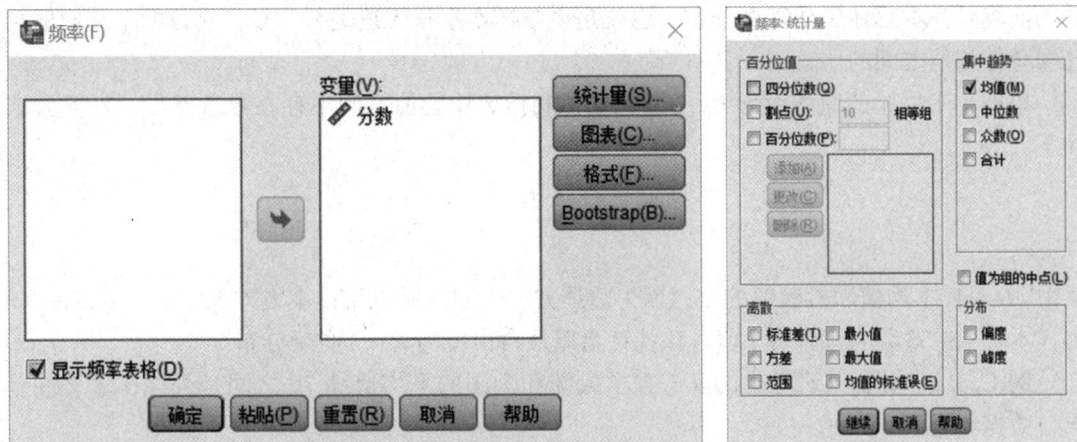

图 C. 5　"频率"对话框

2)方差和标准差

例 C. 3. 2　求某班学生成绩的方差和标准差，数据如表 C. 1 所示.

解　打开 SPSS，单击"文件"→"新建"→"数据"，打开需要的数据集.

单击"分析"→"描述统计"→"描述"，弹出的对话框如图 C. 6 所示，在对话框的左侧选择"分数"，单击箭头，使之添加到对话框的右侧，然后单击"选项"按钮，在弹出的菜单里勾选"均值""方差"和"标准差"复选按钮，然后单击"继续"按钮，返回上一个界面，单击"确定"按钮，SPSS 开始计算.

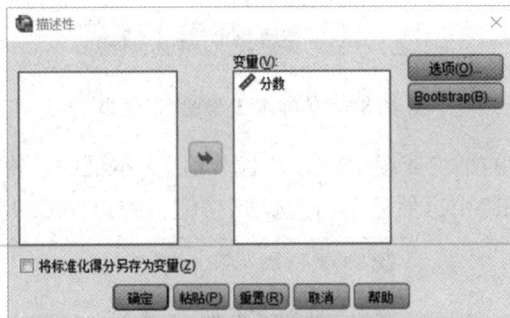

图 C. 6　"描述性"对话框

程序运行的结果如图 C. 7 所示.

描述统计量

	N	均值	标准差	方差
分数	15	81. 87	13. 282	176. 410
有效的 N(列表状态)	15			

图 C. 7　程序运行的结果

2. T 检验

1)单样本 T 检验

SPSS 单样本 T 检验是检验某个变量的总体均值和某指定值之间是否存在显著差异．统计的前提是样本总体服从正态分布.也就是说单样本本身无法进行比较,进行的是其均值与已知总体均值之间的比较.

单样本 T 检验的原假设为 H_0,总体均值和指定检验值之间不存在显著差异.计算公式如下:

$$t = \frac{\overline{D}}{S/\sqrt{n}}$$

式中,$\overline{D}$ 是样本均值和检验值的差;因为总体方差未知,所以用样本方差 S 代替总体方差;n 为样本数.SPSS 将自动计算 t 值,该统计量服从自由度为 $n-1$ 的 t 分布.

例 C. 3. 3 分析某班学生的高考数学成绩和全国的平均成绩 70 之间是否存在显著性差异,数据如表 C.1 所示.

解 打开 SPSS,在"分析"菜单的"比较均值"子菜单中选择"单样本检验"命令,弹出"单样本 T 检验"对话框,如图 C.8 所示.

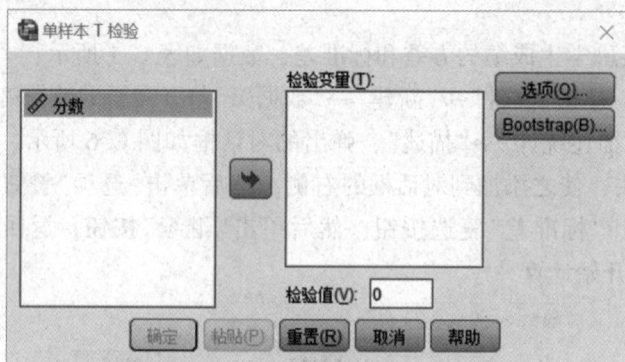

图 C. 8 "单样本 T 检验"对话框

将全国高校数学高考的平均成绩 70 输入"检验值"文本框中,将要检验的变量"分数"由左侧框中添加到"检验变量"中,然后单击"选项"按钮,弹出图 C.9 所示的对话框.

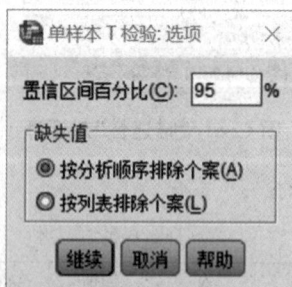

图 C. 9 "单样本 T 检验:选项"对话框

在"置信区间百分比"文本框中输入"95",在"缺失值"选项组中若选择"按分析顺序排除个案"单选按钮,则表示当分析计算涉及含有缺失值的变量时,去掉在该变量上是缺失值的个案;若选择"按列表排除个案"单选按钮,则表示去掉所有含缺失值的个案后再进行分析.选好之后单击"继续"按钮,回到上一个界面,然后单击"确定"按钮,SPSS 即完成计算,出现图 C.10 所示的结果.

→ T检验

[数据集1]

单样本统计量

	N	均值	标准差	均值的标准误
分数	15	81.87	13.282	3.429

单样本检验

	检验值=70					
	t	df	Sig.（双侧）	均值差值	差分的95%置信区间	
					下限	上限
分数	3.460	14	0.004	11.867	4.51	19.22

图 C.10　单样本 T 检验的结果

由输出结果可以看出，15 个学生的数学平均成绩为 81.87，标准差为 13.282，而检验值为 70，样本均值和检验值之差为 11.867，根据公式计算得到的 t 值为 3.466，相伴概率为 0.004，置信水平为 95% 的置信区间为（4.51，19.22），假设显著性水平 α 为 0.05，大于相伴概率，因此拒绝 H_0，可以认为该 15 名同学数学成绩的均值和全国的数学成绩均值相比，有显著变化.

2）两个独立样本 T 检验

所谓独立样本是指两个样本之间彼此独立，没有任何关联，两个独立样本各自接受相同的测量，研究目的是了解两个样本之间是否存在显著性差异，检验的前提：两个样本应是相互独立的，样本来自的两个总体应该服从正态分布，两组样本数目个案可以不同，个案可以随意调整.

例 C.3.4　甲、乙两个班级大一学生的高等数学成绩如表 C.2 所示，研究这两个班的成绩之间是否存在显著性差异.

表 C.2　甲、乙两班的高等数学成绩

班级	高等数学成绩								
甲	99	88	79	59	54	89	79	56	89
乙	99	23	89	70	50	67	78	89	56

解　首先，我们将两个样本的数据放在一个 SPSS 变量中，再加上另外一个分组变量"班级"，甲班记为"0"，乙班记为"1".

打开 SPSS，在"分析"菜单的"比较均值"子菜单中选择"独立样本检验"命令，弹出图 C.11 所示的对话框，从左侧的变量列表中选择"分数"，添加到"检验变量"中，同时，选择"班级"，添加到"分组变量"中.

单击"定义组"按钮，弹出图 C.12 所示的对话框，在"组 1"文本框中输入"0"，在"组 2"文本框中输入"1"，单击"继续"按钮，然后单击"确定"按钮，则返回图 C.13 所示的结果.

图 C.11 "独立样本 T 检验"对话框

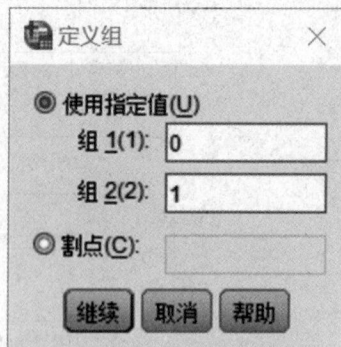

图 C.12 "定义组"对话框

➡ T 检验

[数据集 4]

组统计量

	班级	N	均值	标准差	均值的标准误
分数	0	9	76.89	16.564	5.521

独立样本检验

		方差方程的 Levene 检验		均值方程的 t 检验						
		F	Sig.	t	df	Sig.（双侧）	均值差值	标准误差值	差分的95%置信区间	
									下限	上限
分数	假设方差相等	0.571	0.461	0.822	16	0.423	7.889	9.594	−12.449	28.227
	假设方差不相等			0.822	14.363	0.424	7.889	9.594	−12.639	28.417

图 C.13 双样本独立性检验的结果

由输出结果可以看出，相伴概率为 0.461，大于显著性水平 0.05，则不能拒绝方差相等的假设，可以认为两个班级学生的成绩无显著性差异，再看方差相等时的 T 检验的结果，相伴概率为 0.461，大于 0.05，则不能拒绝 T 检验的原假设，从两个样本的均值差的置信水平为 95% 的置信区间看，区间跨 0，也说明两个班级学生的成绩无显著性差异.

3. 方差分析

单因素方差分析测试某一个控制变量的不同水平是否给观察变量造成了显著差异和变动，例如，培训是否给学生成绩造成了显著影响；不同地区的考生是否有显著差异等.

例 C.3.5 某个班级 18 名同学划分成 4 组，分别接受 4 种不同的教学方法，讨论其在成绩上是否有显著差异，数据如表 C.3 所示.

表 C.3 4 组学生的成绩

人名	成绩	组别
m1	99.00	0
m2	88.00	0
m3	99.00	0

人名	成绩	组别
m4	89.00	0
x1	94.00	1
x2	90.00	1
x3	79.00	1
x4	56.00	1
y1	89.00	2
y2	99.00	2
y3	70.00	2
y4	60.00	2
z1	68.00	3
z2	87.00	3
z3	85.00	3
z4	48.00	3
z5	98.00	3
z6	78.00	3

解 打开 SPSS，在"分析"菜单的"比较均值"子菜单中选择"单因素方差分析"命令，弹出图 C.14 所示的对话框，从左侧的变量列表中选择"成绩"，添加到"因变量列表"中，同时，选择"组别"，添加到"因子"中.

单击"选项"按钮，弹出图 C.15 所示的对话框，勾选"方差同质性检验""均值图"复选按钮，选择"按分析顺序排除个案"单选按钮，单击"继续"按钮.

单击"两两比较"按钮，弹出图 C.16 所示的对话框，在"假定方差齐性"选项组中勾选 LSD、S–N–K 复选按钮，然后单击"继续"按钮，返回上一个对话框，单击"确定"按钮，则返回图 C.17 所示的结果.

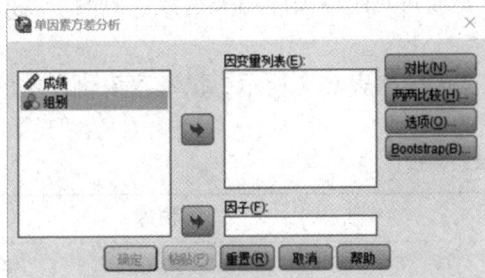

图 C.14 "单因素方差分析"对话框

图 C.15 "单因素 ANOVA：选项"对话框

图 C.16　"单因素 ANOVA：两两比较"对话框

单因素方差分析

成绩

			平方和	df	均方	F	显著性
组间	组合		1505.200	3	501.733	2.626	0.091
	线性项	未加权的	882.619	1	882.619	4.620	0.050
		加权的	745.568	1	745.568	3.902	0.068
		偏差	759.632	2	379.816	1.988	0.174
组内			2674.800	14	191.057		
总数			4180.000	17			

图 C.17　单因素方差分析结果

由输出结果可以看出，方差检验的 F 值为 2.626，相伴概率为 0.091，相伴概率大于显著性水平，表示接受原假设，也就是说 4 个组没有显著性差异.

4. 相关分析

衡量事物之间或变量之间线性相关程度的强弱并用适当的统计指标表示出来，这个过程就是相关分析. 相关分析的方法有很多，比较常用的一种是绘制散点图，图形虽然能够直观展现变量之间的相关关系，但不是很精确. 为了能够更加精确地描述变量之间的线性相关程度，可以通过计算相关系数来进行相关分析.

1) 二元定距变量的相关分析

二元定距变量的相关分析是指通过计算定距变量间两两相关的相关系数，对两个或两个以上的定距变量之间两两相关的程度进行分析.

例 C.3.6　某班学生的数学和物理的期末考试成绩如表 C.4 所示，试考察该班学生的数学和物理成绩是否具有相关性.

表 C.4　学生数学和物理成绩

人名	数学	物理
x1	99.00	90.00
x2	88.00	99.00
x3	65.00	70.00

人名	数学	物理
x4	89.00	70.00
x5	94.00	88.00
x6	92.00	89.00
x7	79.00	75.00
x8	95.00	98.00
x9	80.00	99.00
x10	70.00	89.00
x11	89.00	98.00
x12	85.00	88.00
x13	50.00	65.00
x14	87.00	77.00
x15	87.00	87.00
x16	86.00	88.00
x17	76.00	79.00
x18	76.00	79.00
x19	78.00	80.00

解 打开 SPSS，在数据编辑器中打开指定的数据文件，单击"分析"→"相关分析"→"双变量相关分析"，弹出图 C.18 所示的对话框，将"数学"和"物理"添加到"变量"中，勾选 Pearson 复选按钮，然后单击"选项"按钮，弹出图 C.19 所示的对话框，勾选"均值和标准差"复选按钮，选择"按对排除个案"单选按钮，单击"继续"按钮，返回原来的对话框，单击"确定"按钮，返回图 C.20 所示的结果.

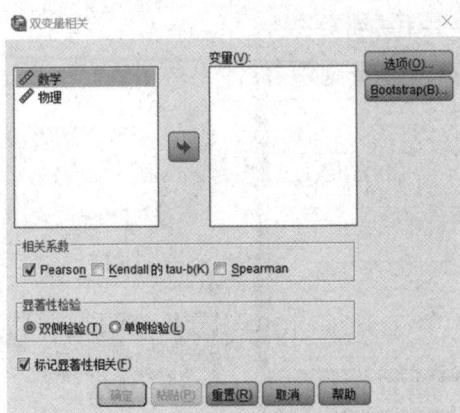

图 C.18 "双变量相关"对话框

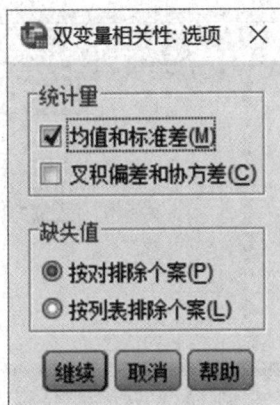

图 C.19 "双变量相关性：选项"对话框

描述性统计量

	均值	标准差	N
数学	82.37	11.706	19
物理	84.63	10.345	19

相关性

数学	Pearson 相关性	1	0.612**
	显著性(双侧)		0.005
	N	19	19
物理	Pearson 相关性	0.612**	1
	显著性(双侧)	0.005	
	N	19	19

**. 在 0.01 水平(双侧)上显著相关.

图 C.20　二元定距变量的相关分析结果

由输出结果可以看出,数学和物理的相关系数为 0.612,在此数据旁有 2 个星号,表示用户指定的显著性水平为 0.01 时,统计检验的相伴概率小于或等于 0.01(在表格中的显示为"0.005"),即数学和物理成绩显著性相关,且为正相关.

2)绘制相关散点图

如果对变量之间的相关程度不需要掌握得那么精确,那么可以通过绘制变量的相关散点图来直接判断,仍以例 C.3.6 来说明.

首先,打开 SPSS,在数据编辑器打开指定的数据文件,如图 C.21 所示,单击"图形"→"旧对话框"→"散点/点状图",弹出图 C.22 所示的对话框.选择第一个"简单分布",单击"定义"按钮,弹出图 C.23 所示的对话框,在此对话框中,将左侧的"数学""物理"这两个变量分别添加到右侧的"Y 轴"和"X 轴"中,其他选项不变,单击"确定"按钮,开始绘图.得到的散点图如图 C.24 所示,从图中可以明显看出这两个变量线性正相关,数学成绩好的学生其物理成绩也较好.

图 C.21　数据编辑器

图 C.22　"散点图/点图"对话框

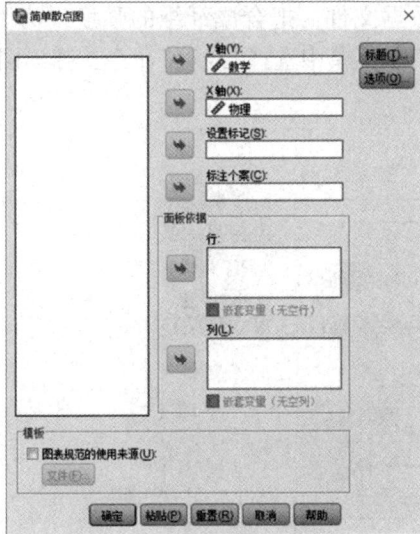

图 C. 23　"简单散点图"对话框

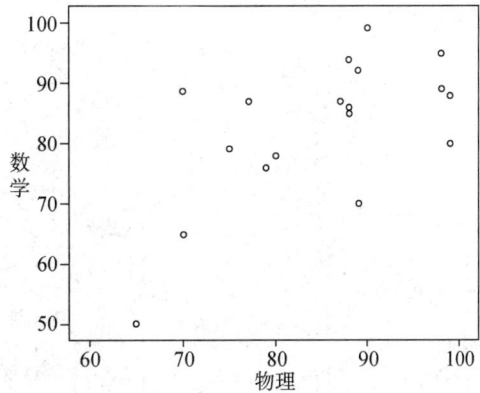

图 C. 24　散点图

5. 回归分析

在现实社会生活中,任何一个事物(因变量)总是受到其他多种事物(一个或多个自变量)的影响. 回归分析是在排除其他影响因素或者假定其他影响因素确定的条件下,分析某一个或某几个因素(自变量)是如何影响另一个事物(因变量)的过程,所进行的分析是比较理想化的. 下面我们通过一个简单的一元线性回归的例子看一下通过 SPSS 软件如何实现这一过程.

例 C. 3. 7　合成纤维的强度与其拉伸倍数有关,测得试验数据如表 C. 5 所示,求合成纤维的强度与拉伸倍数之间是否存在显著的线性相关关系.

表 C. 5　纤维的强度与拉伸倍数的试验数据

序号	拉伸倍数	强度/$(kg \cdot mm^{-1})$
1	2.0	1.6
2	2.5	2.4
3	2.7	2.5
4	3.5	2.7
5	4.0	3.5
6	4.5	4.2
7	5.2	5.0
8	6.3	6.4
9	7.1	6.5
10	8.0	7.3
11	9.0	8.0
12	10.0	8.1

解 打开SPSS，在数据编辑器中打开指定的数据文件，把合成纤维的强度设为因变量 y，拉伸倍数设为自变量 x，在"分析"菜单的"回归"子菜单中选择"线性"命令，弹出图 C. 25 所示的对话框.

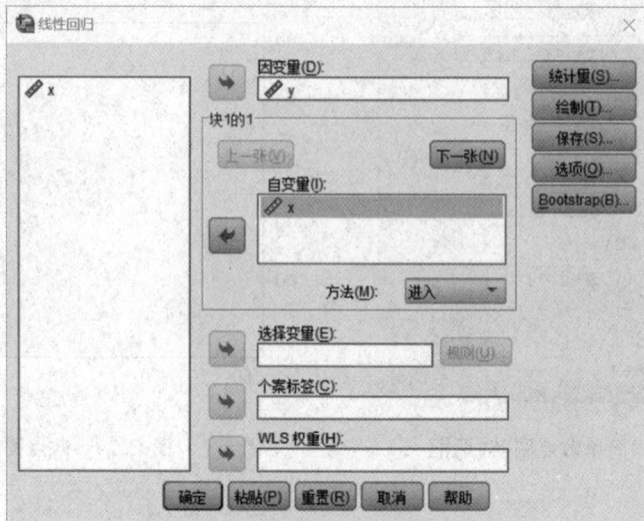

图 C. 25 "线性回归"对话框

在对话框左侧的变量列表中选择 y 变量(合成纤维的强度)，添加到"因变量"中，选择 x 变量，添加到"自变量"中.

在"方法"下拉列表中选择"进入"选项，然后单击"统计量"按钮，弹出图 C. 26 所示的 "线性回归：统计量"对话框，勾选"估计"和"模型拟合度"复选按钮. 设置完后，单击"继续"按钮，返回上一层设置，然后单击"确定"按钮，得到图 C. 27 所示的结果.

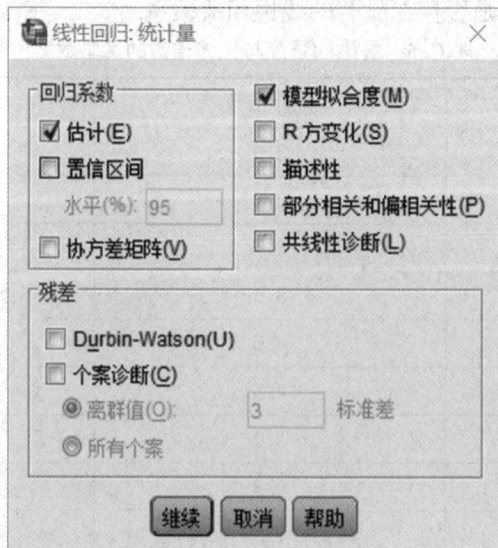

图 C. 26 "线性回归：统计量"对话框

系数[a]

模型		非标准化系数		标准系数	t	Sig.
		B	标准误差	试用版		
1	（常量）	0.166	0.278		0.595	0.565
	x	0.867	0.047	0.986	18.635	0.000

a. 因变量：y

图 C.27

由输出结果可以看出估计值及其检验结果，常数项为 $\hat{\beta}_0 = 0.166$，回归系数为 $\hat{\beta}_1 = 0.867$，回归系数统计量为 $t = 18.365$，相伴概率值 $p < 0.001$，说明回归系数与0有显著差别，回归方程 $\hat{y} = 0.166 + 0.867x$ 有意义.

§附录 D Excel 在数理统计中的应用

D.1 Excel 简介

Excel 是微软公司出品的 Office 系列办公软件中的重要应用软件之一，它可以进行各种数据的处理、统计分析和辅助决策操作，它有大量的应用公式可以选用，可方便地实现许多应用功能，广泛应用于管理科学、统计财经和金融保险等众多行业，很多巨型国际企业都依靠 Excel 进行数据管理.

现在应用较多的统计分析软件有 SAS、SPSS 等，这些软件功能强大、计算精度高，但是这些软件往往由于系统庞大、结构复杂，大多数非统计专业人员难以运用自如. Excel 不仅能够方便地处理表格和进行图形分析，而且能对数据进行自动处理和计算. 它提供的统计函数库包含了几乎所有的统计函数，此外，还有功能强大的分析工具库，能进行所有常用的数据分析运算，其出色的功能并不亚于 SAS、SPSS 等大型的统计软件.

启动 Excel 后就会自动打开 Excel 的用户界面窗口，如图 D.1 所示. 该窗口自上而下有标题栏、菜单栏、常用工具栏、格式工具栏、编辑栏、工作表区、工作表名称、水平滚动条、垂直滚动条和状态栏.

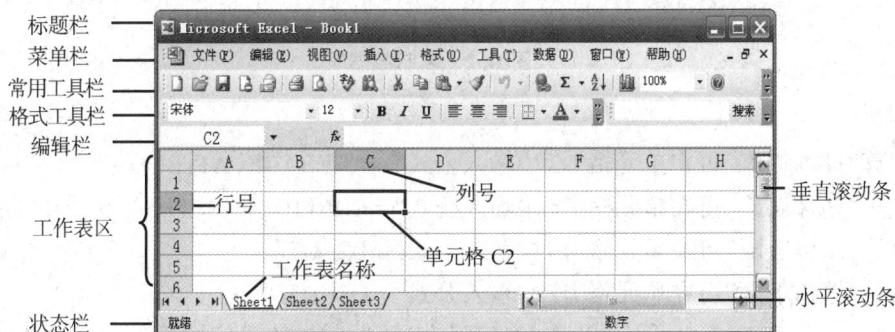

图 D.1 Excel 的用户界面窗口

检查 Excel 的工具菜单，看是否安装了分析工具. 如果在"工具"菜单中没有"数据分析"项，那么需调用"加载宏"来安装"分析工具库".

打开"数据分析"对话框,其中有 19 个模块,如"描述统计""回归分析""相关系数""指数平滑""回归""抽样""t 检验""方差分析"等.要进行相关分析就必须先加载相应的模块.

D.2 Excel 在数理统计中的应用

1. 区间估计

我们以方差已知时总体均值的区间估计为例,介绍一下运用 Excel 实现区间估计的过程,其他情况类似.

在总体方差已知的情况下,Excel 提供了一个方差已知情况下总体均值置信区间函数:CONFIDENCE,用于计算均值的置信区间.

Excel 中语法结构为:CONFIDENCE(alpha, standard_dev, size),其中 alpha 是用于计算置信水平的显著性水平参数.置信水平等于 $100(1-alpha)\%$,亦即,如果 alpha 为 0.05,则置信水平为 0.95;standard_dev 是数据区域的总体标准差,假设为已知;size 是样本容量.

例 D.2.1 随机从一批苗木中抽取 16 株,测得其高度(单位:m)分别为 1.14,1.10,1.13,1.15,1.20,1.12,1.17,1.19,1.15,1.12,1.14,1.20,1.23,1.11,1.14,1.16.设苗高服从正态分布,求总体均值 μ 的置信水平为 0.95 的置信区间.已知 $\sigma = 0.01$.

解

步骤 1:在 Excel 中编制数据表,输入样本数据,如图 D.2 中的 A 列和 B 列所示.

步骤 2:列出求解所需要的有关统计量,如图 D.2 中的 C 列:样本容量,样本均值,总体标准差,置信度(即置信水平),估计误差,置信上限,置信下限.

	A	B	C	D	E
1	1.19	1.14	样本容量	16	C 中所用函数
2	1.15	1.1	样本均值	1.15357143	AVERAGE(A1:A9)
3	1.12	1.13	总体标准差	0.01	
4	1.14	1.15	置信度	0.95	
5	1.2	1.2	估计误差	0.00489991	CONFIDENCE(1-D4,D3,D1)
6	1.23	1.12	置信上限	1.15847134	D2+D5
7	1.11	1.17	置信下限	1.14867152	D2-D5
8	1.14				
9	1.16				

图 D.2 编制数据表

其中:

计算"样本均值"可在单元格 D2 中输入公式"=AVERAGE(A1:B7)";

计算"估计误差"可在单元格 D5 中输入公式"=CONFIDENCE(1-D4,D3,D1)";

计算"置信上限"可在单元格 D6 中输入公式"=D2+D5";

计算"置信下限"可在单元格 D7 中输入公式"=D2-D5".

步骤 3:从图 D.2 中可以看出参数的置信水平为 95% 的置信区间为 (1.15, 1.16).

同理,我们运用 TINV(alpha, standard_dev, size-1) 和 CHIINV(alpha, standard_dev, size-1) 可以分别实现均值、方差都是未知的情况下总体均值和总体方差的区间估计,其中参数含义与 CONFIDENCE 类似,此处不再赘述.

2. 假设检验

1) 单个正态总体均值 μ 的检验

(1) σ^2 已知时 μ 的 U 检验.

例 D.2.2 外地一良种作物, 其 1 000 m² 产量(单位: kg)服从正态分布 $N(800, 50^2)$, 引入本地试种, 收获时任取 5 块地, 其 1 000 m² 产量分别是 800, 850, 780, 900, 820, 假定引种后 1 000 m² 产量 X 也服从正态分布, 试问:

(1) 若方差未变, 本地平均产量 μ 与原产地的平均产量 $\mu_0 = 800$ 相比有无显著差异?

(2) 本地平均产量 μ 是否比原产地的平均产量 $\mu_0 = 800$ 高?

(3) 本地平均产量 μ 是否比原产地的平均产量 $\mu_0 = 800$ 低?

解

步骤 1: 先建一个图 D.3 所示的工作表, 输入数据.

	A	B	C	D	E	F
1			产量试验 数据			
2						
3	800	850	780	900	820	
4						
5	平均产量			830		
6	样本数			5		
7						
8	U检验值			1.341641		
9	临界值（双侧）			1.959961		
10	临界值（右侧）			1.644853		
11	临界值（左侧）			-1.64485		

图 D.3 建工作表

步骤 2: 计算样本均值(平均产量), 在单元格 D5 中输入公式 "=AVERAGE(A3:E3)";

步骤 3: 在单元格 D6 中输入样本数 "5"; 在单元格 D8 中输入 U 检验值计算公式 "=(D5-800)/(50/SQRT(D6))"; 在单元格 D9 中输入 U 检验的临界值 "=NORMSINV(0.975)"; 根据算出的数值作出推论.

本例中, U 的检验值 1.341 641 小于临界值 1.959 961, 故接受原假设, 即平均产量与原产地无显著差异.

问题(2)要计算 U 检验的右侧临界值: 在单元格 D10 中输入 U 检验的右侧临界值 "NORMSINV(0.95)".

问题(3)要计算 U 检验的下侧临界值: 在单元格 D11 中输入 U 检验的左侧临界值 "=NORMSINV(0.05)".

(2) σ^2 未知时 μ 的 t 检验.

例 D.2.3 某一引擎制造商新生产某一种引擎, 将生产的引擎装入汽车内进行速度测试, 得到行驶速度(单位: km/h)如下:

$$250, 238, 265, 242, 248, 258, 255, 236, 245, 261,$$
$$254, 256, 246, 242, 247, 256, 258, 259, 262, 263$$

该引擎制造商宣称引擎的平均速度高于 250, 请问样本数据在显著性水平为 0.025 时, 是否和他的声明抵触?

解

步骤 1: 先建一个图 D.4 所示的工作表.

图 D. 4　建工作表

步骤 2：计算样本均值，在单元格 D8 中输入公式" = AVERAGE(A3:E6)"；

计算标准差，在单元格 D9 中输入公式" = STDEV(A3:E6)"；

在单元格 D10 中输入样本数"20".

步骤 3：在单元格 D11 中输入 t 检验值计算公式" = (D8-250)/(D9/(SQRT(D10))"，得到结果 1.060 87；

在单元格 D12 中输入 t 检验上侧临界值计算公式" = TINV(0.05, D10-1)".

欲检验假设：

$$H_0: \mu = 250,\ H_1:\ \mu > 250$$

已知 t 检验统计量的自由度为 (n-1)= 20-1 = 19，拒绝域为 $t > t_{0.025} = 2.093$. 由上面计算得到 t 检验统计量的值 1.060 87 落在接受域内，故接受原假设 H_0.

2) 两个正态总体参数的假设检验

(1) σ_1^2 与 σ_2^2 已知时 $\mu_1 - \mu_2$ 的 z-检验.

例 D. 2. 4　某班 20 人进行了数学测验，第 1 组和第 2 组测验结果如下：

第 1 组：91，88，76，98，94，92，90，87，100，69；

第 2 组：90，91，80，92，92，94，98，78，86，91.

已知两组的总体方差分别是 57 与 53，取 $\alpha = 0.05$，可否认为两组学生的成绩有差异？

解

步骤 1：建立图 D. 5 所示工作表.

图 D. 5　建工作表

步骤 2：单击"工具"→"数据分析"→"z-检验：双样本平均差检验"，再单击"确定"按钮，弹出"z-检验：双样本平均差检验"对话框. 在"变量 1 的区域"输入"A2:A11"；在"变量 2 的区域"输入"B2:B11"；在"输出区域"输入"D1"；在显著水平"α"框输入"0.05"；在

“假设平均差”窗口输入“0”；在“变量 1 的方差”窗口输入“57”.

步骤 3：在“变量 2 的方差”窗口输入“53”；单击“确定”按钮，得到结果如图 D. 5 所示.

计算得到 z=-0. 211 06(即 U 检验统计量的值)，其绝对值小于“z 双尾临界”值 1. 959 961，故接受原假设，表示无充分证据表明两组学生数学测验成绩有差异.

(2)两个正态总体的方差齐性的 F 检验.

例 D. 2. 5 在羊毛处理前与处理后分别抽样分析其含脂率如下：

处理前：0. 19，0. 18，0. 21，0. 30，0. 41，0. 12，0. 27；

处理后：0. 15，0. 13，0. 07，0. 24，0. 19，0. 06，0. 08，0. 12.

问处理前后含脂率的标准差是否有显著差异？

解 欲检验假设：

$$H_0: \sigma_1^2 = \sigma_2^2,\ H_1: \sigma_1^2 \neq \sigma_2^2$$

步骤 1：建立图 D. 6 所示工作表.

	A	B	C	D	E	F
1	处理前	处理后		F-检验 双样本方差分析		
2	0.19	0.15				
3	0.18	0.13			变量 1	变量 2
4	0.21	0.07		平均	0.24	0.13
5	0.3	0.24		方差	0.009133	0.003886
6	0.41	0.19		观测值	7	8
7	0.12	0.06		df	6	7
8	0.27	0.08		F	2.35049	
9		0.12		P(F<=f) 单尾	0.144119	
10				F 单尾临界	5.118579	

图 D. 6 建工作表

步骤 2：单击“工具”→“数据分析”→“F-检验 双样本方差”，单击“确定”按钮，弹出“F-检验：双样本方差”对话框.

步骤 3：在“变量 1 的区域”输入“A2：A8”；在“变量 2 的区域”输入“B2：B9”；在显著水平“α”框输入“0. 025”. 在“输出区域”框输入“D1”；单击“确定”按钮，得到结果如图 D. 6 所示.

计算得到 F=2. 350 49，小于“F 单尾临界”值 5. 118 579，且 P(F<=f)=0. 144 119>0. 025，故接受原假设，表示无理由怀疑两总体方差相等.

(3)拟合优度检验.

例 D. 2. 6 设总体 X 抽取 120 个样本观察值，经计算整理得样本均值 $\bar{x}$ = 209，样本方差 s^2 = 42. 77，样本分区间频数分布表如表 D. 1 所示. 试检验 X 是否服从正态分布(α=0. 05).

表 D. 1 样本分区间频数分布表

组号	小区间	频数
1	(-∞，198]	6
2	(198，201]	7
3	(210，204]	14
4	(204，207]	20
5	(207，210]	23
6	(210，213]	22

组号	小区间	频数
7	(213, 216]	14
8	(216, 219]	8
9	(219, +∞)	6
Σ		120

解

步骤 1：输入基本数据，建立图 D.7 所示工作表，输入区间（A2:A10），端点值（B2:B10），实测频数的值（D2:D10）. 区间可以不输入，输入是为了更清晰；端点值为区间右端点的值，当右端点是 +∞ 时，为了便于处理，可输入一个很大的数（本例取 10 000）代替 +∞.

步骤 2：计算理论频数，由极大似然估计得参数 $\hat{\mu} = \bar{x} = 209$，$\hat{\sigma} = s = 6.539\,877\,675$，假设 $X \sim N(\mu, \sigma^2)$，则 $P\{a < X \leqslant b\} = F(b) - F(a)$，因此，事件 $\{a < X \leqslant b\}$ 发生的理论频数为 $n(F(b) - F(a))$.

将计算的理论频数值放入 D 列.

在单元格 D2 中输入"= 120 * (NORMDIST(198,209,6.539877675,TRUE))"；在单元格 D3 中输入"= 120 * (NORMDIST(B3,209,6.539877675,TRUE) - NORMDIST(B2,209,6.539877675,TRUE))".

类似地，可算出 D4 至 D10 的值.

应用小技巧：计算 D4 到 D10 值的简便方法为，选定单元格 D3，右击，在弹出的快捷菜单中选择"复制"命令，然后选定单元格 D4 到 D10，右击，在弹出的快捷菜单中选择"粘贴"命令，即可得到 D4 到 D10 的值.

步骤 3：计算卡方统计量的值.

本例中，估计参数 2 个，分组数 $k = 9$.

①使用 CHITEST 函数计算临界概率 p_0.

在单元格 E12 中输入"=CHITEST(C2:C10,D2:D10)"，得到 $p_0 = 0.997\,499$.

②根据临界概率 p_0，利用函数 CHIINV$(p_0, k-1)$ 确定 χ^2 统计量的值.

在单元格 E13 中输入"=CHIINV(E12,8)"，得到统计量的值 $\chi^2 = 1.104\,413$.

	A	B	C	D	E
1	区间	端点	实测频数	理论频数	
2	(-∞,198]	198	6	5.55425935	
3	(198,201]	201	7	7.71953764	
4	(201,204]	204	14	13.3989145	
5	(204,207]	207	20	18.9119756	
6	(207,210]	210	23	21.707068	
7	(210,213]	213	22	20.2613853	
8	(213,216]	216	14	15.3793211	
9	(216,219]	219	8	9.49286813	
10	(219,+∞)	10000	6	7.57467032	
11					
12	样本均值	209		临界概率	0.997499
13	样本标准差	6.539877675		统计量的值	1.104413
14				卡方临界值	12.59158
15					

图 D.7 建工作表

步骤 4：结果分析

先查出临界值：在单元格 E14 中输入“=CHIINV(0.05,6)”，得到 12.591 58. 由于统计量的值 1.104 413 小于临界值 12.591 8，故接受原假设，即认为 X 服从正态分布.

3. 方差分析

1)单因素方差分析

例 D.2.7 检验某种激素对羊羔增重的效应．选用 3 个剂量进行试验，加上对照(不用激素)在内，每次试验要用 4 只羊羔，若进行 4 次重复试验，则共需 16 只羊羔．一种常用的试验方法：将 16 只羊羔随机分配到 16 个试验单元．在试验单元间的试验条件一致的情况下，经过 200 天的饲养后，羊羔的增重(单位：kg)数据如表 D.2 所示.

表 D.2 羊羔增重数据对照表

重复	处理			
	1(对照)	2	3	4
1	47	50	57	54
2	52	54	53	65
3	62	67	69	75
4	51	57	57	59

试问各种处理之间有无显著差异？

解

步骤 1：输入数据，如图 D.8 所示.

步骤 2：单击“工具”→“数据分析”→“单因素方差分析”，再单击“确定”按钮，弹出“方差分析，单因素方差分析”对话框.

在“输入区域”框输入数据矩阵(首坐标)：(尾坐标)，如本例为“A2：D6”，其中第二行“第一组，…，第四组”作为标记行；在“分组方式”框选定“列”.

步骤 3：勾选“分类轴标记行在第一行上”复选按钮，若取消勾选，则数据输入域应为 A3：D6.

指定显著性水平 $\alpha=0.05$；选择输出选项，本例选择“输出区域”紧接在数据区域下为“A7”；单击“确定”按钮，则得输出结果如图 D.9 所示.

	A	B	C	D	E	F
1			单因素方差分析			
2	第一组	第二组	第三组	第四组		
3	47	50	57	54		
4	52	54	53	65		
5	62	67	69	75		
6	51	57	57	59		
7						

Sheet1 / Sheet2 / Sheet3

就绪

图 D.8 输入数据

	A	B	C	D	E	F	G
9	SUMMARY						
10	组	计数	求和	平均	方差		
11	列 1	4	212	53	40.66667		
12	列 2	4	228	57	52.66667		
13	列 3	4	236	59	48		
14	列 4	4	253	63.25	81.58333		
15							
16							
17	方差分析	平方和	自由度	均方	F比		
18	差异源	SS	df	MS	F	P-value	F crit
19	组间	218.1875	3	72.72917	1.305047	0.31798	3.4903
20	组内	668.75	12	55.72917			
21							
22	总计	886.9375	15				
23							

图 D.9　输出结果

结果分析：用临界值法时，F crit = 3.490 3 是 $\alpha = 0.05$ 的 F 统计量临界值，F = 1.305 047 是 F 统计量的计算值，由于 1.305 05<3.490 3，所以接受原假设，即认为各种处理之间无显著差异；

用 p 值法时，P-value = 0.317 98>0.05，故接受原假设.

2) 双因素无重复试验的方差分析

例 D.2.8　将土质基本相同的一块耕地分成均等的五个地块，每个地块又分成均等的四个小区．有四个品种的小麦，在每一地块内随机分种在四个小区上，每小区的播种量相同，测得收获量(单位：kg)如表 D.3 所示．试以显著性水平 $\alpha = 0.05$，考察品种和地块对收获量的影响是否显著.

表 D.3　不同地块不同品种的收获量比较表

品种	地块				
	B1	B2	B3	B4	B5
A1	32.3	34.0	34.7	36.0	35.5
A2	33.2	33.6	36.8	34.3	36.1
A3	30.8	34.4	32.3	35.8	32.8
A4	29.5	26.2	28.1	28.5	29.4

解

步骤 1：输入数据，如图 D.10 所示.

	A	B	C	D	E	F
1		B1	B2	B3	B4	B5
2	A1	32.3	34	34.7	36	35.5
3	A2	33.2	33.6	36.8	34.3	36.1
4	A3	30.8	34.4	32.3	35.8	32.8
5	A4	29.5	26.2	28.1	28.5	29.4
6						

Sheet1 / Sheet2 / Sheet3　就绪　大写

图 D.10　输入数据

步骤2：单击"工具"→"数据分析"→"方差分析：无重复双因素分析"，再单击"确定"按钮，弹出"方差分析：无重复双因素分析"对话框．在"输入区域"框输入"A1：F5"，在"输出区域"输入"A7"．

步骤3：勾选"标记"复选按钮．

指定显著性水平"α"为"0.05"，单击"确定"按钮，则得输出结果从第七行起显示出来，如图 D.11 所示.

	A	B	C	D	E	F	G	H
7	方差分析：无重复双因素分析							
8								
9	SUMMARY	观测数	求和	平均	方差			
10	行 1	5	172.5	34.5	2.095			
11	行 2	5	174	34.8	2.485			
12	行 3	5	166.1	33.22	3.732			
13	行 4	5	136.7	27.34	6.383			
14								
15	列 1	4	125.8	31.45	2.67			
16	列 2	4	128.2	32.05	15.31667			
17	列 3	4	131.9	32.975	13.9425			
18	列 4	4	129.6	32.4	35.78			
19	列 5	4	133.8	33.45	9.35			
20								
21								
22	方差分析							
23	差异源	SS	df	MS	F	P-value	F crit	
24	行	182.1455	3	60.71517	14.85932	0.000241	3.490295	
25	列	9.748	4	2.437	0.596427	0.672125	3.259167	
26	误差	49.032	12	4.086				
27								
28	总计	240.9255	19					
29								

图 D.11　输出结果

结果分析：用临界值法时，F = 14.86 > F crit = 3.490 3，F = 0.0.596 < F crit = 3.26，故认为不同地块对收获量有显著影响，不同品种对收获量无显著影响；

用 p 值法时，由于 P-value = 0.000 24 < 0.05，所以拒绝原假设，即认为不同地块对收获量有显著影响，由于 P-value = 0.672 1 > 0.05，所以接受原假设，即认为不同品种对收获量无显著影响.

4. 回归分析

1）利用 Excel 进行一元线性回归分析

例 D.2.9　今收集到某地区 1950—1975 年的工农业总产值（X）与货运周转量（Y）的历史数据如下：

X：0.50　0.87　1.20　1.60　1.90　2.20　2.50　2.80　3.60　4.00

　　4.10　3.20　3.40　4.40　4.70　5.40　5.65　5.60　5.70　5.90

　　6.30　6.65　6.70　7.05　7.06　7.30

Y：0.90　1.20　1.40　1.50　1.70　2.00　2.05　2.35　3.00　3.50

　　3.20　2.40　2.80　3.20　3.40　3.70　4.00　4.40　4.35　4.34

　　4.35　4.40　4.55　4.70　4.60　5.20

试分析 X 与 Y 间的关系.

解

步骤 1：在 Excel 中建立工作表，样本 X 数据存放在 A1:A27，其中 A1 存放标记 X；样本 Y 数据存放在 B1:B27，其中 B1 存放标记 Y.

单击"工具"→"数据分析"→"回归"，再单击"确定"按钮.

步骤 2：在"输入 Y 区域"框输入"B1:B27"，在"输入 X 区域"框输入"A1:A27"，取消勾选"常数为零"复选按钮，表示保留截距项，使其不为零.

步骤 3：勾选"标记"复选按钮，表示有标记行；勾选"置信水平"复选按钮，并使其值为 95%.

在"输出区域"框输入"E2".

输出结果如图 D.12 所示.

	A	B	C	D	E	F	G	H	I	J	K	L	M
7	2.2	2			Adjusted	0.977914							
8	2.5	2.05			标准误差	0.187682							
9	2.8	2.35			观测值	26							
10	3.6	3											
11	4	3.5			方差分析								
12	4.1	3.2				df	SS	MS	F	Significance F			
13	3.2	2.4			回归分析	1	39.02671	39.02671	1107.942	1.34353E-21			
14	3.4	2.8			残差	24	0.845388	0.035224					
15	4.4	3.2			总计	25	39.8721						
16	4.7	3.4											
17	5.4	3.7				Coefficien	标准误差	t Stat	P-value	Lower 95%	Upper 95%	下限 95.0%	上限 95.0%
18	5.65	4			Intercept	0.675373	0.084296	8.011927	3.07E-08	0.501394798	0.849351	0.501395	0.849351
19	5.6	4.4			X	0.595124	0.017879	33.28577	1.34E-21	0.558223282	0.632025	0.558223	0.632025
20	5.7	4.35											
21	5.9	4.34											
22	6.3	4.35											
23	6.65	4.4											
24	6.7	4.55											
25	7.05	4.7											
26	7.06	4.6											
27	7.3	5.2											

图 D.12　输出结果

图 D.12 中 SS 表示平方和，MS 表示均方，df 表示自由度. 由此我们可以看出：

(1) 回归方程为 $Y = 0.6754 + 0.5951X$；

(2) F 统计量的值为 $F = 1107.942$，由于 $P\{F > 1107.942\} = 1.34E-21$，所以所建回归方程极显著.

2) 利用 Excel 进行多元线性回归分析

例 D.2.10　今收集到历史数据如下：

X_1：7　1　11　11　7　11　3　1　2　21　1　11　10　14　12

X_2：26　29　56　31　52　55　71　31　54　47　40　66　68　43　58

X_3：6　15　8　8　6　9　17　22　18　4　23　9　8　12　18

X_4：60　52　20　47　33　22　22　26　34　12　12　28　37

Y：79　75　103　88　96　108　100　75　94　116　84　115　110　99　107

试分析 X_1，X_2，X_3，X_4 与 Y 之间的关系.

解　首先在 Excel 中建立工作表，其中样本 X 数据存放在 A2:D16；样本 Y 数据存放在 E2:E16.

步骤 1：单击"工具"→"数据分析"→"回归"，再单击"确定"按钮.

步骤 2：在"输入 Y 区域"框输入"E2:E16"；在"输入 X 区域"框输入"A2:D16". 取消勾

选"常数为零"复选按钮，表示保留截距项，使其不为零；取消勾选"标记"复选按钮；勾选"置信水平"复选按钮，并使其值为95%. 在"输出区域"框输入"G2".

输出结果如图 D.13 所示.

	A	B	C	D	E	F	G	H	I	J	K	L	M	N	O
1							多元线性回归分析								
2	7	26	6	60	79		SUMMARY OUTPUT								
3	1	29	15	52	75										
4	11	56	8	20	103		回归统计								
5	11	31	8	47	88		Multiple R	0.9865							
6	7	52	6	33	96		R Square	0.9733							
7	11	55	9	22	108		Adjusted R	0.9626							
8	3	71	17	6	100		标准误差	2.6737							
9	1	31	22	44	75		观测值	15							
10	2	54	18	22	94										
11	21	47	4	26	116		方差分析								
12	1	40	23	34	84			df	SS	MS	F	gnificance F			
13	11	66	9	12	115		回归分析	4	2602.11	650.53	90.9964	8.0184E-08			
14	10	68	8	12	110		残差	10	71.4894	7.1489					
15	14	43	12	28	99		总计	14	2673.6						
16	12	58	18	37	107										
17							Coefficient	标准误差	t Stat	P-value	Lower 95%	Upper 95%	下限 95.0%	上限 95.0%	
18							Intercept	59.688	10.3066	5.7913	0.00018	36.7236232	82.65251	36.723623	82.65251
19							X Variable	1.4544	0.17745	8.1962	9.5E-06	1.05902729	1.849791	1.0590273	1.849791
20							X Variable	0.5496	0.12578	4.3696	0.0014	0.26934755	0.829838	0.2693476	0.829838
21							X Variable	0.0677	0.16411	0.4126	0.68859	-0.2979366	0.433365	-0.297937	0.433365
22							X Variable	-0.082	0.11899	-0.686	0.50811	-0.3468014	0.183465	-0.346801	0.183465

图 D.13　输出结果

由图 D.13 我们可以看出：

(1)回归方程为 $Y = 59.688 + 1.4544X_1 + 0.5496X_2 + 0.0677X_3 - 0.082X_4$；

(2)回归方程的显著性检验：

由于 F 统计量值为 $F = 90.9964$，而 $P\{F>90.9964\} = 8.0184E-08$，故所建回归方程是极显著的；

(3)回归系数的显著性检验：

关于 X_1，由于 $P\{t>8.196\} = 9.5E-6$，故 X_1 是显著的；

关于 X_2，由于 $P\{t>4.369\} = 0.0014$，故 X_2 是显著的；

关于 X_3，由于 $P\{t>0.413\} = 0.68859$，故 X_3 是不显著的；

关于 X_4，由于 $P\{t>-0.6863\} = 0.50811$，故 X_4 是不显著的.

注：经检验发现，由于 X_3，X_4 是不显著的，故同学们可以自行将其去掉，然后利用 X_1，X_2 去进行回归，比较前后 F 值和 R Square，看下是否去掉后效果更佳.

参 考 文 献

[1]盛骤，谢式千，潘承毅. 概率论与数理统计[M]. 5版. 北京：高等教育出版社，2020.

[2]吴赣昌. 概率论与数理统计[M]. 3版. 北京：中国人民大学出版社，2009.

[3]陈仲堂，赵德平，李彦平，等. 数理统计[M]. 北京：国防工业出版社，2014.

[4]庄楚强，吴亚森. 应用数理统计基础[M]. 2版. 广州：华南理工大学出版社，2002.

[5]李汉龙，隋英，李选海. 概率论与数理统计典型题解答指南[M]. 北京：机械工业出版社，2019.

[6]陈仲堂，赵德平，靖新. 概率论与数理统计[M]. 北京：北京邮电大学出版社，2022.

[7]李汉龙，缪淑贤，王金宝. 考研数学辅导全书（数学一）[M]. 北京：国防工业出版社，2014.

[8]马丽，韩新方. 概率论与数理统计解题指导——概念、方法与技巧[M]. 北京：北京大学出版社，2020.

[9]周纪芗. 回归分析[M]. 上海：华东师范大学出版社，2014.

[10]岳晓宁. 数据统计与分析[M]. 北京：机械工业出版社，2022.

[11]茆诗松，程依明，濮晓龙. 概率论与数理统计教程习题与解答[M]. 3版. 北京：高等教育出版社，2020.

[12]白雪梅，赵松山. 回归分析与方差分析的异同比较[J]. 江苏统计，2000，10：16-17.

[13]乔克林，吕佳. 方差分析与回归分析之比较[J]. 延安大学学报（自然科学版），2009，28(2)：34-36.

[14]夏怡凡. 统计学课程思政案例集[M]. 成都：西南财经大学出版社，2021.

[15]赵冠华，郎爱蕾. 概率论课程教学设计中融入思政元素方式探究[J]. 科教文汇，2022(7)：101-103.